长输管道自动化技术

江秀汉　李　琳　孟立宏　编著

屈维章　审

西北工业大学出版社

2000年3月　西安

(陕)新登字 009 号

【内容简介】本书介绍现代油气长输管道自动化技术，内容先进而实用。前两章介绍长输管道及其自动化的基本概念和输油输气的基本工艺，然后分几章介绍长输管道自动化系统中常用仪表、主要设备的原理及其控制方法、站控系统、控制中心、监督控制与数据采集系统(SCADA)、管道的检测与保护、数据通信等。书中列举许多国内外现代长输管道自动化系统实例。

本书适用于自动化专业及油气储运专业的本科教学，对从事油气及其它介质长距离管道输送及其自动化的工程技术人员也有很高的参考价值。

长输管道自动化技术
江秀汉　李　琳　孟立宏　编著
责任编辑　傅高明
责任校对　钱伟峰
*

(邮编:710072　西安市友谊西路 127 号　电话:8493844)
全国各地新华书店经销
西安市向阳印刷厂印装
ISBN 7-5612-1227-5/TE・15
*
开本:787 毫米×1 092 毫米 1/16　印张:20.125 字数:482 千字
2000 年 3 月第 1 版　2000 年 3 月第 1 次印刷
印数:1—1 000 册　定价:26.80 元

前　　言

长输管道的任务是远距离输送液体或气体产品，例如原油、成品油、天然气、煤浆、矿浆、水以及其它可以液化或气化的产品。我国80%以上原油靠长输管道运输，而天然气则全部由长输管道运输。目前，世界各国石油和天然气管道总长约200万公里，我国长输管道总长约2万公里，其中输油管道约1万公里，输气管道约0.7万公里，还有少量的矿浆管道。

世界能源结构的比例是：煤炭、石油、天然气、电力各占22%，43%，25%，10%，而我国分别是74%，19%，2%和5%。显然我国的能源结构还处于污染严重、效率低下的阶段，煤炭所占比例太大，其它所占比例偏小，特别是天然气仅为国际平均水平的1/12，今后若干年内仍然要大力发展石油天然气工业，特别是天然气。由此推断，我国的长输管道事业也必将有大规模高速度的发展。

全球贸易与大市场的形成与发展，对石油天然气运输业提出了越来越高的要求，如何满足国内甚至国际供需双方要求，又保证安全、经济、快速地输送，是长输管道运输业面临的重要问题，解决这个问题的关键技术之一就是对长输管道实行自动化的生产和经营管理。目前，世界各国的长输管道都采用了现代化技术装备，整个管线是一个全盘高度自动化的系统，我国已有几条具有80年代和90年代中期国际先进水平的长输管道，一些新的油气水和矿浆长输管道正在建设之中。

本书是为了适应我国长输管道自动化技术的发展和有关工程技术人员及教学的需要，在作者近些年从事研究、教学基础上，并参考国内外有关资料编写而成，希望对我国长输管道事业的发展做出一些贡献。

本书由江秀汉教授主编，并编写了第一、二、八章。第四、五、六、七章由李琳高级工程师编写，第三、九章及第六章的§6-5由孟立宏同志编写。全书由屈维章教授审。

编著者

1999年10月　于西安

图形符号和文字代号说明

本书涉及到许多国家长输管道自动化系统的实例，所用符号及代号可能仅符合各自国家或地区的标准，不尽统一，在此一并分类说明，供查阅。

一、过程检测和控制流程图用字母代号[①]

字母	第一位字母		后继字母
	被测变量或初始变量	修饰词	
A	分析		报警
B	喷嘴火焰		
C	电导率		控制(调节)
D	密度或相对密度	差	
E	电压(电动势)		检出(检测)元件
F	流量	比	
G	尺度(尺寸)		玻璃
H	手动(人工触发)		
I	电流		指示
J	功率	扫描	
K	时间或时间程序		操作器
L	物位		灯
M	水分或湿度		
P	压力或真空		试验点(接头)
Q	数量或件数	积分、累计	积分、累计
R	放射性		记录或打印
S	速度或频率	安全	开关或连锁
T	温度		传送
U	多变量		多功能
V	粘度		阀、风门、百叶窗
W	重量或力		套管
X	操作		
Y	清管指示		继动器
Z	位置		驱动、执行器

① 节录自 GB 2625－81。

举例

FAH ——流量高报警， FAHH ——流量高高报警，
FSH ——流量高开关， FSHH ——流量高高开关，
FI ——流量指示器， FIC ——流量指示与控制器，
FE ——流量检测元件， FR ——流量记录器，
FRC ——流量记录与控制器， LC ——液位控制器，
LV——液位控制阀， PI ——压力指示器，
PCV ——压力控制阀， PP ——压力测试点，
XV——电动操作阀， HV——手动操作阀，
ZSH ——高位置选择开关， VAL ——低振动报警，
SC ——速度控制器， WI ——重量指示器。

二、阀门符号

名称或功能	图形符号	名称或功能	图形符号
闸阀		手动操作阀	
球阀		有手动操作的调节阀	
单向阀	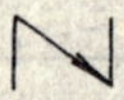	自力式调节阀	
旋塞阀		电动操作阀	
弹力单向阀		活塞式操作阀	
断流单向阀		二通电磁阀	
泄放阀		三通电磁阀	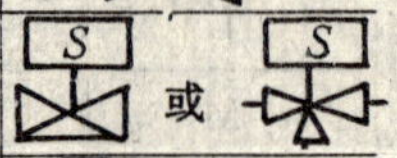
泄放阀(角形)	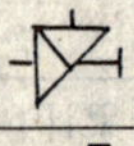	手动复位三通电磁阀	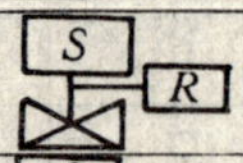
弹力球阀		有手动操作的三通电磁阀	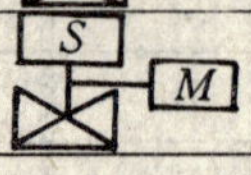
蝶阀或阻尼阀	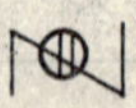	呼吸阀	
全开闸阀		自动循环阀	
三通阀		压片单向阀	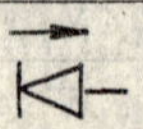
四通阀		电动液压式调节球阀	
角阀	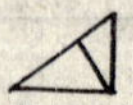		

续表

名称或功能	图形符号	名称或功能	图形符号
截流角形单向阀	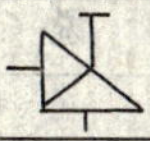		
具有清洗或泄放阀的闸阀			
孔板			
汽套阀	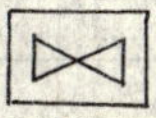		
减压(背压)阀	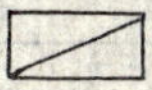		
泄压(或安全)阀			
调节阀			

三、仪表安装位置符号

说　明	符　号	说　明	符　号
现场安装		盘后安装(主要位置)	
盘面安装(主要位置)		盘后安装(辅助位置)	
盘面安装(辅助位置)	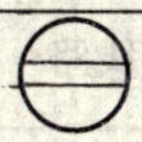	安装在同一处	

四、共用控制/共用显示仪表符号

说　明	符　号	说　明	符　号
共用显示/控制(现场安装)		共用显示/控制,软件报警(现场主要位置)	
共用显示/控制(现场安装,辅助位置)		PLC(现场安装,主要位置)	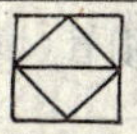
计算机功能(主要位置)	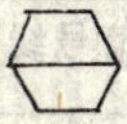	PLC(辅助位置)	
计算机功能(辅助位置)	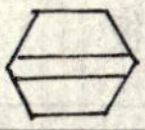	PLC(盘后安装)	
计算机功能(现场安装)		互锁逻辑	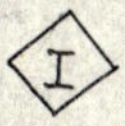

五、功能符号

说明	符号	说明	符号
求和	Σ	低限	≮
求差	Δ	选大	>
乘法	×	选小	<
除法	÷	比例	K
开方	√	信号输入/输出①	/
高限	≯		

① 信号可以是:A—模拟,D—数字,E—电压,I—电流,H—液压,O—电磁,P—气压,R—电阻。

六、管路符号

说明	符号	说明	符号
主管道(粗实线)		蒸汽管道(低压)	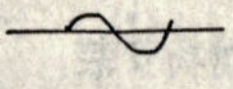
辅助管道(细实线)		保温管道	
有斜度管道	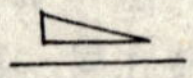	电气线路	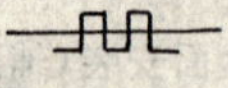

七、仪表线路符号

说明	符号	说明	符号
仪表与工艺过程的连线		电信号线	
毛细管(填充系统)	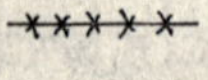	电磁波或声波信号线	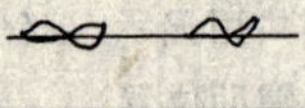
气压信号线	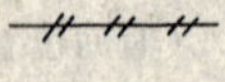	内部信号线(软件或数据)	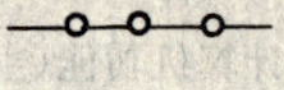
液压信号线	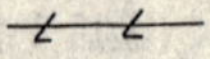	仪表板	

八、管路标识

以一个例子说明

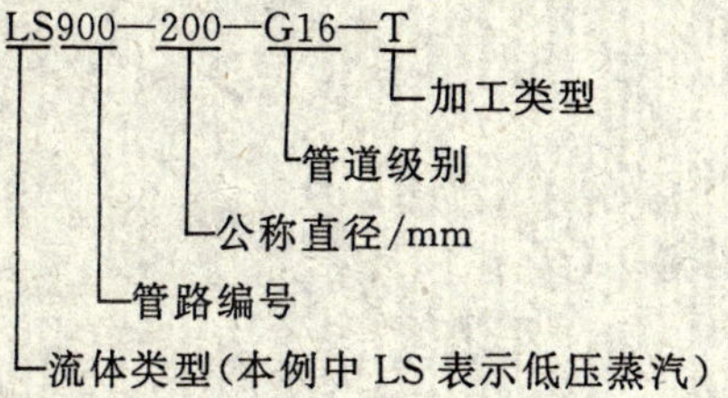

九、仪表标识

以一个例子来说明

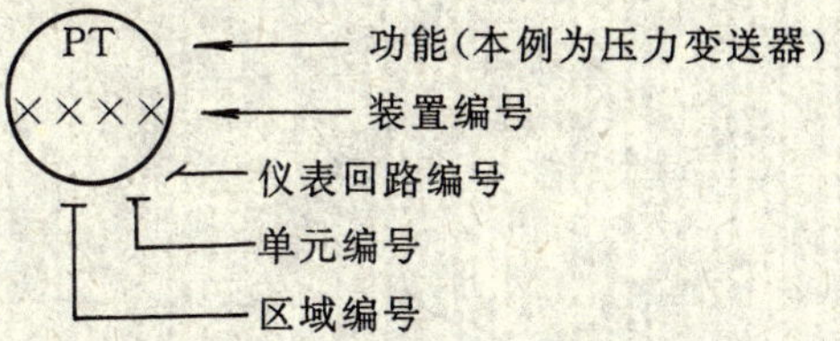

目　　录

第一章　长输管道及其自动化概述 …… 1
§1-1　输油管道 …… 1
§1-2　输气管道 …… 5
§1-3　长输管道自动化概述 …… 8
§1-4　国内外长输管道发展概况 …… 18
第二章　长输管道的输送工艺 …… 25
§2-1　输油工艺 …… 25
§2-2　输气工艺 …… 42
第三章　检测仪表 …… 58
§3-1　管道仪表基本概念 …… 58
§3-2　温度检测仪表 …… 61
§3-3　压力检测仪表 …… 68
§3-4　流量检测仪表 …… 71
§3-5　液位检测仪表 …… 81
§3-6　过程分析仪表 …… 85
§3-7　其它检测仪表 …… 95
第四章　阀和执行机构 …… 104
§4-1　调节阀 …… 104
§4-2　调节阀执行机构 …… 110
§4-3　开关型阀 …… 114
§4-4　电磁气阀 …… 122
§4-5　方向阀 …… 127
第五章　设备及其控制 …… 136
§5-1　泵机组及其控制 …… 136
§5-2　压缩机及其控制 …… 147

§5-3 加热装置及其控制…………………………………………………………… 157
§5-4 储罐及其监控系统…………………………………………………………… 173
§5-5 清管器…………………………………………………………………………… 187

第六章 SCADA 系统系统 ……………………………………………………… 191

§6-1 SCADA 系统基本概念 ……………………………………………………… 191
§6-2 SCADA 系统功能 …………………………………………………………… 194
§6-3 远程终端装置………………………………………………………………… 197
§6-4 主站……………………………………………………………………………… 207
§6-5 SCADA 应用程序软件 ……………………………………………………… 222

第七章 管道的检测及保护装置…………………………………………………… 229

§7-1 管道的电腐检测及保护系统……………………………………………… 229
§7-2 长输管道的水击及控制…………………………………………………… 239
§7-3 管道的泄渗漏及检漏………………………………………………………… 244

第八章 站控系统…………………………………………………………………… 249

§8-1 站控系统的结构、组成和功能 …………………………………………… 249
§8-2 典型泵站的 P&ID …………………………………………………………… 253
§8-3 压力调节与水击控制系统………………………………………………… 254
§8-4 清管器收、发控制系统 …………………………………………………… 257
§8-5 变电站的监控………………………………………………………………… 260
§8-6 站控系统中专用 RTU 应用 ……………………………………………… 263

第九章 数据通信…………………………………………………………………… 269

§9-1 SCADA 系统的数据通信 …………………………………………………… 269
§9-2 通信系统……………………………………………………………………… 275
§9-3 数据传输方式………………………………………………………………… 280
§9-4 通信接口标准………………………………………………………………… 281
§9-5 调制……………………………………………………………………………… 287
§9-6 多路传输……………………………………………………………………… 289
§9-7 传输线路……………………………………………………………………… 294
§9-8 错误检测……………………………………………………………………… 298
§9-9 传输媒体……………………………………………………………………… 302

参考文献…………………………………………………………………………… 309

第一章　长输管道及其自动化概述

长距离输送管道用以将液体或气体从供应方输送到远方的用户，简称长输管道或干线管道。它不同于企业内部管道，具有管径大、距离长、输量大，有各种配套辅助工程，有独立的管道监控和经营管理系统。

可用管道输送的液体有水、原油、成品油、液化天然气、液态化工产品、煤浆、矿浆及其它可液化产品。可用管道输送的气体有天然气、煤气及其它可气化的产品。供应方可以是油田、气田、水库、炼厂、化工厂、煤气公司、矿厂，用户方可以是油库、港口、火车装油站、炼厂、供水供气总站等。若管道通过海底，则称为海底油、气管道。

本章将对输油管道、输气管道及它们的自动化加以概括介绍。

§1-1　输油管道

原油运输有水运、公路运输、铁路运输和管道输送等四种方式。水运最经济，但受地理条件限制；公路运输量小而且费用高，只能作为短途运输的辅助手段；铁路运输成本高于管道运输，在管道未建成前，它往往是主要的陆路运输方式，但当运输量增大到一定程度，铁路运输不仅不经济，而且也将因运力有限成为不可能；管道运输不受限制，与其它陆地运输方式相比，运输量大，运输费用低，所以是最主要的原油运输方式。目前，我国原油80%以上是通过管道输送的。

一、输油管道的分类与组成

1. 分类

输油管道按照所输油品种类可分为原油管道和成品油管道两种。按照所输油品在输送中间是否需要加热可分为常温输送管道和加热输送管道两种，前者在首站将原油热处理到一定温度后，中间各站不再加热，依靠地层温度，将原油温度保持在一定范围，直至送到末站。后者，则需要在某些中间站向原油补充热能，维持流动性能。例如，东—黄复线原油长输管道为加热输送管道，而库—鄯线则为常温输送管道。

2. 组成

输油管道主要由输油站、线路和调度中心（控制中心）三大部分组成。在自动化和管理水平较高的管道上，往往还将管线运行信息传送到上级指挥管理机关（管理中心）。图1-1给出了典型的长距离输油管道组成概况。

图 1-1　长距离输油管道组成

1—井场；2—输油站；3—来自油田的输油管；4—首站油罐区和泵房；5—全线调度中心；6—清管器发放室；7—首站的锅炉房、机修厂等辅助设施；8—微波通讯塔；9—线路阀室；10—管线维修人员住所；11—中间输油站；12—穿越铁路；13—穿越河流的弯管；14—跨越工程；15—末站；16—炼厂；17—火车装油栈桥；18—油轮装油码头

(1) 输油站。输油站的关键——输送动力设备为泵，因此也常称其为泵站。如果站内既有泵站又有加热站，则该站又称为热泵站，仅有加热系统的站，称为加热站。一般的站都是用泵给原油加压的，但有的中间站却用来减压，这样的站称为减压站，有的中间站仅用来收、发清管球，这样的站称为清管站。

输油站按其在管道中所处地理位置分为首站、中间站和末站。有的管道系统，在中间还设有分输站。首站位于管道的起点，末站位于管道的终点，在起点和终点之间的站称为中间站。最一般的管道仅有一个首站、一个末站和若干个中间站，复杂的管道系统可能有多个产品供应方和多个用户方，因而有多个首站、末站和分输站。首末站位置以供需方所在地，即管道的起、终点确定，中间站数目及位置则以水力、热力计算确定，同时还应考虑当地的地形、地质、交通、水文及社会条件等。

首站的任务是接受产品经计量后输向下一站。首站设有较大的油罐区（解决供量和输量的不平衡），计量系统和输油泵房。如果原油需要加热输送，还应设置加热设备。此外，还有站控中心等。

中间站的任务是将产品加压、减压或加热，以进行压力调节和能量补充后送往下一站。中间站只有少量油罐，根据其主要任务还有输油泵房、加热设备或减压阀组等。中间站规模较大时也有站控中心。

末站的任务是接受管道运送来的产品，并输向炼厂、铁路或港口。末站主要由较大的油罐区（为解决输量与用量不平衡）、计量系统和化验室组成。输送高凝固点原油的管道，末站还设有反输泵房和加热设备，以备反输。此外，还有站控中心等。

除了以上各站的主要组成部分，在各站还有通信机务、清管、供热、供水、机修和消防等辅助系统，以及供工作人员和家属居住的生活区。

(2) 线路。管道的线路部分包括管道本身、线路阀室、阴极保护及通讯设施等。管道由钢管焊接而成，外表面涂有防腐保护层，必要时还要对管道进行内防腐，有的加热输送管道外表面还有保温层，以减少热量损失。为了增强防腐效果，还设有阴极保护设施。根据管道通过地区的地形、地质、水文地质、气候及社会人文条件等，管道可以采用地下、半地下、地上与管架等敷设方式，其中地下方式最为多用。管道每隔一定距离以及在大河流穿越工程两端安装截断阀，在管道发生破裂事故时，即可将两侧阀门及时关闭，以减少漏油量并防止灾害发生和扩大。在自动化程度较高的管线上，截断阀上都装有遥控装置及相应的通讯设备，有些管道的有线通信线路也是沿管线敷设的。未来，也许会有管道的检漏设备沿管线敷设。

(3) 控制中心。控制中心对全线的运行状况进行监督和控制，其主要功能是生产调度和管理，因此，也称调度中心，有的控制中心具有一定的经营管理功能。控制中心主要由计算机网络和通信系统构成。复杂的长输管线系统，在控制中心之下还设立若干区域控制中心或叫分控中心。

(4) 管理中心。管理中心的主要任务是经营管理和决策，它要根据管道公司的经营策略、供需市场的变化、销售状况及公司运营状况等对公司的经营作出分析和决策，下达到控制中心来具体执行。管理中心任务的特点是考虑长远规划、综合分析、经营策略等，不直接参与生产过程的控制，其主要组成是计算机网格、通信系统及相应的管理决策软件系统。

二、输油站的组成

下面以典型的输油站为例来说明其组成。典型的输油站分为生产区和生活区两大部分，为了生产和生活的安全，除两区公用的一些供热供暖及交通设施外，两区在地理位置上应有一定距离。生产区主要由11个部分组成。

1. 输油泵房

输油泵房或称输油泵区是提供输油动力的关键部分，内设输油泵机组及辅助系统。输油泵机组中直接给原油提供动力的泵机组称为输油主泵，为了保证主泵正常工作的辅助增压泵称为给油泵。过去，输油泵机组一般都安装在泵房内，不能露天使用。现代化的泵机组能适应室外温度变化、风雨雪、砂尘等不利的自然条件，有较高的自动控制水平，可以设置在露天，这在国外比较多见，或为了适当保护，给泵机组加以顶棚式防护房，这在国内比较多见。

2. 储罐区

首、末站储罐区储量较大，用以调节输量和来油之间或输量与转运量之间的不平衡。中间站只设一个容量较小的单罐，用于缓冲（旁接输送）或泄放（密闭输送）。

3. 高压管组

它由阀门和管道组成，用来切换工艺流程，随着阀门质量的改善，阀组已逐渐由室内式改为蓬式或露天式。

4. 计量间

一般设于首、末站。首站的计量间计量油田所交油量，作为核算交接油量的依据。末站计量是向用户发油的依据。我国目前的状况是在管道首、末站有计量间外，油田和港口转运部门往往也设有计量系统。

5. 清管设备

清管设备主要为清管器发放筒、接收筒和相应的阀门与控制系统。用来对清除管道内污染物、测试管道腐蚀或泄漏等的清管器进行发放或接收。首站设有发放筒，末站设有接收筒，中间站则兼有接收筒和发放筒，有的中间站也可以不设，清管器直接通过。清管设备都为露天设备。

6. 加热系统

热输管道的加热系统一般使用加热炉，分为直接加热和间接加热两种方式。间接加热系统除加热炉外，还有换热器和其它辅助设备。间接加热系统的加热炉可以是热媒炉或蒸汽锅炉，被加热的热媒或蒸汽在换热器中与原油进行热交换。

7. 通信系统

通常采用明线载波和微波，现代的管道系统也有采用光纤和卫星通信的。通信系统的机房设在站内，微波或卫星天线设在机房附近或房顶。通信系统除满足通话需要外，还承担传输集中控制系统的控制信号和采集数据的任务。先进的通信系统还可传输图像和视频信号。站与其附近管道上的设施常采用VHF和UHF通信。管道巡视和维护工作中也会用到移动通信。

8. 站控室

站控室也称站控中心，它是输油站的监控中心。如为全线集中控制的管道，站控室是输油站控制系统与控制中心的联系枢纽，管道自动控制系统的远程终端（RTU）与可编程序控制器 PLC 等主要控制设备都设在这里。

9. 供电系统

供电系统包括变电所、开关场、配电站及输电线路。变电所将高压输电线路送来的高电压（一般为 35 kV 或 110 kV）降为电动机和照明使用的几种较低电压，供站内使用。如果泵站输油机组不使用电动机，一般不设变电所。

10. 供热、供水、排水及消防系统

这些系统包括锅炉房、水源井、水塔、污水处理设施（中间站不设）、消防泵房与水池（中间站不设），以及各种相应的管道。

11. 办公室

首、末站人员多，办公室面积较大，中间站办公室较小。高度自动化的管道，中间站无人值守，不设办公室。

根据管道的规模、所输原油的特点及自动化的程度，生产区组成部分和规模会有所不同。有些管道还可能增加一些其它部分，例如，采用降粘输送时，还应有降凝剂、减阻剂等的加注系统等。

输油站还建有生活区，供泵站工作人员及家属居住。我国新建管道为了改善输油站的工作人员及家属的生活条件，按照当地情况，采取在较好的地区集中建设生活基地，输油站只设单身宿舍。

§1-2 输气管道

与液体输送方式不同，天然气具有密度小、体积大的特点，因而管道输送几乎成了天然气远距离输送的惟一方式。国外已研究出在低温高压下气态输送或液态输送天然气的新输气工艺，其输送能力比一般温度和压力下提高几倍到十几倍。

一、输气管道的组成

输气干线从矿场附近的输气首站开始，到终点配气站为止。它主要由输气站、线路和控制中心三大部分组成。高度现代化的输气干线还具有经营管理中心。输气干线与输油干线的构成形态类似，但由于天然气密度小、体积大，可压缩的特点，解决供量与用量不平衡的储气方式与储油方式有较大差别，所用的主动力设备为压缩机。图 1-2 给出了典型的长距离输气管道的组成概况。

1. 输气站

输气站的任务是进行气体的调压、计量、净化、加压或冷却，使气体按要求沿着管道向前流动。压气机也称压缩机，是输气站的关键动力设备，因此输气站又称压气站或压缩机站。

首站：它是输气干线的第一个压气站，是输气干线的起点，常位于气田附近。如果气田的地层压力大到足以将气体送到下一个压气站时，首站可暂不设压缩机车间，此时首站实质上就是一个调压计量站。大型的首站还兼有天然气净化系统。

中间站：首站与末站之间的压气站统称为中间站。除了不必贸易计量和大型净化装置外，其它任务和设备与首站相似。有些管线首、末站之间设有若干清管站或分输站。

末站：它是输气干线终点的最后一个输气站，它本质上也是一个调压计量站，担负着向城市或用户配气管网供气的任务，也称为配气站。

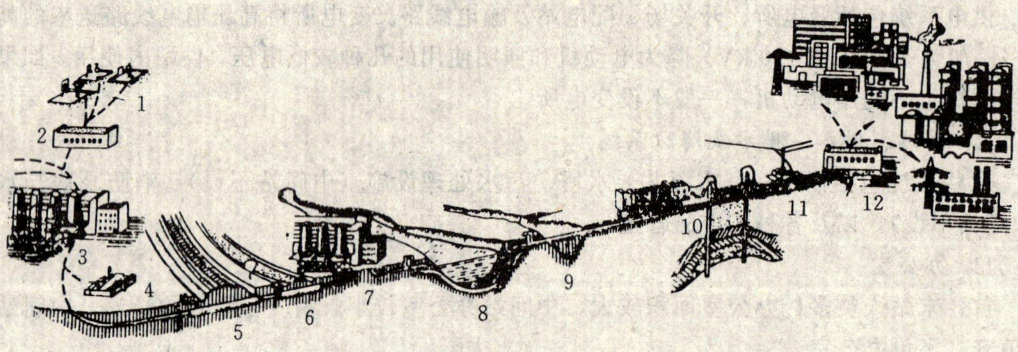

图 1-2 长距离输气管道组成

1—井场；2—集气站；3—有净化装置的压气首站；4—支线配气站；5，6—铁路和公路穿越；7—中间压气站；8，9—河流穿越和跨越；10—地下储气库；11—阴极保护站；12—终点配气站

复杂的输气干线也可以有多个供气首站和多个配气末站，它们从不同气田进入干线或由干线分流，也称为支线首站或支线配气站。

2. 线路、控制中心、管理中心

它们的基本组成和功能与输油管道类似，不再赘述。

3. 储气设施

干线供气一般变化不大，而城市的用气量随季节和每天时间变化很大，储气设施就是用来解决供气与用气的不平衡问题的。

二、压气站的组成

典型压气站的生产区由以下各部分组成。

1. 压缩机车间

它包括压缩机及驱动压缩机的燃气轮机、电动机或燃气发动机。它们是压气站的核心设备，为输送的气体提供动力。

2. 高压管组

它由阀门和管道组成，用以控制压气站的工艺流程。

3. 气体净化和脱尘设备

从地层开采出来的天然气往往含有砂和混入的铁锈等固体杂质，以及水、水蒸气、硫化物和二氧化碳等有害物质。因此，天然气进入输气干管之前必须净化，除去尘粒、凝液、水及其它有害成份。

除去固体杂质常用各种分离器，例如重力式分离器、施风分离器和多管旋风分离器等。常用的脱水方法有低温分离、固体干噪剂吸附和液体吸收等。脱硫和脱二氧化碳的方法很多，可分化学溶剂法、物理溶剂法、直接转化法和干式床层法等四大类。

4. 清管设备

其作用与输油管道中的清管设备相似，不再赘述。

5. 气体分配站

用以将气体分配到不同的干线，主要由调节阀及计量系统组成。

6. 能源系统

由锅炉房、热力管网、燃气管网、变电站或发电间，以及输配电设备等组成。

7. 给排水系统

有水源、水泵房、水塔、储水罐、冷却水塔、供水及排水管网、污水处理装置等。

8. 通信系统

包括有线的、无线的、微波的、光纤的或卫星通信系统。

9. 站控系统

主要由工业控制计算机或网络组成，有就地监控和远程监控两种形式。

10. 化验室

主要用来分析气体所含成份及含量，如 H_2S，CO_2 的含量等。先进的管道多为在线工作方式。

11. 办公室、修理间、消防间等。

三、配气站的组成

配气站是输气干线或支线的终点站，又是一个城市或部门配气系统的总站。它的主要任务是接受干线输气管来的气，向储气库转输气体或接收其来的气，然后进行气体的除尘、一级或多级调压、计量和添味（加臭），并将气体通过各种管网送给用户。储气库的调压站可以单独设置，也可以与配气站合并设置。典型的配气站包含以下设施：

(1) 清管器接收筒，用来接收清管器和排污。

(2) 阀组与管汇，用来控制工艺流程。

(3) 除尘器。

(4) 压力调节阀。

(5) 计量系统。

(6) 添味器。用来向气体中加入添味剂，使气体具有强烈的刺鼻的气味，一旦气体泄漏，即可闻到，从而及时发现，采取措施，保证安全。

四、储气

解决供气与用气不平衡的方法有：调节气源的供气能力或设置机动气源；将大型企业作为城市用气的缓冲用户，气体多余时，让它用气，少时让它改用其它燃料，这两种方法受气源和用户某种条件的限制，不可能完全解决不平衡问题。因此，必须采用储气措施，常见的储气方法有：地下储气、气罐储气、液态或固体储气、输气管道末段储气等。

在本节的末尾，我们将长距离输油和输气管道加以比较，如表 1-1 所示。

表 1-1 输油干线与输气干线的比较

	输油干线	输气干线
输送介质	液体，密度大，不可压缩	气体，密度小，可压缩
原动机	泵，离心泵汽蚀问题	压缩机，离心式压缩机喘振问题

续 表

	输油干线	输气干线
压缩效应	由于不可压缩，管线某处突然关闭会产生水击，易引起过度超压使管线破裂，必须有全线水击检测与保护。	由于可压缩，管线某处突然关闭，不会引起压力突然过高，管线中被压缩的气体量（管线充填量）可以保护管线。充填量还可解决供用气不平衡问题。
环保	泄漏后对环境影响范围小，但时间长，不易清理。	泄漏后对环境影响时间短，但扩散范围广，爆炸危险大，火灾影响后果严重。
输送工艺	① 可顺序输送 ② 下坡段有时用减压站 ③ 多需加热或热处理 ④ 加热后输送阻力减少 ⑤ 一般用罐存，液体储存较容易	① 不能顺序输送 ② 不用减压站 ③ 一般不加热，有时要冷却 ④ 加热后输送阻力增大 ⑤ 罐存、地层储存，管线末段储气，气体储存比油储存难
输送压力	较低　高达 10 MPa	较高　高达 20 MPa
供水、供电、阴极保护、清管	相似	相似
管道构成形态，SCADA，通信方式	相似	相似

§1-3　长输管道自动化概述

一、长输管道自动化的目的和必要性

1. 目的

长输管道自动化是指利用各种检测仪表、执行器、显示仪表、调节仪表、控制装置或电子计算机、通信技术等自动化技术，对管道输送生产过程进行自动检测、监视、控制和管理。其目的是在保证安全的情况下，以对供需双方最少的限制，用最经济的方式、最快的手段将产品从供方输送到用户手中。此外，自动化还能改善劳动条件，节省人力和提高环保水平。

2. 必要性

早期的长输干线管道大部分是点对点的形式，即一个首站，相继几个中间升压站，一个接收/分配末站，原油从一个站的油罐用泵输送到下一站的油罐。这是一种非密闭的输送方式或称开式输送方式，其特点是每两个站之间的管线都可当作一个独立的热力、压力和管理系统，对站内自动控制和全线自动化控制及管理要求不高，每个站有人值守即可。

密闭输送工艺的出现使整个管道系统成为一个统一的热力和压力系统，各站之间必须协调运行，才能保证管线正常工作；另一方面，随着管线的增加，越来越多的生产方要通过管线输送产品，越来越多的用户要从管线得到产品，供需双方对产品质量和供需变化的要求也越来越苛刻；再者，管线终点越来越接近最终用户，直接通往居民区，怎样防止易燃、易爆

和有毒产品对雇员、设备和居民的伤害，保证安全显得更加重要。最初是由中心调度人员通过电话来指挥管线的运作，显然，这种调度指挥方式过于缓慢，任务也太繁重，难以满足密闭输送协调运行、供需变化及安全经济运行的要求。解决问题的方法就是提高管道自动化控制和自动化管理的水平。

现在，世界各国的长输管道大都采用了现代化技术装备和自动化技术。我国的东一黄复线、库一鄯线及陕一京输气管线均为高度自动化长输管道，分别具有发达国家 80 年代中期和 90 年代中期的水平。

二、长输管道自动化系统的基本组成和功能

图 1-3 给出了长输管道自动化系统典型组成框图，由图可以看出，长输管道自动化系统是一个分级控制系统。最高一级称为生产经营管理级，通常位于公司管理部门办公室。第二级为中心监控级，该级的主机，英文称为 HOST，通常位于控制中心大楼内。第三级为站控级，由于站控级的控制系统位于泵站或压缩机站的站控室内，它们离中心监控级较远，故称站控级的主机为远程终端装置，英文缩写为 RTU (Remote Terminal Unit)。第四级为装置控制级。该级的控制系统一般为计算机控制系统，且直接控制装置，因此也称为直接控制级，英文缩写为 DDC (Direct Digital Control)。

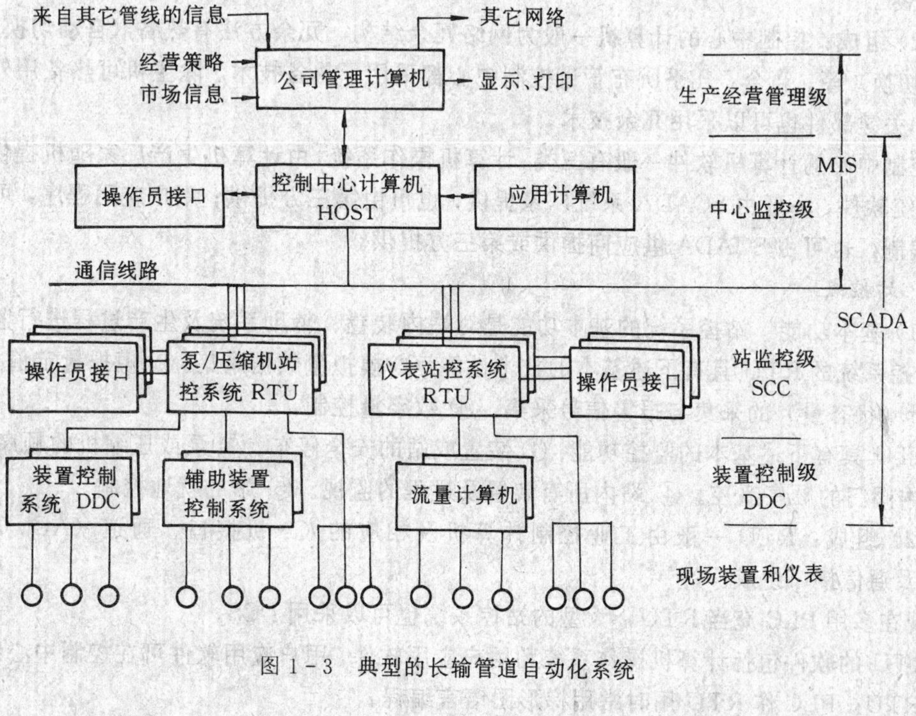

图 1-3 典型的长输管道自动化系统

由于生产经营管理级和中心监控级具有接受外部管理及生产过程信息，并据此对整个管线的生产和经营进行管理的功能，因此，将这两级合起来称为管理信息系统，英文缩写为 MIS (Manage Information System)。中心监控级、站控级和装置控制级具有监督控制与数据采集功能，故将这三级合称为监督控制与数据采集系统，英文缩写为 SCADA (Supervisory Control and Data Acquisition)。

下面对各级的基本功能和组成加以概括介绍。

1. 生产经营管理级

(1) 基本功能：它根据管道公司的经营策略，公司所属其它管道经营状况及市场信息等，并考虑本管道生产运行状况，由生产经营管理级计算机系统中有关管理软件作出决策，向本管道的SCADA系统下达生产计划、管理命令等。其最佳目标通常是获取最大的经济效益。该级还可以对SCADA系统进行监督，通过人机接口掌握生产状况，如系统或站的流程图及动态数据、历史数据与趋势、有关数据库并制表作图等。

该级决策的特点是：目标宏观、决策周期长。

(2) 组成：一般由一个性能较强的微型计算机系统组成，在离SCADA较远时，往往需要卫星、微波或光纤等远程通信设施。由于该级不直接参与生产过程控制，因此对该级主机的可靠性要求不如SCADA高，通常不必采用冗余技术。

2. 中心监控级

(1) 基本功能：该级负责整个管线的调度和监控，例如对供方和需方产品的监视和计量，产品输送过程，对各站下达监督性的控制命令，全线生产协调控制（水击控制、清管、越站等）。

如果SCADA还设有分控中心或称区域控制中心，则分控中心可以完成上述控制中心的某些任务。

(2) 组成：控制中心的计算机一般为网络冗余结构，冗余方法有热备（自动切换）、冷备（人工切换）等。当今，几乎所有管道控制中心都采用了热备技术。除主机可热备用外，外部设备、关键部件也可以采用冗余技术。

控制中心的计算机软件一般有三类：计算机操作系统，由计算机生产厂家随机提供；SCADA系统软件，一般由SCADA系统厂家提供，也可由第三方提供；用户应用程序，可由用户自己编制，也可由SCADA供应商提供或第三方提供。

3. 站控级

(1) 基本功能：站控系统的基本功能是对站内装置、辅助系统及生产过程进行监督和控制，站控系统的RTU具有下述基本的技术性能：① 模拟量数据采集。② 模拟量定值控制。③ 数字量（状态量）的采集与报警信号采集。④ 数字量控制。

RTU具有下述基本的监控功能：① 装置或站的安全停车。② 泵或压缩机的顺序启、停。③ 站内阀门的顺序遥控。④ 站内所有装置及过程的监视。⑤ 站的就地控制。

(2) 组成：RTU一般由工业控制计算机及相应的人—机接口、通道（AO，AI，DI，DO）及通信接口组成。

现在多用PLC充当RTU，大型的站控系统也可以采用DCS。

RTU的软件包括计算机操作系统和用户应用软件，用户应用软件可在控制中心编制，下载到RTU。PLC作RTU用时常用梯形图语言编程。

4. 仪表站控系统

(1) 基本功能：其主要功能是：① 流量的就地或远方监视与记录。② 站的安全停车。③ 站内阀门的顺序控制。④ 站内所有过程及装置的监视。⑤ 站的就地控制。

(2) 组成：主要由流量计算机及仪表盘组成，仪表盘上可以有孔板仪表、透平仪表、压力和流量调节仪表等。

5. 装置控制级

(1) 基本功能：站内大型设备，如泵机组，加热系统等，往往配有自己的控制系统，这就是装置控制系统，它直接对生产装置进行控制。这类控制系统往往由装置生产厂家配套提供。

(2) 组成：装置控制级的硬件构成与RTU也相似，但在管道系统中，广泛采用PLC作为装置控制。这是由于装置控制多为逻辑控制，且装置又在环境较恶劣的生产现场，PLC的特点，恰恰满足了这种要求，故而多用。

6. 通信

(1) 基本功能：通信是SCADA系统的命脉，实现控制中心与远方站RTU或控制中心与区域控制中心之间的信息传递。信息类型有语言、数据、视频信息等。语言通信用于工作人员之间传递操作或维护信息、行政管理会议、技术讨论、私人通话等，数据信息有SCADA系统的数据和控制信息、安全信息、电子邮件、电传、互联的计算机相互传递信息等。视频信息传递静态或动态图像。

(2) 组成：生产经营管理级与中心控制级之间距离较近时，可以采用有线通信，例如电缆、光纤，若距离较远可以采用微波或卫星通信。

中心控制级和站控级之间的通信与上类似，目前国内外多采用微波和卫星通信，光纤通信在成本下降时，也将会用于远距离通信。

在站控级和站附近的一些RTU（如截断阀上的RTU，某些监测站上的RTU）之间往往采用VHF和UHF通信。

在管道维护作业时，还会用到移动通信。

在智能化仪表不断发展的今天，现场仪表与RTU或DDC之间将更多地通过现场总线FB（Field Bus）通信。

三、国内外长输管道自动化技术发展概况

下面以表格形式按年代顺序从几个方面说明长输管道自动化技术发展概况，如表1-2所示。

表1-2　国内外长输管道自动化技术发展概况

	年代	仪表	站控系统	控制中心	通信	系统结构
国外（以美国和西方国家为代表）	1940	气动	断电器 就地控制	人工调度	电传打字 电报	
	1950	气动	继电逻辑	继电逻辑	电话	
	1960	电动模拟仪表	硬布线RTU	小型电子计算机，大型模拟显示器，可编程序主机，多任务及表格驱动软件	微波电话	SCADA 雏形
	1970	电动	8位微机RTU 数据库	微型计算机，标准SCADA软件，视频图形显示CRT	光纤	计算机为基础的SCADA

续 表

	年代	仪表	站控系统	控制中心	通信	系统结构
国外（以美国和西方国家为代表）	1980	电动，智能化	16 位微机，RTU 数据库	32 位超小型计算机，冗余结构，彩色高分 CRT，高级控制和模拟软件	卫星、微波电话	SCADA
	1990	电动，智能化	智能 RTU	微机自诊断，冗余网络化，开放系统，人工智能	大功率卫星通信，计算机合成间频	SCADA，管理功能增强
国内	1960	气动	人工就地操作			
	1970	DDZ－Ⅱ	DDZ－Ⅱ B－B 进行站控模拟盘	调度中心	电话	
	1980	DDZ－Ⅲ	DDZ－Ⅲ站控	调度中心	微波	
	1985 引进	电动、气动	微机 RTU	小型计算机	微波	SCADA
	1990	电动、智能化	智能 RTU	网络，冗余	微波、光纤、卫星	引进、消化，共同设计

四、长输管道自动化系统举例

下面简略介绍 5 个长输管道自动化系统的例子。

例 1－1 库鄯原油管道自动化系统。

库尔勒—鄯善原油长输管道是由中国石油天然气总公司管道设计院与意大利斯南普吉提公司（Snamprogetti）联合设计的，达到 90 年代中期国际水平，目前国内最高水平。业主为西北管道建设指挥部，年设计最大输量为 10 Mt，主干管道全长 491 km，全线密闭输油。沿线有 4 个站，首站设在库尔勒，154.2 km 处有一个中间泵站，340.1 km 处有一减压站，末站在鄯善火车站西侧，沿线有 17 个线路截断阀（8 个气动阀，9 个手动阀），分控中心设在库尔勒，总控中心设在西安，基地办公室设在库尔勒，如图 1－4 所示。

首站的主要设备有：3 个 50 km^3 浮顶油罐；2＋1 个卧式给油泵，并联；2＋1 个由变速电机驱动的主离心泵，并联；1 个蒸汽锅炉系统；供水系统（生水、可饮用水及去离子水）；1 个废水处理系统；1 个灭火系统；1 个密闭计量系统；1 个燃油系统；1 个清管器发射装置。泵站由两条来自城西变电站的 35 kV 地下电缆供电，并且与泵站的一个 35 kV 电源开关装置相连，泵站内的配电网呈双辐射型，而操作台为单母线体系，变电站的控制由一个专用控制器执行。

中间泵站主要设备有：2＋1 个恒速电机驱动的离心泵，串联；1 个清管器接收装置和 1 个发射装置；供水系统；消防系统；燃料油系统；废水处理系统；泵站由一个来自和硕 110 kV 变电站的 110 kV 地下电缆供电，并且在站区内与一个 110 kV 变压器连接，站区配电网为单向系统输入型，变电站的控制由专用控制器进行。

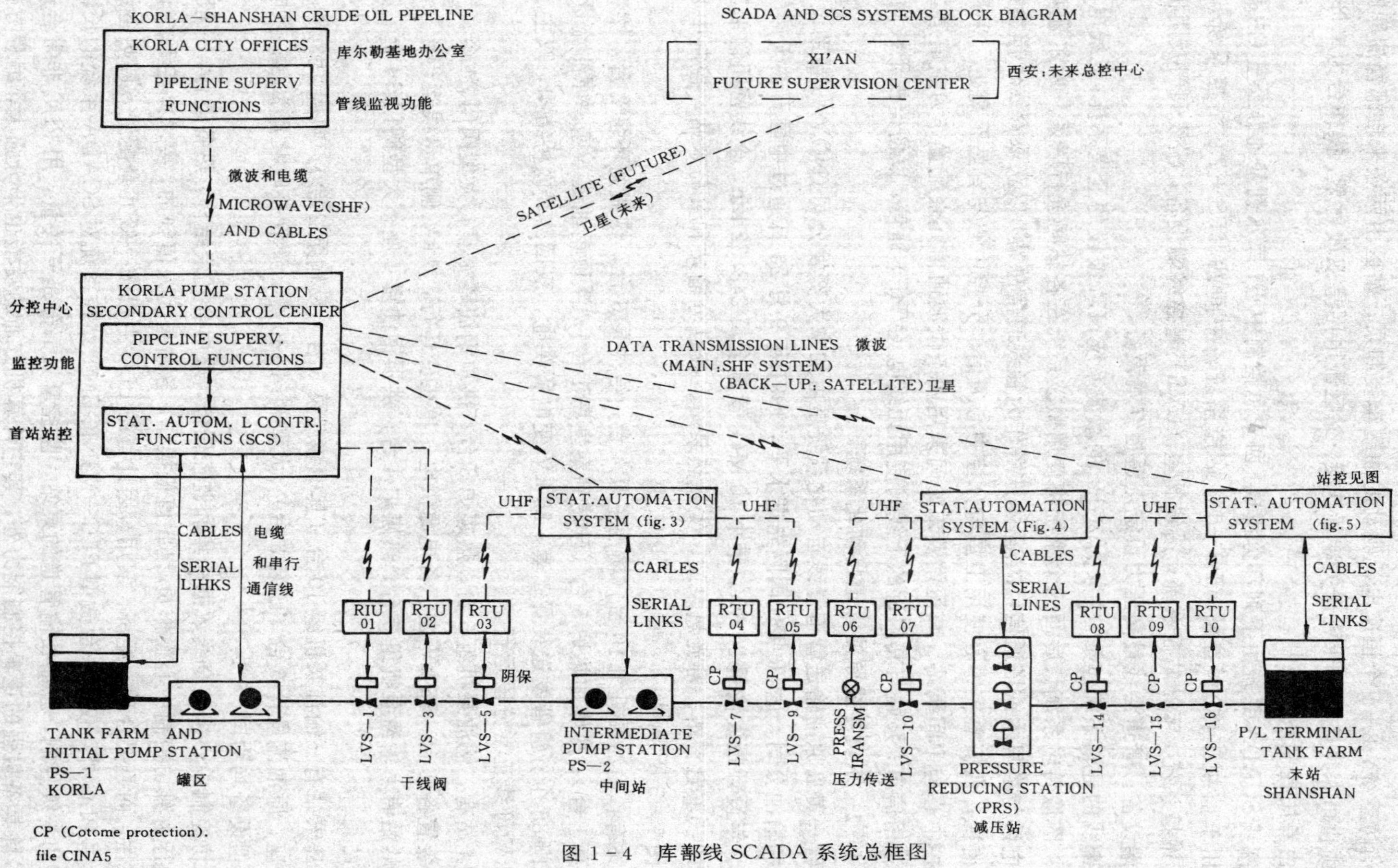

图 1－4　库鄯线 SCADA 系统总框图

减压站的主要设备有：清管器收、发装置各 1 套；1+1 个水击泄压阀；站区用两台柴油发电机提供 380～220V 50Hz 电源，一台工作，一台备用；低压变电站由专用控制系统控制。

末站的主要设备有：1 套清管器接收装置；一个密闭流量计组；1 个蒸汽锅炉系统；供水系统；消防系统；2+1 个恒速电机驱动的油罐车装卸泵；站区由两条来自鄯善油库的 35 kV 架空电缆供电，并且与 35 kV 开关装置连接。站区配电网呈双放射型，操作台为单母线体系，变电站由专用控制系统控制。

库鄯线 SCADA 系统由下列部分组成：西安总控制中心；库尔勒基地办公室（内有两套工作站，用于监视工作）；首站（PS－1）站控系统；中间站（PS－2）站控系统；减压站（PRS）站控系统；末站站控系统；沿线阀室（LVS）遥控终端设备；沿线阀门及阴极保护站遥控终端设备；管道沿线最高压力设定点遥控终端设备。

库鄯线的通信系统包括：主频为 7GHz 的微波系统；Ku 波段的卫星系统；无线电系统；电话系统；图像传输系统。后面三个系统将使用微波系统在各站间进行联系。库尔勒基地办公室使用电话与塔里木铁塔通信，（塔里木铁塔作为管线通信总站）以获取管线运行参数，对管线进行监视；西安总控中心使用卫星与分控中心通信；分控中心与首站距离近，采用有线通信；分控中心与中间泵站、减压站及末站间采用两条微波通信冗余配置作为主信道，卫星作为迂回备用信道；泵站与其附近的干线阀使用无线电（VHF）通信，以便监视干线阀的操作。

例 1－2 东黄复线原油管道自动化系统。

东营—黄岛原油输送管道复线自动化系统是由加拿大努发公司（NOVA）帮助设计的。业主为胜利输油公司，达 80 年代国际先进水平，1991 年 9 月 25 日通过中国石油天然气总公司的验收。年设计最大输量 20 Mt，最小 10 Mt，管道全长 248.52 km，全线密闭输油。沿线共有 5 个站：东营首站、寿光热泵站、丈岭热泵站、胶县分输站和黄岛末站，控制中心设在潍坊，如图 1－5 所示。

首站有：输油泵机组 10 台（输油主泵 4 台，给油泵 3 台，热油循环泵 2 台，燃料油罐液位保安泵 1 台）；热媒加热炉 5 台（已调到秦皇岛 1 台）；浮顶钢油罐 6 座；原油流量计 3 台；大型阀门 86 个；清管发送装置 1 套；35 kV 变电所供电，双回路、内桥结构，双主变分列运行，6 kV 母线正常分段运行。

寿光站有：输油泵机组 5 台；热媒炉 3 台；拱顶钢油罐 1 座；大型阀门 34 个；干线清管收、发装置各 1 台。35 kV 主、备电源供电，单主变运行，6 kV 侧单母线运行。

丈岭站有：输油泵机组 5 台；热媒炉 4 台；拱顶钢油罐 1 座；大型阀门 36 个。供电方式同寿光站。

黄岛末站有：输油泵机组 10 台（其中装船泵 5 台，反输泵 2 台）；热媒炉 3 台；浮顶钢油罐 6 座；原油流量计 6 台（已装 3 台）；大型阀门 130 个；清管接收装置 1 台；供电方式同首站，但设备均为国产。

潍坊控制中心担负全线数据采集和监控任务，采用全冗余结构，热备运行，一般情况下，管线运行由潍坊控制中心操作员 24 h 值班操作。各站是无人值守的，要求站控系统具有很高的可靠性，而且要合理、经济、实用。因此首站 PLC 主机按一级冗余配置，即热备结构。中间站除主 PLC 外，仅配一台微型 PLC－MINIGEM。站控系统对 SCADA 系统的长输管道是最关键的一级控制，原油长输管道的泵站，监控量大部分是开关量，用 PLC 非常合适。现在的 PLC 除具备极强的逻辑控制能力外，其它计算机方面的功能也十分强大，编程方便，且适于工业环境，是理想的站级控制设备。

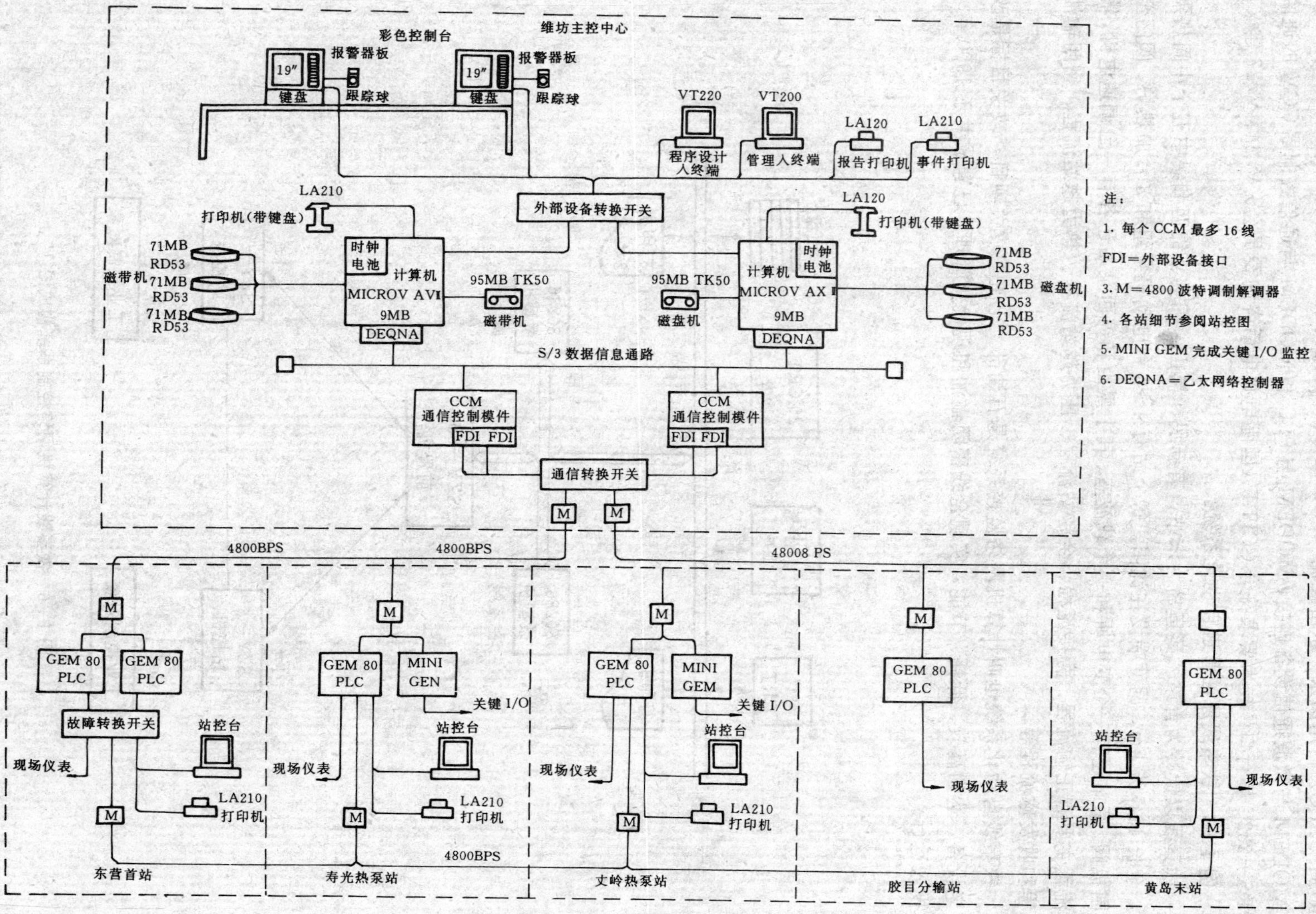

注：

1. 每个 CCM 最多 16 线

FDI＝外部设备接口

3. M＝4800 波特调制解调器

4. 各站细节参阅站控图

5. MINI GEM 完成关键 I/O 监控

6. DEQNA＝乙太网络控制器

图 1－5　东黄复线 SCADA 系统框图

东黄复线 SCADA 系统采用数字微波通信，共占 4 条通信信道，主机与各站 PLC 通信 (HOST－PLC) 占用两条。水击控制 (PLC－PLC) 占用两条，一用一备。数据经调制解调器 MODEM 与微波通信设备连接，MODEM 与 PLC 和 MODEM 与通信控制器 CCM 的通信经 RS－232C 串行口，技术要求符合 CCITT（国际电报电话咨询委员会）V. 24、V. 27 建议。

例 1-3 铁秦线原油管道自动化系统。

铁秦线以铁岭为首站、秦皇岛为末站，有新民、黑山、锦县、锦西和绥中五个中间热泵站，全长 454.25 km，调度端设在沈阳。每个站有 4～5 台电动机泵组和 3 台加热炉，阀门全是闸板阀。每站还有一个变电所和一个载波室。其中黑山和锦西泵站还各有一台调速电机，输油流程主要有正输流程、旁接流程、全越站流程、压力越站流程、热力越站流程、密闭输油流程和收发球流程等。

铁秦线自动化系统也叫计算机网络监控系统是石油部“七五”攻关项目，攻关目标是改造老设备，达到高效、低耗、节能，实现全线密闭输油和现代化管理，已建成并于 1990 年 4 月投入运行。

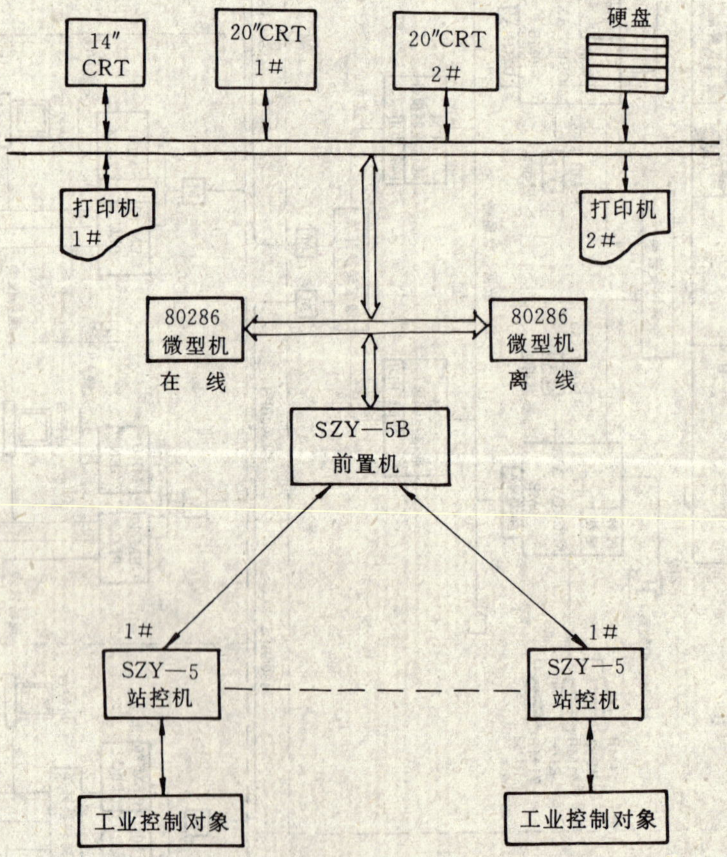

图 1-6 铁秦线计算机网络控制系统构成图

该系统由调度端、通信和站控端组成，如图 1-6 所示。调度端由前置机（SZY－5B）和后台机（东海 286）组成，通信采用原有的明线载波。站控端由前台机（SZY－5 微机 RTU）和后台机（PC…9801Fc）构成。

由于通信系统是 12 路载波机的明线载波，信道质量较差。为提高可靠性，采用了点对点式，且波特率在满足要求下尽量低，选用了 300 bite。

例 1－4 美国 Rexnord 公司的 Emcon S/3 SCADA 系统。

如图 1－7 所示，它由三级组成：

(1) 远程终端机 RTU：在工艺现场执行扫描及报警功能。

(2) 通信控制器 CCM：对 RTU 的数据及报警进行定时查询，并把这些信息传送给主机。

(3) 控制中心主机：完成全部信息处理，操作员进行控制台管理及监控功能。

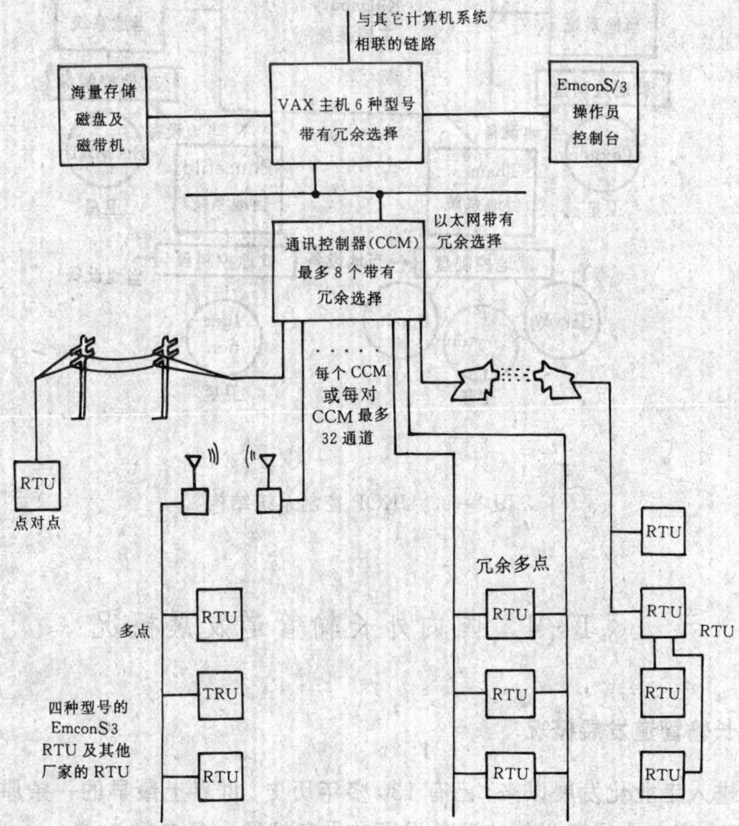

图 1－7 Emcon S/3 系统框图

例 1－5 英国石油管道公司（UKOP）的 SCADA 系统。

UKOP 管线包括直径分别为 40.64 cm 和 35.56 cm 的两条管线，全长 756.23 km。其控制系统如图 1－8 所示。设在 Kingshury 控制中心的控制系统是以集中监视为基础的系统。在沿线的 6 个重要位置设 6 套当地卫星系统。在小站上，利用点到点遥测硬件且尽量与需通信的设备靠近。该系统采用集散控制，以确保在通信网络或监控系统出故障时连续运行。

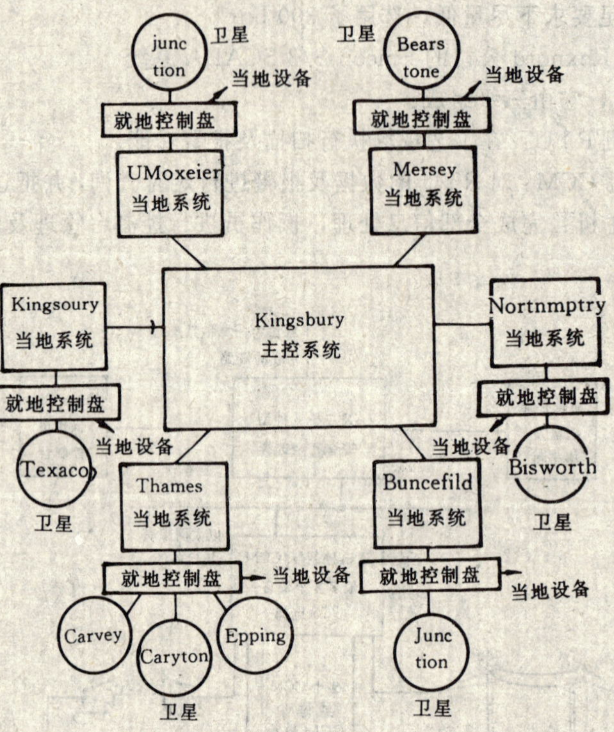

图 1-8　UKOP 控制系统结构

§1-4　国内外长输管道发展概况

一、国际长输管道发展概况

长输管道进入工业化发展以来，已有 130 多年历史，世界上最早的一条原油输送管道，是美国于 1865 年在宾夕法尼亚州从油田敷设通向火车站的一条口径 5.08 cm，长 9.75 km 的管道。1890 年代出现了压气机为动力以钢管为管道的输气干线。据不完全统计，到目前为止，全世界各种石油及天然气长输管道总长度为 200 多万公里，其中石油和天然气大约各占一半。美国、前苏联、中东地区、西欧共同市场占有管道长度较大。美国干线总长约 50 多万公里，其中输油干线 10 多万公里，输气干线 40 多万公里。前苏联约 20 多万公里，其中输油干线约 10 万公里、输气干线 10 万多公里，国际上比较有名的几条长输管道的情况如表 1-3 所示。

现代化长输管道均采用密闭输送、泵/压气站无人值守，全线集中自动化控制。向大口径、高压力，不断采用新技术、新材料方向发展。

表 1-3　国际上几条著名长输管道概况

管道名称	输送介质	全长/km	管径/mm	最高设计压力/MPa	输送能力	特点
(前)苏联友谊管道：从苏联阿尔梅季耶夫北线到波兰，南线到捷克和匈牙利	原油	北一 4 412 南线 5 500	分别为 1 220，1 020，820，720，529，426	4.9～6.28	超过 100 Mt/a	① 距离最长，管径最大的输油管道 ② 全线管闭输送 ③ 泵站采用自动化与遥控管理
美国阿拉斯加管道：阿拉斯加北部普拉霍湾到该州南部瓦尔迪兹港	原油	1 287	1 210	8.23	100 Mt/a	① 伸入北极圈 ② 12 座泵站，1 个末站 ③ 全线集中控制 ④ 较完善的抗地震和管线保护措施
沙特东—西管道：自近东海岸的阿卜凯克到西海岸延布市	原油	1 202	1 219	5.88	137 Mt/a	① 11 座泵站 ② 燃气轮机带离心泵 ③ 全线集中控制
美国西—东管道：从圣巴巴拉到休斯敦	原油	2 731	762		4 770 m^3/d	① 世界最长热输管道 ② 21 座泵站及加热站，其中 6 座用燃气轮机带离心泵，其它站用电机带离心泵
苏联中亚细亚—莫斯科中央管网系统	天然气	4 条干线总长 10 000			650 m^3/a	
加拿大横惯	天然气	平等铺设一条大湖管道向美国出口 8 500		6.9		① 46 座压气站，两座移动压气站 ② 整个系统全盘自动化
美、加合建阿拉斯加输气系统	天然气	主干线总长 7 800	914—1 420	9.8	66.63～90.60 Mm^3/a	① 为保护永久冻土层，将天然气降温至 −17℃后输送
苏联西伯利亚—苏联欧州部分输气管道共 6 条，其中一条向西欧其它国家送气（德国、法国、意大利、奥地利、瑞士）	天然气	6 条总长 20 000，其中一条长度为 4 451		7.4	2 000 Gm^3/a 320 Gm^3/a	① 其中一条有 40 个压气站
阿尔及利亚—意大利管道	天然气	2 506	1 220			① 穿越突尼斯海峡时分为三条直径为 510 mm的加厚管
吐库曼—乌兹别克—吉尔吉斯—中国—连云港—海底或加以液化—日本	天然气					讨论中，日本三菱集团提出，实现可能性较小
俄国伊尔库茨克—蒙古—中国二连浩特——路向南到山东日照再到韩国，一路向西到吉林省	天然气				预计 220～300 $\times 10^8 m^3$ 中、韩各一半	讨论中，实现可能性大、俄、中、韩三方皆有诚意
俄国萨哈林岛—科尔萨科夫市液化—日本	LPG	约 600			预计 600 Mt/a	

二、国内长输管道发展概况

我国虽然是最早利用竹管输气的国家，但真正的工业化长输管道比国外晚了近百年。1958年建设了我国第一条新疆克拉玛依至独山子的输油管道。1963 年在四川省建成了我国第一条巴渝输气管道。到目前为止，我国长输管道总长约 16 000 km，其中输油管道约 10 000 km，输气管道 6 000 km。显然，我国长输管道运输业满足国民经济发展需求的水平与国外发达国家的差距还比较大。国内已有和正在兴建及拟建设的管道情况见表 1-4。

表 1-4 中国长输管道概况

管道名称	建成日期	输送介质	全长 km	管径 mm	最高设计压力 MPa	输送能力	特点
克拉玛依—独山子炼厂（二条并行）	1958	原油	300	159		100 Mt/a	① 我国第一条原油管道 ② 主要利用油田剩余器材建成 ③ 我国自行设计
庆铁线（大庆—铁岭）	1970	原油	513.6	720		4 300 Mt/a	① 16 Mn 螺旋焊管
庆铁线（复线）	1970	原油	520.2	720			
铁大线（铁岭—大连）	1970	原油	460	720		1 200 Mt/a	① 部分引进国外技术，全线集中控制 ② 16 Mn 螺旋焊管
铁秦线（铁岭—秦皇岛）	1970	原油	454	720		1 700 Mt/a	① 自行研制计算机控制系统 ② 16 Mn 螺旋焊管
秦京线（秦皇岛—北京）	1975	原油	347.7	529	4.50	550 Mt/a	
丹东—朝鲜	1974	原油	30.3	377			中方管理 10.8 km
丹东—朝鲜	1974	轻油	30.3	219			已停输
格尔木—拉萨	1976	成品油	1 080				我国最长成品油管道，海拔最高（最高处达 5 281 m）其中 560 km 处在长年冻土区
鲁宁线（临邑—南京）			652.5	529		2 000 Mt/a	16 Mn 螺旋焊管
东黄线（东营—黄岛）			248.5	529		1 000 Mt/a	
东黄线（复线）	1990	原油	248.9	711.2	0.7	2 000 Mt/a	① 国外引进技术、全线集中监视、中间站可无人值守 ② 超前水击保护，密闭输送，变壁厚设计，加热输送 ③ 首末站各一座，中间站两座 ④ X-60 直缝焊管

续 表

管 道 名 称	建成日期	输送介质	全长 km	管径 mm	最高设计压力 MPa	输送能力	特 点
任京线（任丘—北京）		原油	114	529		1 000 Mt/a	已停输
任苍线（任丘—苍州）		原油					
苍临线（苍州—临邑）		原油					
濮临线（濮阳—临邑）	1979	原油				300 Mt/a	废弃
濮临线（复线）	1991					500 Mt/a	97年停输
克乌线（克拉玛依—乌鲁木齐）							
马惠宁线（马岭—惠安堡—中宁）	1978	原油	269	325 377	4.0 4.5	400 Mt/a	从1989年起有用热处理和降凝剂综合处理工艺后成为我国第一条全年常温输送管道
魏荆线（魏岗—荆门）		原油	226.3	426	4.15	350 Mt/a	① 采用我国目前最长的汉江跨越斜拉索管桥，长2 287 m，管桥主跨500 m、支承塔高70 m ② 螺旋焊管
花格线（花土沟—格尔木）		原油	430	273	6.27		① X－52直缝焊管 ② 首、末站条1，中间热泵站2个，加热站4个 ③ 我国海拔最高的原油管道
阿赛线（内蒙阿尔善宝力格—赛汗塔拉）		原油	365	273	6.28		① X－52直缝焊管 ② 首、末站各1，中间加热站4个，中间热泵站2座
轮库线（轮南—库尔勒）	1992	原油	192	377			① 密闭输送，水击保护 ② 冷、热输灵活转换 ③ 浅挖深埋解决了过盐碱地难题 ④ 利用太阳能和风力发电作为线路阴极保护站的电源 ⑤ 国内首次采用计算机图像通信技术对储罐及站内重要设备和装卸油台进行监视

续 表

管道名称	建成日期	输送介质	全长 km	管径 mm	最高设计压力 MPa	输送能力	特点
库鄯线（库尔勒—鄯善）	1995	原油	491				① 全线集中控制 ② 微波、光纤、卫星、UHF 通讯 ③ 首站变频调速 ④ 密闭输送、水击控制 ⑤ 指挥可监督
抚顺—营口	1995	成品油	246	350		240 Mt/a	① 我国口径最大的成品油管道 ② 采用国际 90 年代先进技术，可不间断顺序输送 4 种型号汽、柴油 ③ 1 座油品调合站，3 座分输站
川南输气管网（若干线组成）	1981	天然气	3 400	300，700	1.0，6.3		
川北输气管网（若干线组成）	1987	天然气	330	720	4.0	20×$10^8m^3/a$	① 密闭正反输清管流程 ② 计算机程控计量 ③ 大型电动球阀或气液联动操作 ④ 不停输程控清管 ⑤ 事故自动截断 ⑥ 数字微波通信 ⑦ 计量站、清管站、阴极保护站、截断阀室共 18 座
大庆升平—龙凤		天然气	67	219			
辽河油田—本溪化肥厂		天然气	76				
辽河油田—锦州炼厂		天然气	22				
任丘—北京	1993	天然气	100	508	2.5		
新疆柯克亚油田—泽普石化厂		天然气	76				
中沧气管道	1985	天然气	362	426		6×10^8 Nm^3/a	压气首站、调压计量末站各 1 个，中间清管站 3 座
濮阳—开封	1988	天然气	149	377			
开封—郑州	1988	天然气	75	377			
濮阳—安阳	1988	天然气	104	377			
锦州—兴城	1992	天然气	48.5	324			① 我国第一条海底登陆管道 ② 单层钢管外复盖混凝土配重结构

续　表

管道名称	建成日期	输送介质	全长 km	管径 mm	最高设计压力 MPa	输送能力	特点
崖城 13-1 汽田—香港		干气	778	711.2	15.5		① 我国最长的海底输气管道，水深 100 m，深水段为 707 m，长度居世界第二 ② 材质 X-65
崖城 13-1-海南岛		天然气 凝析油	91	355.6	15.6		① 材质 X-60
陕北—北京—天津	1997	天然气	918	600	4.5	10×10^8 m^3/a	现无增压站，有清管站
陕北—西安	1997	天然气	488	426			
陕北—银川	1997	天然气	320	426			
鄯乌		天然气	298.4	457	3.5	6×10^8 m^3/a	压气站一座，清管站一座，分输站两座
塔中—轮南	正建	天然气	共计约 850				
轮南—库尔勒		天然气					
青海，海南共三条	正建	天然气	约 1 000				
云南大红山—昆明		铁矿浆	200 多				目前我国最大的矿浆管道
山西尖山—太钢		铁矿浆					
宜昌—临江萍码头		磷矿浆					
山西孟县—潍坊—黄岛	正建	煤浆	720				预计 2000 年前建成
平湖气田—上海	正建	天然气					预计 2000 年前建成
平湖气田—舟山市	正建	原油					预计 2000 年前建成
渤海西部—天津	正建	天然气 原油					预计 2000 年前建成
山西—江苏	拟建	煤浆	共计约 5 000 到 6 000				拟建
山西—湖北	拟建	煤浆					
陕北—呼和浩物	拟建	天然气					拟建
新疆塔里木—上海	拟建	天然气	约 4 200				拟建
四川—武汉	拟建	天然气	约 800				拟建

我国的能源结构与世界能源结构相比还比较落后，世界能源结构比例是：煤炭、石油、天然气、电力各占22%，43%，25%，10%，而我国分别是74%，19%，2%和5%，这种结构造成空气污染严重，热效率低。显然，在今后若干年内，石油天然气工业仍将大力发展，而且要优先发展天然气，由此推断长输管道事业也将随之有更大发展。

70年代，特别是80年代以来，我国长输管道事业有了一个大的发展，从国外引进先进技术，兴建了几条先进的长输管线，如东黄复线，库鄯线等。我国的管道工业正处在一个方兴未艾的时期，预计2010年以前输送不同介质的管道，如原油管道、成品油管道、气管道，煤浆和矿浆管道、LPG管道以及海底管道等均会得到全面迅速的发展。我国已经有了一支雄厚的管道设计、施工和运营管理队伍，今后的努力方向是进一步提高施工水平、改进输送工艺、拓宽输送领域，进一步与国际接轨，并积极参于国际竞争、寻求合作，开拓国际市场，使我国的管道工业跨入世界先进行列。

第二章　长输管道的输送工艺

管道输送工艺包括输送工艺方式、各种设计计算和工艺流程等。自动化工程人员必须与工艺设计人员密切配合，熟悉工艺过程，设备的工作原理和使用要求，才能设计出合理的自动控制方案、正确地选择和使用自动化仪表和装置、及时发现和解决运行过程中出现的一些问题和现象。

本章简要介绍输油、输气工艺的基本知识，以及输油站和输气站的工艺流程，关于工艺设备将在以后各章详细介绍。

§2-1　输油工艺

一、工艺方法

（一）等温输送、加热输送和降凝降粘输送

1. 等温输送

原油在管道输送的过程中，如果不人为地向原油增加热量，提高原油温度，而是使原油在输送过程中基本保持接近管道周围土壤的温度，这种输送方式叫做等温输送，也称常温输送。等温输送管道各站不设加热设备，故对节能、设计和运行管理带来不少益处。这种方式适用于低凝固点和低粘度的原油及石油产品等，国外原油多具这种特性，因而等温输送方式国外应用较多。我国的马惠宁线在采用降凝剂综合处理后，成为我国第一条实现全年等温输送原油管线，1992 年建成的轮库线也实现了等温输送。

原油的凝固点（及反常点）是衡量可否等温输送的依据，因为含蜡量越多，凝固点越高，因此也可用与含蜡量有关的指标作为等温输送的依据，等温输送时管道埋深处土壤的月平均温度应高于原油的凝固点。

2. 加热输送

对于高凝固点、高粘度的油品，因为其凝固点高于管路周围的环境温度，或在环境温度下油品粘度很高，若直接在环境温度下输送，要么不可能，要么管路压降太高，难以实现。因此，必须采取某种降凝或降粘措施，例如下一小节将要介绍的热处理输送、加化学药剂综合处理输送等。但目前国内用得最多也是最有效的方法是加热输送，即将油品加热后输入管路，以提高温度来降低其粘度，从而减小摩阻损失，借消耗热能以节约动能，加热输送的管道也称“热输管道”。我国生产的原油绝大部分为高凝固点、高粘度和高含蜡原油（俗称“三高”原油），因此，国内原油管道大都是热输管道。

等温输送与加热输送有几点明显的区别：等温输送中油品温度、粘度基本不变，只需克服摩阻损失（包括沿途摩擦阻力损失和局部摩擦阻力损失）和高差产生的压力能，且摩阻损失仅与流量有关，因而其管路的流量特性（管道中流量与维持流量所需压头之间的关系）如图 2-1 所示。加热输送则除了等温输送所需的压力能外，还要为升高油温补充热能，故需要加热站，而且影响热输管道摩阻损失的因素除了流量之外，还与油品粘度有关。而粘度随油温而变，管路沿途油温降落大小与流量有关，流量小降低快，反之，则慢。在流量增大时，一方面因流速增大，使摩阻加大，另一方面，流量增大，平均油温又上升，原油粘度下降，摩阻减小，这说明管道中在不同的流量范围内，油品粘度对摩阻的影响是不同的。因此，热输管道的流量特性曲线为一起伏的曲线，如图 2-2 所示。将其分成三个区，Ⅲ区的特性类似等温输送，是稳定工作区。Ⅱ、Ⅲ区的分界流量称为临界流量，管道的输送量应大于临界流量，Ⅱ区为不稳定工作区，Ⅰ区排量太小，却消耗很大压头，是非工作区。因此热输管道在临界流量下工作是不稳定的，管道运行中应注意解决。

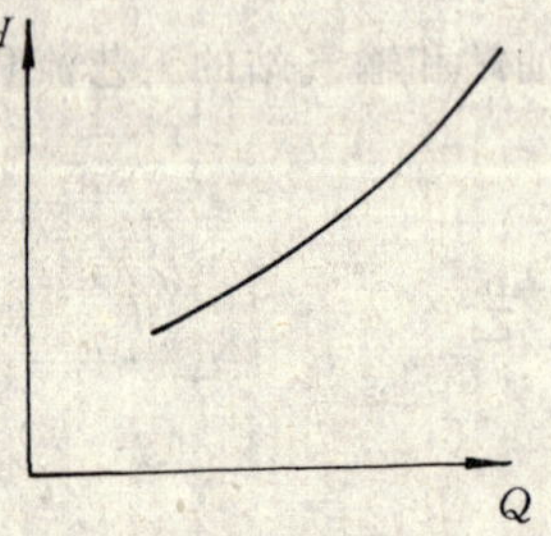

图 2-1　等温管道流量特性

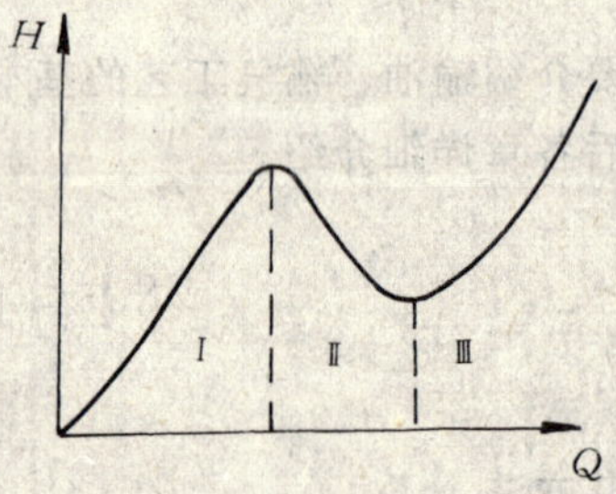

图 2-2　热输管道流量特性

3. 降凝、降粘输送

降凝、降粘的方法很多，上一小节的加热输送是方法之一，这种方法虽行之有效，但有燃料消耗大，占用设备多，事故停输后有凝结危险等缺点。近些年来，国际上已出现了许多新的方法，国内在这方面也进行了大量研究，有的已投入使用，下面作简要介绍。

(1) 热处理输送。热处理就是将含蜡原油加热到一定温度，让其中的蜡晶大部分或全部溶解，使胶质游离出来，再以一定的速度和方式冷却下来，以改变原油中蜡晶形态，从而改善原油在析蜡温度下的流变特性，达到减小管输能耗的目的。印度的纳霍卡帝亚—巴绕尼使用热处理方法实现了在地温条件下的等温输送。我国的克拉玛依—独山子管道也实现了首站一次热处理直输末站的目标，马惠宁线实现热处理输送后，年节油 15 000 t，节电近 300 万度。

目前国内外含蜡原油热处理输送工艺有两类：一类是热处理等温输送，让原油在首站热处理厂集中处理（加压、冷却、重结晶）降温到地温后进入管道，在地温条件下等温输送，例如，印度的纳霍卡帝亚管道。这种方法热处理效果好，但首站要建庞大的处理厂，投资多、工程量大，适于输送距离长、地温高的场合。另一类是自然冷却的热处理输送，将原油在首站加热至最佳热处理温度后，直接输入干线，自然冷却，当热处理温度较高时，在不影响热处理效果的前提下，经冷热油换热降温后输入管道，例如我国的马惠宁线。

(2) 添加降凝剂输送。降凝剂又叫流动改进剂或蜡晶抑制剂，是一种高分子有机化合物或聚合物。它是将加有降凝剂的原油加热到一定温度（即加剂处理温度），使蜡溶解在液相中，再以一定降温速率和方式使原油温度下降，在降温过程中，由于降凝剂的作用，使析出的蜡在重新结晶时形成低表面性晶团，悬浮在液相油中，从而改善了原油低温流变特性，与热处理输送相比效果更好更稳定。国外澳大利亚加克逊管道，我国马惠宁线均使用了这种技术。

(3) 添加减阻剂输送。减阻剂是一种长链结构的高分子烃类聚合物，美国Cmnoca公司和Arco公司先后合成了CDR－101，102及Arcoflo等油相减阻剂，并广泛得到应用，我国也在研制，也引进了美国减阻剂进行过实验。1979年美国阿拉斯加管道大规模使用了减阻剂，随后澳大利亚、美国、墨西哥、中东、东南亚的海底原油及成品油管道都使用了减阻剂。

减阻剂也是提高管道输量的有效应急措施，可以解决管道高峰负荷问题。还可以有效加大站距、减少泵站。减阻剂注入工艺设备简单，但应用中最大问题是它不耐剪切，只能在泵站出口注入，在站间管段上起作用。

(4) 稀释输送。在含蜡原油中加入石油产品，液化石油气或低粘度原油等烃类稀释剂，改善原油流变特性，混合物中蜡浓度减小，饱和温度降低，从而降低了混合物的凝固点。这项工艺在国内外已广泛使用，如美国的欣特－芝加哥管道。

(5) 水力输送。水力输送系指水悬浮，水包油和水环输送。

水悬浮或水包油乳化液输送，可以减少含蜡原油管道输压降，例如印度的一条油管道使用了水包油输送。

水环或其它低粘液环将原油与管壁隔开，并占据管壁附近的高速剪切区，从而使动阻力大幅度下降。如壳牌石油公司在美国中途岛Sunset油田一个管道使用了此项技术。我国在大庆和辽河油田作过实验研究。

(6) 天然气饱和输送。让油气在较高压力下分离，使一部分天然气溶解于原油中，从而降低原油粘度，改善流动性能，在俄罗斯应用较多。

(7) 伴热保温输送。一种是电伴热再加保温层，另一种是热载体内或外伴热再加保温，这种方法较适于短距离输送。

(8) 振动筛剪切输送。借助于振动筛的机械剪切作用改善原油的低温流动性能。俄罗斯已有振动筛专利。

(9) 热裂解和脱蜡处理输送。热裂解适于处理高粘原油，脱蜡处理适于含蜡原油。经过这样的处理，原油中汽油和柴油馏分增加，重渣油减少，脱蜡原油与原始原油混合输送。

除上述方法外，目前还有研究加氢减粘、浆液悬浮和胶囊输送等工艺的。

（二）开式输送和密闭输送

1. 开式输送

开式输送也叫旁接输送或非密闭输送。它在油品进入本站输油泵之前，先经旁通管线与缓冲罐接通。每个泵站的进站压力都近似等于缓冲罐液位高度，不会发生全线压力波动，各站间输量不平衡由旁接的缓冲罐调节，这种输送方式两站间各为独立的热力和压力系统，对自动化要求不高，设计和管理容易，但旁接罐会造成轻组分挥发，浪费能源。现代的输油管线已全部采用密封输送方式。

2. 密闭输送

密闭输送也叫“从泵到泵”的输送，各中间站不设旁接罐，原油从首站进入管道直到末站进罐为止，一直在不和大气接触的密闭状态下输送，整个管线成为一个统一的压力和热力系统，对自动化程度和全线集中监控要求较高。不仅大大减少了轻组分挥发，还可以节省输送动能。但存在水击问题，需要全线的水击检测与保护。

现代的管线均为密闭输送方式，如我国近些年建成的铁大线、东黄复线、库鄯线等。

（三）顺序输送

顺序输送是指在同一条管道内，按照一定顺序输送不同种类的油品，也称为“交替输送”或“批量输送”。

顺序输送多用于成品油管道，因为炼油厂生产多种规格的油品，不可能为一种油品建一条管道，那就投资过大。国外还有顺序输送原油的管道，我国已有少量成品油管道采用了顺序输送，如青藏管道，国内已有对原油管道采用顺序输送的要求。

顺序输送管道中，经常周期性地更换输油品种，所以它比输送单一油品管道的首、末站要建造更多的油罐，以调节供油、输油、用油之间的不平衡。顺序输送管道内，两种油品交替时，在接触界面处将产生混油段，这段混油不符合产品质量指标，造成混油损失，因而在管道末端一般还须建造专门的混合罐。混油可以降级使用或重新加工，也可以和纯净油调合，达到指标要求后送往用户。

如何准确确定混油界面、混 油量、减少混油量是顺序输送要解决的一个重要问题。目前减少混油量的方法有多种，其中一些方法是在管道设计阶段就应考虑的，有些是在输送过程中应采取的措施，有些是在输送前应采取的，如不同油品间加隔离塞、隔离球（清管球）、隔离液等等。

可以想像，顺序输送中批量管理问题要比输送单一油品的管道复杂得多。

（四）增加管道输量的方法

所谓增加管道输量，是指当油田产量增加时，如何在原有管道基础上采取措施，提高输量。它与建设新管道提高输量是不同的概念，常见的增加输量方法有以下几种。

1. 添加减阻剂增加输量

在整个管线或仅在几处流量瓶颈的管段注入添加剂，可以增加一定的输量。这种方法简单、工程投资少、见效快，但增加输量的程度有限。另外，由于减阻剂价格较高，因此只能做为一种临时措施。常规的提高输送能力的方法是下面的两种。

2. 倍增泵站

这种方法通过对泵站输油泵组合或改造，来适应排量的增加。对于并联式泵，可以增加并联泵的台数，泵站排量增加，扬程不变。对于串联式泵，情况稍复杂，因为提高输送量后，泵的工作点向外移，有可能因扬程不足，实际上不能提供所要求的排量；即使满足排量要求，工作点则有可能脱离最佳效率区，这就需要更换输油泵或泵叶轮，增加并联泵机组等方案。

倍增泵站的方法需要增加动力消耗，但能减少热能损失，在一定条件下建设较快。

3. 敷设副管

增设副管使管路特性加以改变，再辅以输油泵的串联或并联改造来增加排量。这种方法既然要增设副管，也要对泵站进行类似倍增泵站法的改造，工程量大，节省动力但多耗热能。

在要求更大的提高输送能力时，可采用既倍增泵站又敷设副管的综合方法。

（五）管道的调节

管道正常输送时，沿线各点流量相等，且各点流量和压力不随时间而变，这种流动状态称为稳定流，对应的工况称为稳态工况。工况是依输送量和压力来反映和改变的，实际中工况常受到干扰或人为地要求改变。管道调节的任务就是如何减小干扰对稳态工况的影响或尽快使系统由一种稳态工况过渡到另一种稳态工况。

管道中因某些故障，如停电、停泵、阀门突然关闭等引起的工况变化十分剧烈，属不稳定流和不稳定工况，对密闭管道会产生水击，这方面的问题属压力保护问题，将在下一小节介绍。

管道调节分为输送量调节和压力调节两类。

1. 输送量调节

收发不平衡，季节变化等往往人为要求改变输送量，注意输送量调节与前面讲到的增加输送量不是一个概念，前者是在管道正常输量变化范围内的调节，是通过改变已有设备的状态、组合或参数来调节输量，不需增加设备。而增加输量是指原管道的最大输送能力已不满足要求，怎样解决扩大输送能力的问题。输送量的调节方法有以下三种：

(1) 大小泵搭配。这种方法要求各泵站选配不同规格或扬程的输油泵，根据输送量的大小，开动需要的输油泵机组。对并联工作泵站，各泵规格相同，靠变动泵的运转台数来调节输送量。对串联工作的泵站，用不同扬程和功率的泵，组合成不同的泵站特性曲线。

也可以使用一台泵配备几种不同的叶轮，提供不同的泵特性。根据输送量的变化，还可以各泵站开不同台数的泵，甚至有的泵站停开，使全线总的工作点输量与需要的输送量一致。

(2) 改变泵转速。串联工作的泵站，每台泵都可以调速。并联工作的泵站必须所有的泵机组都可以调速，才能起到调节输量的作用，这是由泵的工作特性所决定的。调速是一种效率较高的调节输量的方法，我国近几年新建管线，都使用了交流调速电动机，例如铁大线首站和库鄯线首站。

(3) 节流。节流是靠泵站出口或泵出口的阀门开度变化，改变管道阻力来调节输量的。实际上是靠阀门节流损失压头的大小调节输量，显然存在着浪费，因此，现代管线都使用改变泵转速来调节输量。

2. 压力调节

密闭输送的管道为了维持输油泵的正常工作和管道的安全输送，要求泵站的入口压力不能过低，出口压力不能过高。因为入口压力过低会使输油泵出现汽蚀现象（以后有章节专门介绍），汽蚀严重时会使泵排量下降，泵叶轮损坏。泵进口压力高、低限由泵制造厂家规定。出口压力过高会对站间管道强度产生威胁，要靠各种调节方法控制泵站出口压力不高于规定值。

对于一种特定工况，造成压力不稳定的因素有泵站机组运转台数或运转泵性能变动；输油泵调速使工况变化；原油种类变化；管道因污垢、气袋或其它原因造成一定程度的阻塞等。

压力调节解决的是稳态工况下干扰的问题，不包括前面讲的输送量调节引起的人为工况变化，也不包括剧烈工况变动，如突然关泵，停电等引起的水击等。

压力调节也称稳定性调节，通常是自动调节，调节方法有：

(1) 改变泵机组转速。在采用改变泵机组转速调节输量的管道，可以顺便借用调速方法来实现压力调节。

(2) 节流。它是人为在调节阀上造成液流压能损失，以调节阀后压力的大小。一般情况下调节压力的时间不超过全部输送时间的3%～5%，调压幅度不大于一台泵机组扬程的10%～25%，这时使用节流法调压是非常合适的。目前密闭输送管道除了少数靠改变泵转速调压外，绝大多数是使用节流法。

节流法调压的泵站，通常把调节阀装在泵站出口管道上，这样既可以控制出站压力，又可以控制进站压力，流程简单方便。这种流程要求泵的排出管汇比站间管线有较多的强度裕量，因为调节阀前压力总是高于后面的压力。如果节流使站内汇管产生高压达到规定值时，应关闭一台泵，降低压力，同时减少输送量。

对节流调节机构的要求为：符合所需调节特性；反应灵敏，开关时间短；经常处于全开位置，全开时压降小；噪音小，可靠性好。可以用于输油管道的调节阀有直通双座调节阀和调节球阀，前者在长输管道中已逐步淘汰，目前用的最多的是球阀，其阀心有O型（也称全球型）和V型两种。关于阀的内容后面章节还有详细介绍。

(3) 回流。回流可以单泵也可以全泵站进行。大型输油泵的特性曲线比较平坦，为了调节不大的压力就需要大量的回流，因此浪费能量比节流法还大。

（六）压力保护

压力保护是针对不稳定流或不稳定工况的，例如某泵站突然停电引起泵的停转，阀门突然关闭等引起的工况剧烈突然的变化，这时管道中压力急剧变化，可能危及管道及设备的安全，这种不稳定状态叫水击，对水击应当采取压力保护措施。常用的保护措施有以下几种。

1. 泄放保护

它是指在管道的一定地点安装专门的泄放阀门，在出现水击增压波时通过阀门从管道中泄出一定数量的液体，从而削弱增压波，防止水击造成危害。

泄放阀应设置在可能产生水击增压波的地点，即各站的入口端，这样当某泵站突然关闭时，装在该站进口侧的泄放阀将立即开启泄放，泄放出的液体排至储罐中。

当出站口安装调节阀时，输油泵出口至调节阀之间的管道会因进站压力增加或本站调节阀节流使压力上升，为防止压力超限，通常在这段管道上安装安全阀，压力超限时安全阀打开，将一部分原油回流到主泵入口侧。此外，压力超限时还配有自动关泵程序。

2. 调节性保护和停泵保护

各泵站出口侧设置调节阀，可在中间泵站关闭，管道减量越站输送时，保证泵站工作条件。也可以在上游泵站减少运转泵台数或全关闭从而向下游传播降压波时，下游站及时节流，避免管道断流，并使下游泵站相应减少运转泵台数或全部关闭。

泵站输油泵出口至调节阀之间的管道会因进站压力增加或本站调节阀节流使压力上升。为了防止压力超限，应在此段管道上安装安全阀，同时在压力超限时能自动关泵。自动停泵程序包括顺序停泵和同时停泵两部分。当调节阀上、下游管道压的压差（上游压力高）超过一台泵的压力时，就执行顺序停泵程序，直到阀前后压差小于一台泵的压力为止。若上述程序失灵，阀上游压力继续上升，超过阀的额定压力等级时，则执行所有泵同时关闭程序。顺序停泵程序是由压力检测仪表发出信号经站控系统向电力控制系统发出停泵指令。

3. 超前保护

超前保护是在产生水击时，由设在管道控制中心或首站的水击控制系统迅速向其它泵站发出指令，各站采取相应措施，以免造成危害。超前保护要求管道全线是自动化控制。

当某个站的阀或泵全部关闭时，则令上游各泵站按照调节阀节流，关闭一台泵，关闭二台泵……的顺序动作，同时令下游泵站也按照调节阀节流，关闭一台泵，关闭二台泵……的顺序动作。首站突然关闭时，则令下游各泵站依次关闭。如果泵站装有调速泵机组，则可在调节阀节流和关闭一台泵两动作之间，增加泵机组降速动作。上述各动作都有一定的压力给定值作为动作指令。当各泵站采取某种动作后已使管道保持稳定状态，则可不再继续执行下一步保护动作。

压力检测仪表数据的分析，以及向各站发出的保护动作指令，都由控制中心计算机来承担，在控制中心计算机和站控系统中存有事先编制的保护动作程序。

4. 管道增强保护

如果以产生水击时未采取任何保护措施情况下管道中的最高压力作为管道强度设计的计算压力，并据此确定管道的壁厚，则仅依靠管道强度即可承受水击压力，不必采用其它水击保护措施。这是早期管道采用的方法，对大口径长距离管道是极不经济的。

二、输油站的工艺流程

输油站的工艺流程，是指油品在站内的流动过程，把这个过程用图线表示出来，就得到工艺流程图。从工艺流程图可以知道输油站具有的各种设备和主要管件，还可以了解在不同条件下所进行的输油操作过程。工艺流程图对施工、输油管理及系统出故障时的分析很有用。

工艺流程的设计原则是：能满足各种情况下的输油操作，并有一定的先进性；流程尽量简单，即尽量少用阀门和管件，连接管线尽量短。

1. 基本操作及其流程

按照国产设备的特点及多年积累的生产经验，并且为了适应管线建成后试运投产、正常输油、停输再启动三个生产过程的要求，工艺流程中一般应能进行下列操作。

(1) 来油与计量。对于管道经营者，来油计量及末站发油计量十分重要，关系到产品交易和经济核算等。我国目前管理体制不同于国外，许多首、末站上计量系统没有安装或装上也没有使用，随着经济体制改革的深入，这种局面将会改变。其操作流程是：

来油→流量计→阀组→罐

(2) 站内循环或倒罐。站内循环用于投产前输油泵试运转和加热炉烘炉。在使用新型衬里材料加热炉，并且输油泵制造厂能在泵出厂前做好泵的试运转工作情况下，站内循环流程可以取消。站内循环是我国输油站独有的，国外一般不设站内循环流程。倒罐在罐维修等情况下使用，其流程如下：

罐→泵→炉→阀组→罐

(3) 正输。正输是指上站来油经本站输往下一站。其流程是：

罐→阀组→泵→炉→阀组→下站　　开式输送

或者是

上站来油→阀组→泵→炉→阀组→下站　　密闭输送

(4) 反输。反输是指下站来油经本站送往上一站。反输操作一是为了投产前热水预热管道，二是在末站原油出路不畅通，储管装满或首站原油不足，被迫借正，反输是维持管道最低输量时采取的应急措施。在没有更好的防凝和预热方法以前，保留反输操作是必要的，但不必每座泵站都有反输流程。国外输油站不设反输流程。有个别管道，可能用来反输进口原油，这时个别站的流程可能要略加改动。反输流程如下：

下站来油→阀组→泵→炉→阀组→上站

(5) 越站。越站分为全越站，热力越站和压力越站三种情况。热力越站是指油流不经加热炉。压力越站是指油流不经输油泵。若油流既不经输油泵也不经加热炉，即压力和热力都越站时，称全越站。当一个站发生故障、火灾或者在夏日温度较高季节时，会用到全越站、热力或压力越站操作。其流程分别为：

全热站：上站→旁通管→下站

热力越站：上站→阀组→泵→阀组→下站

压力越站：上站→阀组→炉→阀组→下站

(6) 收发清管球（器）。狭义的清管操作是指对管道内进行清除的操作，一般在管线敷设完毕进行水压试验前用清管球（器）将管道内石块、手套、泥沙等杂物清除出去，或在管线工作一段时间后清除结腊及其它沉积物。广义的清管操作除包含狭义操作外还包括顺序输送中油品的隔离（以减少混油量）；在管道充水或排水时控制水头；检查管道的凹陷、扭曲、裂缝与过度腐蚀；为管道内壁做防护层等。清管器具可以是球状或其它形状，在清管球（器）内还装有各种仪器，以实现不同操作目的。

首站仅有发球操作流程。中间站既有发球流程又有收球流程，中间站由收球装置收到上站发来的球以后可以取出，也可以由发球装置再发往下一站。末站只有收球流程。收、发球流程如下：

发球：罐（或上站）→阀组→泵→炉→阀组→发球筒→下站

收球：上站→收球筒→罐（或下站）

需要提及的是：上述六个操作流程并不是每一个生产过程都使用，也不是任何一个泵站都需具备，视管道及泵站具体情况而定。某些只在试运转中暂时使用的流程，例如反向发收清管器等，可安装临时管道解决。另一点要说明的是，上述流程并非一成不变，事实上现在的密闭输送管道，许多都采用了“先炉后泵”的工艺，即先加热、再加压，可以提高泵效，节约能源。

了解上述六个操作流程后，就不难看懂下面给出的首站、中间站和末站的工艺流程图。

2. 泵机组的工艺流程

泵机组包括给油泵机组和输油泵机组（主泵机组），是泵站的主动力设备，这两类泵机组的先后连接关系及每类泵机组中各泵的串联或并联连接关系称为泵机组的工艺流程。

(1) 泵机组工艺流程的分类。泵机组的工艺流程有如下两种类型

给油泵（总是在前，若多台，总是并联）→输油泵串联（离心泵串联，往复泵不能串联）

给油泵（总是在前，若多台，总是并联）→输油泵并联（离心泵，往复泵均可）

大型离心式输油主泵需要正压进泵，故泵前装有辅助增压泵，也叫给油泵。由于正压要求不高，但排量要求大，故给油泵一般为多台并联，每台扬程相同，扬程大小由主泵总排量确定。

(2) 输油主泵串、并联工作的选择。密闭长输管道一般采用离心泵（其原因在以后章节会讲到），离心泵可以串联也可以并联工作，其选择方法如下：

① 从长输管道用泵的发展状况来看，采用串联较合适。长输管道路径长，沿程摩阻、局部阻力之合较大，采用多级泵虽然压头高，但效率低，而且较复杂。因此，发展出中扬程、大排量、高效率的单级泵，将其串联就可满足压头要求，且又能保证高效和节能。

② 在以克服摩阻为主的管道（或某一段）以串联为好。在以克服摩阻为主的管道（或某一段），其管路特性为斜升曲线，如图 2－3 和图 2－4 的曲线①所示，流量小时，摩阻减小，压

头也减小，因此在改变输量时（特别是投产初期或输油量不满负荷时），只要增或减泵，即可调节输量，而且泵仍运行在高效区，如图 2-4 所示。这比用节流法调节输量要优越。

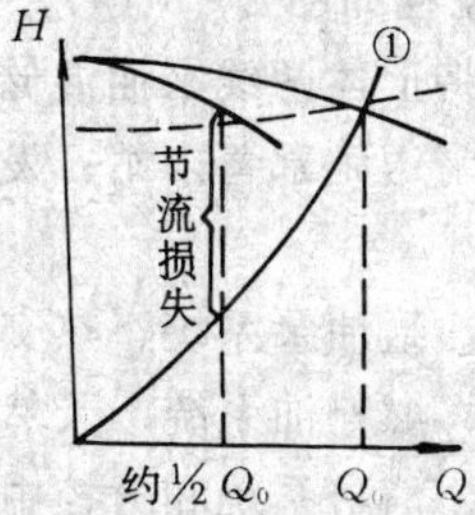

图 2-3　泵机组的并联特性

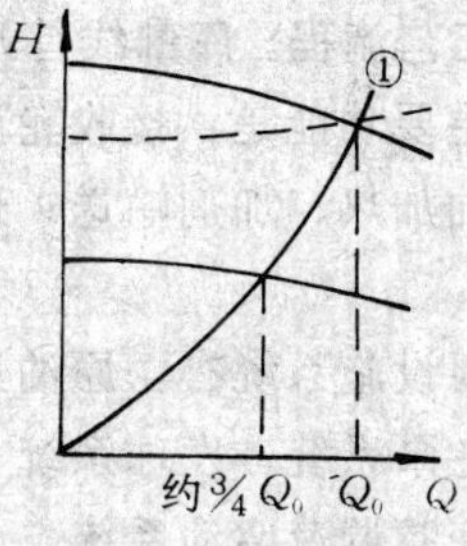

图 2-4　泵机组的串联特性

若在克服摩阻为主的管道中采用并联泵，由于各泵压头相等，在需要改变输量而增或减泵时，泵组特性基本不变，要减量输送时，主要靠节流才能达到目的，这就造成能量浪费，如图 2-3 所示。

③ 在高差为主的管路（或管段）中，以并联为好。高差为主的管路，其管路特性比较高而平直，如图 2-3 和图 2-4 的虚线所示。若串联工作，在改变输量时，例如减量，则要减泵，这时压头大大下降，以至难以克服高差。而并联工作时，改变输量增减泵时，压头变化不大，但输量能明显变化，保证了管路特性要求，且不必引用节流而造成额外能量损失，如图 2-3 所示。

④ 从输油的可靠性和安全性来讲，以串联为好。泵串联工作时，每台泵的进出口阀之间装有一个单流阀（单向阀、止逆阀），当某站突然停电、泵故障或维护停运时，单流阀会自动打开，保证介质输送的连续性，大大提高了输油的可靠性。在线路阀门或下游某站故障，造成本站超压时，可以根据情况停止某一台或几台泵，以减小压头，这既保证了安全，又保证了输油的连续性，也便于自动控制。

3. "先炉后泵"或"先泵后炉"流程的选择

泵站工艺流程中，若先加热再加压称为先炉后泵，反之称为先泵后炉。这两种流程各有优缺点。

（1）先炉后泵：

① 进泵原油温度高，能使泵效提高。但油品温度高，对泵的吸入条件不利，控制不好，有可能会因油品汽化造成泵的抽空。

② 炉子承受低压，因而承压要求相对低，省钢材又安全。

③ 泵的吸入管路加长，摩阻增加，影响泵的吸入条件。但对密闭输送，利用上站余压会保证泵的吸入条件要求，若有辅助增压泵，将其置于炉子之前，则更为理想。

（2）先泵后炉。先泵后炉方式不具有先炉后泵方式的前两个优点，但旁接输送时，泵的吸入管程短，有利泵的工作。

由以上几点可以看出，在采用旁接输送工艺时，以先泵后炉为宜，密闭输送时采用先炉后泵为好，例如东黄复线，库鄯线都是密闭输送，都采用了先炉后泵工艺流程。

4. 各站的工艺流程图

不同的输油管线，由于输送介质特性、设备、输量、管线特性及各种技术要求不同，其输油工艺、输油站工艺流程都各有特色，这儿以库鄯线各站工艺流程为例加以介绍，只要了解了前面所讲的输油工艺方法就很容易读懂工艺流程图。

(1) 首站工艺流程。库鄯线首站在新疆库尔勒，其工艺流程如图 2-5 (a)，(b)，(c) 所示。该首站的主要功能是：接收轮库线、轮库复线的来油；将上述两线来油混储于三个储罐中；冬季将原油加热、加剂输送；通过给油泵和主泵将原油泵送到鄯善末站；发送清管器至马兰中间站。

首站的主要设施系统有：原油进站系统、原油储罐系统、给油泵系统、热交换系统、加剂系统、输油主泵系统、发球系统、原水系统、水处理系统、燃料油系统、天然气系统、蒸汽锅炉系统、变频调速驱动系统、电气系统、污水处理系统、消防系统和分控中心。

首站的工艺过程描述如下：从轮库线（LUN－KU PIPELINE）及其复线按一定比例输送来的原油经流量计量系统，进入首站，并经分析成套装置（图中未画出）检测其密度、粘度后，混合储存于 3 个 5×10^4 m^3 浮顶油罐（110－T－101/102/103）中。罐中原油经给油泵（110－P－101 A/B/C，并联）泵送到热交换器（110－E－104）。热交换器有两段，第一段是原油预热器（110－E－104A/B），它对未加剂原油进行预热，将加剂原油的热量回收。第二段是原油换热器（110－E－105B/C），它将预热后的原油通过蒸汽加热到 55℃，以满足加剂要求。从换热器出来的原油是通过降凝剂注入系统按需要的比例注入降凝剂，使原油物性满足输油工艺要求后，通过主泵（110－P－102A/B）将原油加压后从发球筒（110－L－101）的旁通线（清管状态下经过发球筒）输送到下一站。

阀 FV－1001 为再启动回流流量调节阀，它是在管道停输时间较长或其它原因造成停输再启动时管道流量太小的情况下，在保持再启动压力（即调节阀上游压力，也就是出站压力）恒定的前提下，把主泵泵送出来的大部分原油通过节流调节降压后回流到储油罐 110－T－103 中去，随着管道流量的增大，调节阀逐渐关闭。

阀 110－TV－1002 为冷热油掺合温度（出站温度）调节阀，当出站温度低于设定值时，开度加大，旁通一部分经换热器加热的温度较高的原油直接出站，增加出站温度。反之，开度减小，将出站温度降到设定值为止。110－XV－1001 为出站阀，110－XV－1006 为热交换系统旁通阀。

(2) 中间站工艺流程。库一鄯线一期工程年输量仅为 5 Mt，采用库尔勒首站一泵到底的输送方式，因此，它的第一个中间站（马兰中间站）目前实际上为一个清管站，仅设清管器收、发装置各一套，其工艺流程图如图 2-6 所示，实际上，若中间站为热泵站时，许多工艺与首站是相似的。

该站的功能是：通过收、发装置的手动操作接收从首站发送来的清管器和将清管器从本站发送到下一站。

(3) 减压站工艺流程。库一鄯线有一个中间站是减压站，位于觉罗塔格，该站的工艺流程如图 2-7 所示，该站的主要功能是：通过减压阀节流，消耗管道最高点至下一站进站间的多余落差位能（即用两点间的落差位能克服该管段内的摩阻损失后尚多余的部分），从而保证翻越点正压运行，并防止翻越点至减压站间管道内出现不满流现象；在管线停输时，减压站关断，以避免最高点与减压站之间出现空管而不利于停输后再启动；收、发清管器；当减压站进站压力超高时，通过水击泄放系统向减压站下游管道泄压，以保证管道不超压。

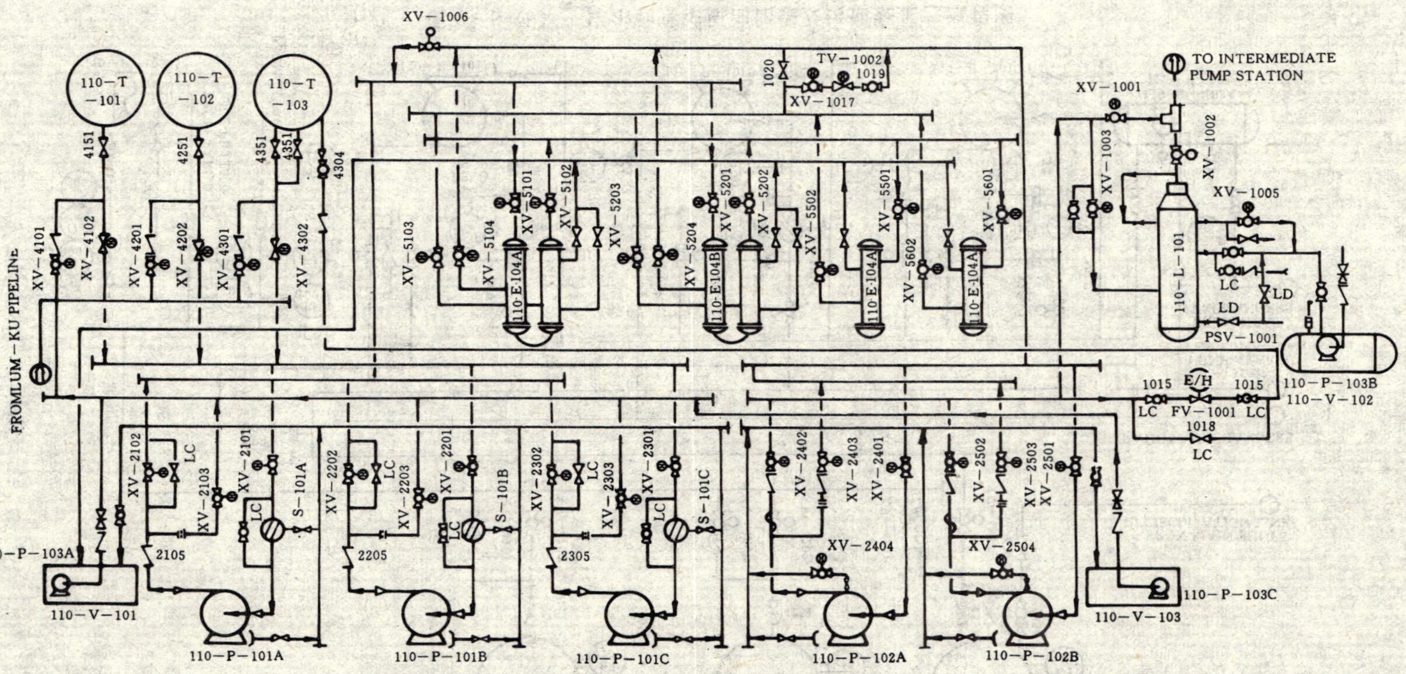

图 2－5（a） 库尔勒首站主要工艺流程图

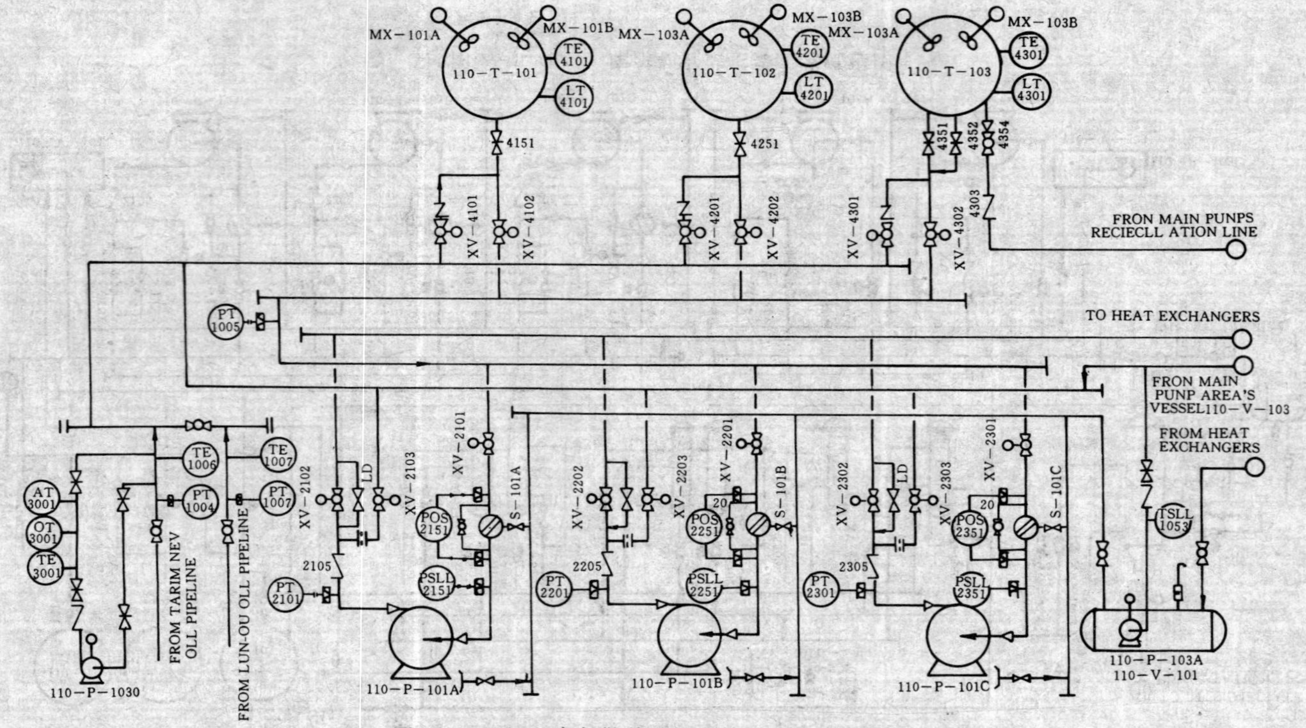

图 2－5（b）　库尔勒首站原油储罐及给油泵工艺流程图

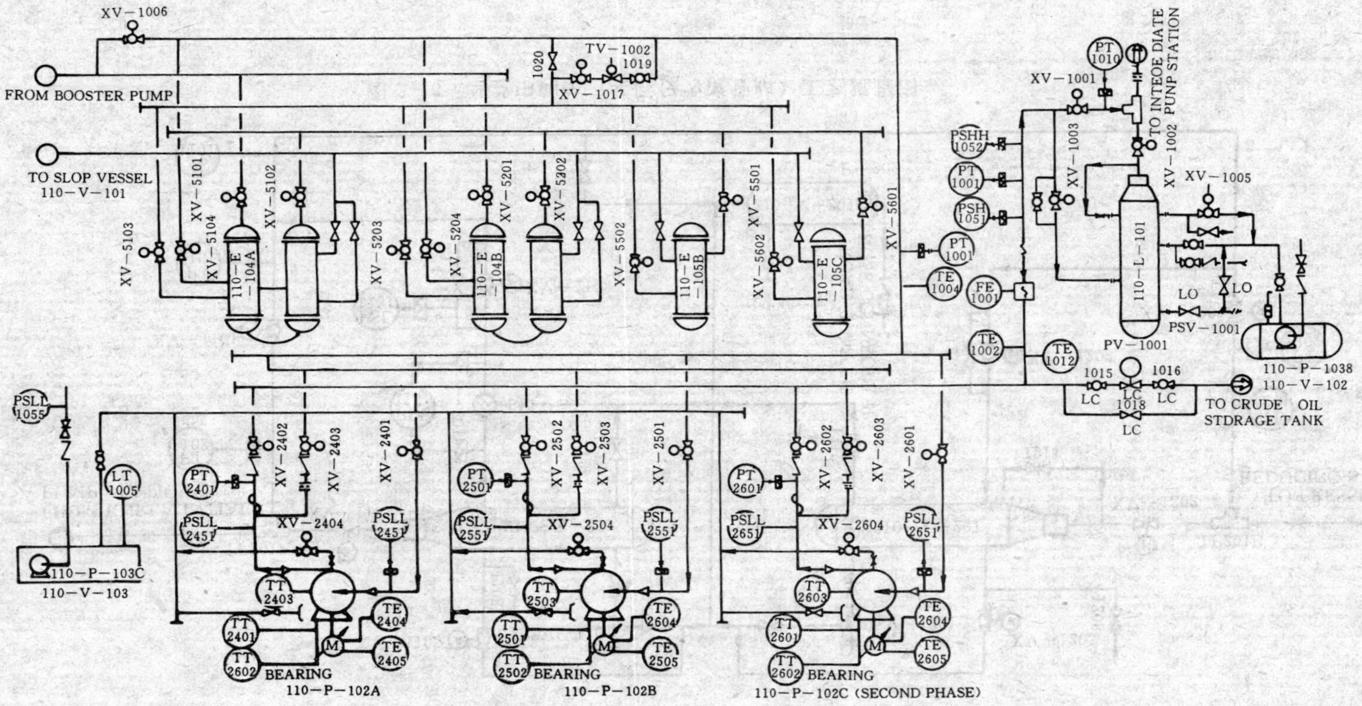

图 2－5 (c)　库尔勒首站输油主泵及出站工艺流程图

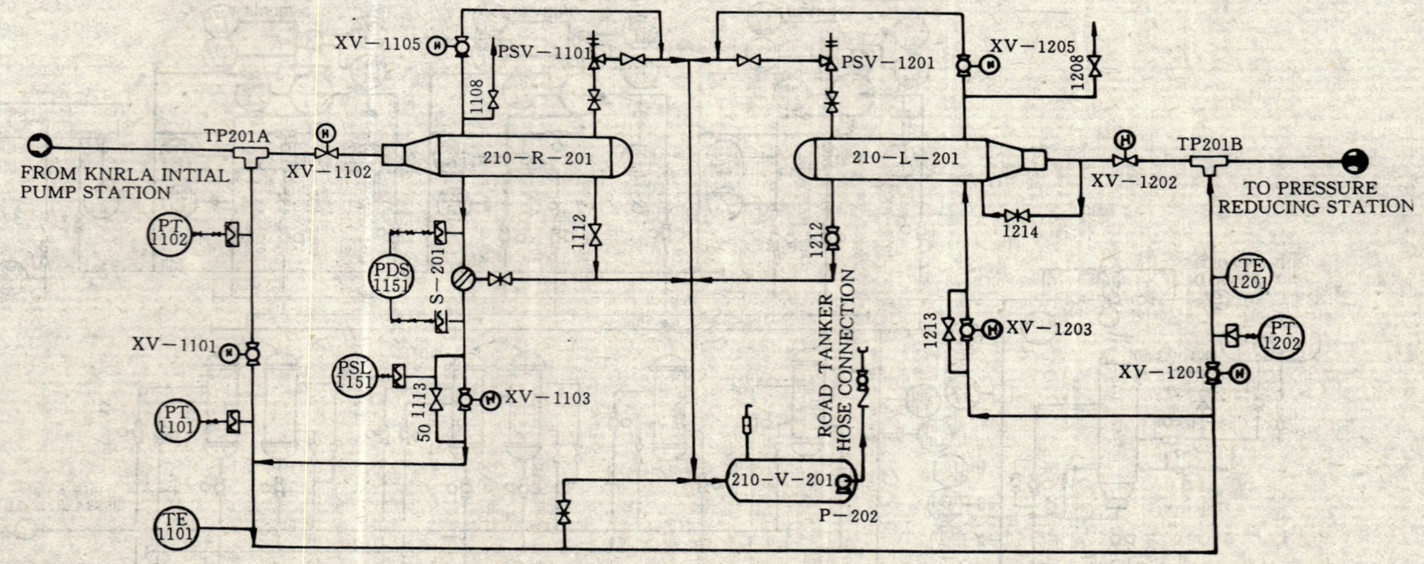

图 2-6　马兰中间站（实际仅为清管站）工艺流程图

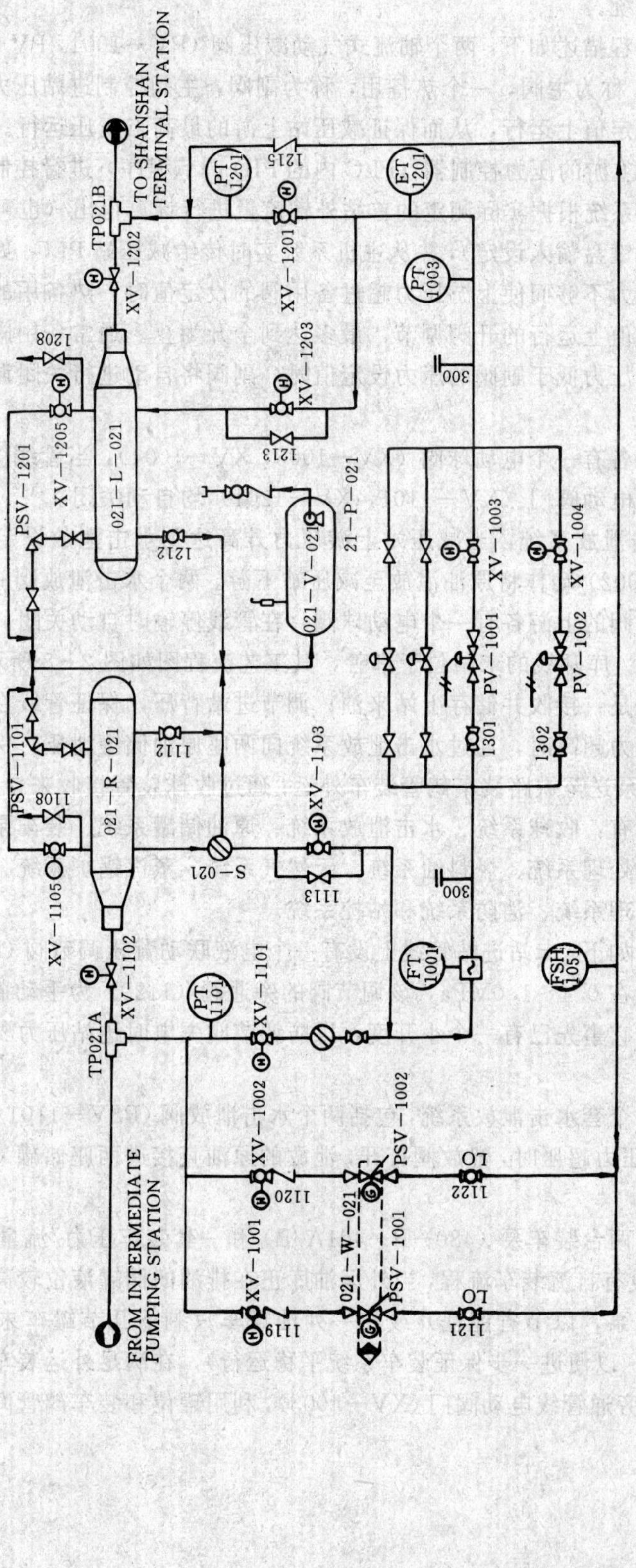

图 2-7 觉罗塔格减压站工艺流程图

该减压站的主要设施系统有：收、发球系统，水击泄放系统，减压阀及仪表风系统，柴油发电机系统，站控系统。

该减压站的工艺过程描述如下：两个轴流式气动减压阀（PV－1001，PV－1002，实为压力调节阀），一个运行，称为主阀，一个热备用，称为副阀，主阀控制进站压力，使进站压力保持在大于或等于其设定值上运行，从而保证减压站上游的最高点正压运行。通常只有一个减压阀运行，并通过其上游的压力控制器（PLC 内的 PID 调节程序）进行控制。上游压力调节器设定值由 SCADA 系统根据实际测定的首站外输流量进行计算得出（也可由分控中心调度员在监控终端上通过键盘输入设定），并从主机系统实时传给减压站 PLC。如果因阀故障或因调节过量，或流通能力不够而使上游压力超过备用阀的设定值时，热备用的减压阀自动投运，进行其保持在设定值上运行的开阀调节，最多达到全开为止。通常备用阀的压力设定值略高于主阀。一旦上游压力低于副阀的压力设定值时，副阀将自动进行关闭调节，最多达到全关为止。

每个减压阀的下游各有一个电动球阀（XV－1003，XV－1004），当管线停输时，这两个阀门及进出站流程上的电动阀门（XV－1101，XV－1201）均自动关闭。

该站还有一套水击泄放系统，当减压站上游压力升高达到水击泄放设定值时，泄放阀（PSV－1001，PSV－1002）动作将原油泄放至减压站下游。两个水击泄放阀一个运行，一个备用。在每个水击泄放阀的上游各有一个电动球阀，在管线停输时自动关闭。

（4）末站工艺流程。库鄯线的末站位于鄯善，其工艺流程图如图 2－8 所示。

该末站的主要功能是：接收并储存上站来油；调节进站背压，保证管线在“充装”状态下平稳运行；当进站压力超高时，通过水击泄放系统向两座原油储罐泄压，保证管道安全运行；通过装车泵将原油泵送至铁路装车鹤管装车外运；通过收球装置接收来自上站的清管器。

该末站的主要设施有：收球系统、水击泄放系统、原油储罐系统、装车泵系统、装车栈桥系统、原水系统、水处理系统、燃料油系统、天然气系统、蒸汽锅炉系统、电气系统、柴油发电机系统、污水处理系统、消防系统和站控系统。

该末站的工艺描述如下：末站进站管线上设有一个电液联动背压调节阀（PV－1101），将管线进站压力调节稳定在 0.4～1.0MPa，该调节阀的旁通阀（1129）为手动截止阀，也具有一定的压力调节功能（它事先已有一个小开度，以防调节阀失电时进站压力骤然升高而导致泄放）。

进站管线上还有一个套水击泄放系统，包括两个水击泄放阀（PSV－1101/1102），一个运行，一个备用。当进站压力超压时，泄放阀打开，泄放的原油直接进两座储罐（410－T－407/408）。

铁路装车系统设有两台装车泵（480－P－401A/B）和一套装车压力/流量调节系统（FV－2001）。装车系统还设有自流装车流程，当外运油库正在排油的储罐液位较高且外运量较少时（此时不需要启装车泵，以节省能耗）或在一列油罐车只剩下几节罐车未装满的情况下（此时应先停掉装车泵，以便进一步保证装车系统平稳运行），在满足外运装车时间要求的前提下，通过打开装车泵旁通管线电动阀门（XV－4003），利用罐位和装车鹤管间的位差实现自流装车。

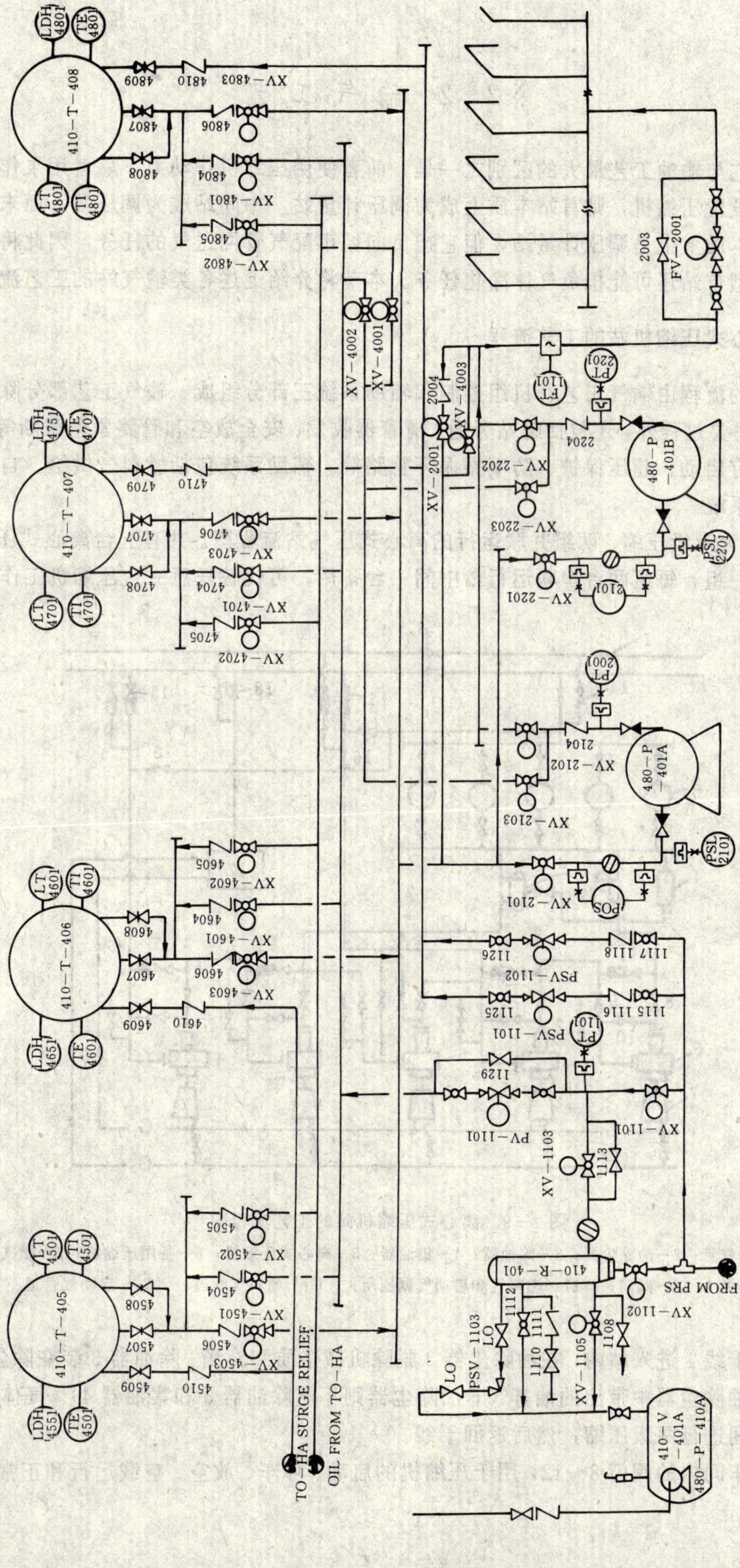

图 2-8 鄯善末站主要工艺流程图

§2-2 输气工艺

输气工艺与输油工艺最大的区别之一是，前者使用压缩机作动力，后者用泵作动力。若输气站内不设置压缩机，则首站本质上成为调压计量站，中间站成为调压站。而末站一般不设压缩机，本质上也是调压计量站，但它担负向城市配气管网送气的任务，因此将末站称为配气站。大型首站还可能担负气体净化任务。本节将介绍上述各类输气站的工艺流程。

一、离心式压缩机站的工艺流程

压气站的流程由输气工艺、机组控制和辅助系统三部分组成。输气工艺部分除净化、计量、增压等主要过程外，还包括越站旁通、清管器收发、安全放空和管路紧急截断等设施。机组控制部分有启动、超压保护、防喘振循环管路等。辅助系统包括燃料气供给、自动控制冷却、润滑等系统。

图 2-9 为双级压缩、两组并联运行的离心式压气站流程图。共有五台离心式压缩机，左右各两台为一组，每组两台串联运行，中间一台备用，可代替任意一台压缩机工作。

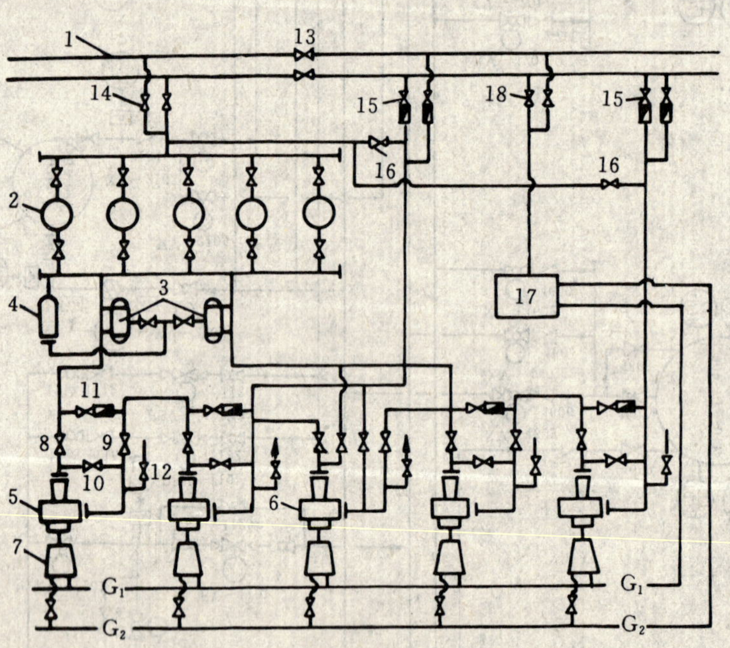

图 2-9 离心式压缩机站的工艺流程图

1—干线输气管；2—油除尘器；3—除油器；4—集油器；5—离心式压缩机；6—备用压缩机；7—燃气轮机；8～16，18—阀门； 17—燃料气和启动气调压所； G_1—燃料气管道； G_2—启动气管道

气体从干线 1 进入站内，在油除尘器 2 脱除机械杂质和液滴。除油器 3 装在除尘器之后，收集气体从油除尘器中带出的油雾（非油除尘器则不需除油器 3 和集油器 4）。气体除尘后进入压缩机车间进行两级压缩，然后返回干线。

压缩机车间内的阀门 8～12，用于压缩机的启动、停车、放空、空载运行和正常运行。阀

8，9是压缩机进出口截断阀，多数采用既能手动又能自动操纵的阀门。阀11为串联机组气体通过阀（又称转气阀），当该机组工作时，此阀处于关闭状态。阀10为进出口联通阀，供机组空载运行时，自身循环使用。阀12为放空阀，当机组启动前，从阀门8充入部分天然气，由阀12排出机组内的混合气，以保证安全。阀12亦可用于停机后放空用。

阀13～16为压缩机站与干线之间联系之用，13为干线切断阀，当压气站处于停运状态时，打开阀13，气体从干线直接通过。14为气体进站阀，15为出站阀，16为站内循环阀。阀18为站内用气进站阀。

图2-9流程图上没有表示清管器收发装置和气体压缩后的冷却装置。后者是将压缩后的高温气体冷却至一定温度再输入干线，以提高输气干线的通过能力和保护管道的防腐层免遭破坏。

二、活塞式压缩机站的工艺流程

活塞式压缩机站的工艺流程，从总体上讲与离心式压缩机站无太大的差别，但由于活塞式压缩机自身的特点，机组之间不能串联运行，只能采用并联运行。这样的压气站多数用于输气量较小、压力较高的场合。如图2-10所示，气体从干线进入除尘器1除去机械杂质后，通过除油器2进入气体发动机驱动的活塞式压缩机3的进气管汇，经压缩之后，从排气管汇回到干线。

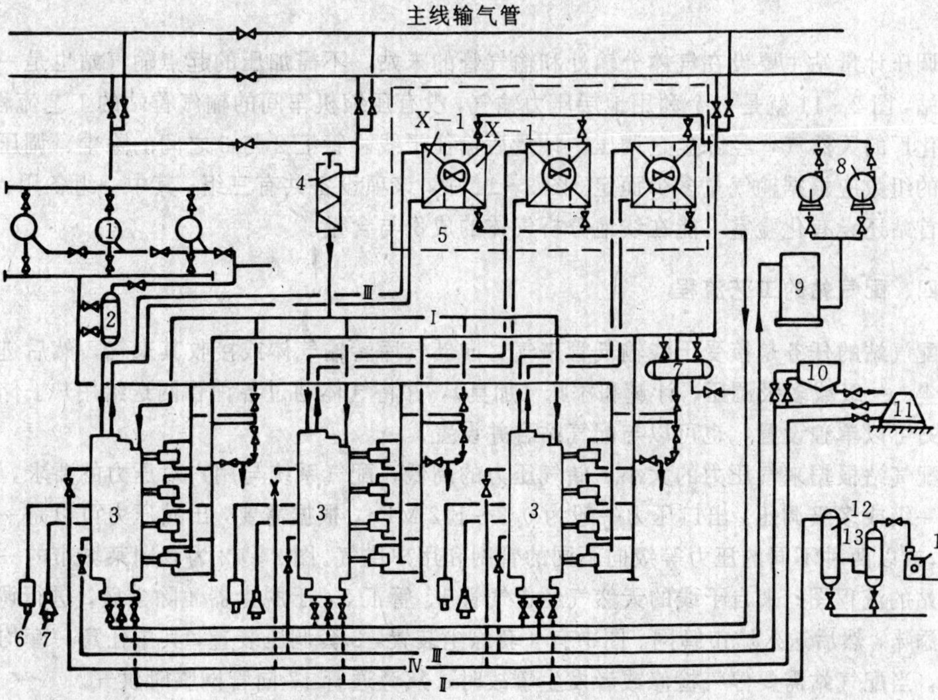

图2-10　活塞式压缩机站的工艺流程图

Ⅰ—燃料气；Ⅱ—启动空气；Ⅲ—净润滑油；Ⅳ—用过的润滑油；Ⅴ—热循环水；1—除尘器；2—除油器；3—活塞式压缩机；4—燃料气调压所；5—空气通风机；6—排气消声器；7—空气滤清器；8—离心泵；9—热水循环膨胀箱；10—油箱；11—滤油机；12—启动空气罐；13—分水器；14—空气压缩机；X—1-润滑油的空气冷却器；X—2-热循环水的空气冷却器

三、调压计量站的工艺流程

调压计量站的作用为调节天然气输送压力和测量天然气的流量。其主要设备有压力调节阀、计量装置和气体除尘器等。如果压力调节过程中，因压力下降过多造成降温过大而冻结，则在调压前需设加热装置给气体加热。

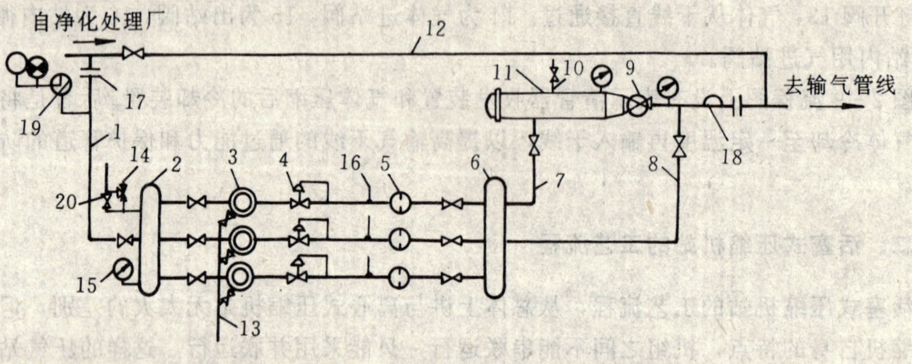

图 2-11　起点输气站的工艺流程图

1—进气管；2—管汇；3—除尘器；4—调压阀；5—流量孔板；7—发送清管器的送气旁通；8—天然气输出管；9—球阀；10—放空短管；11—清管器发送筒；12—越站旁通；13—排污管；14—安全阀；15—压力表；16—温度计；17—绝缘法兰；18—清管器通过指示器；19—带声光信号的电接点压力表；20—放空阀

调压计量站主要设在气体分输处和输气管的末站。不需加压的起点输气站也是一个调压计量站，图 2-11 就是一个利用地层压力输气，没有压缩机车间的输气首站的工艺流程图。来自净化厂的天然气，经除尘、调压、计量后输往干线。管汇 2 与 6 之间的除尘、调压、计量设备的组数应根据输气量多少而定。图 2-11 中，该项设备共有三组，其中一组备用。现代的输气首站还设有化验室，能在线地分析气体的成份与含量。

四、配气站的工艺流程

配气站的任务是接受干线输气管来气，向储气库转输气体或接收其来气，然后进行气体的除尘、一级或多级调压、计量和添味（加臭），并将气体通过各种管网送给用户。储气库的调压站可以单独设置，也可以与配气站合并设置。

配气站根据来气压力的大小，储气压力的高低，配气系统与用户对压力的要求，在站上进行一级或多级调压。出口压力一般为 0.3～1.2 MPa，根据需要，出站压力可以是一个压力等级，或以两种不同的压力等级向不同的管网和用户供气。图 2-12 为我国某城市的一级调压配气站的流程图。来自干线的天然气经进气管 1、管汇 3、于脱尘器 4 除尘后，进行调压、计量和添味，然后送入城市管网。图中有 4 套除尘装置，3 套调压装置，其中任意一套均可作为备用，当配气站需要停气检修或者发生事故时，从旁通管 17 向管网临时供气。

为了易于发现泄漏，保证用户安全，从配气站向配气管网和用户输送的气体，需要加入一种添味剂，使气体具有强烈的刺鼻的气味，一旦气体漏出，即可发现。目前应用最多的添味剂是乙硫醇（C_2H_5SH），每 1 000 m^3 气体消耗 16～20 g。

添味剂用添味器加入气体之中。按添味剂的蒸发方式，添味器可分为滴入式、灯芯式和起泡式三种，其中应用较广的是滴入式和起泡式。滴入式添味器常用于输气量不很大

（500 000 m^3/d以下）的配气站，输气量较大的配气站常采用起泡式添味器。

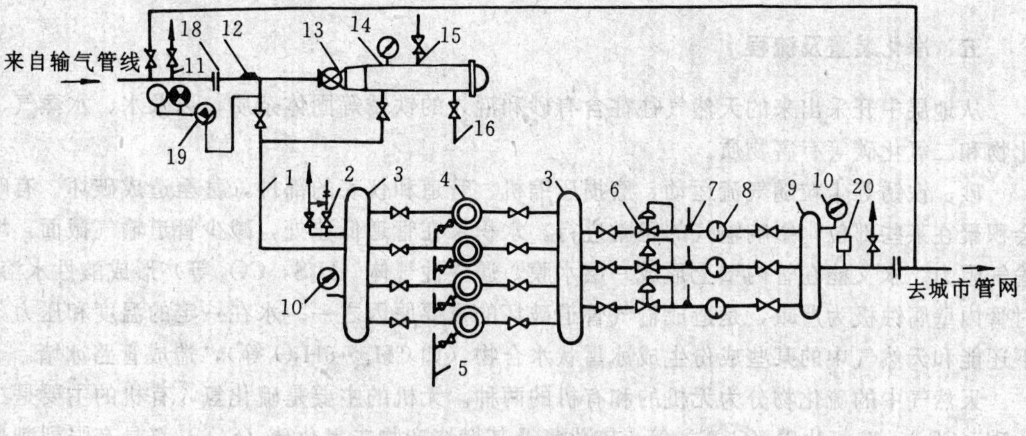

图 2-12　一阶调压配气站

1—进气管；2—安全阀；3—管汇；4—除尘器；5—除尘器排污管；6—调压阀；7—温度计；8—流量孔板；9—管汇；10—压力表；11—干线放空阀；12—清管球通过指示器；13—球阀；14—清管球接收筒；15—放空管；16—排污管；17—越站旁通管；18—绝缘法兰；19—电触点压力表；20—添味器

滴入式添味器（见图 2-13）的作用原理是由安装在输气管上的孔板 9 产生的压差使添味剂以滴状或细流状注入输气管。添味剂从浮子箱 4 通过孔板 6、观察孔 7，沿管子 8 注入输气管道。浮子箱内由浮子 3 保持着一定的液面，使添味剂在固定流量下注入，其流量可用孔板 6 测定。

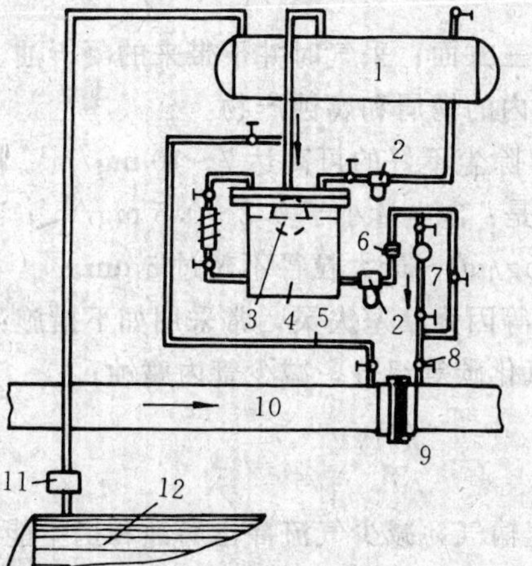

图 2-13　滴入式添味器

1—添味剂罐；2—过滤器；3—浮子；4—浮子箱；5 和 3—连接管；6—小孔板；7—观察孔；9—孔板；10—输气管；11—手摇泵；12—储罐

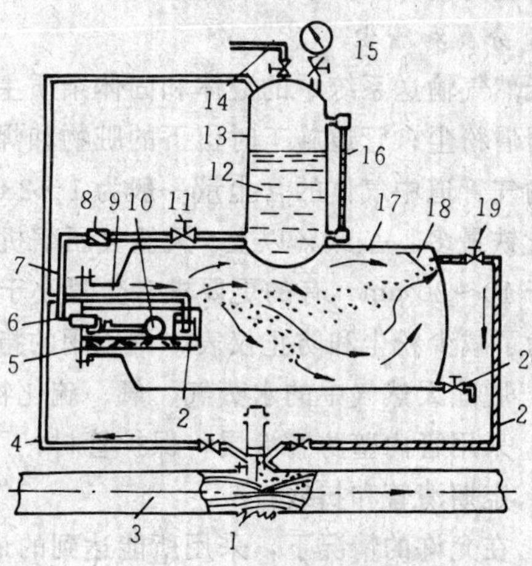

图 2-14　起泡式添味器

1—压差孔板；2—起泡室；3—输气管；4—进气管；5—液槽；6—阀；7—滴入管；8—过滤器；9—进气管；10—液面调节浮子；11—针阀；12—添味剂；13—添味剂罐；14—添味剂灌装管；15—压力表；16—液位计；17—容器；18—挡板；19—调节针阀；20—排液阀；21—排出管

起泡式添味器如图 2-14 所示，来自输气管 3 的部分气体从小管 9 进入起泡室 2，由于浮子作用，起泡室内保持固定液面，气体以气泡形式通过添味剂使添味剂蒸发，然后通过容器

17，从短管 21 进入输气管。未被蒸发的添味剂液滴沉降在容器 17 的底部，可由阀 20 排出。气体添味的程度可由阀 19 调节。

五、净化装置及流程

从地层中开采出来的天然气往往含有砂和混入的铁锈等固体杂质，以及水、水蒸气、硫化物和二氧化碳等有害物质。

砂、铁锈等尘粒随气流运动，磨损压缩机、管道和仪表的部件，甚至造成破坏。有时还会积聚在某些部位，影响输气的正常进行。水积聚在管道低洼处，减少管道输气截面，增加输气阻力。水又能在管内壁上形成一层水膜，遇酸性气体（H_2S，CO_2 等）形成酸性水溶液，对管内壁腐蚀极为严重，是造成输气管道破坏的重要原因之一。水在一定的温度和压力条件下还能和天然气中的某些成份生成冰雪状水合物（如 $CH_4 \cdot 6H_2O$ 等），造成管路冰堵。

天然气中的硫化物分为无机的和有机的两种。无机的主要是硫化氢，有机的主要是二硫化碳（CS_2）、硫氧化碳（COS）等。硫化氢及其燃烧产物二氧化硫（SO_2）都具有强烈刺鼻气味，对眼粘膜和呼吸道有破坏作用。空气中硫化氢含量大于 910 mg/m^3（约 0.06%体积比）时，人呼吸一小时就会严重中毒。当空气中含有 0.05%（体积比）二氧化硫时，呼吸短时间就会有生命危险。硫化氢和二氧化碳还是一种腐蚀剂，尤其有水存在时更是如此。含有硫化物的天然气作为化工原料很容易使催化剂中毒，生产无法进行，生产的成品质量也不好。另一方面天然气中的硫化氢又是制造硫、硫酸、化肥的重要原料，不应让它混在天然气中白白浪费掉。因此，天然气进入输气干线管道之前必须净化，除去尘粒、凝析液、水及其它有害组分。

净化的指标和要求目前尚无统一规定，各国也不尽相同。

1. 分离和除尘

天然气输送系统中的液体和固体杂质主要来自三方面：采气时井下带来的凝析油、凝析水、岩屑粉尘；管道施工时留下的脏物和焊渣；管内的锈屑和腐蚀产物。

输气管道中气体的含尘量一般为 1～2 mg/m^3，除尘不好的可高达 7～10 mg/m^3。粉尘中以氧化铁最多，占 90%以上。天然气压缩机的要求是：含尘量小于 0.2～0.5 mg/m^3；含尘粒径小于 10～30 μm，有的更要求含尘量小于 0.05 mg/m^3，最大粒径不超过 5 μm。

为了减少粉尘和防止仪表、调压阀的指挥机构等因为堵塞失灵，常采用如下措施：

* 脱除天然气中的水蒸气、氧、硫化物、二氧化碳等组分，减少管内腐蚀；
* 采用管内壁防腐涂层，保护管材；
* 定期清管和扫线；
* 在允许的情况下，采用所能达到的最低流速输气，减少气流冲击腐蚀和携尘能力；
* 在集气站、压气站、配气站、调压计量站等处安设分离器、除尘器和过滤器。脱除各类固（液）体杂质。

下面介绍几种常用的分离器和除尘器。

（1）重力式分离器。重力式分离器有立式和卧式两类，图 2－15 为重力式立式分离器。各种重力式分离器原理都基本相同，由分离、沉降、除雾和储存四个部分组成。

分离段：气体从切线方向进入分离器，在离心力作用下，气体中的固（液）体微粒初步得到分离。在另一类型的分离器中，气体从中心进入分离器，经弯头喷向伞形板，气体中的微粒被粘附而达到初步分离。

沉降段：气体得到初步分离后，由于分离器的流动截面大，气体流速降低，当气体的上升速度低于微粒的沉降速度时，气体中的微粒就会向下沉降而分离，沉降段是重力式分离器清除较大尘粒的主要阶段。

除雾段：该段中安装了捕雾器，它有两种结构，一种为板翼状，一种为网垫。板翼状捕雾器利用曲折通道，改变气流方向，使固（液）颗粒碰撞在翼板上而附着。网垫捕雾器是由金属丝或化学纤维丝编织成网，再不规则地叠成网垫，厚约 100～150 mm，网垫捕雾器主要是靠碰撞捕集油雾的。捕雾器一般能除去 10～30 μm 直径的微粒。

储存段：目的是储集前三部分所分离出来的固（液）微粒，故储存段要有足够的容积，并装有液面指示装置。储存段应避免与上升的气流接触而将沉淀下的固（液）微粒带走。

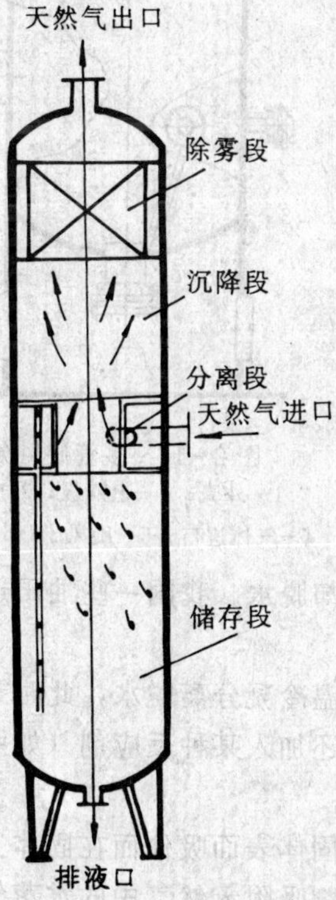

图 2-15　重力式分离器工作原理图

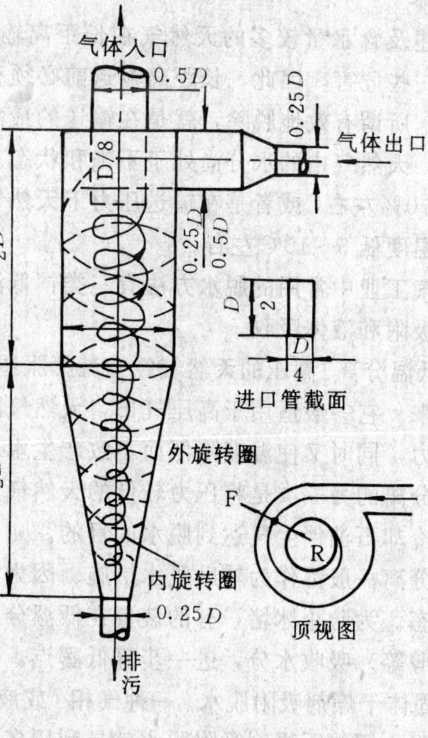

图 2-16　旋风分离器原理示意图

输气管上曾经普遍应用过立式油除尘器，其原理和立式重力分离器一样，不过内部装入了锭子油，更有利于脱除固体尘粒，它可能除去 0.1～10 μm 的尘粒，但由于其体积大，结构笨重，又要消耗锭子油，目前已很少应用。

（2）旋风分离器。又称离心式分离器，是一种处理能力大，分离效果好的干式除尘设备，结构良好的旋风分离器可将大于 5 μm 的尘粒基本除去，因而在工业上得到广泛应用。

如图 2-16 所示，气体从切线方向进入分离器，并作回转运动。由于气体和固（液）体颗粒的密度不同，产生的离心力就不同，因而密度大的颗粒被抛向外圈，并在重力作用下向下运动，从排污口排出；密度小的净化气体在内圈，并上升至出口。

（3）多管旋风分离器。多管旋风分离器基本原理与普通旋风分离器相同，它只是多个微型的旋风分离器——旋风子装在一个外壳之中。如图 2-17，气体进入筒体后，从两层隔板之间进入旋风子，在旋风子中，气体得到净化，净化的气体向上逸出，尘粒向下沉淀于容器的底部。

多管旋风分离器不但增加了分离器的处理能力，而且提高了净化程度。据国外资料介绍，这种分离器可以全部脱除粒径 8 μm 以上的尘粒，并可脱除约 50%的粒径 2 μm 左右的尘粒。由于它是一种干式的分离效果良好的分离器，因此在气体除尘上得到广泛应用。

2. 脱水

前已述及含水量较多的天然气在长距离输送过程中，常常发生一些危害，因此，长距离输送前必须有效地脱除其中水份。所谓有效地脱除，就是在输送的最高压力和最低温度下，天然气中的水分尚处于不饱和状态。相对湿度为 60%～70%左右，或者是在输送压力下天然气的露点比最低输送温度低 5～10℃左右。

天然气工业中常用的脱水方法有三类：低温分离、固体干燥剂吸附和液体吸收。

(1) 低温分离。高压的天然气经节流膨胀造成低温，让水分离出来。它一般适用于高压气田，天然气降压后仍高于输气压力，同时又使温度降低而不致产生水合物。

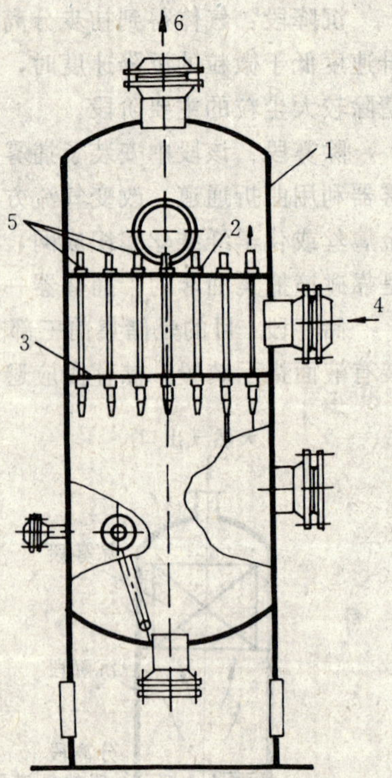

图 2-17　多管旋风分离器
1—外壳；2—上隔板；3—下隔板；4—气体进口；5—旋风子；6—气体出口

低温分离的另一类是将压力较低的天然气加压后，冷却脱水。我国一些油田还在冬季利用大气来冷却石油伴生气达到脱水的目的。

低温分离一般都作为辅助脱水措施。因为它是依靠低温冷凝分离脱水，此时天然气仍处于饱和状态。为防止冰堵，有的装置在低温分离的同时，还加入某种反应剂（如甲醇、乙二醇、二甘醇等）吸收水分，进一步降低露点。

(2) 固体干燥剂吸附脱水。一种气相（或液相）组分被固体表面吸住而在固体上浓聚的现象称为吸附。固体干燥剂吸附脱水就是利用多孔性的干燥剂吸附天然气中的水蒸气。固体干燥剂很多，天然气工业上常用的有硅胶、活性氧化铝、铝钒土和分子筛等。

硅胶主要分成为 SiO_2，颗粒状硅胶有坚硬的玻璃状的外表。分子式为 $SiO_2 \cdot nH_2O$，硅胶对极性物质的选择性很强，对天然气脱水很有利，在适当的条件下，可使气体露点达－60～－70℃。但硅胶的吸附量和气体相对湿度的关系很大，相对湿度大时，吸附容量（占干基的百分比）也高，但遇液态水极易损坏，故近年来很少单独使用硅胶大量脱水，而多和其它干燥剂组成复式干燥剂，如由硅酸铝催化剂（保护剂）、硅胶（主要干燥剂）和分子筛（再干燥剂）组成复式干燥剂吸附脱水。气流先通过硅胶层脱去饱和水，再通过分子筛脱去微量水，以达到要求的低露点。

活性氧化铝和铝钒土的主要成分都是三水氧化铝（$Al_2O_3 \cdot 3H_2O$），但后者是由铝钒土矿直接活化而成，价格便宜，主要缺点是水容量较小。

分子筛用于天然气脱水近年来有了很大发展，尤其对天然气液化前的深度脱水，该方法更有独到之处，可使露点降到$-98℃$。分子筛是一种多孔性的铝酸盐结晶，有天然的，如泡沸石，也有人工合成的。分子筛的晶体结构中有大量空腔，这些空腔由规则而均匀的其孔径为分子大小的通道相互联结着。这样，分子筛就是具有很大的内部比表面积（一般在600～1 000 m^2/g），因而具有很大的吸附能力。一定型号的分子筛的孔径（或叫“窗口”）都是一样的，只有那些比分子筛孔径小的分子才能进入分子筛的空腔而被吸附，大分子被排斥在空腔之外，从而达到大小分子分离的目的，故有“分子筛”之称。分子筛之所以成为一种十分有效的脱水干燥剂，一是水的分子直径（3.2×10^{-10} m，2.76×10^{-10} m）比通常所用分子筛的孔径小；二是分子筛对强极性分子的水具有比一般吸附剂强得多的物理引力。分子筛的型号很多，用于天然气脱水以4 A型分子筛（孔径为$4.0\sim4.7\times10^{-10}$ m）较为适合，因为4 A分子筛吸水容量较3 A高一些，价格又较3 A、5 A便宜，又具有一定的选择性，可排斥除CH_4，C_2H_6以外的烃类（两个碳原子以上的烃类和芳烃常导致吸附剂污染和结焦），延长使用寿命。

各种固体干燥剂的吸附和再生过程基本上是一样的，都是基于随温度增加而吸水能力下降的原理，其设备和工艺流程也基本相同。处理量小的可用两个吸附塔切换吸附和再生，处理量较大的可用三个或四个吸附塔。图2-18是有四个吸附塔的典型流程图。1#，2#吸附塔吸附脱水，3#冷却，4#再生，湿天然气进1#，2#吸附塔进行脱水，干气外输。同时在压力调节器前引出少量含水天然气对已再生好的3#热吸附塔进行冷却，该气再经加热后，进入4#塔，加热已吸饱水的干燥剂，进行再生。热气流被水饱和后经空气冷却器和冷水冷却器冷却，分离出冷凝液后，又与含水天然气汇合送去脱水。

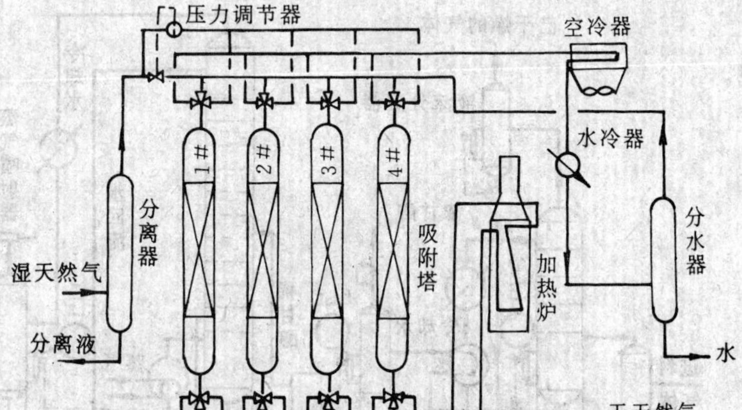

图2-18　固体干燥剂吸附脱水原理流程图

各种固体干燥剂具有不同的特点和使用条件。硅胶吸附能力很好，但遇液态水极易破碎，处理量大时又会很快失效，所以硅胶适用于处理量小而含水量不大的情况。活性氧化铝是较好的干燥剂，但活性丧失较快，特别在酸性气体较多时容易变质，需要经常更换吸附剂，成本也就增高。分子筛是高效脱水剂，特别是抗酸性分子筛，能适应含酸性气体较多的天然气的脱水。分子筛特别适用于处理量大，而且要求露点降低幅度大的情况，如天然气液化前的深度脱水，在处理量小，露点降低要求不多的情况下就失去了它的优越性。

(3) 液体吸收法脱水。最早采用的液体脱水剂是甘油，随后是氯化钙水溶液，这两种脱水剂目前均已淘汰。从1936年秋二甘醇用于天然气干燥，甘醇法就得到广泛应用。由于三甘醇特别有效，从1949年应用于脱水后，逐步占据主导地位，至1966年已成为天然气脱水的工业标准。目前用于脱水的有二甘醇、三甘醇和四甘醇。

甘醇法脱水最初多使用二甘醇，由于再生温度受到限制，其贫液浓度为95%左右，能使天然气露点降低约25～30℃。50年代发展的三甘醇法，其贫液浓度可达98%～99%，露点降低幅度通常可达33～47℃，若在再生部分利用闪蒸罐的闪蒸汽作为再生的汽提气，可使三甘醇贫液浓度高达99.5%～99.8%，而露点降低幅度可达55℃，甚至更高。三甘醇被普遍采用的原因是：

① 三甘醇沸点为288℃，比二甘醇高32.2℃，可以在较高温度下再生，故贫液浓度高，露点降低比二甘醇可高13～30℃左右，所以效果好；

② 蒸汽压力低，在27℃时，仅为二甘醇的20%，因而在吸收塔采用捕雾器后，损失甚微；

③ 热稳定性好，三甘醇的理论分解温度为206.7℃，比二甘醇高得多；

④ 操作费用比二甘醇低。

四甘醇应用较少，但特别适于温度很高的原料气。

各种甘醇法脱水装置的工艺流程都很类似。图2-19是一个天然气甘醇脱水装置的简化流程。该流程中使用了真空再生过程，可使甘醇溶液的浓度大大提高，更适合于要求天然气露点降低较多的场合。在流程中，含水约1%～5%的甘醇，在吸收塔中与气体相接触。甘醇吸水后略有稀释，稀释后的甘醇溶液在再生塔中蒸出水分而提浓，再送去重复使用。

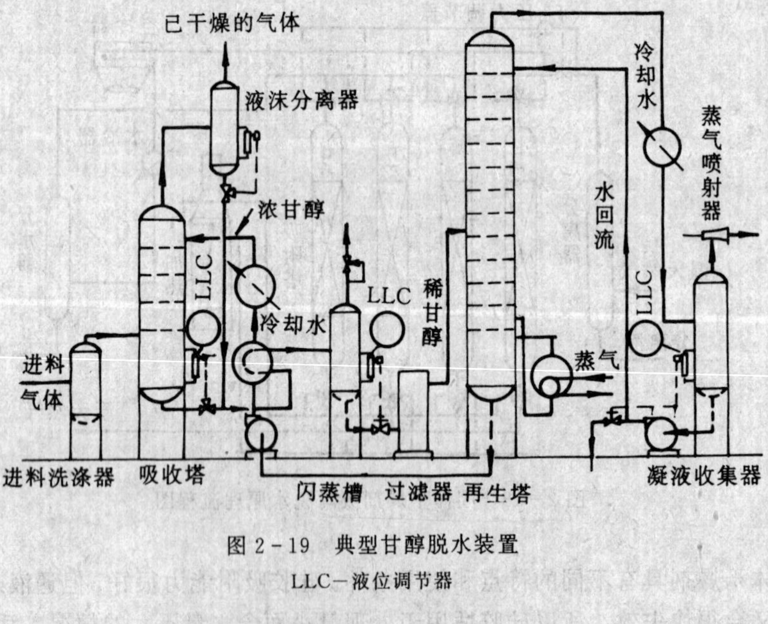

图2-19 典型甘醇脱水装置

LLC—液位调节器

用三甘醇对含硫天然气脱水时，三甘醇会吸收一些H_2S，其富液将在重沸器引起腐蚀，H_2S与铁生成硫化铁使溶液呈黑色，但对三甘醇的吸湿性能并无明显影响。天然气的酸气组分过高，必然会使三甘醇溶液的pH值（应在7.5～8之间）下降，生成有机酸，对脱水不利。

液体吸收脱水和固体吸附法相比，主要优点是投资和操作费用都比较少，而且能连续操作。主要缺点是溶液易受盐和腐蚀产物的污染而变质。

(4) 脱水方法的选择原则。各种脱水方法都有特定的适用范围。选用某种脱水工艺，首先要明确脱水目的和要求，过高的要求本身就是一个浪费，最后通过综合分析比较来确定。

从露点降低来看，不少方法都能满足管道输气的要求。对天然气液化前的深度脱水，则以分子筛法为最优。

从投资、操作费用和对操作技术的要求来看，液体吸收法——三甘醇法有突出优点，不但投资省，操作费用低，操作技术也不复杂，而且检修容易，能连续运转，易于实现自动化。陕北靖边气田净化厂就采用这种方法。

选择脱水方法还要同集、输流程的规划统一考虑。如果净化厂就在集气站附近，集气管道短，先脱硫后脱水，对脱水要求就可低些，符合管输要求即可，此时以三甘醇法最优。如果大型净化厂距气源较远，需要长距离输送含水、含硫天然气，尤其是输送高含硫天然气时，为了避免含水含硫天然气对管道和设备的腐蚀，须先深度脱水，以抗酸分子筛法为最优。

3. *脱硫和脱二氧化碳*

天然气按含 H_2S 多少可分为四类：

* 无硫或微含硫天然气：H_2S 和 CO_2 含量符合管输要求，不需净化；
* 低含硫天然气：H_2S 含量约为 0.000 1%～0.5%（体积)；
* 中含硫天然气：H_2S 含量约为 1%～1.5%（体积)，CO_2 含量约为 6%～8%（体积)；
* 高含硫天然气：H_2S 含量一般为 4%～8%（体积)。

随着天然气工业、化学工业的发展和环境污染问题提出新的更高要求，脱硫技术也不断取得新进展。针对不同原料气提出的脱硫方法不下数十种，大致可分为四大类：

(1) 化学溶剂法。采用某种溶于水的溶剂和酸性气体（H_2S，CO_2）反应生成“复合物”，溶剂以化学结合的方式“吸住”酸性组分——净化；当“吸住”了酸性组分的富液因温度上升和压力下降，“复合物”分解放出酸性组分——溶液再生。这类方法中，一乙醇胺获得了最广泛的应用，60 年代针对其缺点又发展了二乙醇胺法和二甘醇胺法。

(2) 物理溶剂法。它以有机溶剂为吸收剂，依靠物理吸附作用除去酸性组分。酸性组分分压越高，越易被溶剂吸收。溶剂再生可采用减压闪蒸、惰性气体汽提或者适当升温的方法。

物理溶剂法的共同优点是吸收的酸气负荷（单位体积的溶剂能吸收的酸气量）高，处理量大，循环量小，有良好的经济效果，而且溶剂本身的稳定性好，损耗少，对碳钢腐蚀性小。主要缺点是对 C_4 以上的烃类，尤其是芳烃的亲和力大，不仅影响净化气的热值，也影响硫磺回收装置的产品质量，因而一般要附设处理装置。另一方面，大部分物理溶剂法使用的有机溶剂价格昂贵。60 年代中，物理溶剂法有了很大发展，特别是环丁砜法获得广泛应用。

(3) 直接转化法。这类方法是使 H_2S 直接转化为元素硫。它主要用于低含硫气体的净化，其中最为成功的为蒽醌法和萘醌法（我国有蒽醌法脱硫厂)。

直接转化法的主要优点是溶液无毒，工艺过程简单，容易操作，净化度高，蒸汽耗量低，对设备的腐蚀性小，基建投资和生产费用低，可选择性脱除 H_2S。但这类方法的硫负荷低，一般在 1g/l 以下，需要较大的再生设备，不宜用于处理量大及含酸性气体高的天然气。同时，生产的硫磺质量也比直接氧化法（克劳斯法）的差。

(4) 干工式床层法。这种方法用固体物质固定床吸附或者和酸性组分反应而脱硫或脱二氧化碳。所用固体物质包括天然泡沸石、分子筛、活性炭和海绵状氧化铁等。

下面主要介绍应用最多的醇胺法和环丁砜法。

① 醇胺法。一乙醇胺（MEA）与二乙醇胺（DEA）是气体净化工业中最主要的两种胺类。一乙醇胺法已有 50 余年的历史，由于它的溶剂价格便宜，工艺成熟，净化度高和硫负荷较高，目前仍是脱硫工业上采用的方法。我国四川地区天然气的大规模脱硫最早采用的就是一乙醇胺法。

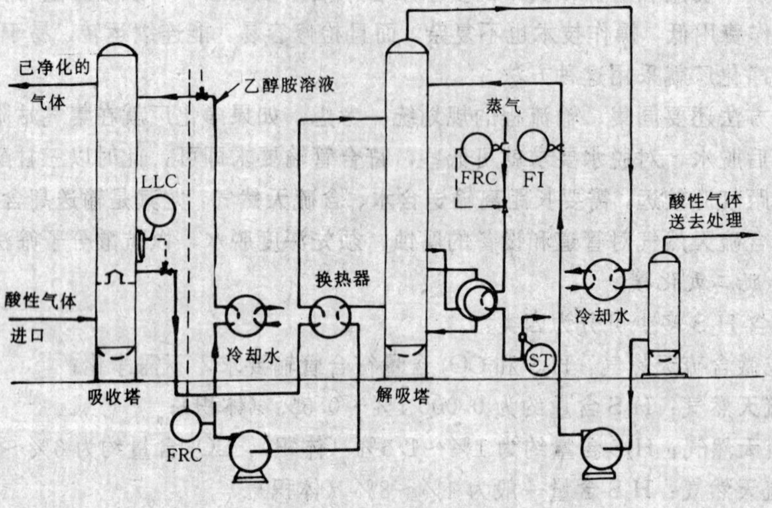

图 2-20　醇胺法脱除酸性气体的基本流程

LLC—液位控制器；FRC—流量记录控制器；FI—流量指示器；ST—气水分离器

醇胺法脱除酸性气体的基本流程如图 2-20 所示。原料气自下而上和溶液逆流接触通过吸收塔。从吸收塔流出的富液经换热器被解吸塔底部流出的贫液加热，然后从解吸塔上部进入。在换热器初步冷却的贫液用水或空气进一步冷却后，从顶部进入吸收塔，完成溶液的循环。从解吸塔溶液中释出的酸性气体冷却后，分出大部分水蒸气，酸性气体再送去处理，制造硫磺或硫酸。冷凝液（或水）从解吸塔顶部返回系统，既防止醇胺液蒸浓，又可回收被酸性气体带出的醇胺蒸气。

乙醇胺法的主要优点是不论压力高低，酸气组分的多寡，H_2S 和 CO_2 比值大小，该法一般均能有效使用，净化度较高。主要缺点是溶液易发泡而影响正常操作，酸气负荷高时对碳钢设备有一定腐蚀性，水、蒸汽、电能消耗也较大。针对这些缺点发展的二乙醇胺法和二甘醇胺法，提高了酸气负荷，起泡和腐蚀情况也有所改善，消耗指标和投资均比一乙醇胺低。

许多年来，广泛采用的一乙醇胺溶液脱除天然气和其它合成气中 H_2S 和 CO_2 的方法，正在很快被其它更有效的方法所替代（特别在处理高压下的天然气）。但是，当气体中 H_2S 和 CO_2 浓度较低，基本上不含 COS 和 CS_2 和其它有害物质时，一乙醇胺仍然是可取的溶剂。特别是被处理气体的压力低，要求尽可能的脱除 H_2S 和 CO_2 的情况下，就更适合。

乙醇胺法脱硫还可以与甘醇脱水结合起来，在同一设备内进行，但此法的露点降低不大，只能用于一些要求露点降低不大的场合。

② 环丁砜法。环丁砜法是 60 年代发展的新方法，我国四川地区 1971 年正式用于净化含硫天然气。后来从日本引进的长寿脱硫厂也是使用该法。该法兼有化学溶剂法和物理溶剂法两者的优点。国外多以有机溶剂环丁砜（$C_4H_8SO_2$）、二异丙醇胺和水组成吸收溶液。经过试

验，我国采用组成（重量比）为：环丁砜 50%，一乙醇胺 20%，水 30%的溶液作为吸收剂，获得了良好效果。溶液通过物理与化学作用吸收天然气中的酸性组分，然后在常压下加热，将吸收的酸性气体从溶液中解吸出来。环丁砜除具备物理溶液法的一般优点外，还因含有化学溶剂一醇胺，使净化度很高，而环丁砜的价格又较便宜。环丁砜法的工艺过程与醇胺法极为相似。极易将醇胺法脱硫装置转为环丁砜脱硫装置。同醇胺法相比，环丁砜法具有溶液吸收酸气能力大，处理量大，水、电、蒸汽消耗低，操作平稳等优点。故同样装置采用环丁砜法比一乙醇胺法处理能力可以提高 40%～50%，同时，溶液对羰基硫（COS）极不敏感，不易引起溶液变质，又可脱除硫醇（净化率约为 90%）。重烃对溶液的影响很小，不易起泡。所以这种工艺方法，可以适合含有机硫和凝析油的高含硫天然气的净化。

图 2－21 是我国自行设计的环丁砜脱硫装置的原理流程。压力为 3 923 kPa，温度 17～30℃左右的含硫天然气经分离器、过滤器之后进入吸收塔，逆流与 30～40℃的贫液接触。从吸收塔出来的净化气经分离器除去携带的溶液后进入输气干线。吸收了 H_2S 和 CO_2 的富液出吸收塔进闪蒸塔，释放出部分烷烃后，经换热器升温至 100℃左右进入解吸塔，由上而下与重沸器来蒸汽逆流接触，被蒸脱出来的约 100℃左右的 H_2S 和 CO_2 及一部分蒸汽从塔顶出来，通过空气冷却器初冷至 60℃左右，再在后冷器冷却至 40℃以下，经分离器脱去冷凝液后，进入硫磺回收装置，冷凝液则泵送至解吸塔顶部作为回流。

从解吸塔底流出的约 128℃的贫液，经与富液换热后进入冷却器，冷却至 30℃左右，泵送至吸收塔循环使用。为了不断除去运转过程中生产的硫化铁等悬浮杂质，富液互换热前经过滤器过滤。

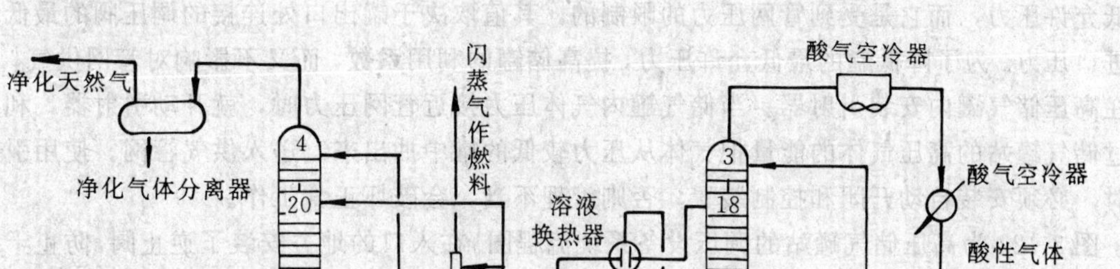

图 2－21 环丁砜法脱硫装置原理流程

六、储气

城市的用气量随时间而变化，每月、每日和每时都不相同，而气源供气一般变化不大，尤其是长距离输气管，为求得最高的效率和最好的经济效益，总希望在某一最佳输量下工作。这样，供气和用气经常发生不平衡。时而供大于需，时而又转为需大于供。为了保证按用户要求供气，必须解决供气与用气的不平衡问题。

解决供气与用气之间不平衡问题的途径有三种：

(1) 随着用气量的变化及时调节气源的供气能力或者设置机动气源。

(2) 利用一些大型工业企业，如热电站等作为城市用气的缓冲用户，气体多余时，让它用气，少时让它改用其它燃料。

以上两点必然受气源和用户某种条件的限制，不可能完全解决不平衡问题。

(3) 设置各种储气设施。

解决月（季度）、日或小时的不均衡，可采用不同的储气方法：如地下储气，气罐储气，液态或固态储气，输气管道末段储气等。

各种储气设施的主要作用就是在用气量小于供气量时，将多余气体储存起来，以弥补用气量大于供气量时的不足。

1. 气罐储气

气罐储气主要用于解决小时用气不平衡，有以下三种方式。

(1) 低压气罐。低压气罐有湿式和干式两种。低压气罐的特点是它的储气容积能在一定范围内变化。

(2) 高压气罐。最常见的高压气罐就是球形罐和圆筒形卧式罐。高压气罐的几何容积固定不变，而是靠改变其储气压力来储存气体的，故又称定容积罐。

通常储气罐的最高工作压力已定，欲提高容积利用系数，只有降低储罐的剩余压力，即最低允许压力，而它是受到管网压力的限制的，其值取决于罐出口处连接的调压阀的最低允许进口压力。为了降低罐的最低允许压力，提高储罐的利用系数，而又不影响对管网供气，可以在高压储气罐内安装引射器。当储气罐内气体压力接近管网压力时，就开动引射器，利用经过储气罐站的高压气体的能量把气体从压力较低的罐中抽出来，送入供气管网。使用引射器时，必须安装自动开闭和控制装置，否则管理不当，会破坏正常工作。

图 2－22 为高压储气罐站的调压设备系统流程图。在入口的地方安装了逆止阀，防止干线停气时，储气罐内的气体倒流。

(3) 高压管束。高压管束实质也是一种高压储气罐，不过因其直径较小，能承受更高的压力。高压管束储气是将一组或几组钢管埋于地下，利用气体的可压缩性及其高压下同理想气体的偏差进行储气。天然气在 16 MPa 和 15.6℃的条件下，比理想气体的体积小 22%左右，使储气量大为增加。

2. 地下储气

天然气的地下储存通常有下列几种方式：利用已开采过的油气田储气；利用含水多孔地层储气；利用盐岩层建造储气库储气；利用岩穴储气。其中以利用开采过的枯竭的油气田储气最为理想和经济，我国陕京输气管线，可考虑采用华北油田废弃的油田来储气。

利用地层储气，成本低，储气量大，是解决供气与用气月（或季度）不平衡的最佳手段，因而得到广泛的应用。早在 1915 年，加拿大建成世界上第一个地下储气库。美国第一座地下储气库建于 1916 年，从 1947 年起又有显著增长，每年约以增长 56×10^8 m^3 储存容积的速度发展，至 1970 年已有地下储气库 325 座，总储存容积达 1 466×10^8 m^3。我国于 1975 年在大庆油田建成了第一个地下储气库。图 2－23 给出了一个地下储气库的示意图。

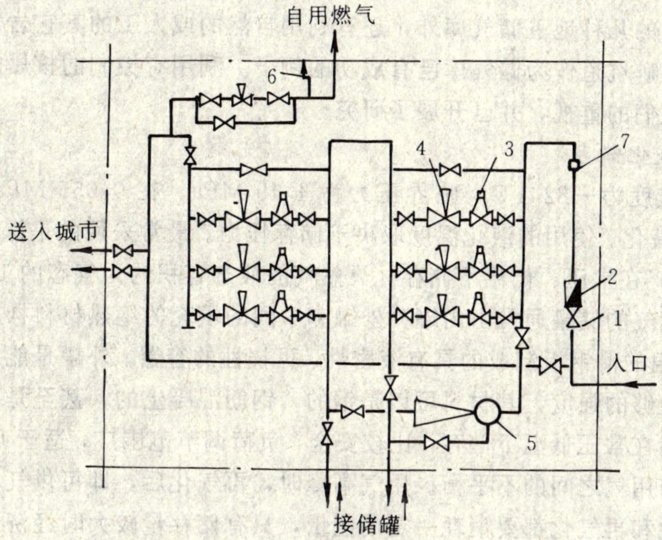

图 2－22　储气罐站调压设备系统流程

1—阀门；2—逆止阀；3—安全阀；4—调压阀；5—引射器；6—安全水封；7—流量孔板

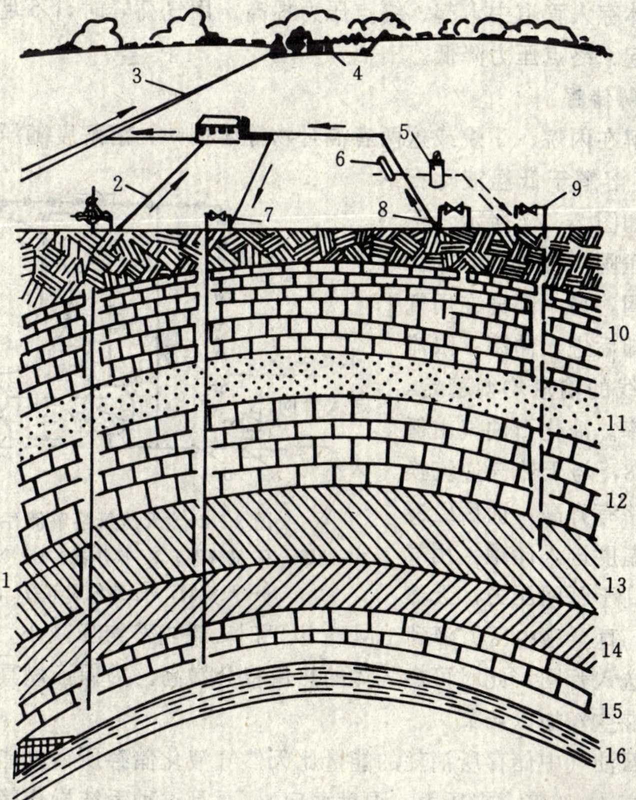

图 2－23　地下储气库示意图

1—从储气层中取气的气井；2—供气管线；3—输气干线；4—压气站；5—注水泵；6—水源；7—向储气层注气的注气井；8—收集泄漏气的气井；9—注水井；10—灰岩；11—砂岩；12—灰岩；13，14—粘土层；15—多孔砂岩；16—粘土层除了上面提到的几种地下储气库外，还有利用自然的或人工的其它岩穴作为储气库。例如，利用废弃的煤矿坑道作为储气库已有成功的例子。利用有控制的核爆炸技术来开辟地下储气库，已引起人们的重视，并已开展了研究。

3. 天然气的液化储存

甲烷的临界温度为－82.1℃，临界压力为4.49 MPa。在0.055 MPa压力下，达到－161℃，甲烷即可液化。使用的液化温度取决于储存压力。最常采用的是深度冷冻法，将天然气冷却至－163℃，在常压、低温下储存。天然气的液态容积约为气态的1/600。

储存液化天然气的储罐通常由内罐、外罐和中间的填充的绝热材料构成。内罐又称“薄膜罐”，是由耐低温的薄钢板制成的具有液密性、可挠性的容器。外罐是能承受各种负荷的外壳，它必须具有足够的强度，其材料可以是钢的，钢筋混凝土的，甚至是冻土层。

天然气液化后在常压低温下储存，比较安全，负荷调节范围广，适于调节各种情况（月、日、时）的供气与用气之间的不平衡。用气高峰时，再气化后，即可供气。

天然气的液化和再气化都要消耗一定的能量，只有储存量较大时经济上才合算。

4. 长输管道末段储气

利用长输管道末段起、终点的压力变化，从而改变管道中的存气量，达到储气的目的。用气低峰时，多余气体存入管道中，起、终点压力提高。用气高峰时，不足的气体，由管道中积存的气体弥补，起、终点压力降低。

5. 天然气的溶解储存

天然气可以溶解在丙烷、丁烷或这两者混合物等溶剂中，溶解度随压力的增加和温度的降低而提高。天然气溶解于低温液化石油气中的储存系统如图2-24所示。干线来的天然气经调压阀8、限流阀6后，一部分进入城市管网，另一部分在用气低峰期经换热器冷却后进入储罐。限流阀6的作用是使干线的输量均衡稳定，提高管道的输送效率。液化石油气由循环泵2送入换热器3，与天然气逆流换热，换热后其温度略有升高，而后经冷却器4冷却至运行温度进入储罐。用气高峰时，储罐压力高于管网压力，天然气自动向管网补充，直至罐内压力降到1 MPa以下时，罐内蒸汽压减小，液化石油气将自动地掺混到天然气中送入管网，此时可燃气体的热值将会增高。为保证燃具的正常工作，热值调节器7会自动掺混空气加以调节。

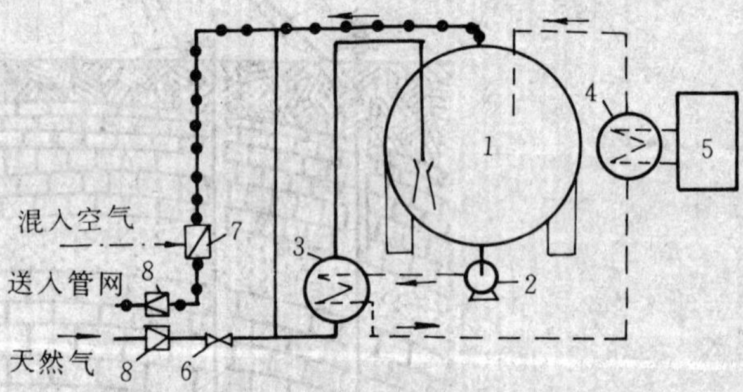

图2-24 天然气溶解储存系统流程

1—储罐；2—循环泵；3—换热器；4—冷却器；5—制冷装置；6—限流阀；7—热值调节器；8—调压阀

天然气在低温石油气中储存所消耗的能量比天然气液化储存所需的能量少得很多，储存能力比气态储存时高4～6倍（视压力、温度而定），而且这种系统操作简单、安全和经济。

6. 天然气的固态储存

天然气固态储存就是将天然气，主要是甲烷在一定温度、压力条件下，转变为固体的水合物，储存于钢制储罐中。

压力越高，温度越低，甲烷越易形成水合物。当甲烷内混有少量重烃时，形成水合物的压力将显著下降。例如，2℃时，甲烷形成水合物的压力为3.04 MPa，而掺有1%异丁烷后，压力将降为1.32 MPa。

甲烷形成水合物后，体积只有原来的1/160。每1 kg水合物（$CH_4 \cdot 6H_2O$）中，含甲烷0.128 kg，水0.872 kg。即使考虑到水合物不能够完全充满储罐，也可认为甲烷水合物所占的体积仅为气态的百分之一。通常天然气水合物在−40～−45℃，稍高于大气压的压力下储存于罐内。

由上述讨论中可以看出，天然气固态储存的优点是非常明显的，设备也不复杂，但由于再气化和脱水等工艺上的原因，这种方法目前还处于研究阶段，尚未被实际应用。

第三章 检测仪表

检测仪表是生产自动化系统的最基础、最重要的组成部分之一，其可靠性和精度直接影响系统工作的可靠性和技术性能。熟悉检测仪表的工作原理对正确地选择、合理地使用和维护仪表以及正确地设计自动化系统有重要意义。

由于长输管道所输送介质的物理化学性质、成份、高压大排量及所使用设备等方面的特点，使得长输管道（特别是油气长输管道）自动化系统中所使用的检测仪表与一般生产过程相比有一定特点或特殊要求。

本章首先介绍长输管道仪表的一些基本知识，然后分几节介绍管道中常用的温度(T)、压力（P)、流量（F)、液位（L)、分析（A）及其它类型的检测仪表。

§3-1 管道仪表基本概念

在管道输油、输气生产过程中，需要经常检测各种基本的过程变量，以便为安全、经济和自动化的生产及管理提供可靠的依据，检测仪表是实现长输管道自动化的基础。

一、长输管道检测仪表的特点

由于长输管道（主要指油气长输管道）系统具有下述几个特点，因此对其所使用的检测仪表就有相应的特殊要求。

(1) 油气的成份复杂，有些成份具有腐蚀性，因此，要求所用仪表材质有相应的耐腐蚀性能。

(2) 油气中或管线腐蚀所形成的杂质，可能会堵塞仪表，因此，要求仪表或其附属部件有一定的抗堵和消除堵塞的功能。

(3) 输送压力和排量都较大，要求仪表有较高的承压能力和较大的动态工作范围。

(4) 油气是易燃易爆物，因此，要求仪表必须符合防爆等级要求。

(5) 许多长输管道的干线或场站通过气候和地理环境非常恶劣的地带，这些地方的仪表或场站是无人值守的，因此，要求仪表有很高的可靠性。

长输管道上需要检测的过程变量主要有压力、温度、流量、液位和成份量（原油含水量、密度、烟气含氧量及油、气中各种成份的含量等)，此外还有泵、压缩机、电机（或柴油机、燃气轮机）的转速、振动量及电压、电流等。

二、检测仪表的组成和分类

1. 检测仪表的组成

虽然检测仪表的结构、型式有多种多样，但原则上均是由传感器、变送器、显示器三大功能部件及传输通道组成。

（1）传感器。传感器也称检测元件、敏感元件，其作用是感受被测量的变化，并转换成与之成单值函数关系的输出信号。

（2）变送器。变送器的作用是将传感器的输出信号转换成统一标准信号，送给显示器或其它仪表和控制装置。

（3）显示器。显示器的作用是向观察者显示被测量数值的大小，有指示、数字、屏幕三种形式。

2. 检测仪表的分类

（1）按被测变量不同，分为温度、压力、流量、液位、成份、转速、位移、振动、电压、电流及功率等仪表。

（2）按输出信号的不同，分为模拟量（电压或电流），数字量（含开关量、频率量、数字量）等仪表。

（3）按显示方式不同，分为指示式、记录式、累积式、远传式、信号式等仪表。

（4）按所使用能源不同，分为电动式（如 DDZ－Ⅲ）、气动式和液动式等。

特别指出的是，现代的智能化仪表已将传感、变送，甚至显示与微处理器有机结合在一起，使仪表具有智能（如自动补偿、自动校正、编码、数字通信等），而且各类仪表使用统一的通信协议，通过现场总线（FB——ield Bus）与上位机（计算机或其它控制装置连接）。

三、防爆问题

1. 安全火花防爆系统的基本概念

所谓“安全火花”是指该火花的能量不足以对其周围可燃介质构成点火源。对在正常状态或事故状态产生的“火花”均为“安全火花”的仪表，称为安全火花型防爆仪表。

为了电动仪表的防爆，长期以来人们进行了坚持不懈的努力。在安全火花防爆方法出现以前，传统的防爆仪表类型有充油型、充气型、隔爆型等，其基本思想是把可能产生危险火花的电路从结构上与爆炸性气体隔离开来。这和安全火花防爆方法截然不同，安全火花仪表从电路设计开始就考虑防爆，把电路在短路、开断及误操作等各种状态下可能发生的火花都限制在爆炸性气体的点火能量之下，是从爆炸发生的根本原因上采取措施解决防爆问题，因而安全火花型防爆仪表也称“本质安全仪表”。它可用于易燃、易爆气体的危险场所，这种仪表在使用安全火花型测试仪器情况下，可以进行带电现场维修。

但是必须清楚，安全火花防爆仪表和安全火花防爆系统是两个不同的概念。不要以为只要在现场全部使用安全火花防爆仪表，就组成了安全火花防爆系统。其实，把现场安全火花仪表与控制室简单地直接连接，构成的系统并不能保证安全防爆。因为对一台安全火花防爆仪表来说，它只能保证自己内部不发生危险火花，对控制室引来的电源线和信号线是否安全是无法保证的。如果从控制室引来的电源线和信号线没有采取限压限流措施，那么，在变送器接线端子上或传输途中发生短路、开路时，完全可能在现场产生危险火花，引起燃烧或爆炸事故。

图 3-1 是安全火花防爆系统的基本结构图。现场仪表与控制室仪表之间通过防爆栅相连。防爆栅又称安全保持器，是一种对送往现场的电压和电流进行严格限制的单元，可保证各种事故状态下进入现场的电功率在安全的范围之内，因而是组成安全火花系统必不可少的环节。

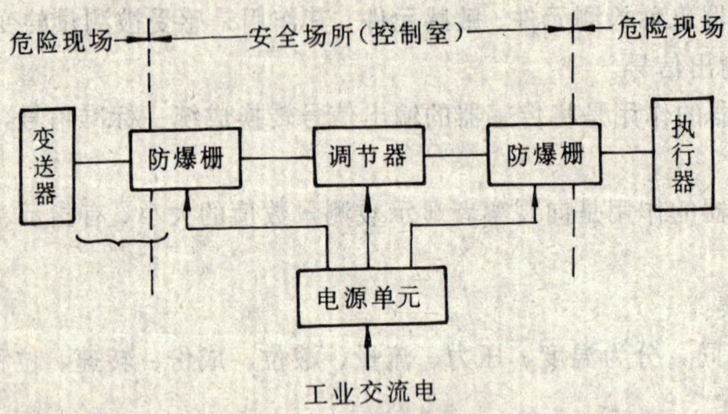

图 3-1 安全火花防爆系统的基本结构

所以，构成一个安全火花防爆系统的充分和必要的条件是：① 在危险现场使用的仪表必须是安全火花型的；② 现场仪表与非危险场所（包括控制室）之间的电路连接必须经过防爆栅。只有这样才能保证事故状况下，现场仪表自身不产生危险火花，从危险现场以外也不引入危险火花。

2. 安全火花防爆等级

安全火花防爆方法的实质就是限制火花的能量。在纯电阻电路中，这种能量主要决定于电压和电流的数值。对于不同的爆炸性气体以及它与空气的混合比，安全火花的能量是不同的。当电路的电压限制在直流 30 V 时，大量试验表明，各种爆炸性混合物可按其最小引爆电流分为三级，如表 3-1 所示。

表 3-1 爆炸性混合物的最小引爆电流

级　别	最小引爆电流 mA	爆炸性混合物种类
Ⅰ	$i>120$	甲烷、乙烷、汽油、甲醇、乙醇、丙酮、氨、一氧化碳等
Ⅱ	$70<i\leqslant 120$	乙烯、乙醚、丙烯晴等
Ⅲ	$i\leqslant 70$	氢、乙炔、二硫化碳、市用煤气、水煤气、焦炉煤气等

安全火花型防爆仪表按防爆适应场所引爆电流的等级分为三级。例如 DDZ－Ⅲ型压力变送器的防爆等级标志为 HⅢe，这里，“H”表示防爆类型为安全火花型，“Ⅲ”表示适用最小引爆电流为Ⅲ级（即表 3-1 中 70 mA）的场所，“e”表示适用于周围气体自燃温度为 e 组。这最后一项是考虑有些易燃易爆气体当仪表温升较高时，即使不发生火花，也可能由于自燃引起爆炸，为此必须限制仪表的表面温度。我国规定，易燃易爆气体按自燃温度高低分为 a，b，c，d，e 五组，其中 e 组是自燃温度最低的一组（100℃自燃）。考虑一定的安全性，用于

这种场所的仪表表面温度不得超过 80℃。上述压力变送器只要限制使用环境温度不超过 70℃，即可保证在 e 组气体中不会发生自燃起爆。

3. 长输管道防爆仪表的选择

输油、气站、管道上的某些工艺设备或场所，如输油泵、压缩机、储油罐、储气设施、阀门、计量间、清管器收发装置、污油处理装置等周围附近的一定空间，存在或可能产生爆炸性气体混合物。这些空间应列为爆炸危险场所。

在爆炸危险场所内选择何种防爆式的电动仪表，应根据下列原则来确定。首先要正确划分爆炸危险区域和范围，并确定场所内可燃性气体或油气蒸汽级别和温度组别。爆炸危险场所的分区，应按《石油设施电气装置场所分类》(SY0025) 标准划分，可燃性气体或油气蒸汽级别和温度组别，应按《爆炸环境用防爆电气设备通用要求》(GB3836.1) 标准确定。然后根据分区按表 3-2 决定这些场所内安装的电动仪表的防爆型式。所选用的防爆电动仪表的级别及组别不应低于安装场所爆炸性气体混合物的级别及组成。

表 3-2　选择防爆电动仪表类型表

分　区	0 区	1 区	2 区
防爆型式	ia	ia，ib，d	ia，ib，d

注：ia，ib—本质安全型；d—隔爆型

爆炸危险场所等级的划分也可参照国际电工委员会 (IEC) 或美国石油学会 (API) 的有关标准来进行。

§3-2　温度检测仪表

温度是表征物体冷热程度的物理量。在输油、气生产过程中，温度是关键性的测量参数之一。比如管道上输送高凝点、高粘度原油、高标号燃料油时，不能等温输送，需要加热输送，要随时检测油品温度，因为温度低了会凝管，温度高了又会造成能源的浪费。

在长输管道上，温度检测仪表均采用接触式。现场就地指示仪表选用金属温度计居多，玻璃温度计采用较少。远传的温度检测仪表选用热电偶、热电阻（或温度变送器），特别是热电阻（例如铂热电阻）应用最广。

一、接触式温度计的分类及主要特点

接触式温度计的分类及主要特点见表 3-3。

表 3-3　接触式温度计分类

<table>
<tr><th colspan="3">温度计的分类</th><th>工 作 原 理</th><th>常用测量范围/℃</th><th>主 要 特 点</th></tr>
<tr><td rowspan="2">接触式仪表</td><td rowspan="2">膨胀式温度计</td><td>玻璃液体温度计</td><td rowspan="2">利用液体（水银、酒精等）或固体（金属片）受热时产生热膨胀的特性</td><td>－100～＋500</td><td rowspan="2">结构简单，价格低廉，一般只用作就地测量</td></tr>
<tr><td>双金属温度计</td><td>－80～＋600</td></tr>
</table>

续 表

温度计的分类			工作原理	常用测量范围/℃	主要特点
接触式仪表	压力式温度计	气体式	利用封闭在一定容积中的气体、液体或某些液体的饱和蒸汽受热时其体积或压力变化的性质	−80～+400	结构简单，具有防爆性，不怕震动，可作近距离传送；精确度低，滞后性较大
		液体式			
		蒸汽式			
接触式仪表	热电阻	铜电阻	利用导体或半导体受热后电阻值变化的性质	−50～+150	精确度高，能远距离传送，适于低、中温测量；体积较大，测点温较困难，热惯性大
		铂电阻		−200～+850	
		镍电阻		−60～+180	
		热敏电阻		−40～+150	
	热电偶	铂铑 10—铂	利用导体的热电性质	0～+1600	测温范围广，能远距离传送，热惯性小，适于中、高温测量；需自由端温度补偿，在低温段测量精确度较低
		镍铬—镍硅		−200～+1300	
		铜—康铜		−260～+350	
		镍铬—康铜		−200～+900	
		铁—康铜		−40～+750	

二、双金属温度计

双金属温度计属于固体膨胀式温度计，它的感温元件是两片膨胀系数不同的金属片叠焊在一起而制成的。当双金属受热后，由于双金属片的膨胀后长度不相同而产生弯曲，如图 3-2 所示，温度越高，产生的线膨胀长度差越大，因而引起弯曲的角度越大。双金属温度计就是根据这一原理制成的。

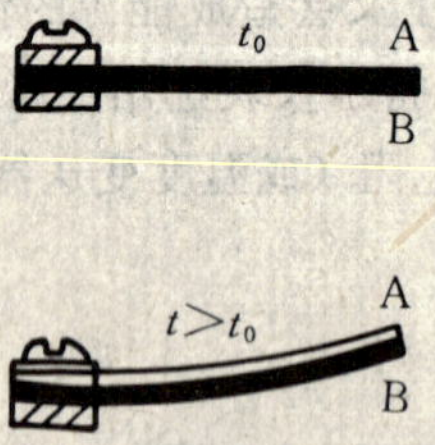

图 3-2 双金属片

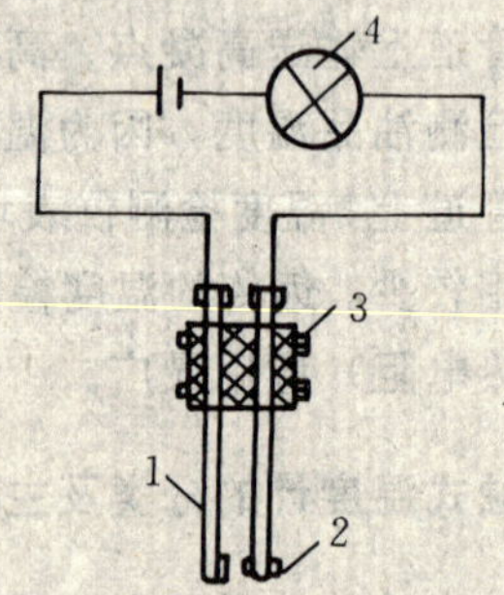

图 3-3 双金属温度信号器

1—双金属片；2—调节螺钉；3—绝缘子；4—信号灯

图 3-3 是一种双金属温度信号器示意图，当温度超过某一定值后，双金属片便产生弯曲，且与调节螺钉 2 相接触，使电路接通，信号灯发亮，如果继电器代替信号灯，便可用来控制热源，成为两位式温度控制器，温度的控制范围可通过改变调节螺钉 2 与双金属片之间的距离来调整。

双金属温度计具有测量范围大、体积小、结构简单、示值清晰和有一定抗振性等特点，可用于对一般无腐蚀作用的气体、蒸汽和液体温度的就地连续测量，但精度不高。

三、热电偶温度计

热电偶温度计是基于热电效应这一原理测量温度的，它的测温范围很广，可测量生产过程中 0～1600℃范围内液体，蒸汽和气体介质以及固体表面温度。这类仪表结构简单，使用方便，测温准确、可靠，便于远传、自动记录和集中控制。

1. 热电偶测温系统组成

图 3-4 是热电偶测温系统简单示意图，它主要由三部分组成：热电偶、测量仪表和导线。其中，热电偶是必不可少的测温元件，它是由两种材料不同的导体 A 和 B 焊接而成。如图 3-5 所示，焊接的一端插入被测介质中，感受被测温度，称热电偶工作端（或称热端），另一端与导线连接称为自由端（或称冷端）；测量仪表是用来检测热电偶产生的热电势信号的，可以采用动圈仪表或电位差计；导线用来连接热电偶与测量仪表。

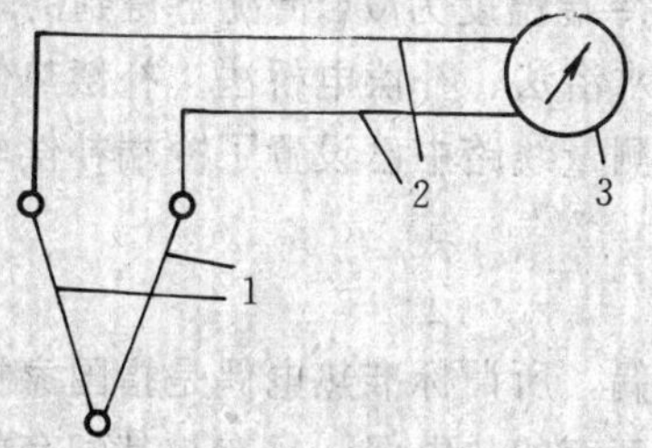

图 3-4　热电偶测温系统示意图

1—热电偶；2—导线；3—测量仪表

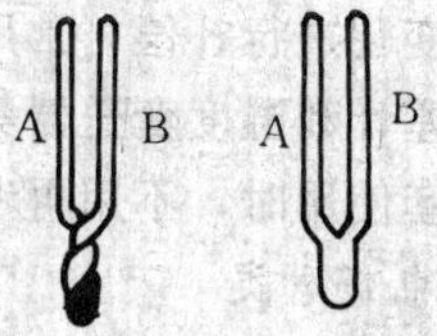

图 3-5　热电偶示意图

2. 热电偶测温原理

从物理学中我们知道，两种不同金属 A、B，自由电子密度不同，当这两种金属接触时，由于电子的扩散作用，在接触面上形成接触电势 e_{AB}，这种接触电势仅和两金属材料和接触点温度有关。当两种金属材料确定时，接触点电势仅和接触点温度有关，故称为热电势，记作 $e_{AB}(t)$，注脚 A 为正极金属，注脚 B 为负极金属，t 表示接触点温度。

若把导体另一端也闭合，两端置于不同的温度 t，t_0，设 $t>t_0$，则在两接触点上形成两个方向相反的热电势 $e_{AB}(t)$ 和 $e_{AB}(t_0)$，如图 3-6 所示。当然对于同一金属 A（或 B）由于两端温度不同，也会产生一个相应的电动势，即温差电势。但由于温差电势远小于接触电势，因此常把它忽略不计。这样就可以得到此闭合中总的热电势 $E_{AB}(t, t_0)$ 为：

$$E_{AB}(t, t_0) = e_{AB}(t) - e_{AB}(t_0) \tag{3-1}$$

如果一端温度 t_0 保持不变，即 $e_{AB}(t_0)$ 为常数，则 $E_{AB}(t, t_0)$ 就成为另一端温度 t 的单值函数，而和热电偶的长短及直径无关。这样，如果另一端温度 t 就是被测温度，那么只要测出热电势的大小，就能判断测温点高低，这就是热电偶测温原理。

3. 热电偶的补偿导线及冷端补偿

由热电偶测温原理已经知道，只有当热电偶冷端温度保持不变时，热电势才是被测温度的单值函数。在实际工作中，由于热电偶冷端常常靠近设备或管道，故冷端温度不仅受环温影响，而且还受设备或管道中物料温度影响，冷端难于保持恒定，为准确测量温度，就要把热电偶延伸到远离被测对象且温度比较稳定的地方，由于热电偶材料一般比较贵，而测温点到仪表距离都很远，为了节省热电偶材料，通常采用一些便宜金属做为补偿导线，把热电偶延伸到温度比较稳定的控制室内。一在定温度范围内，补尝导线的热电性质与几种标准热电偶非常接近。

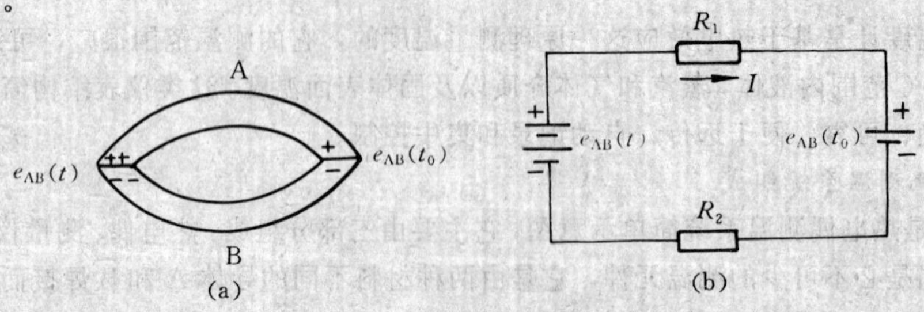

图 3-6　热电偶测温原理

采用补偿导线后，热电偶冷端延伸到温度比较稳定的地方，但冷端温度仍不是 0℃，而工业上常用的各种热电偶温度热电势关系曲线是在冷端温度为 0℃情况下得到的，所以要对热电偶冷端温度变化进行补偿，常用的方法有：冰水浴法、补偿电桥法、补偿热偶法等。由于自动电子电位差计和温度变送器等温度测量仪表测量线路中已设置了冷端补偿电路，因此热电偶与它们配套使用时，不用再考虑补偿。

4. 常用热电偶种类

常用热电偶可分为标准热电偶和非标准热电偶，所谓标准热电偶是指国家标准规定了其热电势与温度的关系，允许误差，并有统一的分度表的热电偶，且有与其配套的显示仪表可供选用，非标准热电偶使用范围或数量上均不及标准热电偶，一般也没有统一的分度表。

长输管道上常用的热电偶有铂铑 10－铂、镍路－镍硅、铁－铜镍等，前两者用于测量锅炉、加热炉炉镗温度（温度较高），后者可用于测量介质或热媒加热炉热媒温度（温度较低）。常用热电偶技术性能见表 3-4。

表 3-4　常用热电偶的技术性能

热电偶分度号	偶丝材料	偶丝直径 mm	最高使用温度/℃		允许误差（参比端处于 0℃）			20℃时偶丝材料电阻率 Ω·mm²/m	
			长期	短期	允许误差等级	允计误差值适用温度范围/℃	允许误差值（±）	正极	负极
S	铂铑 10－铂	$0.5^{+0}_{-0.020}$	1 300	1 600	Ⅰ	0～1 600	1℃或 [1+0.003(t－1 100)]℃	1 Ω/m	0.5 Ω/m
					Ⅱ	0～1 600	1.5℃或 0.0025|t|		
K	镍铬－镍硅	0.3，0.5 0.8，1.0 1.2，1.6 2.0，2.5 3.2	700 800 900 1 000 1 100 1 200	800 900 1 000 1 100 1 200 1 300	Ⅰ	－40～1 000	1.5℃0.004|t|	0.70±0.050	0.23±0.05
					Ⅱ	－40～1 200	2.5℃或 0.007 5|t|		
					Ⅲ	－200～40	2.5℃或 0.015|t|		
J	铁－铜镍	0.3，0.5 0.8,1.0,1.2 1.6，2.0 2.5,3.2	300 400 500 600	400 500 600 750	Ⅰ	－40～750	1.5℃或 0.004|t|	0.12±0.01	0.49±0.01
					Ⅱ	－40～750	2.5℃或 0.0075|t|		

注：t 为被测温度（℃），在同一栏内给出的两种允差值中取绝对值较大者。

四、热电阻温度计

上面介绍热电偶温度计，其感温元件是热电偶，这类仪表适用于 500℃以上的较高温度，对于 300℃以下中、低温区，使用热电阻测温精度高。

1. 热电阻测温原理

热电阻是电阻温度计的测温元件，它是一种金属，热电阻温度计就是利用热电阻电阻值随温度变化而改变的特性进行温度测量的。

一般来说电阻值随温度变化的关系为：

$$R_t = R_0[1 + 2(t - t_0)] \tag{3-2}$$

或

$$\Delta R_t = \alpha R_0 \Delta t \tag{3-3}$$

式中 R_t —— 温度为 t℃ 时电阻值；

R_0 —— 温度为 t_0℃(通常为 0℃) 时电阻值；

α —— 电阻温度系数；

Δt —— 温度的变化量；

ΔR —— 温度改变 Δt 时的电阻变化量。

电阻温度计就是指温度变化所引起导体电阻的变化，通过测量电桥转换成电压或电流信号，然后送至显示仪表以指示或记录被测温度。

2. 常用热电阻

对于热电阻材料是有一定技术要求的，应具有下列特性，电阻温度系数和电阻系数要大，热容量小，在整个测温范围，应具有稳定的物理化学性质，要容易加工，有良好的复制性，电阻值随温度变化关系最好呈线性，价格要便宜等。

事实上，要完全符合上述技术要求很难，目前，常用的热电阻是铂电阻和铜电阻。在长输管道上主要用铂电阻，常用结构类型有隔爆型、铠装型、厚膜型等。如测量加热炉管壁温度使用厚膜型铂电阻。

铂电阻的温度特性为：

对于 −200℃ ～ 0℃ 的温度范围：

$$R_t = R_0[1 + At + Bt^2 + C(t - 100)t^3] \tag{3-4}$$

对于 0℃ ～ 850℃ 的温度范围：

$$R_t = R_0(1 + At + Bt^2) \tag{3-5}$$

式中 R_t —— 温度为 t℃ 时铂电阻的电阻值；

t —— 温度；

R_0 —— 温度为 0℃ 时铂电阻的电阻值。

A，B，C 为常数，由实际求得：

$A = 3.908\,02 \times 10^{-3}/℃$ $B = -5.802 \times 10^{-7}/(℃)^2$

$C = -4.274\,50 \times 10^{-12}/(℃)^4$

电阻值 R_0 为 100 Ω 或 10 Ω，优选值为 100 Ω。

工业用铂电阻主要技术特性见表 3-5。

表 3-5 铂电阻主要技术特性

型号标志	精 度	测温范围	R_0 值及其允许误差	电阻比（R_{100/R_0}）及允许误差
Pt10/A	A	−200～+650℃	10 Ω±0.006 Ω	1.385 0±0.000 5
Pt10/B	B	−200～+850℃	10 Ω±0.012 Ω	1.385 0±0.001 2
Pt100/A	A	−200～+650℃	100 Ω±0.06 Ω	1.385 0±0.000 5
Pt100/B	B	−200～+850℃	100 Ω±0.12 Ω	1.385 0±0.001 2

3. 热电阻测温系统组成

热电阻温度计是由热电阻、显示仪表（带不平衡或平衡电桥）以及连接它们的导线组成，热电阻在电桥桥臂中。

大多数电阻测温仪用电子平衡电桥，当检流计中没有电流流动时，电桥就平衡了。如果四条桥臂电阻相等，则得到电桥的灵敏度最高。由于多数测量中，热电阻远离电桥，因此连接热电阻的连接导线较长，当环温变化时，连线导线的电阻值将有明显变化，为避免连接导线电阻值变化产生较大的测量误差，应采用三导线连接（见图 3-7）或四导线连接方法（如图 3-8），延伸导线是平衡电桥相对分支电路，它对环境温度变化所引起的导线电阻变化提供自动补偿。

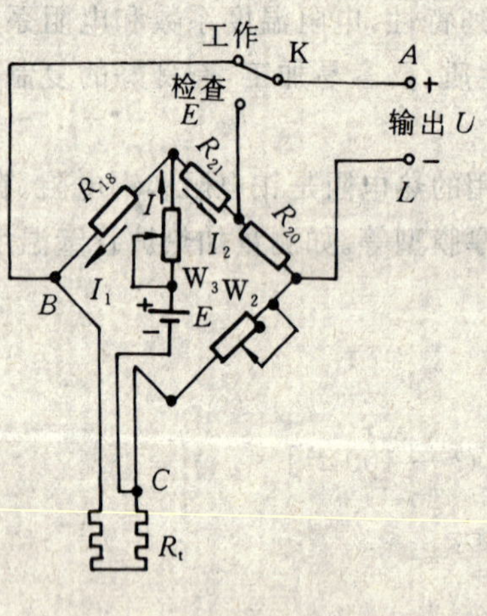

图 3-7 三导线连接法

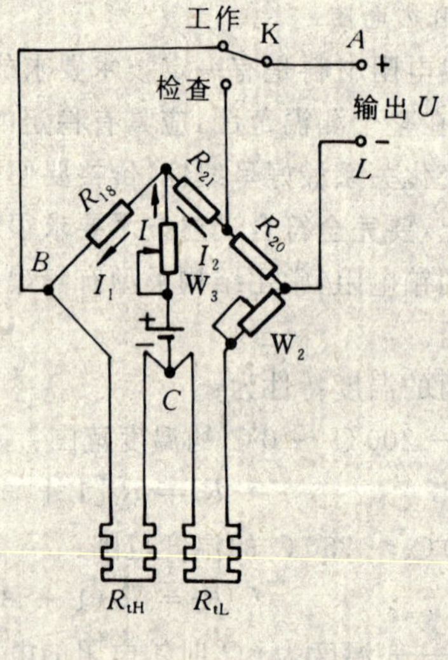

图 3-8 四导线连接法

五、温度变送器

DBW 型温度变送器，能与常用的各种热电偶和热电阻配合使用，将某点温度或温差转换成 4—20mADC 或 1—5VDC 的统一信号，它是属于 DDZ—Ⅲ电动单元组合式检测控制仪表中变送器类，变送器总体结构如图 3-9 所示，方框图中，空心箭头表示供电回路，实线箭头表示信号回路，变送器在线路结构上分为量程单元和放大单元。

由热电偶测温元件送来的反映温度大小的毫伏输入信号 V_i 或由热电阻测温元件送来的

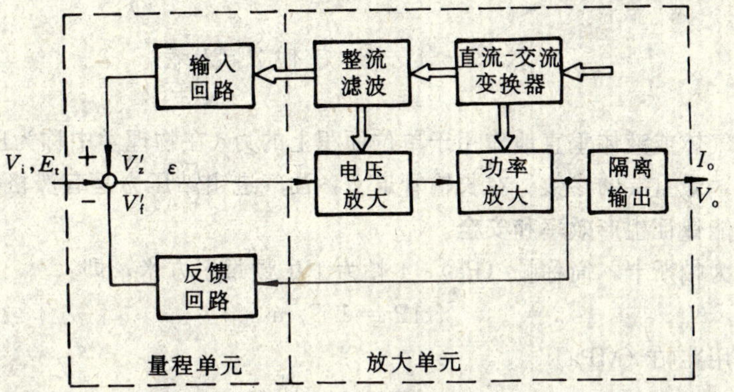

图 3-9　DDZ-Ⅲ型温度变送器结构方框图

反映温度大小输入信号 E_t 与桥路部分的输出 V'_z 及反馈信号 V'_f 相叠加，送入集成运算放大器，放大的电压信号再由功率放大器和隔离输出电路转换成统一的 4～20 mA 直流电流 I_o 和 1－5V直流电压 V_o 输出。DDZ－Ⅲ温度变送器主要性能见表 3-6。

现在已有利用集成电路技术，把变换电路做成小型模件，安装在铂电阻或热电偶的接线盒内的变送器，可直接输出 4－20 mADC 统一信号，直接安装在现场，这样可以最大限度地减少线路电阻的影响，从而获得较高的精确度，安装和使用十分方便。

表 3-6　DDZ－Ⅲ　温度变送器主要性能

型　号	名　称		分度号	主要性能	精确度	输出信号
DDZ－Ⅲ型	热电偶毫伏变送器 热电偶温度变送器	盘后安装式	热电偶 S，K，J 等 热电阻 Pt100	测量范围：150～1 600℃ 迁移量：3～5 mV 时零点迁移为 5%～10%量程	量程≥3 mV 时±1% 量程≥5 mV 时，±0.5%	4～20 mADC
	热电阻温度变送器			测量范围：－100～500℃		
	热电阻温差变送器 热电偶温差变送器 直流毫伏转换器			≥12℃，≥6℃ ≥5 mV 3～100 mV 带±30 mV 迁移量	±（1%～1.5%） ±0.5% ±1%	

六、温度检测仪表的选择与安装

温度检测仪表测量范围的选择：正常测量值在仪表测量范围上限的 2/3 左右，最高不应超过 90%。要求以标准信号传输的场合，应选用温度变送器，一个测量点需要两地显示或要求备用时，应选用双支式检测元件。

测温元件的安装：在测量管道温度时，应保证测温元件与流体充分接触，以减少测量误差，因此要求安装时测温元件应迎着被测介质流向插入，至少须与被测介质正交；测温元件应处于管道中流速最大处；油罐上安装的温度计，其长度不宜小于 500 mm，安装位置应高于油罐加热盘管 600 mm。

§3-3 压力检测仪表

压力是指气体或液体垂直地作用于单位面积上的力（在物理学中称为压强）。压力是长输管道中最常见，最重要的参数。在长输管道上，油气进出站压力是有严格要求的，只有压力符合要求，才能保证生产效率和安全。

压力单位为帕斯卡，简称帕（Pa），1 帕为 1 牛顿每平方米，即：

$$1\text{Pa}=1\ \text{N/m}^2 \tag{3-7}$$

工业上常用兆帕（MPa）

$$1\text{MPa}=1\times10^6\ \text{Pa} \tag{3-8}$$

压力检测仪表按其作用可分为液柱式、弹性式、压力传感式与活塞式四类。用于长输管道过程检测的主要有弹性式和传感式。这两类中的主要类型与特性见表 3-7。

表 3-7 主要压力仪表分类与特性

类 型	名 称	测量范围/Pa	精度等级	优缺点	应用场合
弹性式压力表	弹簧管压力表 多圈弹簧管压力表 膜盒压力表 波纹管压力表 隔膜压力表	$-10^5\sim10^9$	精密：0.2，0.25，0.35，0.5 一般：1.0，1.5 2.5	测量范围宽，结构简单，使用方便，价格便宜，可以制成电气远传式，广泛使用	用来测量压力和真空度，可就地指示，也可集中控制，具有记录、发讯报警、远传性能
压力变送器	DDZ－Ⅲ压力变送器，电容式压力变送器，扩散硅式压力变送器，振弦式压力变送器，单晶硅谐振式压力变送器	$7\times10^2\sim5\times10^8$	0.25 ～ 1.0	测量范围广，便于远传和集中控制	用于压力需要远传和集中控制的场合

弹性式压力计是利用各种形式弹性元件，在被测介质压力作用下，使弹性元件受压后产生变形的原理而制作的测压仪表。由于结构简单、价格便宜、使用方便、应用很广泛。如隔膜压力表可以测量腐蚀性较强，粘度较大的易结晶介质的压力，在长输管道上大量使用。下面主要介绍几种压力变送器和压力开关。

一、电容式压力（差压）变送器，单晶硅谐振式压力（差压）变送器

电容式压力（差压）变送器是一种位移式变送器。它将压力的变化转换为电容量的变化，然后进行测量的。图 3-10 所示是电容式压力变送器的测量部分。测量膜盒内充以填充液（硅油），中心感应膜片 1（可动电极）和其两边弧形固定电极分别形成电容 C_1 和 C_2，当被测压力加在测量侧 3 的隔离膜片 4 上后，通过腔内填充液的液压传递，将被测压力引入到中心感压膜片，使中心感压膜片产生位移，因而使中心感压膜片与两边弧形固定电极的间距不再相等。从而使 C_1 和 C_2 的容量不再相等，通过转换部分的检测和放大，转换为 4～20 mA 的直流电信号输出。

电容式压力变送器的精度较高，允许误差不超过量程的±0.25%，由于它的结构特点，使其能经受振动和冲击，其可靠性、稳定性高。在长输管道上常用来测量压力和差压。例如目前广泛使用的日本横河公司生产的1151和3751系列，1151系列已停止生产，3751系列智能化程度高，稳定性和精度都比1151更好。

单晶硅谐振式压力（变压）变送器是日本横河公司1994年开发的新产品，它在单晶硅芯片上采用微电子机械加工技术在其表面的中心和边缘制作两个形状、大小完全一致的H形状的谐振梁，分别将差压、压力信号转换为频率信号，送到脉冲计数器，再将两频率之差直接送到微处器进行数据处理，经D/A转换后输出4～20 mADC信号、两频率之差对应不同的压力信号。目前生产的型号称为EJA，其稳定性和可靠性很高，连续工作四年不需要调校零点，具有完善的自诊断和远程设定通信功能，在国内油田获得广泛的应用。

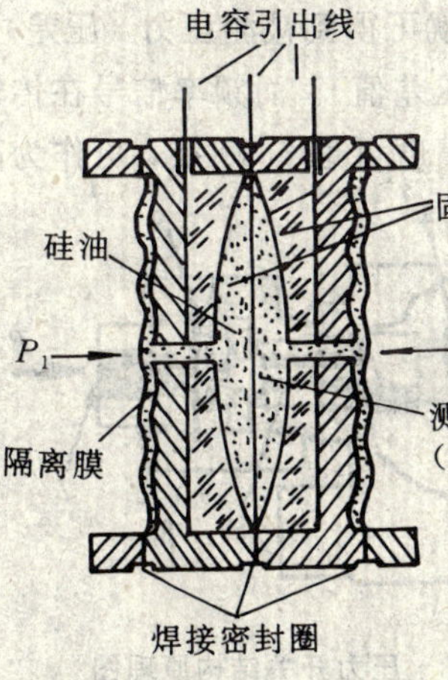

图3-10　电容式测量膜盒

1—中心感应膜片（可动电极）；2—固定电极；
3—测量侧；4—隔离膜片

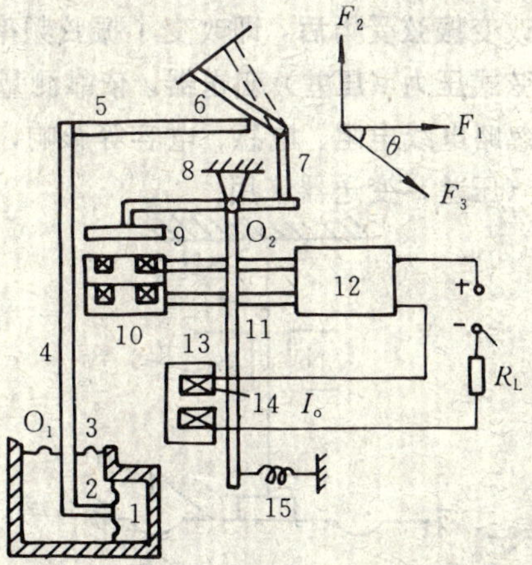

图3-11　DDZ－Ⅲ型差压变送器示意图

1—测量气室；2—测量膜片；3—支点；4—主杠杆；
5—推板；6—矢量板；7—拉杆；8—支撑簧片；
9—动铁芯；10—差动变压器；11—副杠杆；
12—放大器；13—永久磁钢；14—可动线圈；15—调零弹簧

二、DDZ－Ⅲ电动差压变送器

DDZ－Ⅲ型电动差压变送器是根据力平衡的原理工作的。它的工作过程是这样的：如图3-11所示，测量气室1由测量膜片2分隔开，右侧为高压室，左侧为低压室。当测量膜片的两侧分别通以P_1和P_2信号后，测量膜片在差压$\Delta P=P_1-P_2$作用下产生一个测量力：

$$F_{测}=f\Delta P \tag{3-9}$$

式中　f——膜片的有效面积。

测量力$F_{测}$通过连杆推动主杠杆4绕轴封膜片上的支撑点O转动，通过推板5作用在矢量板6上，矢量板6将推板作用力F_1分解成沿着矢量板作用在支点F_3（消耗在支点上）和沿着拉杆7向上的F_2。拉杆向上作用力F_2带动副杠杆11绕十字簧片8转动，使与副杠杆刚性连接的动铁芯9和差动变压器10之间距离改变，从而改变差动变压器原副边绕组的磁耦合，使差动变压器副边绕组输出电压改变，经检测放大器12放大后转换成电流I_o。输出以改变可动线圈14和永久磁钢之间的电磁平衡力矩，与在F_2作用下副杠杆的驱动力矩重新平衡。在这个新的平衡位置上，检测放大器有一个确定的对应输出电流 I_o，从而把气室两侧的差压转换成电流信号。

DDZ－Ⅲ型差压变送器将差压信号转换成统一标准的电流信号，同时它利用负反馈工作原理克服元件材料，加工工艺等的不利因素影响，使仪表具有较高的精度，工作稳定可靠，它不仅可以测量差压，还可以测量液位，分界面等工艺参数，当它与节流装置配合时，可以用来连续测量液体、气体流量。

三、振弦式压力（差压）变送器

振弦式压力（差压）变送器利用谐振元件（振弦）随压力变化改变其固有频率的特性来测量压力的，振弦式压力传感器由振弦、磁铁、激振器、膜片及测频率电路组成，如图 3－12 所示，激振器使振弦振动，其振动频率与振弦受力的平方根成正比。当压力（压差）作用于膜片并改变振弦受力后，即改变了振弦频率，因而测出此频率就可得到被测压力（压差）值。

振弦式压力（压差）变送器，依靠测量频率来确定压力（压差值）。而频率信号在传输过程中可忽略电线电阻、电感、电容等影响，有较高的准确度，精度可达 0.01 级，可作为高精度压力（压差）变送器来用。

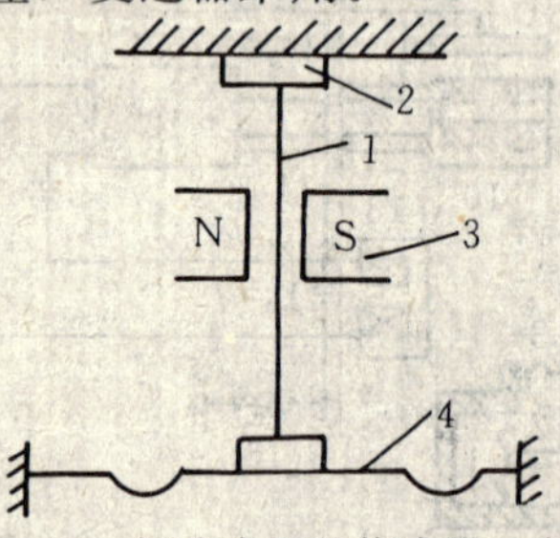

图 3－12　振弦式压差传感器示意图

1—振弦；2—夹紧装置；3—永久磁铁；4—膜片

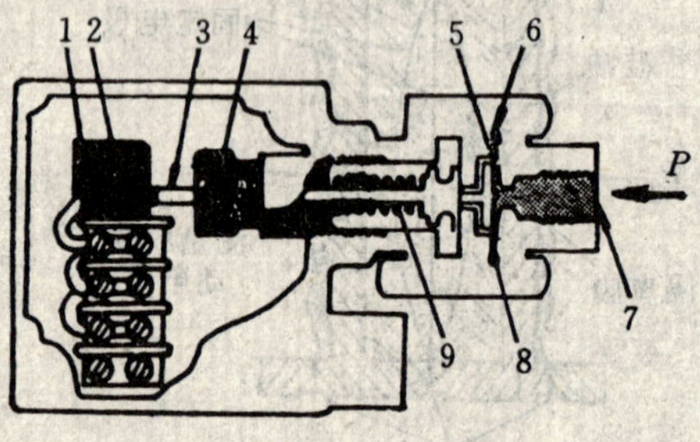

图 3－13　压力开关结构原理图

1—端子板；2—微动开关；3—传动杆；4—调整压盖；5—膜片；6—密封环；7—压力入口；8—硬芯；9—弹簧

四、压力开关

压力开关也称压力控制器，它是用来将被测压力转换成为开关量信号的，根据需要开关元件可制成常闭式或常开式，压力开关按作用原理一般分为位移式和力平衡式两种。图 3－13 所示为力平衡式压力开关结构原理图。其工作原理如下：按预定的界限压力值旋进弹簧调整压盖 4 至相应的刻度，即将压缩弹簧 9 置于一个与界限压力值相对应的弹力 F 作用下。当被测压力 P 由压力入口 7 引入后，P 作用于膜片 5 上，产生一个向左的力。该力通过硬芯 8 与弹簧弹力相对抗。当 $P \leqslant F$，微动开关 2 不动作，当 P 稍大于 F 时，开关动作，即发出信号。

压力开关动作准确，使用可靠，具有良好抗振动和抗冲击的稳定性，对于自动化水平要求较高的管道，应用广泛。如输油泵站出站管道上应安装压力开关，用于压力超高限报警及停泵，保证管道安全。

五、压力检测仪表的选用与安装

正确地选用与安装压力仪表，是保证压力仪表在生产过程中发挥应有作用的重要环节。

(1) 仪表类型和精度的选用必须满足生产工艺的要求，需要在控制室内显示的压力仪表一般选用压力变送器。

测量范围的选择：测量稳定的压力时，正常操作压力值应在仪表测量范围上限值的2/3～1/3；测量脉动压力（如泵、压缩机和风机等出口压力）时，正常操作压力值应在仪表测量范围上限值的1/2～1/3；测量高、中压力（>4MPa）时，正常操作压力值不应超过仪表测量范围上限值。

(2) 安装要求：取压点要在被测介质直线流动的管段部分，不要选在管路拐弯，交叉、死角、或其它易形成漩涡的地方；测量流动介质时，应使取压点与流动方向垂直；测量液体压力时，取压点应在管道下部；测量气体压力时，取压点应在管道上部。

测量低压的压力表或变送器的高度，宜与取压点的高度一致，就地安装的压力表，不应固定在振动较大的工艺设备或管道上；测量高压的压力表安装在操作岗位附近时，宜距地面1.8m以上或在仪表正面加保护罩。

§3-4 流量检测仪表

流量是输油、气生产过程的一个重要过程变量，不仅生产过程的监控需要它，在供、输、用三方按输量交接、核算费用时也用到它。

一般所讲的流量是指单位时间内流过管道某截面流体数量的大小，即瞬时流量。而在某一段时间内流过管道的流体流量的总和，即瞬时流量在一段时间内的累计值，称为总量。

流量和总量可以用质量来表示，也可以用体积来表示，单位时间内流过的流体以质量表示的称为质量流量，常用符号 M 表示，以体积表示的称体积流量，常用符号 Q 表示，若流体密度是 ρ，则体积流量和质量流量之间的关系是：

$$M = Q\rho \tag{3-10}$$

或

$$Q = \frac{M}{\rho} \tag{3-11}$$

如以 t 表示时间，则流量和总量之前的关系是：

$$Q_{总} = \int_0^t Q\mathrm{d}t \tag{3-12}$$

$$M_{总} = \int_0^t M\mathrm{d}t \tag{3-13}$$

流量检测仪表习惯上称为流量计，测量流体总量的仪表常称为计量表，然而，两者并不是截然划分的，在流量计上配以累积机构，也可以读出总量。

常用的流量单位为：吨每小时（t/h），千克每小时（kg/h）、立方米每小时（m^3/h），升每小时（L/h）等。

测量流量的方法很多，其测量原理和所应用的仪表结构形式各不相同，按测量单位分为体积流量计和质量流量计，按测量方式分为接触式和非接触式，诸如差压流量计、容积式流量计、速度式流量计、靶式流量计等属于接触式，超声波流量计等属于非接触式。

流量计种类很多，不可能都介绍，表3-8给出了一些常用流量计的特点。这一节主要介绍管道中常用的差压式流量计、容积式流量计、涡轮流量计量、超声波流量计、质量流量计以及流量开关。

表 3-8　流量仪表分类及特点

	名　称	测量范围	精确度等级	适　用场　合	特　点	相对价格
面积式	玻璃管转子流量计	16～1×10³ l/h（气） 1.0～4×10³ l/h（液）	2.5	空气、氨气、水及与水相似的其它安全流体的小流量测量	结构简单，维修方便，精度低，不适用于有毒介质及不透明液体	较便宜
	金属管转子流量计	0.4～3 000 Nm³/h（气） 12～1×10² m³/h（液）	1.5 2.5	① 流量大幅度变化的场合 ② 富粘性腐蚀性流体 ③ 差压式导管易汽化的场合	① 具有玻璃管转子流量计的主要特点 ② 可远传 ③ 防腐性，可用于酸碱盐等腐蚀性介质	贵
	活塞式流量计	4～6 m³/h	3.5	各种无渣滓，无结焦介质的就地指示、积算	① 结构简单，安装使用方便 ② 精度低，不能用于脉冲流量测量	便宜
差压式	节流装置流量计	0.6～250 kPa（压差）	1	非强腐蚀的单向流体流量，允许有一定的压力损失	① 结构简单，使用广泛 ② 对标准节流装置不必个别标定可用	较便宜
	均速管流量计			大口径大流量的各种气体、液体的流量测量	① 结构简单，安装、拆卸、维修方便 ② 压损小，能耗小，但输出压差较低	较便宜
流速式	旋翼式水表	0.045～2 800 m³/h	2	主要用于水的计量	① 结构简单，安装使用方便 ② 灵敏度高	便宜
	涡轮流量计	0.04～6 000 m³/h（液） 2.5～3 500 m³/h（气）	0.5～1	适用于粘度较小的洁净流体	① 精度高，适于计量 ② 变送器体积小，维护容易 ③ 轴承易磨损，连续使用周期短	较贵
	旋涡流量计	0～3 m³/h（水） 0～30 m³/h（气）	1.5	适用于各种气体和低粘度液体测量	① 量程范围变化范围宽 ② 压力损失较小，测量部分无可动件	贵
	电磁流量计	2～500 m³/h	1	适用于导电率 >10⁻⁴ S/cm 的导电液体的流量测量	① 只能测导电液体 ② 测量精度不受介质粘度、密度、温度、导电率变化的影响，几乎无压损 ③ 不适合测量铁磁性物质	贵
	分流旋翼式蒸汽流量计	0.05～12 t/h	2.5 4	较精确计量饱和水蒸气的质量流量	① 安装方便 ② 直读式，使用方便 ③ 可对饱和蒸汽的流量进行压力校正补偿	便宜

续 表

	名 称	测量范围	精确度等级	适用场合	特 点	相对价格
容积式	椭圆齿轮流量计	0.05～120 m^3/h	0.2～0.5	适用于高粘度介质的流量测量	① 精度较高，计量稳定 ② 不适用含有固体颗粒的物体	较贵
	腰轮流量计	0.1～2 250 m^3/h	0.2～0.5	适用于高粘度介质的流量测量	① 精度较高，计量稳定 ② 适用于石油及油品的计量	贵
	刮板式流量计	4～120 m^3/h	0.2～0.5	适用于高粘度介质的流量测量	① 精度高，计量稳定 ② 适用于石油及油品的计量	贵
	双转子流量计	5.4～1 987 m^3/h	0.2～0.5	适用于多种液体	① 精度高，计量稳定 ② 适用于石油及油品的计量	贵

一、差压式流量计

差压式（也称节流式）流量计是利用流体经节流装置时产生的压力差来实现流量测量的。通常由能将被测流量转换成压差信号的节流装置（如孔板、喷咀、文丘里管等）和能将此压差转换成对应的流量值显示出来的差压计所组成。在单元组合仪表中，由节流装置产生的压差信号，经常通过差压变送器转换成相应的信号（电的或气的），以供显示、记录或调节用。

差压式流量计是流量测量中最成熟、最常用的方法之一。其特点是：节流装置的结构简单、使用寿命长、适应性广、结构标准不必单独校验。但缺点是测量范围小（量程比一般为3∶1）、安装要求严、压力损失大、刻度非线性等。

输油管道上用它来测量加热炉燃烧空气流量、热媒炉热媒流量等（如东黄线）。输气管道也用它作天然气流量计量（如陕京天然气管线）。

二、容积式流量计

容积式流量计是应用容积法测量流量的。在原油长输管道上常用腰轮（罗茨）流量计，椭圆齿轮流量计，刮板流量计，双转子流量计进行精确测量和计量。

容积式流量计有一个已标定的测量室，它是由仪表壳体与旋转体（如腰轮）之间的空间形成的。下面以椭圆齿轮流量计为例具体说明。

1. 椭圆齿轮流量计结构

椭圆齿轮流量计结构如图 3-14 所示，由流量变送器和计数机构组成。变送器的主要部分是由装有一对椭圆齿轮转子的计量室和密封联轴器组成，计数机构包含减速机构，调节机构，计数器和电脉冲发讯器等。

2. 工作原理

椭圆齿轮流量部分是由两个相互啮合的椭圆形齿轮 A 和 B、轴及壳体构成，椭圆齿轮与壳体之间形成测量室，如图 3－15 所示。

当流体流过椭圆齿轮流量计时，由于要克服阻力将会引起阻力损失，从而使进口侧压力 P_1 大于出口侧压力 P_2，在此压力差的作用下，产生作用力矩使椭圆齿轮连续转动。在图 3－15(a) 所示的位置时，由于 $P_1 > P_2$，在 P_1 和 P_2 作用下所产生的合力矩使轮 A 顺时针方向转动，把轮 A 和壳体间的半月形容积内的介质排至出口，并带动 B 轮作逆时针方向转动，这时 A 为主动轮，B 为从动轮。在图 3－15(b) 上所示为中间位置时，根据力的分析可知，此时 A 轮、B 轮均为主动轮，当继续转至图 3－15(c) 位置时，P_1 和 P_2 作用在 A 轮上的合力矩为零，作用在 B 轮上的合力矩使 B 轮作逆时针方向转动，并把已吸入半月形容积内的介质排出出口，这时 B 轮为主动轮，A 轮为从动轮。如此往复循环，轮 A 和轮 B 互相交替地由一个带动另一个转动，把被测介质以半用形容积为单位一次一次地由进口排至出口，显然，图 3－15(a)，(b)，(c) 所示，仅仅表示椭圆齿轮转动了 1/4 周的情况，而其所排出的介质为一个半月形容积，所以，椭圆齿轮每转一周所排出的被测介质量为半月形容积的 4 倍，故通过椭圆齿轮流量计的体积流量为：

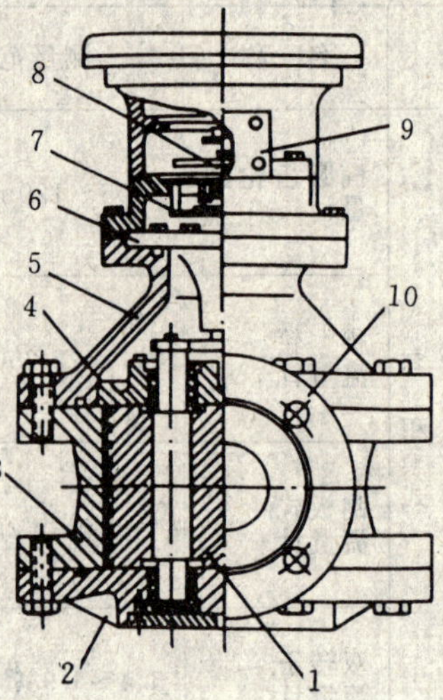

图 3－14　椭圆齿轮流量计结构图

1—椭圆齿轮；2—下盖；3—壳体；4—盖板；5—上盖；6—轴向密封联轴器；7—调节机构；8—计数机构；9—发信器接口；10—法兰

$$Q = 4nV_0 \tag{3-14}$$

式中　n —— 椭圆齿轮的旋转速度；

V_0 —— 半月形测量室容积。

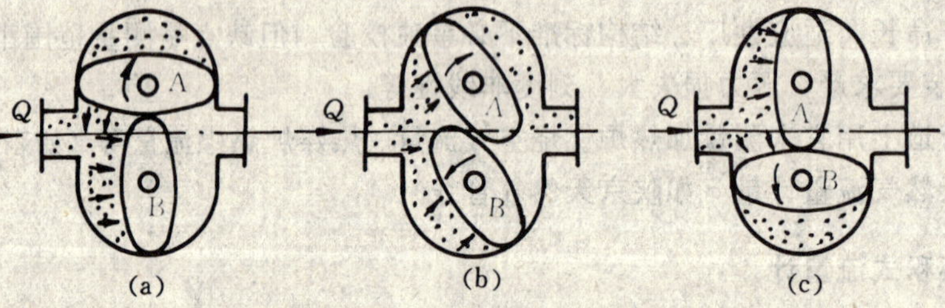

图 3－15　椭圆齿轮流量计工作原理示意图

由式(3－14)可知，在椭圆齿轮流量计的半月形容积 V_0 已知的条件下，只要测出椭圆齿轮转速 n，便可知道被测介质的流量。

由密封轴将椭圆齿轮旋转的总数，以及旋转的快慢传递给计数机构便有指针显示和字轮累积，即可知道管道中液体总量和瞬时流量，在计数器机构中安装上脉冲信号器，与显示仪表配套可以实现远传，自动测量和控制。

其它容积式流量计测量原理大致相同，就不一一介绍了，容积式流量计准确度高，适应介质粘度范围广，积木式结构，组合方便，在长输管道油品输入、输出计量现场中得到了广泛应用。

三、涡轮流量计

涡轮流量计是速度式仪表，它是利用管道中叶轮转速与流体流速成线性关系来测量流量的。

1. 结构

涡轮流量计由涡轮流量变送器和显示仪表组成，涡轮流量计组成框图见图 3－16。

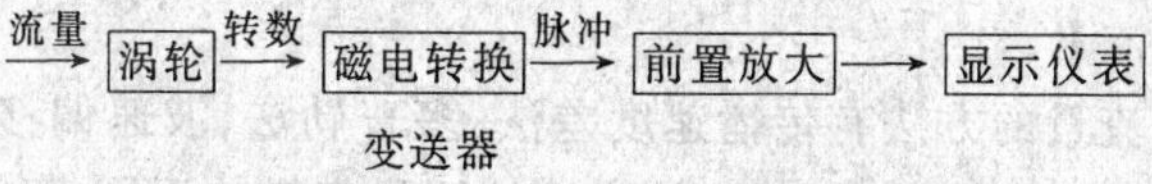

图 3－16　涡轮流量计组成方框图

涡轮流量变送器由壳体、涡轮、导流器、磁电转换器和前置放大器组成，如图 3－17 所示。

2. 工作原理

在流体流动的管道里，安装一个可以自由转动的叶轮，当流体通过叶轮时，流体动能使叶轮旋转。流体的流速越高，动能就越大，叶轮转速就越高，在规定的流量范围和一定的流体粘度下，转速与流速成线性关系，因此测出叶轮的转速，就可以确定管道中流体流量，涡轮流量计正是利用这个原理制成的。

涡轮是用高导磁系数的不锈钢材料制成，叶轮芯上装有螺旋形叶片，流体作用于叶片上使之旋转。

导流器 2 是用以稳定流体的流向和支承叶轮的，磁电感应转换器 3 是由线圈和磁钢组成，用以将叶轮的转速转换成相应的电信号，以供给前置放大器 5 进行放大。

整个涡轮流量计安装在外壳 4 上，外壳 4 是由非导磁的不锈钢制成，两端与流体管道相连接。

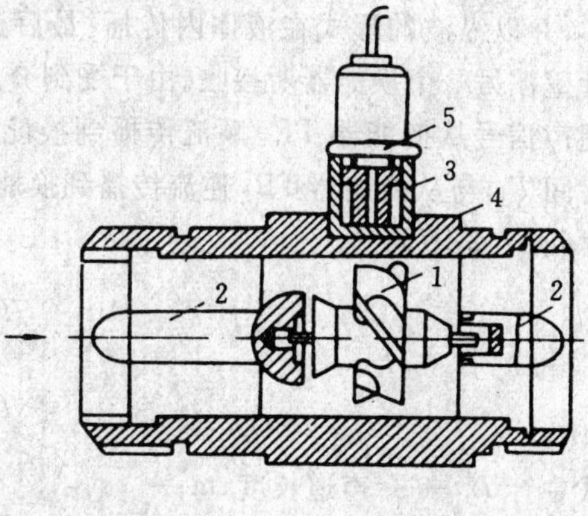

图 3－17　涡轮流量计

1—涡轮；2—导流器；3—磁电感应转换器；4—外壳；5—前置放大器

涡轮流量计的工作过程是这样的：当流体通过涡轮叶片与管道之间的间隙时，由于叶片前后的压差产生的力推动叶片，使涡轮旋转。在涡轮旋转的同时，高导磁性的涡轮就周期性地扫过磁钢，使磁路的磁阻发生周期性的变化，线圈中的磁通量也跟着发生周期性的变化，线圈中感应出交流电信号，交流电信号的频率与转速成正比，也即与流量成正比，这个电信号经前置放大器放大后，送往电子计数器或电子频率计，以累计或指示流量。

3. 特点

(1) 准确度高。涡轮流量计准确度指示值在 ± 0.5% 以内(一般用)，或 ± 0.2% 以内(交易用)，而且在线性流量范围内，即使流量有所变化，累积准确度也不会降低。

(2) 量程比宽。其量程比达 1：10，在同样口径下涡轮流量计的最大流量值大于很多其它流量计。

(3) 压力损失小。涡轮流量计的压力损失比较小，一般在 0.03 ～ 0.05 MPa 之间，所以它节省动能。

(4) 数字信号输出。涡轮流量计的输出是与流量成正比的脉冲信号，它具有传输过程中准确度高，易于输入计算机的优点。

涡轮流量计的最大不足之处是轴承易磨损，常需要更换，特别是流体中含有固体杂质时。

四、超声波流量计

超声波流量计是一种新型的非接触式流量测量仪表，它利用超声波在流体中的传播特性来测量流体的流速和流量。

利用超声波测量流量的方法有传播速度差法、多普勒法、波速偏移法等，最常用的方法是测量超声波在顺流与逆流中传播速度差。该方法按测量变量的不同，又分为时差法、相差法、频差法等。

1. 工作原理

图 3-18 为时差法基本原理图，两个超声换能器（又称超声探头）TR_1，TR_2 安装在上、下游管道外壁的两侧，以一定的倾角对称布置。两个换能器交替地作为超声信号发送器或接收器使用。换能器产生超声波以一定的入射角射入管壁。在管壁内以横波形式传播，然后折射入流体，并以纵波的形式在液体内传播。最后透过介质，穿过管壁被另一个换能器所接收。由于受到介质流动的影响，超声信号从换能器 TR_1 顺流传播到换能器 TR_2 所需的时间 T_1，与从换能器 TR_2 逆流传播到换能器 TR_1 所需的时间 T_2 是不同的。

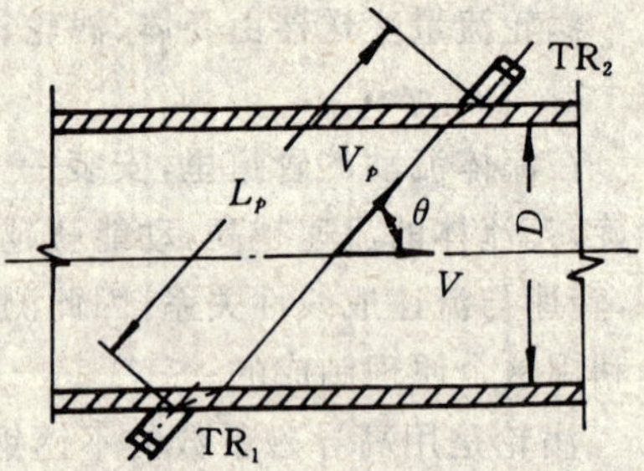

图 3-18　超声波流量计测量原理图

TR_1、TR_2— 换能器

$$T_1 = \frac{L_p}{C + V_p} \tag{3-15}$$

$$T_2 = \frac{L_p}{C - V_p} \tag{3-16}$$

式中　L_p—— 声道长度，m；

C—— 声波在流体中的传播速度，m/s；

V_p—— 流体流速 V 在声波传送方向上的分量，m/s，$V_p = V\cos\theta$；

T_1—— 声波从 TR_1 到 TR_2 的传播时间，s；

T_2—— 声波从 TR_2 至 TR_1 的传播时间，s。

设 $\Delta T = T_2 - T_1$，则

$$V = \frac{L_p \Delta T}{2T_1(T_1 + \Delta T)\cos\theta} \tag{3-17}$$

因此，只要测出 T_1 和时间差 ΔT，便可获知流体流速。知道管道内径 D，就可计算出流量 $Q = \frac{\pi D^2}{4} V(\text{m}^3/\text{s})$。

相差法测量原理：如果超声波发生器发射连续超声波脉冲或周期较长的脉冲列，则在顺流和逆流发射时所接收到的信号之间便要产生相位差 $\Delta\varphi$，即

$$\Delta\varphi = \omega\Delta t = \frac{2\omega L_p V_p}{C^2} \tag{3-18}$$

式中　ω —— 超声波的角频率。

当测得 $\Delta\varphi$ 后，即可求出 V，进而求得流量 Q。此法用测量相位差 $\Delta\varphi$ 代替了测量时差 Δt，有利于提高测量精度，但仍存在着声速 C 对测量结果的影响。

频差法测量原理：由时差法可知，上、下游接收到超声波的频率之差 Δf 可用下式表示：

$$\Delta f=\frac{C+V_p}{L_p}-\frac{C-V_p}{L_p}=\frac{2V_p}{L_p} \tag{3-19}$$

只要测量 Δf 就可求得流量 Q，此法与声速与无关。为了消除声速 C 的影响，常用频差法。

2. 结构和特点

超声波流量计主要由换能器，转换器及壳体组成。换能器将接收到的信号传送至转换器。转换器内装备有微处理机，基于上述原理测量经放大、运算、补偿、转换、输出其所需的信号。

超声波流量计的主要特点是：流体中不插入任何元件，对流速和流态无影响，也没有压力损失；能用于任何流体，特别是具有粘度、强腐蚀的液体，也能测量气体流量，对于大口径管道的流量测量，不会因管径大而增加投资。

国外，用超声波测量流量的管道很多，国内新建管线（如库鄯线）也已使用这种流量计。常常用于管道油品泄漏检测。

五、质量流量计

在油品输送中，特别是油品销售、转运（如由管道装船）中，油品计量往往不是体积流量，而是质量流量。如果将已测出的体积流量 Q，乘以介质的密度换算成质量流量 M，由于介质密度受工作压力、温度、粘度、成分以及相变等许多因素变动的影响，往往会给测量结果带来较大的 测量误差。而质量流量计是直接测量单位时间内所流过介质的质量，即质量流量 M，因而质量流量计的最后输出将与被测压力、温度、流动的雷诺数等无关，而只与介质的质量流量 M 成比例，这就能从根本上提高流量测量精度，省去了繁琐的换算和修正。

质量流量的基本方程为：

$$M=A\rho\upsilon \tag{3-20}$$

式中　A —— 管道的流通截面积；

ρ —— 流体密度；

υ —— 管道内流体的平均速度。

如果流通截面积 A 为常数，则只需测量乘积 $\rho\upsilon$，便可得知质量 M。

质量流量计大致可分两大类，一类是直接式质量流量计，它能够直接得到与质量流量成比例的信号，也就是说检测元件能够直接反映出质量流量的大小。另一类是补偿式或推导式质量流量计，它是一种体积流量测量装置，它的输出经过补偿后才能换算成质量流量。

1. 直接式质量流量计

直接式质量流量计的形式很多，有差压式、科氏力式、热力式、动量式等，下面介绍其中一种——科氏力质量流量计。

科氏力质量流量计是目前应用较多，发展较快的一种直接式质量流量计，是美国 Micromotion 公司首先开发出来的，所以也称 Micromotion 流量计。

（1）结构和工作原理。科氏力质量流量计的整个测量系统，一般由传感器、变送器及数字式指示累积器三部分组成，其结构如图 3-19 所示。

传感器是根据科里奥利（Coriolis）效应制成的，由传感器、电磁驱动器和电磁检测器三部分组成。传感管的结构种类很多，有U形管、Ω形管、直管等，电磁驱动器使传感器（如U形传感器）以其固有频率振动，而流量的导入使U形传感管在科氏力的作用下产生一种扭曲，如图3-20所示，它的左右两侧产生一个相差，根据科里奥利效应，该相位差与质量流量成正比。电磁检测器把该相位差转变为相应的电平信号送入变送器，经滤波、积分、放大等电量处理后，转换成与质量流量成正比的4～20 mA模拟信号。

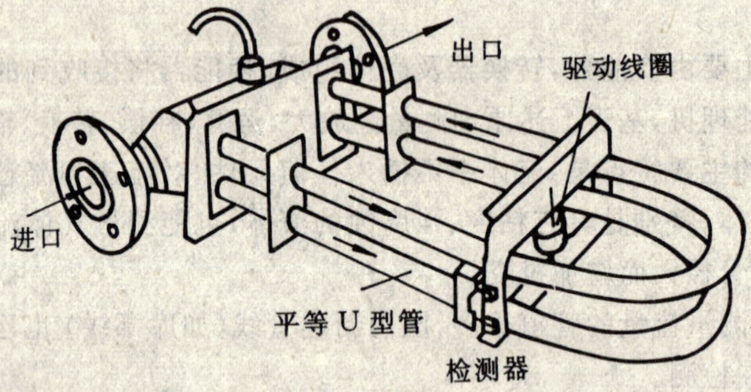

图3-19　科氏力质量流量计组成框图

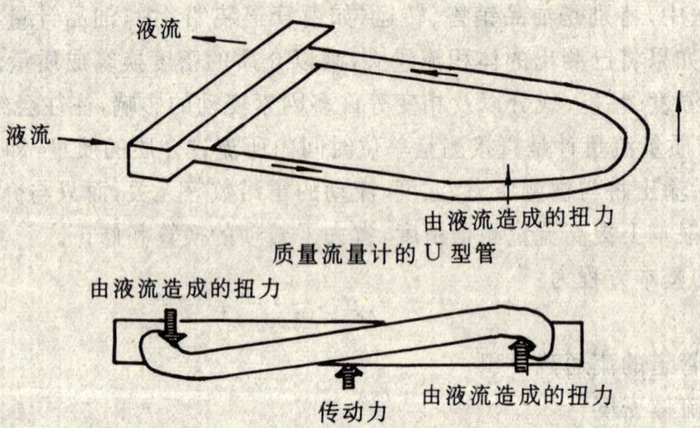

图3-20　科氏力质量流量计传感器原理

（2）特点：① 可直接测量质量流量，与被测介质的温度、压力、粘度及密度等参数变化无关；② 无可动部件、可靠性较高，维修容易；③ 线性输出，测量精度高，它可达±0.1%～±0.2%；④ 可调量程比宽，最高可达1∶100；⑤ 适用于高压气体，各种液体的测量。

2. 补偿式质量流量计

补偿式质量流量计是在分别测量几个相应参数的基础上，再通过一定形式的数学运算而间接推导出质量流量，下面介绍补偿式质量流量计的基本构成原理。

（1）流速—密度补偿法。根据质量流量基本方程式

$$M = A\rho v$$

只要分别测量出流体密度和流速，就可以间接得到质量流量M，图3-21就是这种补偿式

流量计的原理图。

流速 v 采用涡轮流量发送器，转换成与 v 成比例的输出信号电流 $I_v = y, y \propto v$；密度计的输出信号电流 $I_\rho = X, x \propto \rho$，通过计算装置的乘法运算，得到 $I_m = Z \propto \rho v$；也即 $I_m \propto M$，由于运算器的输出信号与质量成比例；所以可以通过显示仪表进行指示和记录，直接得到质量的数值，亦可以通过积算器得到流体的质量总量。

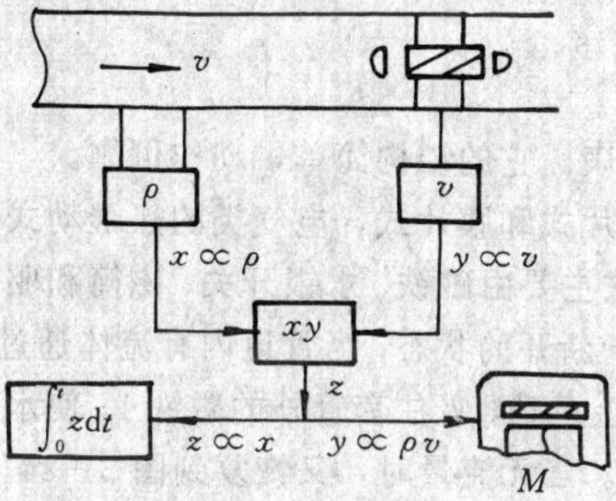

图 3－21　流速 — 密度补偿法

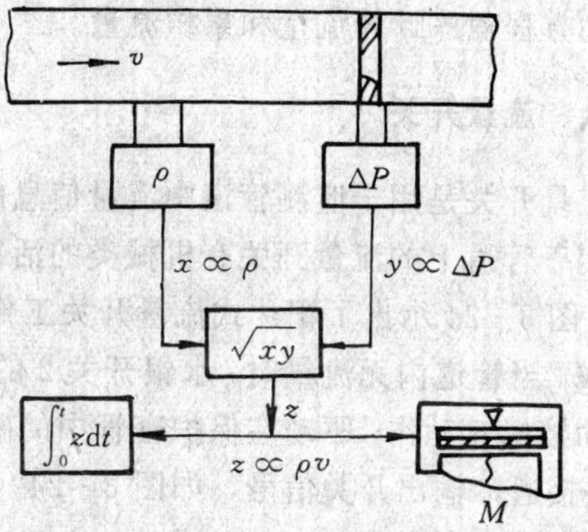

图 3－22　压差 — 密度补偿法

(2) 压差 — 密度法。根据质量流量基本方程

$$M = A\rho v = \rho Q$$

只要分别测量出流体密度 ρ 和体积流量 Q，就可以间接得到质量流量 M，图 3－22 是这种补偿式质量流量计的原理图。

由差压流量测量方程 $Q = \frac{1}{4}\pi d^2 \varepsilon\alpha\sqrt{\frac{2}{\rho}\Delta\rho}$ 可知，在被测介质和节流装置确定情况下，孔板直径 d，流量系数 α，流束膨胀系数 ε 均为常数，孔板两端所测得的压差 ΔP 与 ρQ^2 成比例，故差压变送器的输出信号电流 $I_{\Delta P} = y \propto \rho Q^2$，而密度计的输出保号电流 $I_\rho = x \propto \rho$，通过计算装置对 x 和 y 相乘后再开平方，即得到信号电流 $I_m = z \propto \rho Q$，也即 $I_m \propto M$，质量流量 M 和总量显示与流速 — 密度补偿法相同。

(3) 压差 — 流速补偿法。根据质量流量基本方程，有

$$M = \rho Q = \frac{\rho Q^2}{Q} \qquad (3-21)$$

而

$$Q = vA \qquad (3-22)$$

式中　v —— 管道内流体平均流速；

　　　A —— 管道的流通截面积。

所以

$$M = \frac{1}{A}\frac{\rho Q^2}{v} \qquad (3-23)$$

由上式可知，只要测量出 ρQ^2 和 v 两个量，就可以间接得到质量流量 M，图 3－23 就是这种补偿质量流量计的原理图。

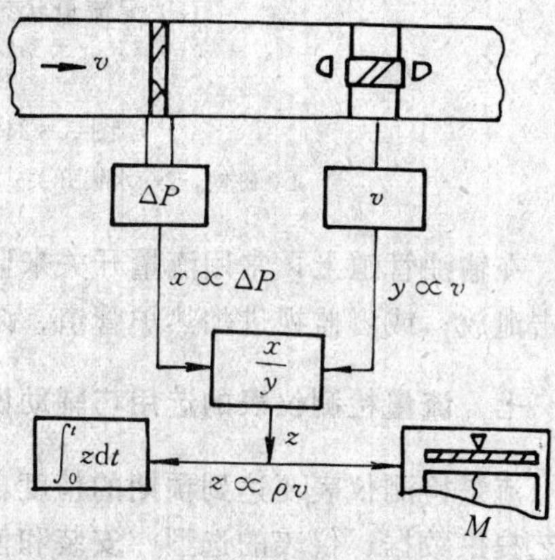

图 3－23　压差 — 流速补偿法

流速测量输出信号电流 $I_v = y \propto v$，差压测量输出信号电流 $I_{\Delta p} = x \propto \rho Q^2$，经计算装置的除法运算后 $\frac{x}{y} \propto \frac{\rho Q^2}{v}$，即 $I_m = z \propto M$，质量流量 M 和总量的显示与流速—密度补偿法相同。

由于智能仪表和微机的应用，使推导式（补偿式）质量流量计发展极快，流量计算机就是其中的一种，流量计算机使来自涡轮或容积式仪表的脉冲信号，密度计的频率或模拟信号，压力和温度仪表的模拟信号都数字化，然后根据这些输入信号，流量计算机按储存在微处理器中的流动方程程序计算流量和累积流量。

六、流量开关

流量开关是用于监测管道中流量信息的开关仪表。它的结构简单，动作可靠。

用于管道上的流量开关有机械类的活塞式、靶片式和膜片式，电气类的热继动式等几种类型。图 3-24 示出了靶片式流量开关工作原理。它主要由磁铁、水银开关、磁筒和驱动挡板等组成。当管道内无流量时，水银开关 2 的触点处于断开的状态；当管道内有流体通过时，推动驱动挡板 5 动作，驱动在保护套管中的磁筒 4 向上运动，吸住套管外的磁铁 1，使水银开关 2 触点接通，输出开关信号，如图 3-24（b）所示。当无流量时，又恢复到图 3-24（a）的状态，无信号输出。

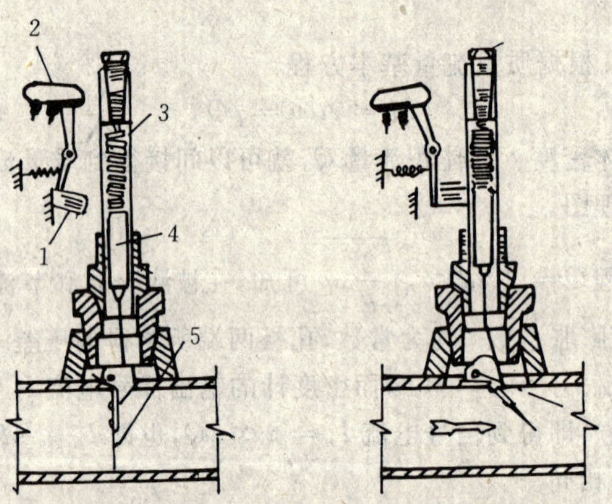

（a）无流量状态　　（b）流量通过的状态

图 3-24　流量开关工作原理示意图

1—磁铁；2—水银开关；3—保护套管；4—磁筒；5—驱动挡板（靶片）

在输油管道上，常用流量开关来监视水击泄压阀后管道的油流情况，用以判断是否发生水击泄放；或者监视进加热炉管道、泵出口管道流量是否过小或者断流，以保证输油安全。

七、流量检测仪表的选用与辅助设备

流量检测仪表要达到预期的精度，比起其它主要参数测量仪表，一般比较难实现，它与工艺提供数据、仪表的选型、安装和使用是否正确等问题有关。

在流量测量仪表选用前，除对仪表的主要技术性能及适应场合要熟悉外，还需要对工艺的要求作深入了解。在选择流量测量仪表时，主要是从仪表刻度、功能、精确度、经济性、工况条件和介质适用性能方面考虑。

刻度选用：

方根刻度范围：最大流量不超过测量范围上限值的95%；
正常流量为测量范围上限值的70%～80%；
最小流量不小于测量范围上限值的30%左右。

线性刻度范围：最大流量不超过测量范围上限值的90%；
正常流量为测量范围上限值的50%～70%；
最小流量不小于测量范围上限值的30%。

面积式流量计刻度范围：最大流量不超过测量范围上限值的90%左右；
正常流量为测量范围50%～80%；
最小流量不小于测量范围10%左右。

为了保证流量计测量准确，延长流量计使用寿命，还有一些辅助设备与之配套，主要有过滤器、消气器等。

过滤器安装在流量计入口前，以防止油品所带的焊渣、砂石等杂质和脏物进入流量计，造成流量计卡堵或损坏流量计，从而保证流量计正常运行，延长流量计使用寿命。

油品经过管道部件或拐弯处，会有压力降，溶解气就会分离出来成为游离气，这些气体在管道内聚集并占有一定空间，随着油流进流量计，会造成气体当作油进行计量，影响了油品计量的准确度，为确保计量准确度，要将油品中的游离气进入流量计前就排出来，消气器就起这个作用。

§3-5 液位检测仪表

在长输管道生产过程中，液位也是重要的过程变量之一。

液位检测仪表按检测方式分为直读式、浮力式、电气式、声波式、核辐射式、雷达式等，见表3-9，这一节主要介绍几种长输管道中常用的液位计和液位开关。

表3-9 液位仪表分类表

名称		简单原理	测量范围 mm	工作压力 MPa	工作温度 ℃	精确度	适用介质	仪表示值特点
直读式	玻璃管液位计	连通器原理	400～1 400	一般：1.6 特种：3.2	100～150 特种400		非粘稠深色的各种介质	直读
	玻璃板液位计							
浮力式	浮球式液位计	浮球随液面变化而升降	50～1 000 500～4 000	4～6	200～250 −40～150	±5 mm	各种液体	信号 直读
	浮筒式液位计	所受浮力随液面变化而变化	350～2 000 0～300	6	100 400	±1.5%	各种液体	连续测量调节
	钢带浮子液位计	浮子随液面变化而变化	0～20	0～0.16	≤100	±3 mm	各种液体	信号、连续测量

续 表

名称		简单原理	测量范围 mm	工作压力 MPa	工作温度 ℃	精确度	适用介质	仪表示值特点
静压式	差压式液位计	静压随液体变化而变化	根据液位要求而定	1.6	120	±1.0%	各种液体	连续测量、调节
电气式	电接点液位计	液位变化接通电极电路	10 000 以下	1	100		导电液体	断续信号
	谐振式液位计	线路阻抗随液位变化而变化	2 000 以下	0.6	100	±2%	导电液体	连续测量
	电容式液位计	电极电容随液位变化而变化	2 000 以下	1.6	180	±2.5%	各种液体	连续测量
超声波液位计		利用声波在气体、液体或固体中的衰减程度、穿透能力和幅射阻抗等各个不相同的性质	1 000 以下	—	—	±3 mm	各种液体	信号、连续测量
辐射式液位计		放射性同位素发射和吸收程度随液位高度而变化	15 000 以下	—	—	—	各种液体	信号连续测量
雷达液位计		根据微波发射和接收的时间，来计算出液位	0～40m	−0.2～0.2～4	−40～+65	±1 mm	各种液体	信号连续测量

一、浮子式液位计

浮子式液位计是根据力平衡原理工作的，在设计测量范围内的任何一个测量点，系统处于平衡位置，即 $F+T=G$（F 为浮子浮力，G 为浮力重量，T 为对浮子的拉力）。

下面介绍日本产的 FW－7000 系列浮子液位计。

FW－7000 系列液位计是使用超小型平衡浮子、极细测长钢丝的卷筒式自动平衡装置，它的主体结构简图如图 3－25 所示。

这种液位计安装有小型平衡浮子，一端的测长钢线卷在钢丝卷筒上，钢丝卷筒由磁耦合轮箍连接，随磁耦合内轮与驱动轴转动，驱动轴通过蜗轮的中心连接在平衡弹簧的一端上，平衡弹簧的另一端固定在蜗轮上，蜗轮的上部固定着磁通反映型传感元件，拉力检测磁体就固定在驱动轴上。

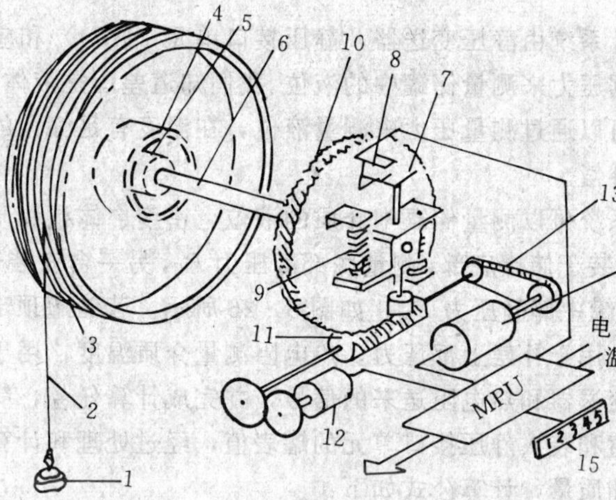

图 3-25　FW－7000 系列液位计主体结构图

1—小型平衡浮子；2—测长钢丝；3—钢丝卷筒；4—磁耦合轮箍；5—磁耦合内轮
6—驱动轴；7—拉力检测磁体；8—磁通反应型传感元件；9—平衡弹簧；10—蜗轮；11—蜗杆
12—伺服马达；13—同步皮带（牙轮皮带）；14—编码器；15—LED 显示板

测量时，当液位变化时，平衡浮子的浮力发生变化，从而使测长钢丝的拉力发生变化，导致拉力检测磁体和磁通反应型传感元件的相对位置发生变化，这一变化又导致磁通反应型传感元件的输出发生变化。由于这一变化，伺服马达转动，带动蜗杆、蜗轮转动，使得蜗轮上的磁通反应型传感元件向和拉力检测磁体靠近的方向移动，逐渐趋于平衡。

伺服马达在使钢丝卷筒转动的同时，通过牙轮皮带使编码器转动，由编码器读取液位值，经微机修正，计算和判断后，在 LED 现场显示板上显示出来，与此同时液位报警，平均温度等其它处理数据一同送至距离较远的二次仪表。

这种液位计可以独立工作，也可以与二次仪表配合使用，以实现信号的远传和远控，它整体结构全部设置在一个防爆壳体内，它即可以进行液位测量，同时还进行多点温度检测。

由于这种液位计的传感器采用了磁性元件，不受温度和湿度影响，提高了可靠性，采用微机进行信号处理，可以对液面和温度进行校正计算，从而提高了测量精度。

对于大型常压储罐液位的连续测量常用浮子式液位计。

最近几年，美国 MTS 公司的磁致伸缩液位测量系统获得了越来越广泛的应用。这种液位计是由电子头、探测杆和浮子三部分组成，探测杆是由三条同轴的园管组成。外管是由防腐材料制成，中间的园管装配上一个或多个温度装置，以实现温度监控。最中心的一条是由磁致伸缩材料制成的波导管。测量时液位计电子头产生一小电流询问脉冲，此电流产生一磁场沿波导管内的感应线向下运行。在探测杆外管配有浮子，此浮子沿探测杆随液位上下移动。由于浮子内有一组永久磁铁而产生一个磁场。当电流磁场与此浮力磁场相遇时，即产生一种名为“波导扭曲”的脉冲或简称“返回”脉冲。从询问脉冲开始至返回脉冲被电子头探测到的周期便相对于液位变动的位置。这种液位计可以测量单一液面，也可以测量界面的温度，精度可达 0.025%，可靠性高，安装方便，适于高温高压和腐蚀性环境。

二、储罐静压式液位计系统

储罐静压式液位计系统由静压变送器，静压接口单元（HIU）和应用接口组成。

静压液位计是根据压力来测量储罐中的液位。我们知道差压是液体高度乘以液体密度。如果密度保持不变，就可以通过测量压力来测量液位，在温度有足够大的变化引起液体密度变化时，就要进行温度补偿。

储罐静压液位计系统可以测量储罐中介质的液位、密度、体积和质量。一般储罐安装两台静压变送器，一台安装于储罐底部，测量底部静压力 P_B，另一台安装于储罐中部（通常 $H_{BM}=1.8\sim2.5$ m），测量罐中部静压力 P_M，如图 3-26 所示。若储罐顶部带压，可在储罐顶部设第三台静压变送器，用于补偿上部压力。热电阻测量介质温度，用于温度补偿计算。静压接口单元接收由静压变送器和热电阻送来的信号，并完成计算任务，静压接口单元带微处理器，采用测量的输入值和装入静压接口单元的罐表值，经过处理和计算即可输出储罐内介质的液位、密度、体积和质量，计算公式如下：

$$m=(P_B-P_T)s/g \qquad (3-24)$$

$$\rho=\frac{P_B-P_m}{H_{Bm}g} \qquad (3-25)$$

$$v=\frac{m}{\rho} \qquad (3-26)$$

$$H=\frac{P_B-P_T}{\rho g}+H_B \qquad (3-27)$$

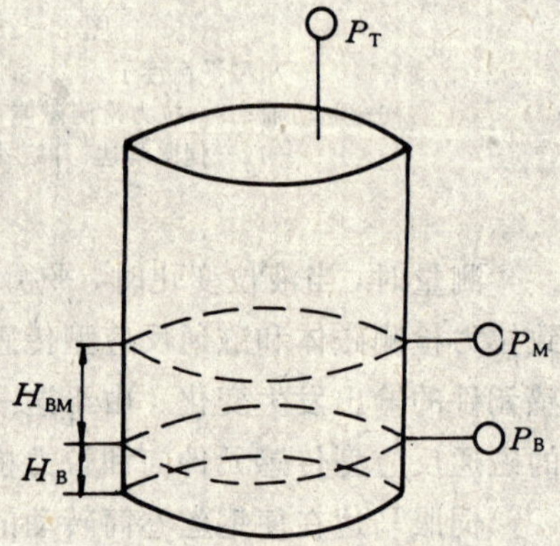

图 3-26　静压液位计测量原理

式中　m —— 罐内介质质量；
P_B —— 罐底部静压力；
P_m —— 罐中部静压力；
P_T —— 罐顶的静压力；
S —— 罐底的面积；
ρ —— 介质的密度；
V —— 罐内介质的体积；
H —— 液位；
g —— 重力加速度。

储罐静压液位系统结构简单、测量精确、稳定可靠，对于带压容器内液位连续测量，常用这套系统。

三、雷达式液位计

雷达式液位计量依据连续调频（FMCW）的微波技术，线性频率调制微波信号发射入油罐内，到达罐中的液体表面被反射，通过测量发射和接收信号，就可以计算出液面高度。如图 3-27 所示，高频振荡器被用作微波发生器，发生器产生的微波用波导管引到辐射天线射出，为保证微波发射的方向性，辐射天线一般采用圆锥形，扇形喇叭形状，微波功率可用热电阻，霍尔效应等敏感元件配上相应线路进行检测和显示。

这种反射式雷达液位计将发射天线倾斜一个角度并向液面发射微波束，微波束遇液面后反射并被接收天线接收。接收到的微波功率和发射功率之间的关系为：

$$p_r = (\frac{\lambda}{4\pi})^2 \frac{p_i G_i G_r}{L^2 + 4d^2} \quad (3-28)$$

式中 p_i —— 发射的微波功率；

p_r —— 接收到的微波功率；

λ —— 微波波长；

L —— 发射器与接收器之间距离；

d —— 发射器和接收器中心连线到液面的距离；

G_i, G_r —— 分别为发射天线和接收天线的增益。

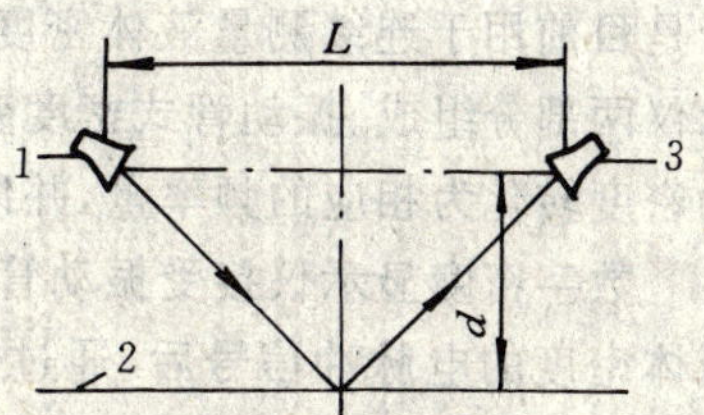

图 3-27 雷达液位计工作原理

1— 微波发射器；2— 液位面；3— 微波接收器

由于 G_i, G_r, λ, L 均为常数，所以测定 p_i, p_r 后即可确定 d 值。根据 d 值，便可确定液位值。

雷达式液位计测量方式为非接触式测量，可以测量对于普通液位计仪表难以高精度连续测量的大型拱顶罐，浮顶罐内腐蚀性液体，高粘度液体或有毒液体的液位。

四、热触发式液位开关

下面我们介绍一种监测某个位置上各种液体介质存在的液位开关，热触发式液位开关。

这种热触发式液位开关是利用探头热源在不同的介质中的热传导和热辐射特性不同，通过检测元件来识别它所感到的介质的异同。从而测出不同介质的分界面。探头热源是一恒功率发热电阻，检测元件是利用参考电阻和检测电阻的热电特性（温度高，电阻值增加）实现的。热电阻通过中间介质的热传导和热辐射来接收热能，当介质改变，介质的热传导和热辐射发生变化，热电阻接收热能变化，温度就发生变化，热电阻值也就发生变化，反映介质变化的热电阻阻值变化情况通过电子桥路的检测和放大电路来驱动指示灯和继电器输出开关信号。

利用这种开关，可以来检测油罐底部的沉降水，当罐底沉降水没达到液位开关检测位置，开关处于油层内，热阻值是按所测原油介质设定的，这时桥路平衡。当沉降水逐渐增加，水面上升到达检测开关位置时，介质发生变化，检测热阻值变化，桥路不平衡，引起检测开关动作，发出报警信号，就可知道油罐内沉降水需要放出，水放出后，开关处于油层中，恢复原来状态。

由于控制开关是热触发式的，并且没有活动部件，所以可靠性高，开关可以现场调定，调好后，不受温度和压力变化的影响。

§3-6 过程分析仪表

分析仪表主要用来分析介质中各种组份的含量，分析结果可以供显示、报警或参与闭环控制。过程分析仪表的特点是专用性强，每种分析仪的适用范围都很有限，同一类分析，即使具有相同的测量范围，但由于待测的试样的背景不同，并不一定适用。

在长输管道上过程分析仪表种类很多，如测量油品密度粘度的密度计粘度计，测天然气成份的色谱仪，H_2S 分析器，原油含水分析器，氧分析仪，露点仪和可燃气体报警器等等，下面我们就其中几种分析仪做一介绍。个别分析类仪表将放在 §3-7 节介绍。

一、振动管式密度计

密度测量的方法很多，这里介绍油品储运工程中较常用的振动管式密度计，振动管式密度计是目前用于连续测量液体密度的先进仪表之一。它由振动管液体密度变送器和数字密度显示仪两部分组成。振动管式密度变送器以连续、高精度、灵敏地检测管道内液体的密度，将液体的密度转化为相应的频率量，并以电脉冲的形式输出，送给数字密度显示仪。

数字密度显示仪接受振动管式密度变送器来的正比于液体密度的电脉冲信号后，通过信号处理电路和萤光管可直接用数字量显示出被测液体的密度值。振动管式液体密度计还可进行密度编码输出，便于与计算机配合使用。

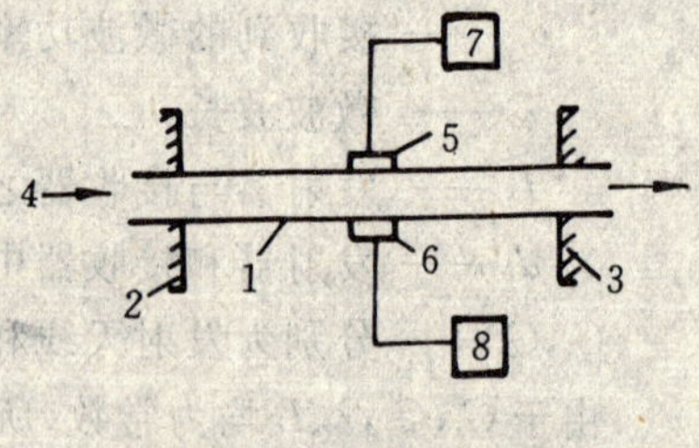

图 3-28　振子原理图

1— 振动金属管；2,3— 两端固定支座；4— 被测液体；5— 振动驱动元件；6— 检测元件；7,8— 起振器和维持放大器

1. 振动管检测液体密度的基本原理

振动管液体密度检测是利用被测介质充满并流过金属管的振动理论，实现被测介质密度(ρ_x)与频率(f_x)间的线性转换。

图 3-28 为振子原理图，密度检测的关键元件为恒弹性合金振动管 1。由振动力学可知，当被测液体充满且流过振动管时，振动管的固有振动频率(f_x)不仅与振动管的材质、几何形状(管壁厚、直径、长度)及两端固定方式有关，也与所通过介质的密度(ρ_x)、温度和压力有关。这个关系可由振动方程得出

$$f_x = \frac{C}{4L^2}\sqrt{\frac{E}{\rho_1}}\sqrt{\frac{D_1{}^2 + D_2{}^2}{1 + \frac{D^2{}_2}{D^2{}_1 - D^2{}_2}\frac{\rho_x}{\rho_1}}} = \frac{C}{4L^2}\sqrt{\frac{E(D_1{}^4 - D_2{}^4)}{\rho_1 D_1{}^2 - D_2{}^2(\rho_1 - \rho_x)}} \tag{3-29}$$

或

$$f_x = \frac{C\sqrt{\pi}}{4}\sqrt{\frac{E(D_1{}^4 - D_2{}^4)}{\mu_0 L^4}} \tag{3-30}$$

式中 f_x —— 充满介质的管子的横向振动频率；

C —— 由振动状态决定的常数；

L —— 管长；

E —— 管子的纵弹性系数；

D_1 —— 管子的外径；

D_2 —— 管子的内径；

ρ_1 —— 金属管的密度；

ρ_x —— 被测介质密度。

$\mu_0 = \rho_1 \mu D_1{}^2 - \pi D_2{}^2(\rho_1 - \rho_x)$ 为单位长度充满被测介质的管子的质量。

显然，当振动管的材质、几何形状及两端固定方式确定后，并假设所通过介质的温度、压力恒定时，则其固有的振动频率 f_x 仅与流过介质的密度 ρ_x 有关。测出 f_x(或周期 T)的数值，即可求出 ρ_x。

实际上，ρ_x、E 及管子尺寸(L, D)均随温度变化而变化，从而引起测量误差，所以采取对被测介质恒温措施或温度补偿措施是必要的。

为了便于从所测定的周期 T_x(即 $1/f_x$)来确定 ρ_x 值，首先确定钢管内是真空状态(即 $\rho_x = 0$)时的自然频率 f_0。由 $\rho_x = 0$ 和 f_0 满足式(3-29)，有

$$f_0 = \frac{C}{4L^2}\sqrt{\frac{E(D_1{}^2 + D_2{}^2)}{\rho_1}}$$

则有
$$\frac{f_x}{f_0}=\sqrt{\frac{\rho_1(D_1^2-D_2^2)}{\rho_2(D_1^2-D_2^2)+D_2^2\rho_x}}$$

令 $\rho_1\frac{D_1^2-D_2^2}{D_2^2}=\rho_0$　解出 ρ_x

$$\rho_x=\rho_0(\frac{f_0^2}{f_x^2}-1) \tag{3-31}$$

或
$$\rho_x=\rho_0(\frac{T_x^2}{T_0^2}-1) \tag{3-32}$$

由式(3-32)可清楚看出振动管的固有振动周期 T_x 与密度 ρ_x 之间是二次曲线关系，密度 ρ_x 与周期 T_x 关系曲线可以用近似方程表示

$$\rho_x=K_0+K_1T+K_2T^2 \tag{3-33}$$

式中 K_0,K_1,K_2 为密度变送器标定常数。

2. 密度变送器的结构和工作原理

以 SMI 型密度变送器为例。图 3-29 是 SMI 振动管密度变送器结构图，它由振荡器，脉冲整形输出电路和直流激磁三大部分组成。

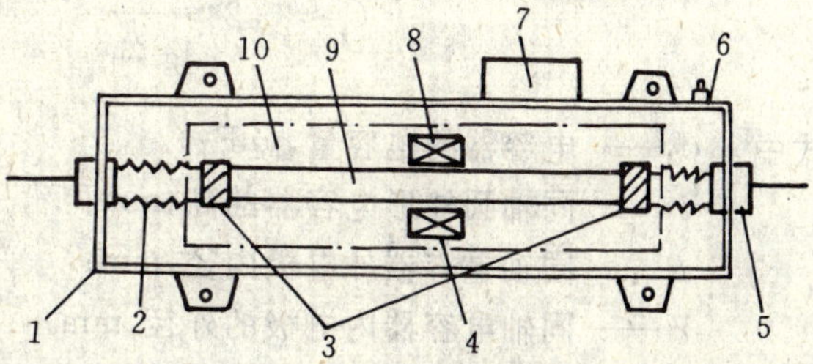

图 3-29　SMI 密度变送器结构图

振动管及其固定座和底台组成振动单元，它是振动管式密度变送器的核心，直接影响变送器性能，因而对管材要求比较严格，通常采用合金钢，振动管的两端用振动管固定座可靠地固定，固定座又和质量较大的底台连接起来，形成一个整体，称为振动单元。

图 3-30 为原理方框图，放大器的输入端与振动管一侧检测线圈相连，通过检测线圈将振动管的微小振动转换成电信号，作为放大器输入，经放大器移相放大后，一方面反馈到紧靠振动管另一侧的激励线圈，合拍地激励振动管，补充振动的能量损耗，使振荡器以固有频率维持振荡，同时，经脉冲整形输出电路输出。

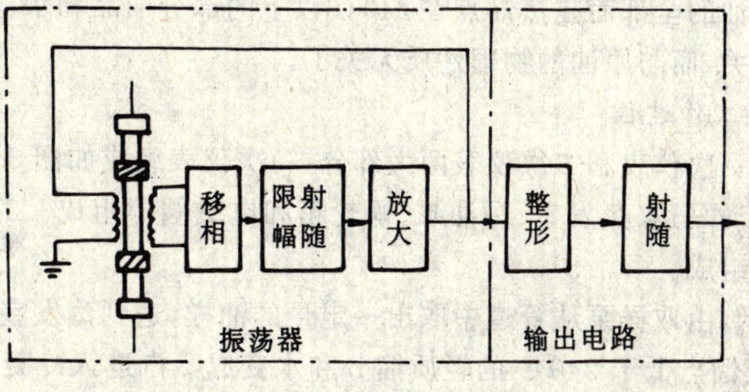

图 3-30　振动单元原理方框图

另外，还可以采用双管振动方式，带有温度补偿电路，补偿介质温度变化时对密度的影响。

二、电容式原油低含水分析仪

含水分析仪是测量原油中含水量的仪表，主要用于计量。下面介绍 YSG－74 电容式含水分析仪。

1. 基本原理

利用原油和水的介电系数 ε 相差很大这一特点，可以测量出原油中微量水的含量。例如，水的介电系数为 81，而无水原油的介电系数约 2～2.3。由于介电系数的显著差异，就会使不同含水量的原油等效介电系数不同，就可使电极尺寸和形状一定的电容器电容量不同。这就是用电容法测量原油含水率的基本原理。

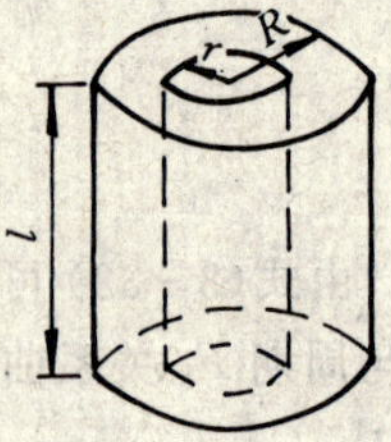

图 3－31　同轴圆柱形电容器

同轴圆柱形电容器（如图 3－31）的电容量为

$$C \approx 0.24\,\frac{\varepsilon l}{\lg\dfrac{R}{r}} \tag{3-34}$$

式中　C —— 电容器的电容量，μμF；

l —— 同轴圆柱形电容器的高，mm；

R —— 同轴电容器外电极内径，mm；

r —— 同轴电容器内电极的外径，mm；

ε —— 介电系数。

当原油含水量增加时，等效介电系数 ε 就增加，电容增大。因此在同一个同轴圆柱电容（也叫测量电容器）内，以含水原油为介质时的电容量就比无水原油为介质时的电容量大。

$$\Delta F = |C_{无水油} - C_{含水油}|$$

利用无水原油与水按不同比例配制的不同油水比的乳化油，就可作出原油含水量与电容变化关系曲线。所以只要测出 ΔC，由曲线就可得出原油的含水率。

但原油的介电系数还受原油其它物理性质的影响，它随着油田的不同（甚致同一油田的不同地区）而不同，一般在 1.86～2.24 之间变化，这就给制作分析精度高，通用性好的原油低含水分析仪造成困难。为了克服这个困难，原油低含水分析仪采用了蒸馏电容法。即进入电容转换器的油品不是原油的全部而是蒸馏点在 240℃ 以下的部分油品和水，这样含水油品的 ε 就仅与油品和水含量有关，而与原油的物理性质无关了。

2. 仪表组成及工作过程

整个仪表包括一次仪表和二次仪表两大部分，一次仪表组成如图 3－32 所示，主要由取样泵、测量电容室、驱动马达、蒸发室、污油泵、蜗轮箱和电磁阀等组成。二次仪表由电容－频率转换器和显示仪表组成。

如图 3－32 所示，由取样泵从管道中取出一定量的油样，送到蒸发室进行蒸馏，蒸发室的温度控制在 240℃。蒸馏点低于 240℃ 的轻质馏分和水变成蒸汽进入冷凝器，冷凝后的液体进入测量电容器。测量电容器把 ε 的变化变为 ΔC 的变化。用电容－频率转换器（Δf 发生器）把 ΔC 变成 Δf，而后送到显示仪表。后者把 Δf 信号经过数据处理直接显示出含水原油所含水的百分数。

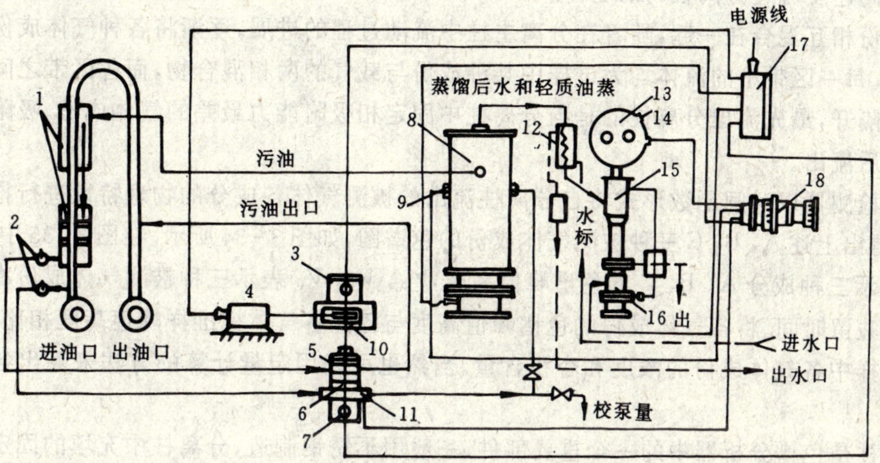

图 3-32　一次仪表部分水、原油、电路流程及接线图

1— 液压自封管；2— 过滤器；3— 电磁阀发信器变速箱；4— 防爆马达；5— 污油泵；6— 取样泵；7— 泵体加热器；8— 蒸发室；9— 蒸发室温控元件；10— 蜗轮箱；11— 泵体温控元件；12— 冷凝器；13— 差频变送器；14— 接 PK，电缆；15— 同轴电容；16— 电磁阀；17— 防爆接线盒；18— 航空插座

三、色谱分析器

气体色谱分析法是一种物理 — 化学分析方法。此法应用气相色谱吸附方法使气体中成份进行分离，然后以检测器及记录仪画出被测气体的色谱图，最后用已知浓度的各成份标准样的色谱与被测气体中该成份的色谱进行对比，即可算出被测气体中各种成份的浓度或容积含量。

色谱分析器具有分析速度快，可进行多组分分析等特点，管线上常用色谱分析器对天然气组分进行分析。

1. 工作原理和结构

色谱分析器的工作原理和系统结构如图 3-33 所示，分析器由进样装置、分离柱、检测器、记录或读数器和流量计组成。

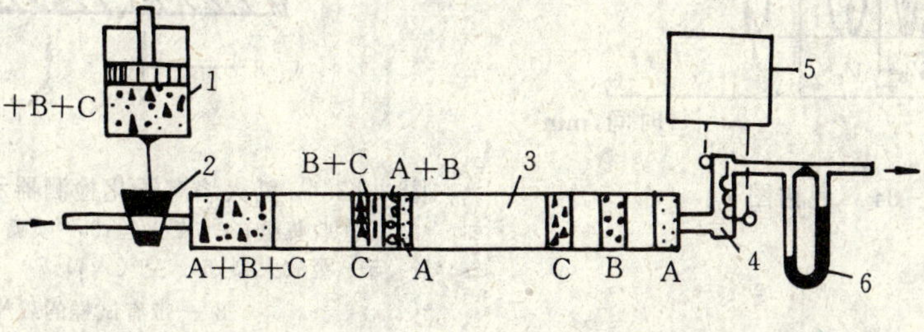

图 3-33　色谱分析器工作原理及系统结构示意图

1— 气体试样进入计量器；2— 进样装置；3— 分离柱；4— 检测器；5— 记录或读数器；6— 流量计

在图 3-33 中，运载被测气体试样的气体（简称载气）通过进样装置将试样带入分离柱，分离柱内装有表面带活性吸附物的物质（称为固定相），当载气带着试样以恒定速度流过分离柱

时，由于试样中各气体成份物理－化学性质不一样，与分离柱中固定相的吸附能力不同，各气体将以不同速度流过分离柱，如试样中有 A，B，C 三种气体成份，在分离柱最前面区域中，三种气体成份相互混合在一起，随着在分离主柱中流动过程的进展，逐渐将各种气体成份分离成各个区带。每一区带中的流体均为试样中某种成份与载气的两相混合物，而各区带之间均被纯载气区域隔开，最先流出分离柱的是与分离柱中固定相吸附能力最差的气体成份。吸附能力最强的则最后流出。

采用检测器以时间函数形式将自分离柱流出的被测气体各成分的物理特性进行检测和记录，即可得出上述 A，B，C 三种被测气体成份的色谱图，如图 3－34 所示。在图 3－35 中 h_A，h_B，h_C 分别表示三种成分 A，B，C 的色谱峰值高度，V_A，V_B，V_C 表示三种被测气体成份相应在分离柱中的驻留时间。将各气体成份的色谱峰值高度与已知各气体标准样峰值高度相比，即可确定被测试样中各气体成份的浓度和容积含量。当然也可以用定量计算的方法来算出各种成份的浓度。

分离柱是色谱分析器中的一个重要部件，一般用不锈钢制造，分离柱中充填的固定相对于成功地分离被测气体中各成份十分重要。

色谱分析器中所用载气应具有对被分析气体和所用吸附剂不起化学反应的特点，应能大量取得，且能保证检测器有较高的灵敏度。一般常用载气有氮、空气、氦、氩、氢和二氧化碳等。氢气有爆炸危险，不宜用于生产现场，载气流量在分析和标定时必须恒定，以便获得可比较结果，所以色谱分析器装有流量计，以便监督载气流量值。

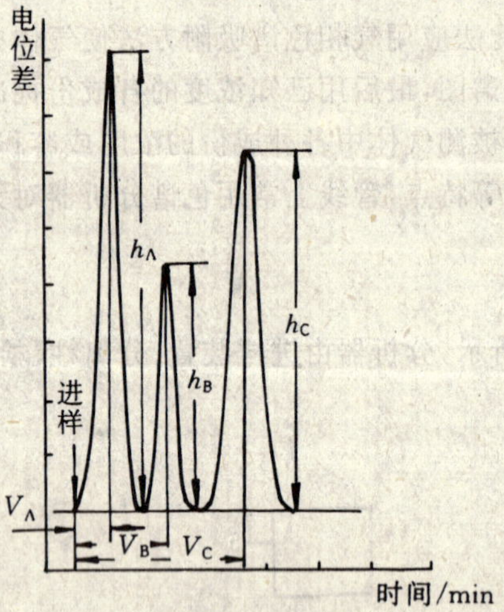

图 3－34　色谱图

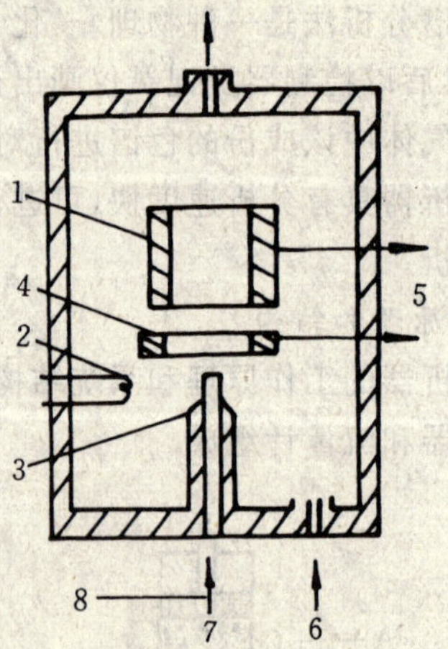

图 3－35　氢火焰离子化检测器示意图

1— 收集极；2— 点火丝；3— 喷嘴；4— 极化电极；5— 至放大器；6— 空气入口；7 — 氢气入口；8 — 带有试样的载气入口

2. 氢火焰离子化检测器

色谱分析器常用氢火焰离子化检测器对有机化合物进行分析，它对碳氢化合物作出的反应与化合物中所含碳原子的数目成比例，随碳原子数目增大而增大，它的结构简图如图 3－35 所示。

在图 3-35 中，带有试样的载气自色谱分析器分离柱流出后与氢气混合并经喷嘴喷出，点火丝将氢气点燃，有机试样组分在火焰能量作用下参与自由基反应后电离。生成的正离子和电子在外电场作用下形成微弱的离子流，用微电流放大将该离子流放大后测定其强度，即可得到被测成分含量的变化。氢火焰离子化检测器对环境温度及大气压力变化不敏感，且灵敏度高。但灰尘及任何能起反应的杂质均会产生很大的干扰信号，所以使用时必须严密屏蔽保持离子室清洁。

四、氧化锆氧分析仪

氧化锆氧分析仪是一种新型的氧含量分析仪表，它具有结构简单，维护方便，反应速度快，价值便宜等优点，它适应于连续分析锅炉的燃烧状况，并可通过自调装置来控制锅炉的风量，以保证最佳空气燃料比。

1. 工作原理

氧化锆(ZrO_2)是固体电解质，在高温下具有传导氧离子的特性，在氧化锆两侧涂上铂电极，当两侧气体中氧浓度不同时，会发生下列反应：

阳极(氧浓度高侧) $O_2 + 4e \rightarrow 2O^{2-}$ (3-35)

阴极(氧浓度低侧) $2O^{2-} - 4e \rightarrow O_2$ (3-36)

这就构成了以氧化锆为电解质的浓差电池，即高浓度侧的氧分子夺取铂电极上的自由电子，以离子形式通过氧空穴到达低浓度侧，从而形成氧离子流，在电解质(ZrO_2)两侧产生浓差电势。

当电解质的氧离子迁移率等于1时，对于理想气体，上述反应所产生的电动势 E 可用能斯特(NERNST)公式表示

$$E = \frac{RT}{nF}\ln\frac{P_A}{P_C} \tag{3-37}$$

式中 R——气体常数，8 315 J/, mol K；

T——绝对温度，$273 + t$℃(实际工作温度)；

F——法拉第常数，96 500 C；

n——参加反应的电子数，(对氧而言 $n = 4$)；

P_A——参比气体氧浓度，一般为 20.80%；

P_C——测待气体氧浓度。

当氧化锆温度为 800℃ 时，上式可变为

$$E = 53.2\lg\frac{P_A}{P_C} \tag{3-38}$$

即如果把氧化锆元件加热到规定温度，测量气体中氧浓度和参比气中氧浓度之比的对数与电动势 E 成正比，因而只要测得电势 E，便知被测气体中含氧浓度。

由于被测气体氧含量和探头所产生的电势 E 是对数关系，因此不能用于线性显示和自动调节。为实现被测氧含量和仪器输出信号成线性关系，仪表中设计了非线性补偿电路。

氧浓差电动势与氧浓度关系见表 3-10。

表 3－10　氧浓差电势与氧浓度的关系

氧的体积百分浓度	氧的浓差电势 /mV				氧的体积百分浓度	氧的浓差电势 /mV			
	600℃	700℃	800℃	850℃		600℃	700℃	800℃	850℃
1.00	56.89	63.42	69.89	73.20	3.40	33.89	37.77	41.65	43.59
1.10	55.13	61.45	67.76	70.91	3.50	33.34	37.17	40.96	42.87
1.20	53.47	59.60	65.72	68.79	3.60	32.82	36.57	40.33	42.21
1.30	51.97	57.92	63.87	66.85	3.80	31.80	35.44	39.08	40.90
1.40	50.58	56.37	62.16	65.06	4.00	30.83	34.37	37.88	39.66
1.50	49.28	54.92	60.57	63.39	4.50	28.62	31.91	35.11	36.81
1.60	48.06	53.57	59.07	61.82	5.00	26.63	29.69	32.73	34.26
1.70	46.92	52.30	57.67	60.36	5.50	24.85	27.71	30.54	31.96
1.80	45.85	51.10	56.35	58.97	6.00	23.21	25.87	28.52	29.85
1.90	44.83	49.97	55.10	57.67	6.50	21.70	24.19	26.67	27.91
2.00	43.85	48.89	53.88	56.41	7.00	20.31	22.64	24.95	26.11
2.20	42.07	46.89	51.71	54.12	7.50	19.01	21.19	23.36	24.45
2.40	40.44	45.07	49.70	52.01	8.00	17.79	19.84	21.87	22.88
2.60	38.93	43.39	47.85	59.08	8.50	16.65	18.56	20.47	21.42
2.80	37.54	41.84	46.14	48.29	9.00	15.57	17.36	19.13	20.04
3.00	36.23	40.39	44.51	46.62	9.50	14.56	16.23	17.89	17.73
3.20	35.03	39.04	43.05	45.06	10.00	13.55	15.11	16.65	17.45

2. 氧化锆氧分析器测量系统

氧化锆发送器探头是由氧化锆管和附在管内壁上多孔铂电极所组成，测量烟气的氧化锆管多采用管状元件，氧化锆管材料要求纯度高，性能稳定，复制性好，管壁均匀，无毛细裂纹。

由利用氧化锆浓差电势测量氧含量的表达式可知，只有保证工作温度T恒定，才能使浓差电势与氧含量成单值函数关系，因此测量系统中应有恒温装置，或者采用温度补偿装置。

氧化锆氧分析器目前多采用直插定温式测量系统和直插补偿式测量系统。

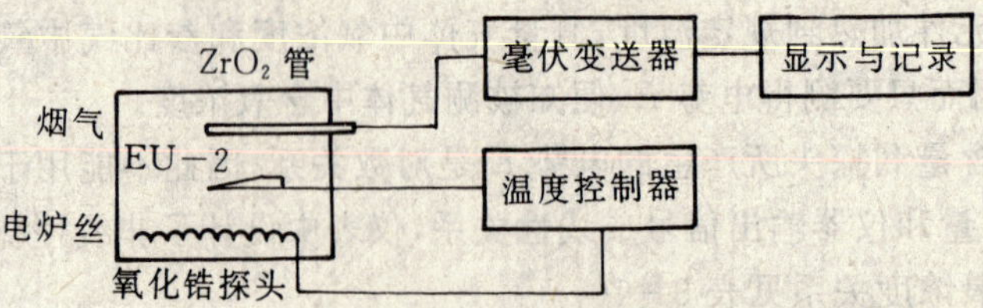

图 3－36　直插定温式测量系统框图

(1) 直插定温式测量系统。图 3-36 所示为直插定温式测量系统方框图，系统由发送器和显示仪表组成，发送器包括氧化锆探头（结构见图 3-37）、温度控制器、毫伏变送器。氧化锆探头内装有氧化锆管、测量热电偶、加热丝等。图 3-38 为直插式定温测量系统示意图。从图中可以看出，为了保证氧化锆在一定的温度（600～850℃）下工作，由热电偶电炉加热丝、温度控制器等组成了恒温控制系统。氧化锆管则根据待测气体中氧含量的高低转换成相应的电势，通过毫伏变送器将毫伏信号再转换成 0～10 mA 的电流信号，再通过显示仪表或记录仪表，进行显示或记录。

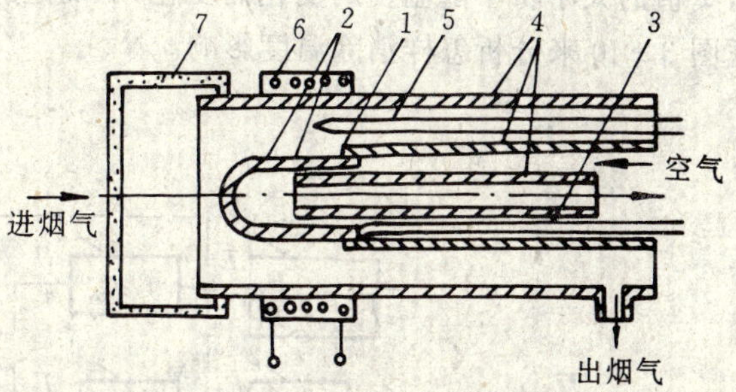

图 3-37　氧化锆传感器结构示意图

1— 氧化锆管；2— 内外铂电极；3— 铂电极引线；4—Al_2O_3 管；5— 热电偶；6— 加热炉丝；7— 陶瓷过滤器

按取样方式不同，直插定温式测量系统又分为直插定温抽气式和直插定温对流式两种。目前主要采用对流采样，对流产生的原因是氧化锆管的温度远远高于旁路烟道内的温度，由于炉内外温度差的作用，形成自然对流，把待分析的烟气抽入氧化锆管的外侧，参比气体（空气）则利用旁路烟道负压抽入氧化锆管的内侧。

(2) 直插补偿式测量系统。在测量锅炉烟气时，烟气的温度是不稳定的，这样给测量带来了很大影响。例如，温度变化 100℃ 时，对测量会引起 9.1～11.5% 的误差。而锅炉烟气变化 100℃ 是常见的，所以必须采取温度补偿措施，以克服烟道气温度变化对测量的影响。图 3-39 为直插补偿式测量系统示意图。它由氧化锆探头、温度补偿装置和显示仪表组成。

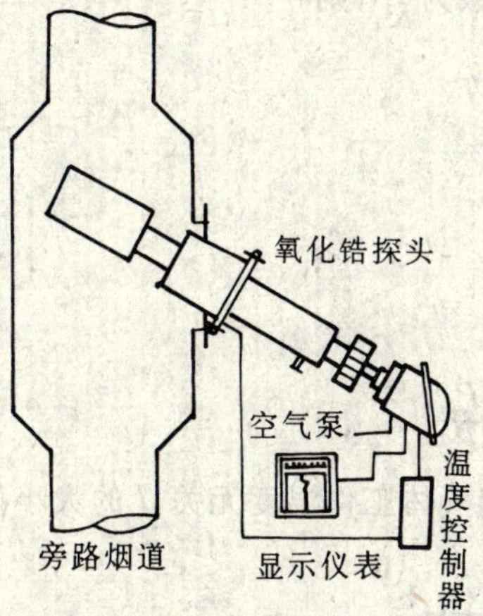

图 3-38　直插定温式测量系统示意图

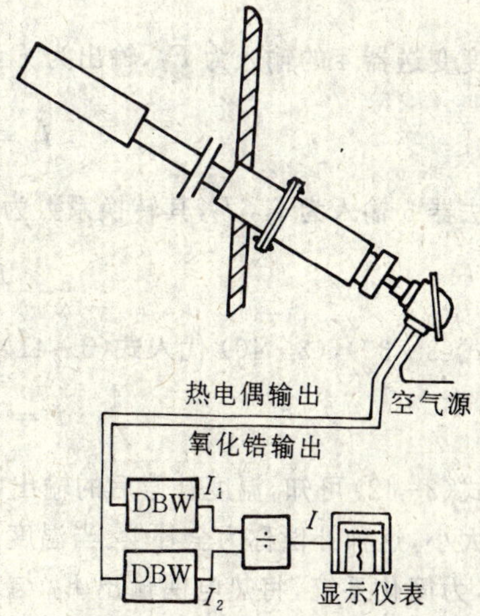

图 3-39　直插补偿式测量系统示意图

直插补偿式测量系统的工作过程是，氧化锆输出的电势 E 由毫伏变送器（DBW）转换成电流 I_1，I_1 输入到除法器（DJS-037），作为除法运算式的分子；而热电偶输出的电势 E_1 由温度变送器(DBW)转换成电流 I_2,I_2 送入除法器作为除法运算式的分母,经过除法运算后输出电流 I,I 值的大小将不随温度的变化而变化,从而达到了温度补偿的目的。通过图 3-39 的简化方框图 3-40 来分析怎样消除温度影响。

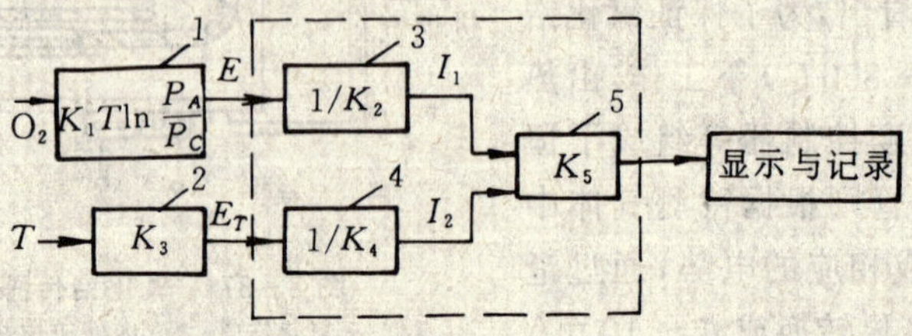

图 3-40 直插补偿式测量系统方框图

令 $K_1=\dfrac{R}{nF}$,式(3-37)可写为

$$E=K_1T\ln\frac{P_A}{P_C}$$

毫伏变送器的输入 E 与输出 I_1 的转换系数为$\dfrac{1}{K_2}$,则

$$I_1=\frac{E}{K_2}=\frac{K_1}{K_2}T\ln\frac{P_A}{P_C} \tag{3-39}$$

热电偶测得的热电势 E_T 与温度关系为

$$E_T=K_3T$$

温度变送器 4 的输入为 E_T,输出为 I_2,其转换系数为$\dfrac{1}{K_4}$,则

$$I_2=\frac{E_T}{K_4}=\frac{K_3}{K_4}T \tag{3-40}$$

除法器 5 输入为 I_1, I_2,其转换系数为 K_5,则

$$I=K_5\frac{I_1}{I_2} \tag{3-41}$$

将式(3-39),(3-40)代入式(3-41)得

$$I=\frac{K_1K_4K_5}{K_2K_3}\ln\frac{P_A}{P_C} \tag{3-42}$$

由式(3-42)可知,温度补偿后的输出电流与被测气体工作温度无关,I 的大小仅取决于氧浓差的大小,这种补偿称为全补偿。当温度变化不大时,为简化系统,将热电偶输出 E_T 与氧化锆的输出 E 反接,可起部分温度补偿作用,图 3-41 为部分补偿装置的原理示意图。由于两者随温度变化、电势变化量不同,不能完全抵消,只能部分补偿。

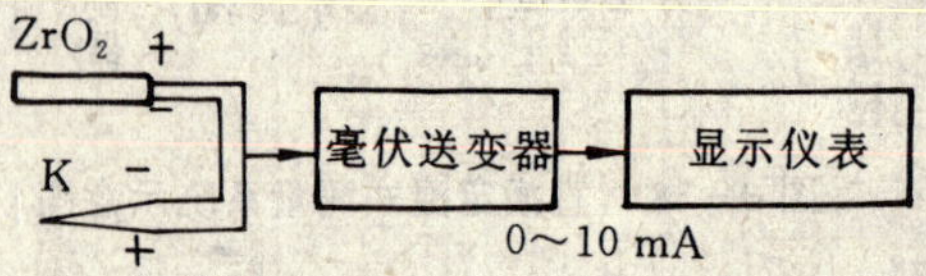

图 3-41 部分补偿原理示意图

§3－6　其它检测仪表

在长输管道生产过程中除了对温度、压力、流量、液位四大参数检测和介质成份分析外，还有一些其它检测仪表，如振动检测仪表，气体热值检测仪表，清管器指示器，火焰检测器，可燃气体检测器，火灾检测器等。本节对这几种检测仪表加以介绍。

一、振动检测仪表

振动是一个物质系统的重复、周期的运动，由于物质系统的复杂性决定了振动形式极为复杂。输油泵机组的振动就是一个很复杂的观象，特别是轴的振动，是受诸多因素影响的，如轴的圆度，转子平衡度，轴与轴瓦的间隙，电机与泵的轴连接的同心度，固定机泵的稳定性，连接泵入口或出口管线的应力作用以及负荷的变化等等，都会引起程度不同的振动，轻的减少泵机组的寿命，严重超限振动甚至会造成毁瓦，断轴恶性事故。因此，为了保证输油机组的安全，就要对输油泵的振动情况进行监测。振动监测可根据具体情况采用无指示的振动开关或振动传感器、变送器，直接监测泵壳、泵及电机轴承或轴的振动。前者直接接出接点报警信号，振动传感器与振动监测仪配合使用能显示出振动量数值，同时，也能在超过设定报警限时，输出接点报警信号。振动传感器有测震型，其输出信号的大小与泵壳或轴承座的相对速度成正比。还有非接触型，利用涡流感应原理来检测轴的位置变化，振动监测传感器选择见表 3－11。

表 3－11　振动监视选择指南①

设备类型	功率/kW	转速/r/min	轴承类型②	检测元件	测试方式	备注
泵	≤375	>600	J，AF	测震型	速度	小型、非关键应用
泵	>375	>600	J	非接触型	位移	单控测器，价格较低
电动机	—	>1 200	AF	测震型	速度	小型、非关键应用
电动机	—	>1 200	J	非接触型	位移	大型、重要应用
燃气轮机	—	>3 600	J，T	测震性／非接触性	速度／位移	关键、综合应用
齿轮箱	—	—	—	加速度计／非接触型	加速度／速度／位移	视重要到关键而异

注：① 摘录自美国 RIS 公司资料。　② J— 滑动轴承；AF— 滚动轴承；T— 止推轴承。

这里我们主要介绍一下监测大型输油泵机组振动的非接触型振动传感器，以美国 BENTLY NEVADA 公司生产的 7200 振动传感器和与之配套 9000 系列仪表为例。

1. 振动传感器工作原理

电涡流感应式测振传感器是一个比轴的直径绝对小的电磁线圈（探头）。相比之下，可以把电磁线圈所对应的轴面，近似为一金属平面，如图 3－42 所示。

当线圈位于轴面一定的距离为 d 时，由前置器发出的约 1.1 MHz 的射频信号由电缆引至传感器线圈，这一高频电流通过线圈时，其产生的高频磁场为 H_Z，在金属板上产生感应电流 I_c，I_c 在金属导体内产生涡流，这个涡流又产生新的磁场 H_c，H_c 这个磁场反过来作用于磁场 H_Z，因此改变了线圈的阻抗，线圈阻抗 Z 的变化即与涡流效应有关，又与静磁学效应有关。即与金属导体的电导率、磁导率、几何形状线圈的几何参数、激励电流频率以及线圈到金属板的距离等参数有关。假定泵轴是均质的金属导体，且其性能是线性和各相同性的，则线圈 — 金属导体系统的物理性质，可由磁导率 μ，电导率 q，尺寸因子 γ 及距离 d，激励电流 i 和频率 ω 等参数来描述，则线圈的阻抗 Z 可用如下函数表示

$$Z = F(\mu, q, \gamma, d, i, \omega)$$

如果控制 $\mu, q, \gamma, i, \omega$ 恒定不变(设计、制造时已决定了)，则线圈的阻抗 Z 就成为距离 d 的单值函数

$$Z = F'(d)$$

传感器的结构如图 3-43。

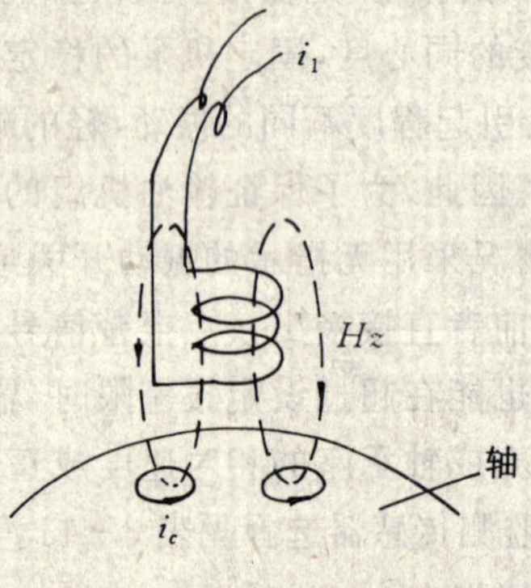

图 3-42 电涡流感应式测振传感器

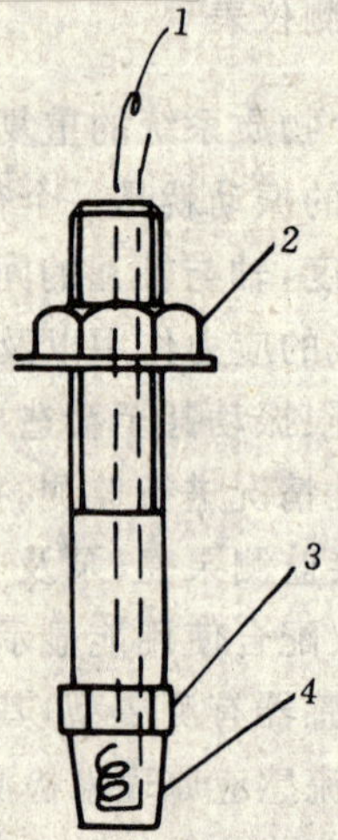

图 3-43 振动传感器的结构示意图

1— 引线电缆； 2— 固定螺母；
3 — 紧固螺母；4 — 传感器线圈。

综上粗略地说明了轴振动时，轴与探头线圈的距离 d 的变化(即振幅的变化)，被转变成线圈 的阻抗 Z 的变化，并通过前置器把此信号传送到二次仪表，再转变成相应的数字量，显示出轴振动时振幅的大小。

2. 振动前置器工作原理

振动前置器通过延长电缆向振动传感器提供 1.1 MHz 的高频调幅波，其波受调于电容与传感器线圈并联组成的LC谐振回路。当轴与传感器线圈的距离不变时，LC振荡器输出一恒幅值信号，当轴与传感器线圈的距离发生变化时，电感线圈的阻抗Z发生变化，因此LC振荡器输出一个与之对应变化的调幅波信号，该信号经幅度检波器检波后，经集成电路跟随器，在前置器的输出端，输出与距离(d) 的变化信号成正比的电压信号(振动的幅度取峰 —— 峰值)。

为了减小振动对前置器电路元件的影响，前置器都采用灌注封装的内部结构，一般前置器内电路出现故障后，都无法拆修。振动前置器原理框图如图 3-44。

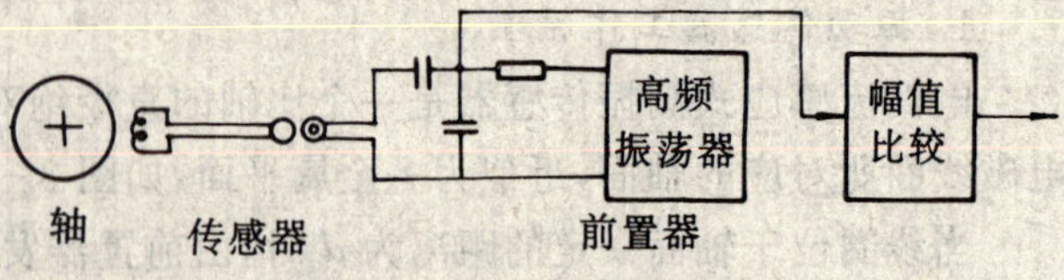

图 3-44 振动前置器原理框图

3. 9000 系列振动监测仪表工作原理

9000 系列振动仪表是采用双路经振动监测的电路，其系统原理如图 3-45 所示。

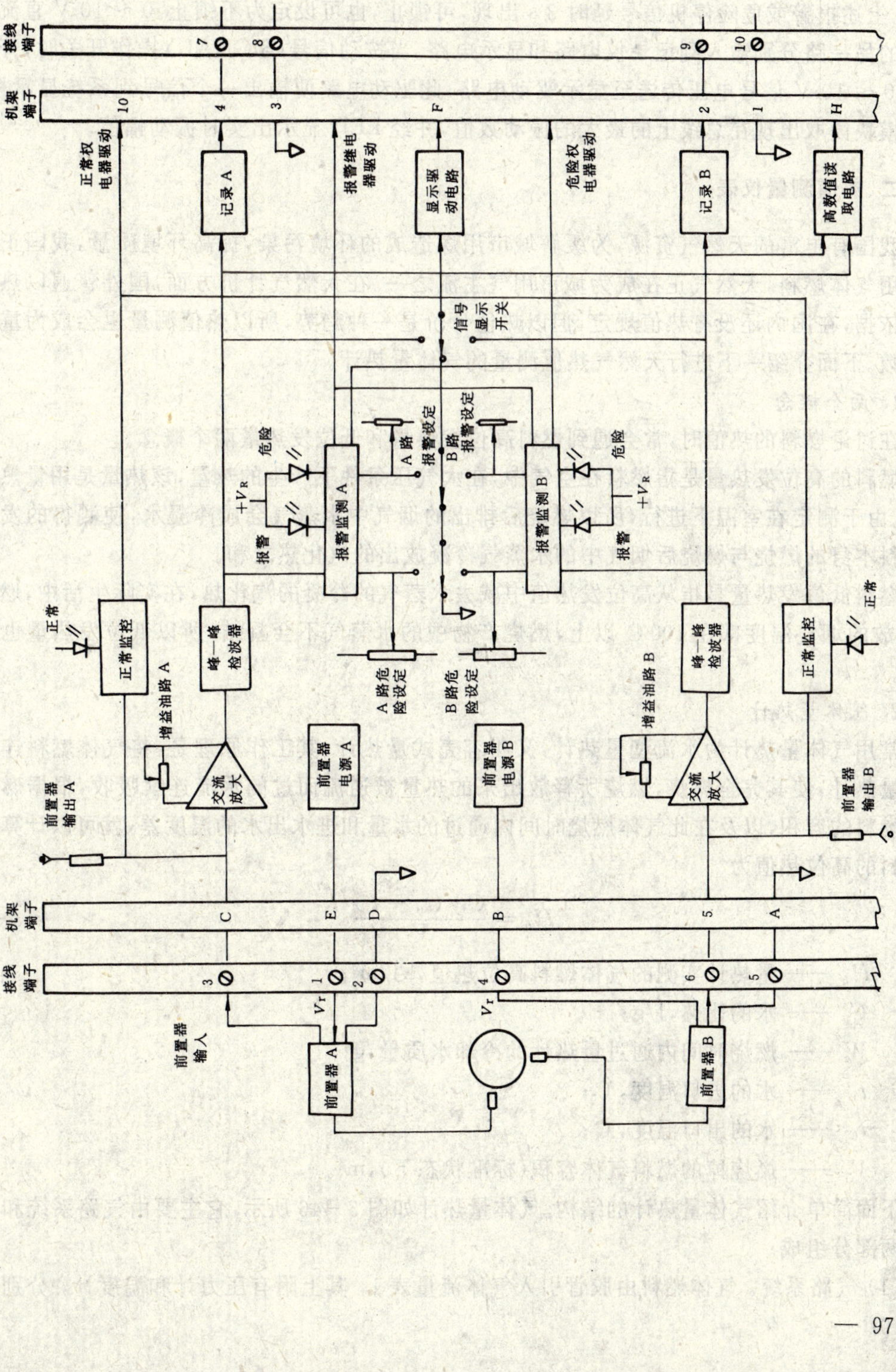

图 3-45 监视系统原理框图

由振动前置器输出的振动信号(位移的峰 — 峰值),输入到振动监测系统的二次仪表,在信号输入及调节电路进行放大,再经峰 — 峰检波器检波后,变成与振动幅值对应的 0 ～ 10 V 直流电压信号。此信号一路经比较器与设定的 ALARM(报警值) 和 DANGER(危险停机) 值比较,当振动大于报警值时仪表告警指示灯亮,同时驱动报警继电器动作,输出开关信号,当振动大于危险停机值时,仪表危险指示灯亮,同时驱动危险停机继电器动作,输出开关信号,控制停机。上述报警或危险停机信号延时 3 s 出现,可锁止,也可设定为不锁止。0 ～ 10 V 直流电压信号的另一路分别输入到记录仪电路和显示电路。当按动信号(SIGNAL)操作开关时,开关信号把 0 ～ 10 V 信号电压传送至显示驱动电路,此驱动电路便输出一个信号到系统显示模块。显示模块读取出现在总线上的最大的振动数值,并经 LED 显示出实时振动幅值。

二、热值测量仪表

我国有丰富的天然气资源,为缓解城市用煤造成的环境污染,提高环境质量,我国正在推行使用气体燃料,天然气正在成为城市用气主流之一。在天然气计价方面,国外普遍以热值为计价依据,在国内还没有热值规定,但以热值计价是一种趋势,所以热值测量也会成为重要检测参数。下面介绍一下进行天然气热值测量的气体量热计。

1. 两个概念

在讨论燃料的热值时,常会遇到燃料高位发热量和低位发热量两个概念。

燃料的高位发热量是指燃料在空气中,在大气压条件下产生的热量,该热量是用量热计测定的。由于测定在室温下进行,所以燃烧后排出的烟气中水蒸气会成冷凝水,使测得的发热量是燃料本身的燃烧与燃烧后烟气中的水蒸气冷凝放出的汽化热之和。

燃料低位发热量是指从高位发热值中减去水蒸气的冷凝的汽化热,在实际生活中,燃烧装置 排放的烟气温度都在 100℃ 以上,燃烧产物中的水蒸气不会凝结,所以低位发热量也叫真热值。

2. 气体量热计

常用气体量热计为水流型量热计,又叫容壳式量热计,其工作原理是:将气体燃料连续地通过量热计,使其完全燃烧,燃烧所释放出来的热量被逆流而过的水流连续吸收,根据燃烧掉气体燃料的容积,以及在此气体燃烧时间内通过的水量和进水出水的温度差,就可以计算出气体燃料的高位热值为

$$H_h = \frac{CW(t_0 - t_i)}{V} \tag{3-43}$$

式中 H_h —— 量热计实测的气体燃料高位热值,kJ/m³;

C —— 水的比热,J/g;

W —— 燃烧时间内通过量热计的冷却水质量,g;

t_1 —— 水的进口温度,C;

t_0 —— 水的出口温度,C;

V —— 燃烧掉的燃料气体容积(标准状态下),m³。

下面简单介绍气体量热计的结构。气体量热计如图 3 - 46 所示,它主要由气路系统和水路系统两部分组成。

(1) 气路系统。气体燃料由胶管引入气体流量表 1,其上附有压力计和温度计, 分别指示

燃气的压力和温度。压力调节器 2 使气体压力保持一定，以便均匀地进入喷灯 16 燃烧，燃烧产物由量热计下部的尾管 3 排出，尾管上装有温度计 4，用来测量排出的烟气温度。由燃烧产物中收集的凝结水收集在量筒 17 内，以便计算凝结热并求出燃料的低位发热量。

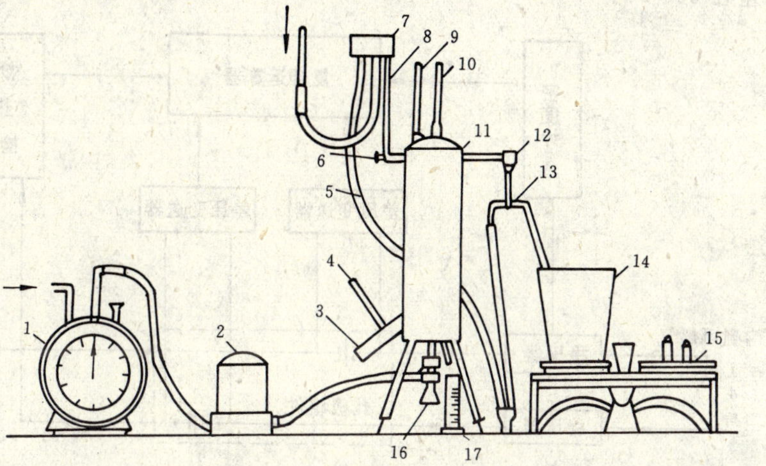

图 3-46　气体量热计简图

1—气体流量表；2—压力调节器；3—尾管；4—温度计（测燃烧排气温度）；5—排水管；6—活塞；7—压力水箱；8—进水管；9—温度计（测进水温度）；10—温度计（测出水温度）；11—量热计本体；12—漏斗；13—旋塞；14—水桶；15—天平；16—喷灯；17—量筒

(2) 水路系统。水由管子送入高位水箱 7 并保持其中水位恒定，这可保证水的流量不变。用于吸热的水经管子 8 进入量热计，多余的水沿支管 5 排至下水道，由活塞 6 来调节进入量热计的水量。量热计入口水温由温度计 10 测得。流出量热计的水经由排水漏斗 12 流入水桶 14 中，用天平 15 称量通过量热计的水的质量 W，三通旋塞 13 用来控制水流方向，根据试验需要可使水排至下水道。

气体量热计的内部结构与一台锅炉类似，外壳内装有一个量热筒，筒的中心部分为燃烧室，由喷灯喷出的可燃气体即在此室内燃烧并释放热量，量热筒内装有许多根金属管，燃烧产物在金属管内流过，最后经尾管排出量热计体外，尾管内装有挡板，用来调节燃烧产物的流速。

水在量热筒内的金属管外流动，其流动方向与燃烧产物流动方向相反，以此完全地吸收燃烧产物的热焓。

这种水流式量热计在测热过程中，要先把气体引入，点燃喷灯，然后控制进出水量，进行水温测量，并要保持进水水温差恒定，还要进行冷凝水收集和测量，这一切测试操作都是手动的、间断的，不能直接用于自动控制，而且测量精度低。下面介绍一种连续工作的热值在线自动测定仪，日本横河电机公司的 CM6G 型燃气热量计。

CM6G 型燃气热量计组成方框图如图 3-47 所示，它主要由①空气稳压部分；②燃气稳压部分；③压差检测部分，包括孔板流量检测及差压变送器；④喷嘴燃烧及热值检测部分；⑤密度计；⑥运算器，共六部分组成，其基本工作原理是将稳压后的试样气体燃料在燃烧室内燃烧，使用空气作为热量吸收媒体，检测其燃烧温度，同时用孔板和差压变送器检测试样燃气流量和空气流量，并用密度计测出试样燃气的密度，经智能仪表进行密度、温度、压力补偿后，直接以数字方式给出试样燃气的热值。

测试时，干燥的清洁助燃空气先经一次减压稳压器减压至 0.2 MPa，再经第二次精密减压阀减压至 0.02 MPa，再在空气预热槽中将空气温度控制在 40℃左右，用节流阀设定孔板流量计上的压差在 500 Pa。

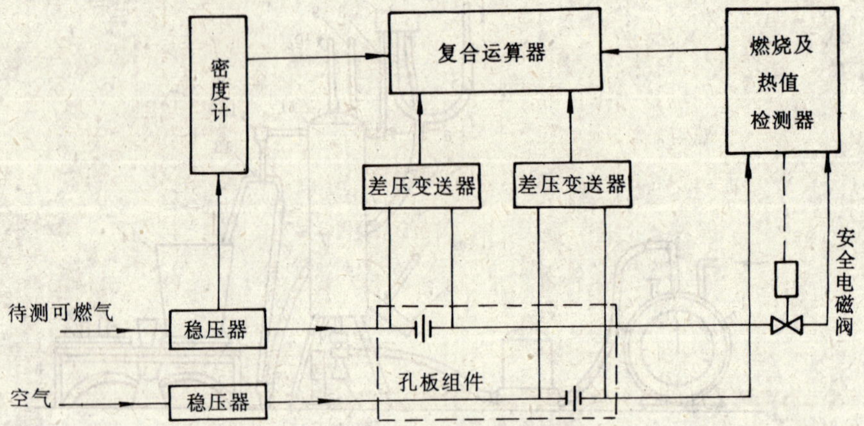

图 3-47　自动热量计的组成框图

试样燃气先从管道上的取样点用升压泵升压至 6 kPa 左右，再经洗涤瓶洗净，过滤器滤去杂物，除湿器除去水份，稳压器稳压后，用节流阀设定孔板流量计的读数在 10 l/min 左右。

以上孔板流量计的孔板安装在恒温槽内，该恒温槽的温度由无接点比例控制方式工作的温度调节器保持在 50℃左右，以保证测量精度。

仪器的燃烧及热值检测部分由燃烧装置、热电偶温度测量电路以及点火及保安系统构成。正常燃烧时，试样燃气在燃烧器内的喷嘴上燃烧，空气由空气入口进入，该空气被分流成 1 次，2 次，3 次空气，其中 1 次空气先与试样燃气混合，再由 2 次空气使其充分燃烧，燃烧后产生的热量由 3 次空气快速搅拌均匀，以便温度检测器准确测量。测量排气温度的热电偶输出 0～20 mV 信号，经放大成 1～5 VDC 的标准信号后送往运算器。当燃烧器熄火或发生其它故障时，仪器会发出报警信号。

量热计的量程可由已知热值的标准样气标定。燃气的热值与燃烧器内的燃烧温度有线性关系。

这种量热器的运算器是内藏计算机的智能仪表，为对燃气流量进行密度、温度和压力补偿运算，并自动得出燃气热值，它又去掉了水流型量热计的水路系统，所以结构简单，测量精度高。

三、清管器指示器

清管器指示器是用于监视管道内有无清管器（或球）通过的仪表，简称指示器。安装在主管道和收、发球筒上，当清管器经过指示器安装位置时，指示器动作，现场指示并发出开关信号，以便手动或自动切换流程，完成清管器的收、发或越站操作。

指示器按安装方式分接触式和非接触式。通常采用机械接触式，它按触发元件不同有触头式、摆杆式、簧片式等几种。触头式仅适用于球式清管器，后两种为通用型，适于球式、圆盘、刷式等清管器，指示器又可分为现场指示式和无指示式，前者又分人工复位和自动复位。

四、火焰检测器

长输管道的热媒加热炉或锅炉的燃烧系统用火焰检测器来监视点火及燃烧情况。

火焰检测器可用光敏器件来实现，火焰照射光敏器件（或称光敏传感器），光敏器件将光能量转换为电信号输出，这称为光电效应。光电效应又分外光电效应和内光电效应两类。这儿介绍内光电效应光检测器，适于可见光范围。

所谓内光电效应是指光激发的载流子（电子或空穴）处于检测敏感元件内部。它又分为光导效应和光伏效应两种。

1. 光导型光检测器

光照射到 CdS 等光敏半导体物质上时，该物质电导率增大，这称为光导效应。当 CdS 元件两端接通电源，在无光照射时，仅有微弱暗电流，若有光照射时，CdS 吸收光能而生成电子和空穴对，电子移向正极，空穴移向负极，从而形成光电流，根据光电流大小可反映火焰的强弱。

2. 光伏型光检测器

当光照射 pn 结硅半导体时，会产生电子空穴对，电子移向 n 型硅电极，空穴移向 p 型硅电极，从而输出电流，这称之为光伏效应。利用光伏效应构成的光电二极管或光电三极管可用来检测火焰。

五、可燃气体检测

长输油、气管道所输介质为易燃易爆物质，对其进行泄漏检测，防止发生火灾或爆炸，保护环境都十分重要。在输油气站中油气集中或易发生漏气的地方都要设置可燃气体检测器，例如罐区、泵房等地。其信号一般要连到站控中心和控制中心。

可燃气体检测可利用气敏传感器实现，常用的可燃气体检测器有以下几种。

1. 利用导电率变化的半导体传感器

当半导体（例如 SnO_2，ZnO 等）接触可燃气体时，半导体元件与其表面吸附的气体产生电子交换，从而改变半导体的电阻率，将电阻率的变化转化为电信号输出（例如用电桥法），即可检测到可燃气体浓度的大小。

2. 利用导热率变化的半导体传感器

若将半导体（如 SnO_2）烧结在铂（Pt）丝上，并将该铂丝作为电桥的一个臂，则当 SnO_2 接触可燃气体时，会使 SnO_2 层的导热率发生变化，进而使铂丝温度变化，铂丝阻值随之变化，桥路失衡，其偏差电压大小可反映可燃气体浓度的大小。

3. 接触燃烧式传感器

当可燃性气体接触涂覆和烧结在铂丝（Pt）上的催化剂和气敏元件（例如 ZnO）时，催化剂引起气敏元件氧化反应，使 Pt 丝温度上升，进而 Pt 丝阻值增大。在桥路中时，桥路会失衡，产生偏差电压，据此可检测出可燃气体浓度的大小。

六、火灾检测

长输油、气管道对消防系统有严格的要求，火灾检测传感器是消防自动化系统的关键检测部件。在输油气站的罐区及重要建筑物室内必须设置火灾传感器，其信号传送至火灾监制系统。火灾传感器有火灾引起温度上升的热敏传感器和对烟气敏感的烟敏传感器。

1. 检测温度型火灾传感器

检测温度型火灾传感器有三种，一是当气流温度达到某一温度值时传感器即开始动作的定温式传感器，其结构如图 3-48 所示，它是利用双金属片的温度传感器。二是当气流温度达到既定温升率时传感器即开始动作的差动式传感器，其结构如图 3-49 所示，膜片上下形成的温度差引起的压力变化使触点接通，从而产生火灾报警信号，图中的毛细孔是取微分值的节流孔。三是兼有前两种传感器功能的补偿式传感器。

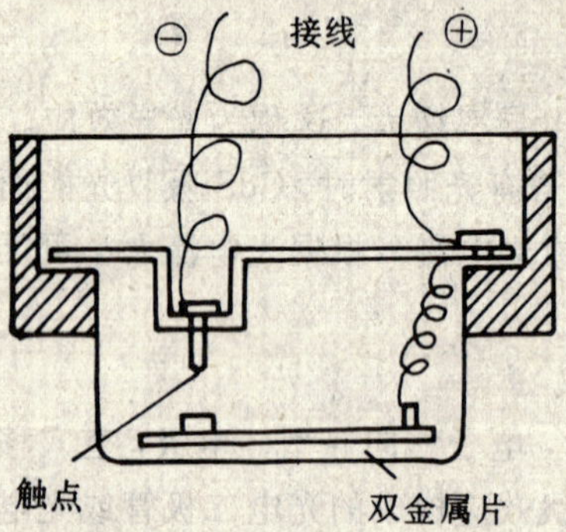

图 3-48 定温式火灾传感器

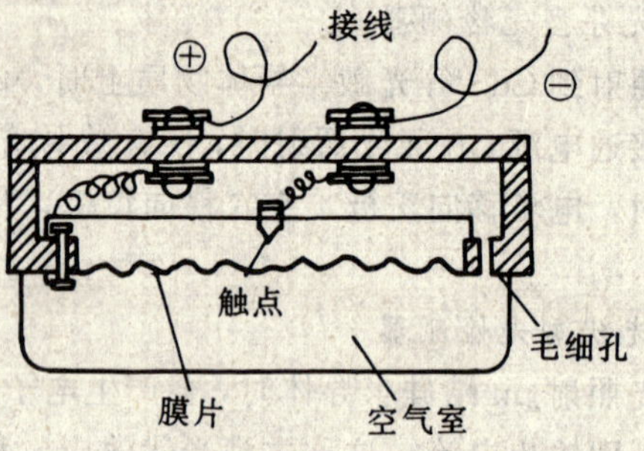

图 3-49 差动式火灾传感器

2. 检测烟雾型火灾传感器

检测烟雾型火灾传感器按工作原理可分离子检测型和光电检测型，若按工作特性又可分为非累积型和累积型。非累积型传感器只要达到规定的烟浓度即工作，而累积型传感器只在规定浓度持续 20～30 s 后才工作。

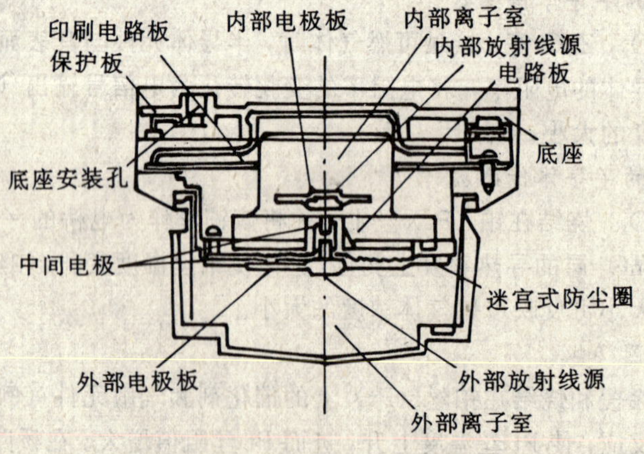

图 3-50 离子检测型烟雾传感器

离子检测型烟雾传感器的结构如图 3-50 所示，在能放射较弱 α 射线的电离箱中，放射性同位素产生离子电流，当烟雾进入传感器时，烟雾被 α 射线吸收，从而使电流减弱。这种结构的传感器不受温度和压力变化的影响。

光电检测型烟雾传感器的结构如图 3-51 所示，来自发光二极管的光，经过聚光透镜聚焦在受光器上。正常情况下，光不聚焦在受光器上，但烟雾粒子进入传感器后，由于光散射把光聚在受光器上，从而发出信号。应注意，这种传感器的结构必须做到仅让烟雾进入传感器内部，不能让昆虫等别的物质进去。

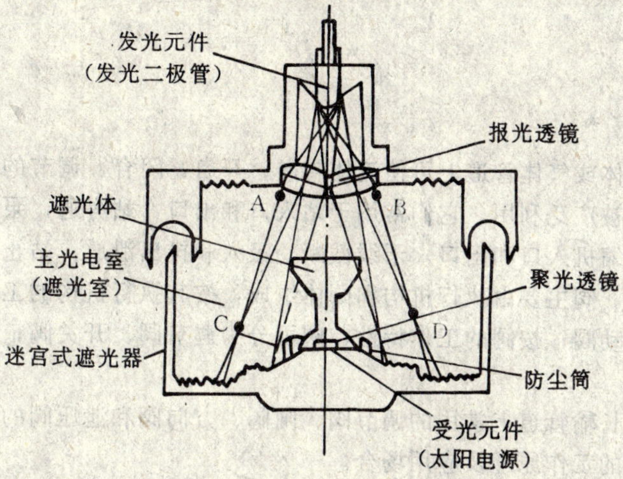

图 3-51　光电检测型烟雾传感器

第四章 阀和执行机构

阀门包括在液体或气体管道上可使流体转向、开启、闭合、调节的各种类型和结构的装置，在长输管线上被广泛利用。它们常用于站入口和出口，站旁通，泵入口和出口，加热炉的入口和出口，压缩机入口和出口，干线截断、吸入和排出泄放，站止回，计量和测试分离器，管汇和管线等。阀主要由执行机构和阀体组成，按其执行机构的工作能源，阀可分为电动阀、气动阀、液动阀；按阀的工作特性，阀可分为调节阀、开关阀；按阀应用场合，阀可分为许多种。

本章分类介绍长输管道上常用的调节阀、闸阀、方向阀和泄压阀的基本概念，并介绍各类阀所用执行机构的工作原理及应用场合。

§4-1 调 节 阀

在管道压力波动调节过程中，以最少能耗维持最大输量为原则，其控制方法主要有两种：其一，使用恒速电机驱动的离心泵，控制调节阀来控制出站压力（在不通电地区的管道，使用燃气轮机驱动泵，控制燃气轮机燃料油来控制出口压力）；其二，控制驱动电机的转速调节出站压力。管道控制中使用调节阀进行调节，将存在能量损耗。

由于有如下两个对立的设计准则，调节阀的设计是管道系统的一个关键因素。就管道的水击而言，阀的调节需要要快速反应是以影响管道压力，阀门行程在几秒内要达到其行程范围的25％或更多，才能使其动作产生较明显的效果；当调节阀全开时，阀门两端的压降要尽量小，这个设计准则导致调节阀尺寸过大。

为了避免超出最大允许压力（即超调），调节阀改变压力的能力要快于最坏情况水击条件下压力变化的速度。气体管道上调节阀还用于压缩机旁通控制，调节阀必须快速反应（数秒内达到满行程），使旁通气体从排出口到达吸入口。有关调节阀设计、类型、流量特性、规格和调节阀执行机构的概念，在许多教科书及阀门制造厂家资料中有介绍，在此只作基本描述。

调节阀由执行机构和阀体组成，阀体必须能承受压力、温度、腐蚀，因此阀体材料是铸铁、球墨铸铁、黄铜、铝合金钢和不锈钢，为了防止腐蚀，可用特殊合金做阀体材料。阀内件直接接触流体，并形成流体通过的流孔，由执行机构操纵的阀芯调节流孔的大小，以便得到所需的控制能力。当控制信号消失时，阀门移向开启位置（设计为电开或气开式）；当控制信号消失时，阀门移向关闭位置（设计为电关或气关式）。

一、流量系数、可调范围和流量特性

流量系数 C 被公认为衡量调节阀性能的参数。这个系数由制造厂家提供。它是在规定的测试条件下，实际测量得出的。流量系数的定义为：调节阀的压降在 6.9 kPa 状态下，流过的水的体积（m^3/min，60°F）。

在确定调节阀规格时，若用于液体控制，则要把管道中实际液体流量转换为等效的水的流量；若用于气体/蒸汽控制，则要把实际气体流量转换为空气流量。

管道阀门的规格是按控制最大流量选定的，但它们还必须在某些最小额定流量下进行控制。最大最小流量间控制能力的变化范围将定义为调节阀的可调范围。可调流量系数范围，通常快开、笼式、双座球阀为 10，而一些线性和等百分比式阀为 50。

阀门的最小 C 值可由给出的 C 与可调范围之比确定。如果该 C 值小于最小额定流量所需的 C，则此阀可用于在最小到最大的流量范围内进行控制。因此，调节阀的可调范围就是稳定控制条件下流量比。流量特性反映阀杆位置（行程%）与通过阀门的流量（流量%）的相互关系。阀门制造厂提供三种基本流量特性的调节阀，其名称为：等百分比、直线、快开。

图 4-1 示出这三种阀的流量特性曲线以及 90°蝶形调节阀的曲线。快速响应曲线形状显然是平坦的。等百分比曲线之所以这么命名是因为对于行程的相等增量的流量，调节阀将理想地给出相同百分数的现有流量变化，直线性流量特性为一直线，因此在恒定压降下，行程的等增量产生等增量的流量。

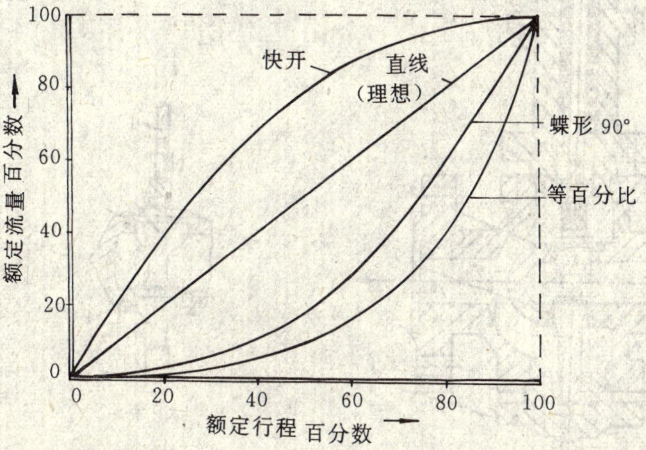

图 4-1　调节阀流量特性

阀从全开到全关所需的时间叫做行程时间，或称阀门的速度。快速反应调节阀需要执行机构具有最短的行程时间。阀的行程，或称行程长度，依阀门规格和种类不同而不同，从 1.27～10.16 cm的调节阀，较大的阀行程时间为 20～30 s。

调节阀执行机构性能可用线性度、滞后性、频率响应和灵敏度来衡量。线性度是指阀门位置与所加仪表信号的关系。滞后性是指当给出相同的仪表信号时，阀门可处于同样位置，不受行程方向的影响。频率响应是指执行机构对输入信号的变化做出反应的能力。灵敏度是执行机构能做出反应的输入信号最小变化。

等百分比流量特性用于压降变化大的场合，还用于流量控制和发生快速压力变化的控制场合。线性特性用于液位控制和慢速压力变化的控制场合。快开流动特性主要用于开一关流量控制场合。

调节阀，诸如球形阀、单或双座阀、偏心旋转阀、球阀和蝶阀等的选择要根据符合工艺控制要求的基本设计准则来进行。然而，还有一个设计考虑是经济因素，必须考虑阀门的实际费用和实际工艺（即压降）的经济效果。

二、调节阀种类

1. 直通双座调节阀

这是一种普通型的调节阀如图 4-2 所示。，介质工作温度范围为$-20^\circ C \sim +225^\circ C$。为了防止介质因阀杆移动而向外泄漏，在上阀盖有填料室，内装填料，起密封作用。常用的填料有两种：石墨石棉填料和聚四氟乙烯填料。采用石墨石棉填料时，运行中要经常注入适当的润滑脂，以保证密封润滑。若润滑脂干涸，就会引起泄漏或增加阀杆运动的摩擦阻力，使执行器性能变坏。聚四氟乙烯具有良好的物理、化学稳定性能，密封性能较石墨石棉填料好，已逐渐取代了石墨石棉。

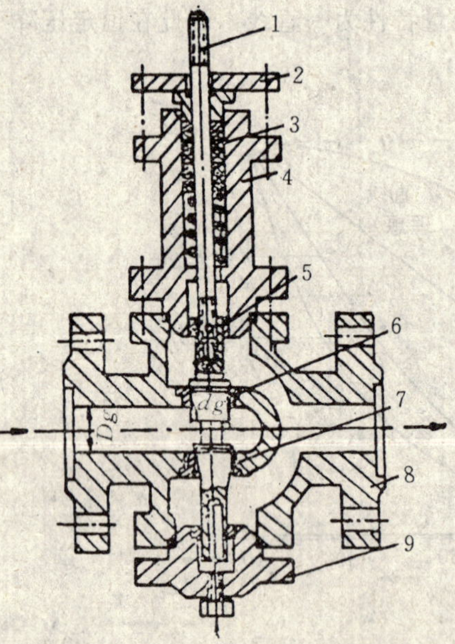

图 4-2　直通双座调节阀结构

1—阀杆；2—压板；3—填料；4—上阀盖；5—衬套；
6—阀芯；7—阀座；8—阀体；9—下阀盖

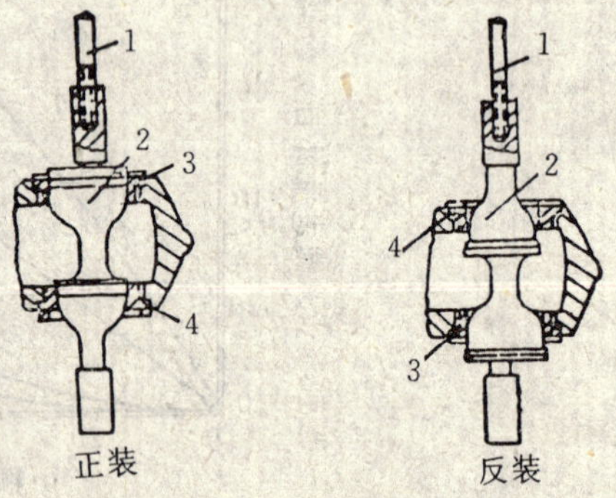

图 4-3　双座调节阀

1—阀杆；2—阀芯；
3—上阀座；4—下阀座

双座调节阀有正装和反装两种，参看图 4-3。这种阀只要把阀芯拆下，上下阀座调换位置，倒置阀芯连接起来，就可改变正反装配方式。双座调节阀有上、下两个阀芯，流体作用在这两个阀芯上的推力方向相反而大小相近，所以双座调节阀的不平衡力很小。但上、下两个阀芯的结构很难保证同时关严，所以这种阀“全关”时仍有较大泄漏量，选用时应加注意。

单座调节阀的基本组成部件和双座阀相同，但只有一个阀芯和一个阀座，容易关严，所以泄漏量很小。不过它的不平衡力较大，一般仅适用于阀前后压差较低或管径较小的场合。

2. 偏心旋转调节阀

偏心旋转调节阀是近年发展起来的新型调节阀之一。它具有不平衡力小，稳定性好，关闭时能完全密封，需要推力较小等优点。

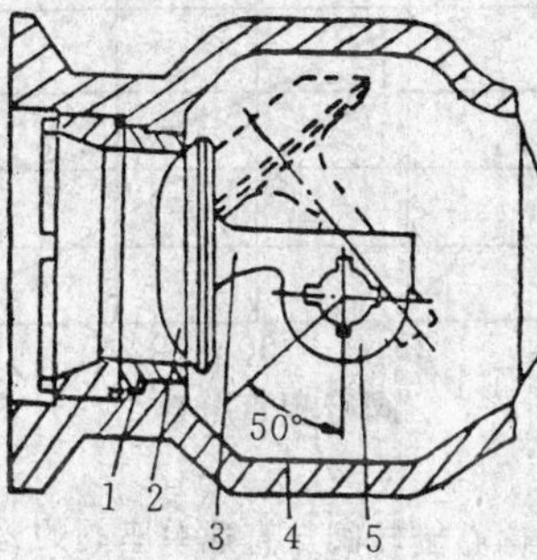

图 4-4　偏心旋转调节阀阀芯结构

1—阀座；2—阀芯；3—弹性臂；4—阀体；5—轮壳

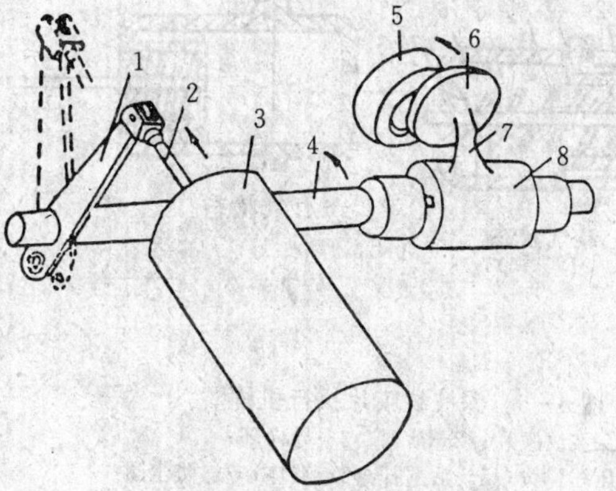

图 4-5　偏心旋转调节阀的动作示意图

1—连杆；2—推杆；3—执行机构；4—转轴；5—阀座；6—阀芯；7—弹性臂；8—轮壳

偏心旋转调节阀由特殊结构的阀芯、气动执行机构、气动阀门定位器、手轮机构等部分组成。图 4-4 为偏心旋转调节阀阀芯结构的示意图，它是在一个直通阀体内装着一个球面阀芯。阀芯连结在弹性臂上，与轮壳相接，轮壳则与转轴滑键配合。球面阀芯的中心线与转轴中心偏离（参看图 4-5）。转轴可带动阀芯偏心旋转，其运动轨迹是凸轮状的。阀芯从全开到全关的偏转角度为 50°。由于阀芯作凸轮状的偏心旋转，使阀芯向前下方进入阀座，再依靠弹性臂的弹性变形，即挠曲变形，使阀芯球形表面与阀座密封圈紧密接触，达到可靠的密封。由此可见，偏心为转调节阀的阀芯既有旋转作用，又有挠曲作用，所以叫做凸轮挠曲阀。驱动转轴的气动执行机构是专门设计的。在一个圆筒形缸体内装有深波纹膜片、活塞、弹簧等，其结构参看图 4-6。它和薄膜执行机构相比，由于采用深波纹膜片，可使膜片有效面积不变，行程大，耐压高。若和一般活塞式执行机构相比，则因为深波纹膜片无摩擦，所以没有摩损问题。偏心旋转调节阀的主要特点如下：

（1）密封性好。阀门关闭时，弹性臂产生挠曲变形，产生足够大的压紧力，使阀芯与阀座紧密接触。气动执行机构的外加推力，则使密封更加紧密。阀芯的轮廓曲线是一个圆弧，很容易精确制造。阀座带台阶，由螺纹挡圈固定在阀体内，刚性好，不易变形，阀芯与弹性臂及轮壳都铸成一体，阀门运动时阀体内任何零件都不会因流体冲刷而发生松动。轮壳在转轴上有一定轴向移动量，可改善对称性能。阀门开关过程有利于冲净粘附在阀芯表面的颗粒。上述这些因素都保证这种阀门具有良好的密封性。

（2）流通能力较大。比同口径的直通双座调节阀的流通能力大。

（3）动态稳定性高。这种调节阀的动态转矩的变化率可以认为是常数，如图 4-7 所示。由于动态稳定性高，允许任意选择流通方向。

(4) 体积小，重量轻，通用性好。同一规格的阀门，若要改变流通能力，只需换一个相应的阀座即可，不必更换阀芯。必要时，在阀体内部还很容易衬上各种衬里。

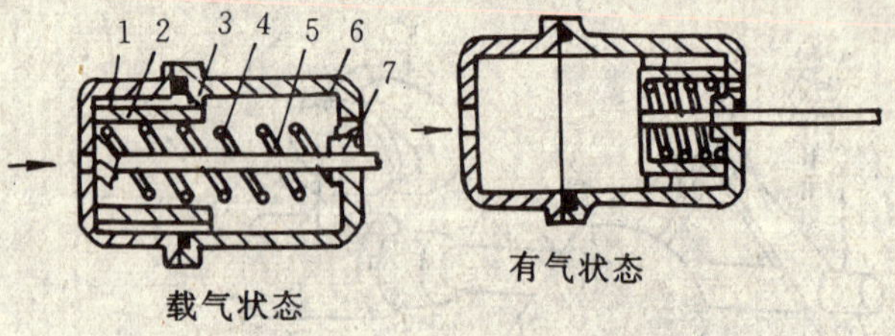

图 4-6　深波纹膜片执行机构

1—深波纹膜片；2—活塞；3—导向环；4—压缩弹簧；5—活塞杆；6—缸体；7—防尘圈

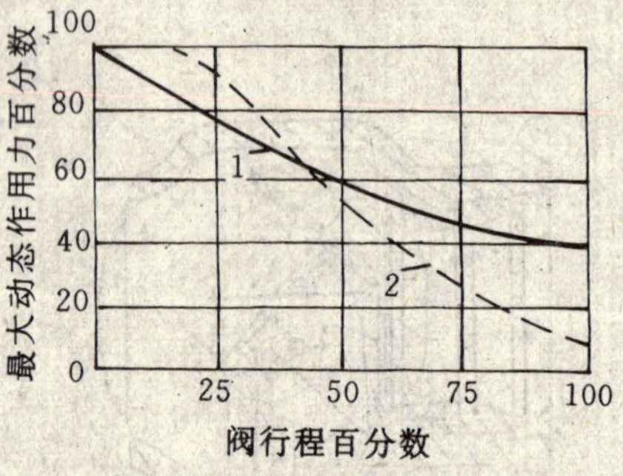

图 4-7　偏心旋转阀与直通单座阀的比较

1—深波纹膜片；2—活塞；3—导向环；4—压缩弹簧；5—偏心旋转阀；6—直通单座阀

3. 套筒型调节阀

套筒型调节阀（或称笼式阀）也是一种新型调节阀，其原理结构如图 4-8 所示。这种调节阀与一般阀门不同，是在一个单座阀体内插入一个圆筒形的套筒，并以套筒为导向装了一个能沿轴向自由滑动的阀芯。套上开了若干个一定形状的孔，使阀具有特定的流量特性。当阀芯移动时，它和套筒开孔之间形成的流通面积随之而变化，就能调节通过的流量。

这种调节阀的套筒是可以更换的。套筒采用不同的开孔形状时，就可以得到不同的流量特性。套筒上开孔的数目不同，就使阀的流通能力大小不同。所以，互换性和通用性很强。

此外，套筒型调节阀的阀体形状简单，便于加工，拆装方便。由于阀芯上设有均压孔，能有效地消除作用在阀芯上下部分的轴向不平衡力，所以这种阀的不平衡力比一般直通双座调节阀小得多，阀的稳定性也很好。当阀关闭时，密封性比较好，如果采用聚四氟乙烯软密封，则全关时可达到气密状态。

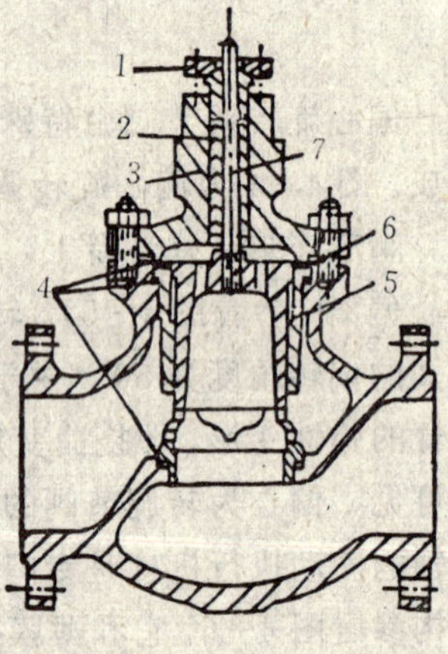

图 4-8　套筒型调节阀的结构

1—压板；2—填料；3—上阀盖；4—密封垫板；5—套筒；6—阀芯；7—阀杆

4. 调节蝶阀

调节蝶阀以可旋转的不同形状的蝶形叶片作为闭合部件。阀件旁边执行机构杆的运动使水平阀杆旋转 60°开度或旋转 90°开度，以获得更大的通过能力。蝶阀常用的规格从 2.54～508.0 cm。不同的调节阀制造厂生产了许多不同的蝶阀。蝶阀的优点是有较宽的流通能力，在等百分比流量特性上有宽的可调范围。但它们也需要大的力矩，而且易产生噪音和气蚀。

5. 球形阀（globe valves）

球形阀适用于一般或最高压力和温度场合，具有最大范围的规格类型。球形阀可具有各种流量特性，但与其它阀相比，可调范围不是很大。

球形阀可以不卸下阀体就从上部取出阀内件。球形阀还可安上低噪音组件，但阀门通过能力会随之降低。许多球阀用于控制和调节，其尺寸从2.54～182.88 cm。称为球阀是因为它内含一个穿过中心的圆洞的完整球体。其它类型的调节球阀使用了球的一部分。全球调节阀具有等百分比流量特性，有高的通过能力（可达到双座阀流通能力的2～2.5倍）和宽的可调范围（可达到300：1）。球阀密封紧密。球阀的结构使其在价格上比其它控制阀更有竞争力。良好的密封来自被上游压力压向球体的密封环。因此，球阀操作需要比其它阀更大的力矩。由于球体在阀密封上运动，球阀密封更容易磨损。在输油管道上，常用电动液压式调节球阀作为输油泵站的出站压力调节阀，用来控制泵站的进泵压力不低于允许的最大吸入压力，出站压力不高于管线的最高允许操作压力。以及当管道发生水击时，通过提前改变调节阀的压力设定值，确保压力不会超过最大允许操作压力。

三、调节阀口径

在开始调节阀尺寸计算之前，应掌握所有与调节阀使用有关的数据。需要的数据有：流量、压力、温度，这些数据又分为一般操作条件下的，以及预期最大最小极值条件下的。还应有被控制的流体（液体、气体、气化物或水蒸气）的数据：气体摩尔重量、比热、相对密度、粘度等。来自工艺和配管设计的数据有管线大小和压力等级等。根据这些数据才能选择阀的尺寸，或者让制造厂以这些数据为准，确定阀门规格。

由于调节阀的性质，在控制状态期间，介质通过阀时将产生压力降，它在管路中消耗或吸收能量。

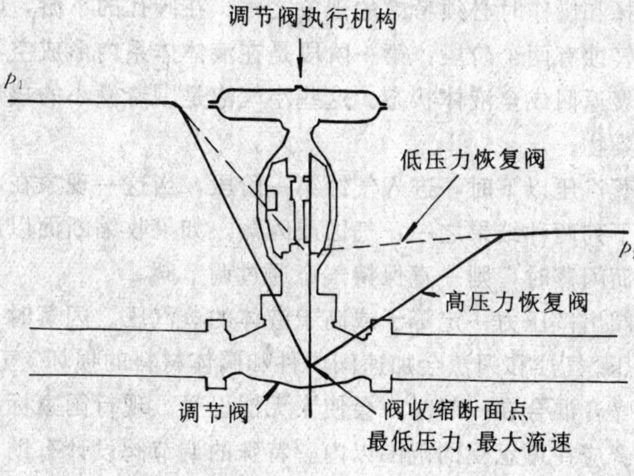

图4-9　调节阀——收缩断面

图4-9画出了叠加在管道调节阀上的压降曲线。由于调节阀实际上在管路上形成了一个个流孔，所以产生了和孔板相似的收缩断面效应。关阀时，孔面积缩小，流速增加。对不可压缩液体，调节阀尺寸计算公式为

$$C_V = \frac{Q_f}{F_p F_r}\sqrt{\frac{G_f}{\mathrm{d}p}}$$

其中 C_V—— 阀门系数(valve coefficient facter);

Q_f—— 流体体积流量;

F_p—— 阀旁配管的修正系数;

F_r—— 雷诺数修正系数;

G_f—— 流动温度下的相对密度;

dp—— 差压。

引入系数 F_p 是为了修正管子几何尺寸与标准试验管不同产生的偏差。系数 F_r 是对非紊流状态的修正,这种状态在高粘流体或低压差时产生。阀门能力还受流体在阀孔处气化的影响。当气化发生时,把它叫做气蚀或闪蒸。对气和蒸汽,调节阀尺寸计算公式为

$$G_V = \frac{W}{F_p Y \sqrt{X p_i y}}$$

式中 W —— 流体重量;

F_p —— 阀旁配管修正系数;

Y —— 膨胀系数;

X —— 与入口绝对静压的压差比;

y —— 相对密度;

p_i —— 入口压力。

四、气蚀和闪蒸

气蚀是调节阀选择和操作时必须考虑的现象之一。在阀孔的下游，收缩断面形成的蒸汽泡破裂产生了气蚀。气蚀有两个阶段：第一阶段是在液体体系内形成空泡或空穴；第二阶段是这些空泡破裂或爆聚返回成全液体状态。这些小气泡是围着微小的核形成的，如：液体里的灰尘微粒或固体污染物。

当压力降到液体蒸汽压以下时，进入气蚀第一阶段，当这一现象在收缩断面或紧挨阀的下游发生时，会产生下列两种结果之一：气蚀或闪蒸。如果收缩断面以后压力就恢复，则重新形成液体称气蚀。而闪蒸时，则一直保持气态通过调节阀。

因此，气蚀时，阀出口压力一定等于或高于液体的蒸汽压。闪蒸时，阀出口压力一定等于或小于液体的蒸汽压。气蚀和闪蒸会加速阀内件和阀体材料的损坏。气蚀还会产生噪音，当流体振动噪音和紊流噪音混合在一起时，会使人无法忍受。现行国家标准依据人在噪音中的时间长短，规定了噪音应在可忍受的范围以内。特殊的调节阀设计有助于减少阀内过量的噪音。有一种带扩散器（阀芯周围有一个带有许多小孔的小笼子）的调节阀产生的噪音比只有一个大孔的调节阀噪音小得多。阀的笼形设计和扩散缓解了部分阀上的压降，从而降低了在高流速阀上产生的噪音。

§4-2 调节阀执行机构

调节阀执行机构是调节阀阀体的动力部分，与阀体（或称调节机构）组成调节阀，通常为了提高调节阀的控制精度，还配有阀门定位器，按其工作能源形式可分为气动、电动和液

动三大类。电动的用于电动调节阀，但需考虑防爆问题。液动的推动力最大，但较笨重，其工作原理在开关阀部分介绍。气动执行机构简单，输出推力大，动作平稳可靠，属本质安全防爆型，但需设立压缩气站，在化工、炼油生产中获得广泛应用。

一、气动薄膜执行机构

气动执行机构以压缩空气为动力，在与电动仪表或工业控制计算机构成系统时，要采用电一气转换仪表，即将 4～20 mA（Ⅲ型仪表）电控制信号转换为 20～100 kPa 气控制信号。目前使用的气动执行机构主要有薄膜式和活塞式两大类。其中，气动薄膜执行机构使用弹性膜片将输入气压转换为推力，由于结构简单，价格便宜，使用最广泛。气动活塞式执行机构以气缸内的活塞输出推力，由于气缸允许压力较高，可获得较大的推力，并容易制造成长行程的执行机构。

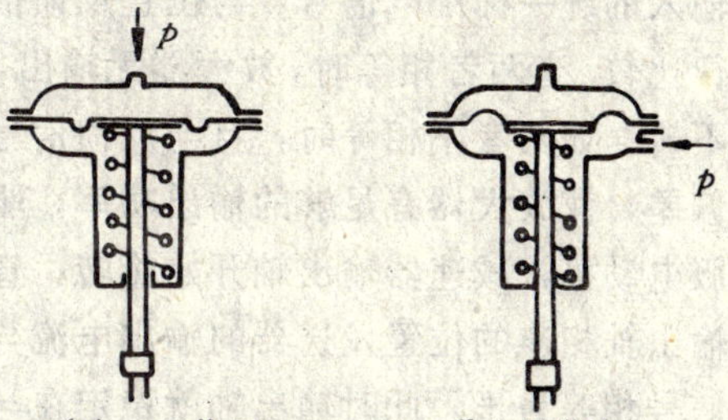

图 4-10　执行机构的正反作用

气动薄膜调节阀的执行机构分正作用和反作用两种形式，如图 4-10 所示。当信号压力增大，推杆向下移动的叫正作用式执行机构；信号压力增大，而推杆向上移动的叫反作用式执行机构。较大口径的调节阀都采用正作用的执行机构。信号压力通过波纹膜片的上方（正作用式）或下方（反作用式）进入气室在波纹膜片上产生一个作用力，使推杆移动并压缩或拉伸弹簧，当弹簧的反作用力与薄膜上的作用力相平衡时，推杆稳定在一个新的位置。信号压力越大，作用在波纹膜片上的作用力越大，弹簧的反作用力也越大，即推杆的位移量越大。这种执行机构的特性是比例式的，即推杆输出位移（又称行程）与输入气压信号成正比。国产正作用式执行机构称为 ZMA 型，反作用式执行机构称为 ZMB 型。

二、电动执行机构

电动执行机构是电动控制系统中的一个重要组成部分。它把来自调节仪表的标准信号，转换成相对应的转角或位移，以推动各种类型的调节阀，从而达到连续调节生产工艺过程中的过程参数。

与气动执行机构相比有下列特点：由于工频电源取用方便，不需增添专门装置，特别是执行器应用数量不太多的单位，更为适宜。动作灵敏、精度较高、信号传输速度快、传输距离可以很长，便于集中控制。与电动调节仪表配合方便，安装接线简单。但电动执行机构体积较大、成本较贵、结构复杂、维修麻烦，并只能应用于防爆要求不太高的场合。

电动执行机构根据不同的使用要求，在结构上有简有繁。最简单的就是电磁阀上的电磁铁，其余都是用电动机带动调节机构。电动执行机构与阀体的连接方法很多，两者可相对固定安装在一起，也可以用机械连杆把两者连接起来。电动调节阀就是将电动执行机构与阀体固定连接在一起的成套电动执行器（电动调节阀）。电动执行机构根据其输出形式不同，主要有角行程电动执行机构、直行程电动执行机构和多转式电动执行机构。它们在电气原理方面基本上是相同的。

1. 角行程电动执行机构

DKJ 型角行程电动执行机构以交流 220 V 为动力，接受调节器的 4～20 mA DC 输出信号，并转变为 0～90°的转角位移，以一定的机械转矩和旋转速度自动操纵挡板、阀门等调节机构，完成调节任务。

(1) 角行程电动执行机构工作原理。角行程电动执行机构是由伺服放大器、伺服电动机、减速器、位置发送器等组成。其工作原理如图 4-11 所示，伺服放大器将调节仪表输入的统一标准电信号，与位置反馈信号进行比较。当两者相等时，放大器无输出，电机不转。如两者不相等时，且与反馈信号产生偏差，使放大器有足够的输出功率，驱动伺服电动机，减速器输出轴开始旋转，直到与输出轴相连的位置发送器的输出电流与输入信号相等为止。此时输出轴就稳定在与该输入信号相对应的转角位置上。

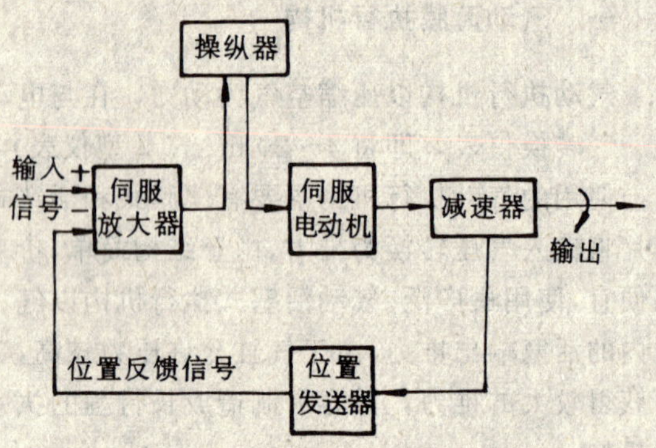

图 4-11　角行程执行机构的组成示意图

电动执行机构不仅可与调节器配合实现自动调节，还可通过操作器实现调节系统的自动调节和手动调节的相互切换。当操作器的切换开关放到手动操作位置时，由正、反操作按钮直接控制电机的电源，以实现执行机构输出轴的正转或反转，进行遥控手动操作。

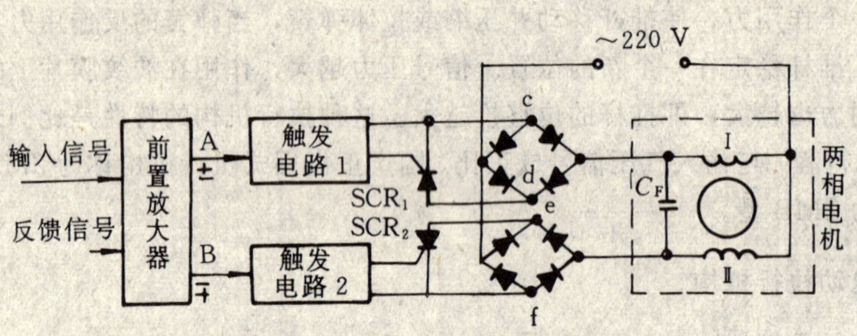

图 4-12　伺服放大器的原理示意图

(2) 伺服放大器。伺服放大器与两相电机配合工作的原理如图 4-12 所示。伺服放大器主要由前置放大器和可控硅驱动电路两部分组成。前置放大器是一个增益很高的放大器，根据输入信号与反馈信号相减后偏差的正负，在 A，B 两点产生两位式的输出电压，控制两个可控硅触发电路中一个工作，一个截止。例如当前置放大器输出电压的极性为 A(+)，B(−)时，触发电路 2 被截止，可控硅 SCR_2 不通，由触发电路 1 连续地发出一系列触发脉冲，使可控硅 SCR_1 完全导通。由于 SCR_1 接在二极管桥式整流器的直流端，它的导通使桥式整流器的 c，d 两端近于短接，故 220 V 的交流电压直接接到两相伺服电机的绕组 Ⅰ，同时经分相电容 C_F 加到绕组 Ⅱ 上。这样绕组 Ⅱ 中的电流相位比绕组 Ⅰ 超前 90°，形成旋转磁场，使电机朝一个方向转动。如果前置放大器的输出电压极性和上述相反，即 A(−)，B(+)，则触发电路 1 截止，SCR_1 不通，而触发电路 2 控制 SCR_2 完成导通，使另一桥式整流器的两端 e，f 近于短接，电源电压直接加于电机绕组 Ⅱ，并经分相电容 C_F 供电给绕组 Ⅰ，这样，绕组 Ⅰ 中的电流相位比绕组Ⅱ超前 90°，电机朝相反的方向转动。由于前置放大器的增益很高，只要偏差信号大于不灵敏区，触发电路便可使可控硅导通，电动机以全速转动，这里可控硅做为无触点开关。当输入信号与反馈信号的偏差为零时，SCR_1 和 SCR_2 都不导电，伺服电机停止转动。

(3) 位置发送器。位置发送器是能将执行机构输出的位移转变为 4～20 mA DC 反馈信号的装置。它的主要部分是差动变压器，其原理如图 4-13 所示。

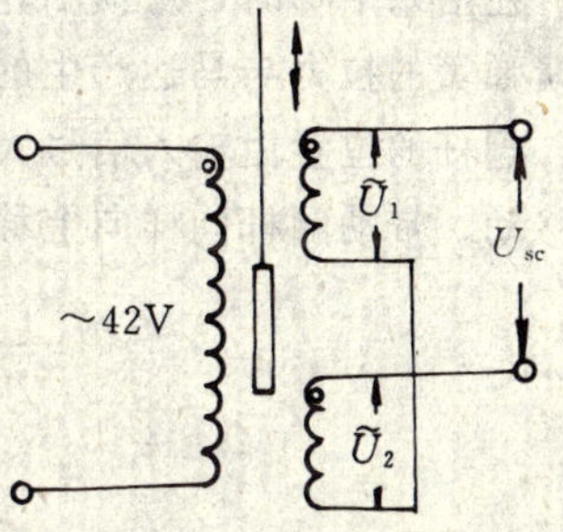

图 4-13　差动变压器原理图

在差动变压器的原边加一交流稳压电源后，其副边分别会感应出交流电压 $\tilde{U}_1$，$\tilde{U}_2$，由于两副边绕组匝数相等，故感应电压 $\tilde{U}_{sc}$的大小将取决于铁芯的位置。

铁芯的位置是与执行机构输出轴的位置相对应的。当铁芯在中间位置时，因两副边绕组的磁路对称，故在任一瞬间穿过两副边绕组的磁通都相等，因而感应电压 $\tilde{U}_1=\tilde{U}_2$。但因两绕组反向串联，它们所产生的电压互相抵消，因而输出电压 $\tilde{U}_{sc}$等于零。

当铁芯自中间位置有一向上的位移时，使磁路对两绕组不对称，这时上边绕组中交变磁通的幅值将大于下面绕组中交变磁通的幅值，两绕组中的感应电压将是 $\tilde{U}_1>\tilde{U}_2$，因而有输出电压 $\tilde{U}_{sc}=\tilde{U}_1-\tilde{U}_2$ 产生。反之，当铁芯下移时，两电压的关系将是 $\tilde{U}_1>\tilde{U}_2$，此时输出电压的相位与上述相反，其大小为 $\tilde{U}_{sc}=\tilde{U}_2-\tilde{U}_1$。信号 $\tilde{U}_{sc}$经过整流、滤波电路可以得到 4～20 mA 的直流电流信号，它的大小与执行机构输出位移对应。这个信号被反馈到伺服放大器的输入端，以与输入信号相比较。

从上所述，可以看出 DKJ 型角行程电动执行机构是以电动机为动力元件，然后经过减速器输出角位移的（0～90°）。这种执行机构适用于操作蝶阀、挡板之类旋转式调节机构。

2. 直行程电动执行机构

直行程电动执行机构（DKZ 型）是以调节仪表的输出信号作为输入信号，使电动机动作，然后经减速器减速并转换为直线位移输出，去操作单座、双座、三通等各种调节阀和其它直线式调节机构，以实现自动调节的目的。

另外，还有一种多转式电动执行机构，它主要用来开启和关闭闸阀、截止阀等多转式阀门。由于多转式执行机构的电机功率比较大，最大有几十千瓦，一般多用作就地操作和遥控场合。

三、电动液压式执行机构

电动液压式执行机构具有推力大，快速响应速度，动作可靠及能精确地定位等特点。它接收 4～20 mA DC 电流信号来操纵比例式或两位式调节球阀，达到调节介质流量的目的。

电动液压式执行机构和单纯的电动执行机构通过电动机及减速器来使调节阀定位不一样。它是利用一自成体系的液压传输系统作媒介来使调节阀定位。典型的工作原理见图 4-14 所示。

这种执行机构仅需要电动机电源以及来自调节器的电控制信号就可工作。如图 4-14 所示，电流信号馈送至一个移动线圈 6 中。当输入信号增大时，线圈周期产生磁场，向马达 7 方向移动，并转动挡板，使之贴近喷嘴 A 而离开喷嘴 B。同时，在波纹管内的不平衡压力转动挡板，贴近喷嘴 D 而离开喷嘴 C。这样，由于喷嘴 D 被挡板盖住，输入油缸活塞上方的压力增加，推动活塞向下移动，从而带动活塞杆同样下移。活塞下方的液压油通过喷嘴 C 排入到油箱里。

在活塞下移时，反馈凸轮的斜面使反馈杠杆顺时针转动，减少反馈弹簧 8 的拉力。直到反馈弹簧的拉力与马达产生的力平衡时，活塞的移动才停止下来。平衡时，挡板处于稳定状态。阀杆的位置由输入信号大小决定。同样地，当输入信号减少时，线圈离开马达，活塞向上移动，带动阀杆同样向上移动。

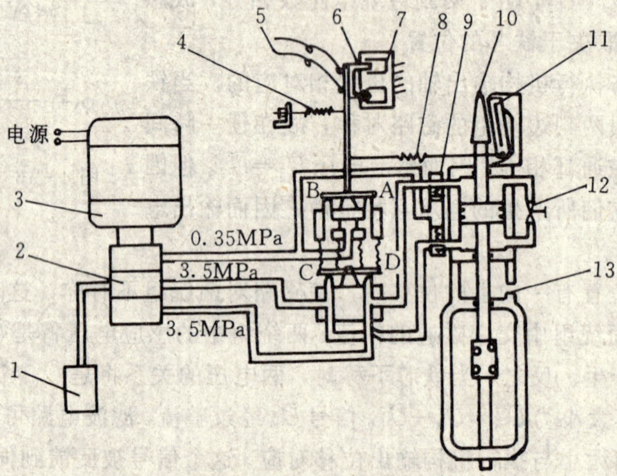

图 4－14　电动液压式执行机构工作原理图

1—吸入过滤器；2—泵（包括溢流阀）；3—电动机；4—调整弹簧；5—输入信号；6—线圈；7—马达；8—反馈弹簧；9—柱型关闭阀；10—排气口；11—反馈杠杆；12—旁通阀；13—泄漏连接口

电动液压式执行机构的核心是电液伺服阀，电液伺服阀是以小的电信号控制并放大为功率较大的液压能量输出。图 4－14 所示的电液伺服阀是双喷嘴挡板式的。

喷嘴挡板式电液伺服阀输出液压较低，执行机构输出力或力矩较小。由于要求输出较大力或力矩的执行机构，采用别的型式的电液伺服阀，如射流管式等。

§4－3　开 关 型 阀

一、闸阀

闸阀属于开关式阀，要求全开时阀的流体阻力应尽量小，全关时没有泄漏。闸阀是管道中使用最多阀，每个阀所在位置根据万一主要管线破裂，应尽量减少泄漏量的原则确定。由于管线上许多闸阀远离控制室，阀门电动执行机构的电机是由电池组供给的直流电驱动的，带有冗余 VHF 无线电通信信道的 SCADA 系统对其远程控制并显示其状态。当被控制的管道直径较大时，要求执行机构的推力和行程都较大，通常采用柱塞式执行机构。闸阀的流量特性是快开式的，当闸阀开启约全行程 1/3 时有调节流量的作用，继续开大后对通过的流量的影响极小。为了保证阀全关时有良好的密封性，闸阀的单板结构往往制成楔形或采用双闸板结构，关闭时靠弹簧使闸板紧压在阀座上，提高密封性。

已经制造了闸阀尺寸从 15.24～121.92 cm，有 100，300，400，600，900 号等 ANSI 压力等级（阀体和法兰）。在闸板和阀体之间的密封采用自动定位设计，可以在所有操作压力下提供气密性密封。

闸阀对操纵其动作的力矩有特殊要求，使阀杆运动（即开启关闭的阀），需要初始力矩或称启动力矩。阀门越大，阀两侧压差越高，所需阀门执行机构的力矩也越大。阀的运动靠驱动螺旋阀杆和螺母施加推力，这一垂直方向的推力是通过执行器对驱动螺母施加力矩获得的。当驱动螺母旋转时，阀杆会根据螺母旋转的方向而上下运动。力矩可以由手轮、液动执行机构或电动机执行机构来产生。

开启闸阀所需的最大推力是克服闸板表面压力作用的力和闸板密封摩擦力之和，后者是阀门两端压差的函数。摩擦系数的大小与滑动金属表面状态、清洁程度以及运动阻力的静态、动态条件有关。开阀还要考虑闸板自身的重量，额外的推力还用于克服阀杆密封的密封摩擦力。加在阀杆上的推力必须大到足以克服上述所有因素再加上螺母与螺杆的摩擦力因素，才能使关闭的闸阀开始向开启的位置运动。

66.04 cm 的闸阀在 1.9 MPa 压差时，一般需要 54.2 kN·m 的力矩；122 cm 的闸阀则需要 17.9 kN·m 的力矩来操作。

二、球阀

球阀也在液体和气体管道被广泛应用，用于控制的球阀有两种："O" 型球阀和 "V" 型球阀。

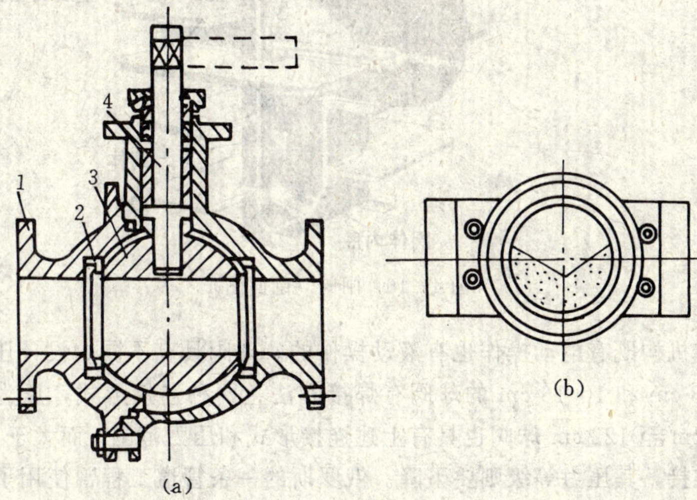

图 4-15　球阀

(a) "O" 型球阀　　(b) "V" 型球阀

1—阀体；2—密封；3—球体；4—阀杆

"O" 型球阀，其结构如图 4-15（a）所示。通过阀杆可使球体在密封座中旋转。球体上有直径等于管道内径的通道。当这个通道转到与管道对准时，阀就全开。若再转动 90°，使球体通道垂直于管道，介质压力将球体紧压在出口侧的阀座上，使阀门完全密封。这种 "O" 型球阀的主要特点是：结构紧凑，重量轻，体积小；关闭时能完全密封；流体阻力小，全开时阻力几乎为零；介质的流向可以任意选择。这种阀的流量特性是快开式的。

“V”型球阀，其结构如图 4-15（b）所示。球体上开了一个“V”形口，随着球体的旋转使阀体和开口之间的通道面积发生变化，即可调节流量。这种阀的主要特点是：流通能力大，相当于同样口径的双座阀的 2～2.5 倍；在现有各种调节阀中它的流量调节范围最大；阀座采用软质材料，密封性可靠；流量特性近似为等百分比特性；“V”形开口与阀座之间具有剪切作用，所以特别适用于纤维、纸浆、含有颗粒物等介质的调节。

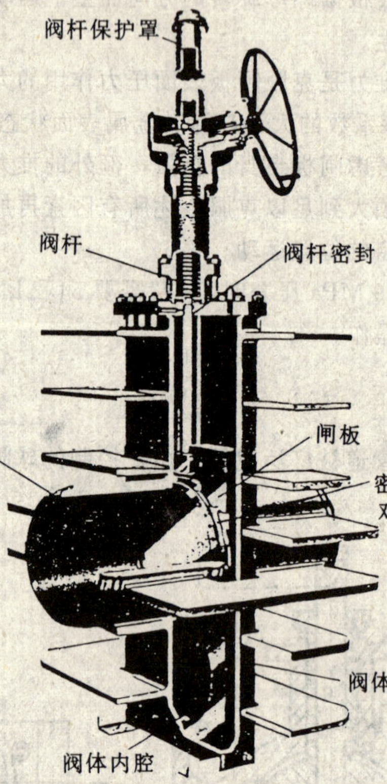

图 4-16　闸阀（剖面图）

球阀的执行机构既有电动操作也有液动操作的。球阀具有不同的设计压力等级、尺寸和法兰等级。5.08 cm 和 10.16 cm 的球阀有焊接和法兰两种连接形式，压力范围为 68 kg 至 680 kg；15.24 cm 至 122 cm 球阀也具有上述连接形式和压力范围，而大于 122 cm 的球阀具有最大的法兰连接，其压力等级则要下降。俄罗斯的一条管道工程曾使用了 142.24 cm 的球阀，阀上带有止转棒轭（scotch－yoke）型液－气动阀门执行机构。

图 4-17 为带止转棒轭型执行机构的球阀剖面图。球阀的主要部件是一个带有中心钻孔的“球”的圆球形体腔。当阀关闭时，球旋转堵住开孔；当阀打开时，球上的孔与法兰孔中心对准。球阀主要部件包括：阀体、与管线连接的法兰或焊口、球体、内外密封环、O 型环和支承球阀旋的轴承。球阀从全开到全关的角度为 90°。这使球阀成为快速动作阀，但所需力矩要比流通能力相似、压力等级相同的闸阀大。球阀大多在气体管线上应用。液体管道干线阀不能关闭太快，以免引起水击。

图 4-17　球阀（剖面图）

当球体处于关闭位置时，有二级密封。第一级为金属对金属密封，第二级为 O 型密封环，该环已被保护可免受管道流体损害。金属密封的内端和 O 型密封环贴在镀铬球体抛光的表面。在非常小的压差下，初始密封靠上下游装在弹簧上的浮动密封，它们可以沿阀门纵轴做微小移动。上游环形阀座后的管道压力和阀座上的弹簧压力一起使上游阀座紧紧压着球体。下游阀座应用不平衡压力原理同样将管道压力作为弹簧压力的补充，使下游阀座压紧球体。这样就在一般压力条件下，形成各自独立的下游气密密封。阀杆密封两个 O 型密封环。如果通过两道密封，阀杆发生泄漏，则可带压更换第二道密封而不影响阀的使用。如果阀在关闭状态又将阀体内的压力放空，就可以打开填料盖，更换两道阀杆密封。

对于小阀门（最大为 20.32 cm），可用手柄将阀杆转动 90°；对于大阀门，使用齿轮转动机构（即手轮），开关阀需转动手轮数圈。齿轮传动比根据转动阀门所需力矩选取。如果是 90°开关阀，则由不同液动/气动执行机构提供所需高力矩，122 cm 球阀一般需 0.224 MN·m 的力矩。

三、阀门执行机构

通常气体和液体管道上使用电机驱动执行机构的球阀和闸阀。而天然气管道却可利用方便的管道压力来驱动气/液旋转叶片、线性或止转棒轭活塞型阀门执行机构。

1. 电机驱动阀门执行机构

每一种阀门设计都会有一个基于阀座材料和机械构造而确定的阀门系数。每一种填料盒设计和填充形式都会对施加到阀杆上的力产生影响。阀杆负载是对阀杆体的力，即阀杆面积乘以管道压力。

阀杆系数是表示螺纹阀杆的推力与转矩的关系。阀杆系数说明转矩与直径、螺距、导程、阀杆/螺母总成的效率有关。当阀杆随着阀门尺寸增大而加大后，机械有效系数则随之降低。

需要初始（或称开启）转矩使阀离开阀座（即克服阀座摩擦力和所有运动部件的摩擦力）。开启后，由于阀门两侧差压的减少和摩擦力的减小，转矩也减小了。

要对驱动阀门执行机构的电动机转速和传动齿轮比进行选择，以满足操纵阀门推力范围的要求。可使用带有达八个凸轮操纵触点的辅助限位开关来进行阀门状态指示，或实现限位开关位置的顺序逻辑联锁。由于具有四种不同可用的开关动作，这些限位开关可在0～100%范围内调节。一般有四种阀门限位开关触点布置，两个开关触点在0～100%位置闭合，两个开关触点在0和100%位置打开，其它触点在0～100%的范围内调节，为实现顺序逻辑功能和停机提供控制信号。阀门执行机构还配有开阀转矩开关和关阀转矩开关。持续施加转矩时，转矩开关打开，阀门可以全关或全开。当转矩过大时，转矩开关停止电动机转动以保护阀门不被损坏。转矩开关是限位开关的后备装置，后者在阀门行程的终点关断执行机构的控制继电器。转矩扳手用于现场对转矩开关的校验。

2. *活塞式阀门执行机构*

不同的制造厂生产各种活塞式执行机构。其原理为：用液压/气动装置作用于止转棒轭机械结构上。图4-18为基本的止转棒轭机构作用于球阀（即90°旋转）的示意图。当有液压时，推动活塞，使转臂径向旋转。这将使阀杆旋转90°（即从全开到全关）。这种系统的大型转矩阀采用两个液压缸来推动止转棒轭机构，使其先向一个方向运动，然后向相反方向运动。当阀门的某些应用场合要求液压消失后需故障保险动作时，则采用复位弹簧装置。

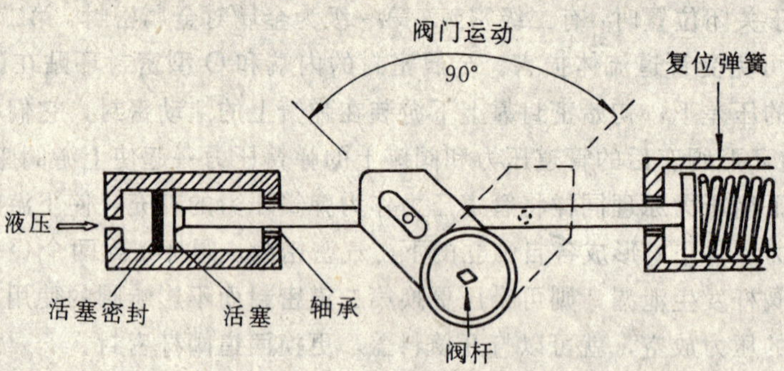

图4-18　止转棒轭阀门执行机构

通过液压系统上的电磁阀可对阀门操作进行远程控制。在阀门执行机构上加装限位开关可实现阀门状态传送。在阀门执行机构上装有阀位限位开关。

3. *气动活塞式执行机构*

气动活塞式执行机构的种类很多，其中应用较广泛的是无弹簧双作用式。这种执行机构的气缸允许操作压力较大，又无弹簧抵消推力，所以输出推力很大。所谓双作用式是指压缩空气可交替地从气缸某一端进入，同时从另一端排出，使活塞可以有往复两个方向的运动。为了避免活塞在运动中接近行程末端时仍有较高的速度，以致撞击盖，损伤气缸，或者由于外界负载变化较大引起活塞运动不稳定现象，常采用具有气阻尼或油阻尼缓冲作用的结构。

如果按动作方式分类，气动活塞式执行机构可分为二位动作和比例动作两种，后者必须配备专门的定位器。油品储运系统目前使用的都是二位动作的气动活塞式执行器。它们有定型产品，但也可自行制造。下面介绍几种较典型的结构。

（1）单活塞式执行机构。它的具体结构可有若干种。图4-19所示为单活塞式执行机构的定型产品。它的活塞直径有 100 mm，150 mm，250 mm，300 mm，350 mm 等六种规格，输出推力各不相同。活塞与气缸之间采用“O”形橡胶密封环密封，它和皮碗式密封结构相比，具有结构简单、密封性能好、摩擦力小等特点。气缸的缸筒也可采用无缝钢管制造，两端加上缸盖，用螺栓紧固。这样的结构较简单，易于加工，用户自制时比较方便。缸筒内壁最好精加工后镀铬处理，可以提高运动性能，延长使用寿命。推杆和缸盖之间则用密封环密封。图 4-20 为单活塞式执行机构，已成功地用于将原有储运系统的手动闸阀改造成自动控制。它的气缸组件和原有闸阀的连接采用连接件配合，可以保证推杆和阀杆有较好的同心度，改装时安装工作量少，并且不影响工艺生产的正常运行。由图可见，活塞压紧螺帽具有特殊形状，以便在发生故障时卸去缸压板，装上特制工具即可手动操纵闸阀。

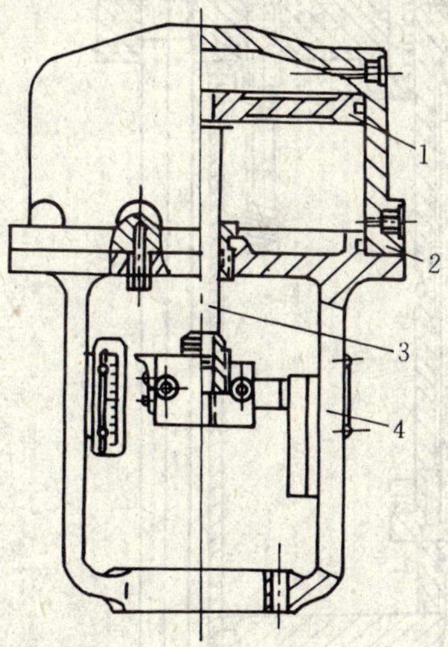

图 4-19　单活塞式执行机构

1—活塞；2—气缸；3—推杆；4—支架

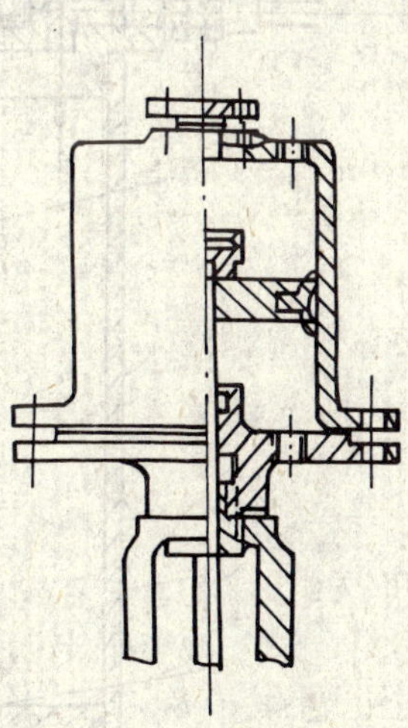

图 4-20　单活塞式执行机构

活塞式执行机构使用的气源压力为 196～784 kPa，一般都采用 490 kPa。气源通过电磁气阀从活塞下侧的供风接头进入气缸，与此同时活塞上侧供风接头将通过电磁气阀排入大气。这样，作用于活塞的压差产生的推力就使活塞和推杆上移。如果阀杆和闸板连接，就将使闸阀打开。反之，上侧供风接头送入气源，下侧排入大气，则使闸阀关闭。气缸上下缸盖还各有一个螺孔可安装阀位回讯器。为了使活塞的行程正好能使闸阀关严又不致于过分压紧导致卡死现象，可以在底缸盖安装可调整的定位螺栓。

(2) 双活塞式执行机构。闸阀在全关时闸板往往是单向受压。另外，为了防止泄漏，沿阀杆方向的压紧力也较大。这些因素都使闸板紧紧压在阀座上，启动时它们之间的摩擦力就很大，需要足够大的推力才能打开。为了增大执行机构启动时的推力，可采用双活塞式结构。对于截面大小相同的气缸，双活塞式的推力要比单活塞式的约大一倍。图 4-21 是一种具有缓冲作用的双活塞式执行机构。缸筒为无缝钢管制作，活塞则为铸铝合金。两端有气缸盖，用双头长螺栓固紧。缸筒中间有隔板将它分隔成两个气缸。主活塞的凸出短套可穿过隔板移动，其间用“O”型橡胶环密封。辅助活塞可沿活塞杆移动，也有“O”型橡胶环密封。隔板和主气缸之间有气阻尼孔和单向阀，可产生缓冲作用。通过上缸盖伸出另一活塞杆，可连接手轮机

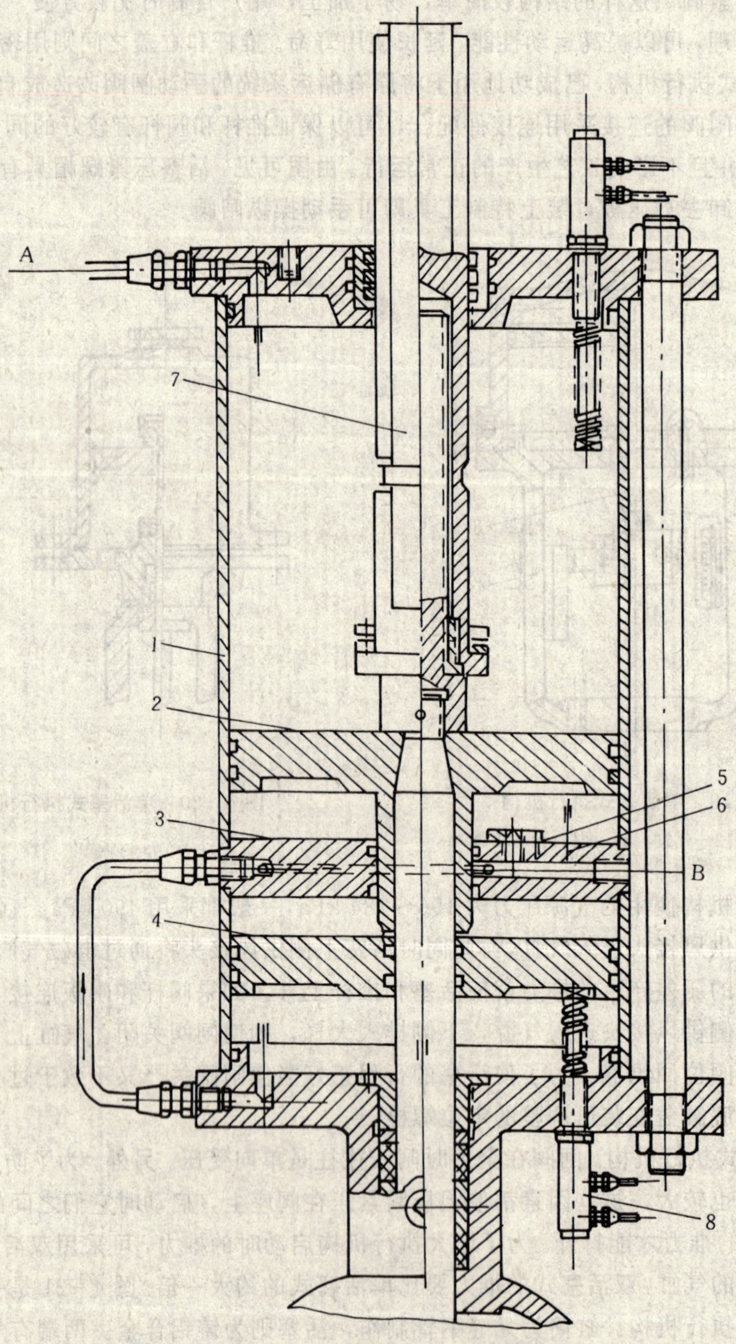

图 4－21　双活塞式执行机构

1—气缸筒；2—主活塞；3—隔板；4—辅助活塞；5—单向阀；6—阻尼孔；7—活塞杆；8—回讯器

构（图中未表示）。所以这种执行机构属于双作用双杆式。当它由全关状态启动时，气源由B孔进入，推开单向阀进入主活塞下侧，推动它上移。同时，气流还经外部连通管进入辅助活塞的下侧推动它上移。由于原来主活塞的短套紧压在辅助活塞上，所以后者产生的推力也传递给活塞杆，使刚开启时执行机构输出双倍的推力，可以消除闸阀可能卡死的现象。当辅助活塞上移被隔板挡住后，它的推力就不能传给活塞杆了，但在主活塞推力作用下，活塞杆继续上移，直到上限位置为止。这样主活塞的短套就离开隔板，使B孔与主气缸直接连通。关阀时，气源由A孔进入，同时B孔通大气。开始时主活塞下面的气体顺利地由B孔排出，闸阀可以较快速度关小。当主活塞短套进入隔板后，排气的主要通道被封闭，气体只能经过阻尼通道才能由B孔排出，活塞杆移动速度，即闸阀关闭速度，就大大减慢了。所以，这种执行机构在阀接近全关的某一范围内，具有缓冲作用。这个特性可以减轻闸板密封面和阀体密封面的磨损，防止全关时冲力太大使阀卡死，并且对于避免产生水击现象也有好处。

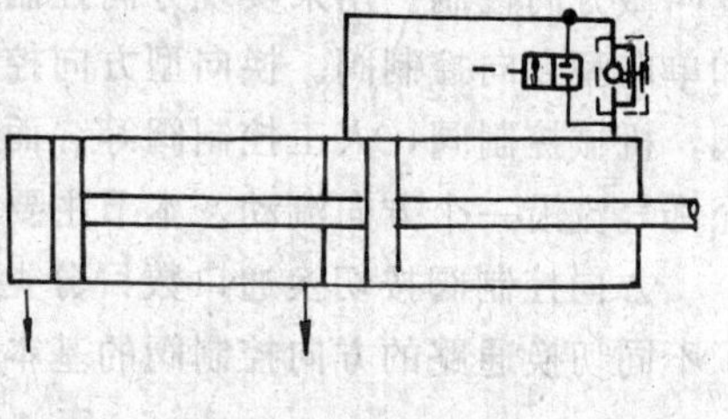

图 4-22　气动—液压阻尼式执行机构

4. 气动—液压阻尼活塞式执行机构

当需要匀速或低速（小于 20 mm/s）移动阀杆，或快速开阀并在某一范围慢速关阀时，可以采用气动-液压阻尼式执行机构，其原理图如图 4-22 所示。两个上活塞固定在同一活塞杆上，由气缸产生推力，油缸则起阻尼调速作用。一般情况下，通过油缸油路中的单向阀和可调节流阀，可以实现快速开阀和慢速关阀的动作。若利用远动操纵的二位二通阀，使开始关阀时单向阀的旁路接通，则可以快速关阀。当接近全关时，旁路断开，阻尼起作用，就变成慢速关阀。

5. 手轮机构

和薄膜式执行机构一样，活塞式执行机构也可以配备侧装式或顶装式手轮机构，以便必要时可对气动闸阀实行手动操作。图 4-23 是侧装式手轮机构的一种。当手轮转动时，转轴锥齿轮随之转动，就带动锥齿轮转动。由于锥齿轮又是丝杆的螺母，丝杆在平键的导向作用下，只能作上下移动，不能转动，所以当锥齿轮转动时，丝杆就上下移动。如把圆锥销插入销孔中，使丝杆和活塞推杆连成一个整体，丝杆作上下移动时，推杆就跟着上下移动，这样就实现了手动操作。在紧急情况下若来不及插入圆锥销时，转动手轮使丝杆移动到顶着连接螺母后，就可使推杆向下移动；若使丝杆移动到顶着限制件后，则可使推杆向上移动。

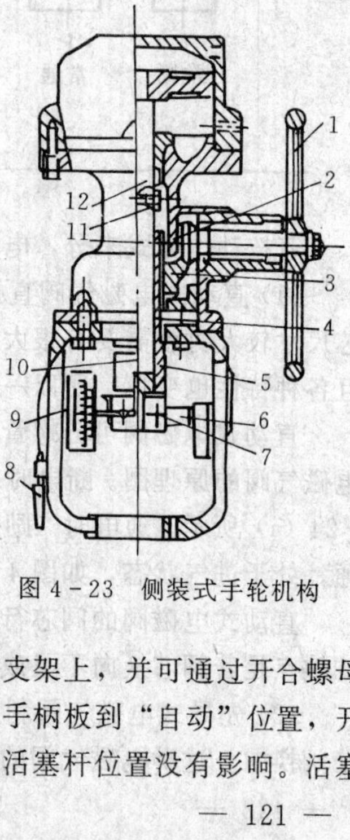

图 4-23　侧装式手轮机构

当手动操作完了之后，如果要继续进行自动操作时，必须把圆锥销拔出，并使丝杆停在某一特定的位置。如果丝杆的位置不恰当，就会使执行机构不能移动全行程。

顶装式手轮机构则是通过连接件和滚珠轴承安装在气缸盖的支架上，并可通过开合螺母和活塞杆的丝杆咬合。开合螺母由小后柄操纵，有两个位置。当手柄板到“自动”位置，开合螺母松开，丝杆可以在手轮机构中自由通过。这时转动手轮对活塞杆位置没有影响。活塞杆就由气缸活塞的运动来推动。当手柄板到“手动”位置，开合螺母和丝杆咬合，这时转动手轮就可使丝杆（即活塞杆）上下移动，实现手动操作闸阀。这种结构不论丝杆在任何位置，只要扳动手柄都可立即使开合螺母咬合或松开，阀门的自动与手动操作切换很方便。但是整个气动闸阀的高度将比侧装手轮式高许多。

§4-4 电磁气阀

电磁气阀在管线自动化系统中有许多用处，它是气动技术中的一种重要器件。

在气动技术中，改变气流流动方向和气流通断，从而使执行器的动作发生变化，这一过程叫做方向控制。用来实现方向控制的方向控制阀的种类很多。通常可分为两大类：换向型和单向型方向控制阀。换向型方向控制阀是改变气流流动方向。属于这一类的还有气压控制阀，机械控制阀，人工控制阀等。而单向阀、快速排气阀则属于单向型方向控制阀，它们只允许气流沿一个方向流动。本节主要介绍常用的电磁气阀。

方向控制阀按切换通口数目分类，有二通阀、三通阀、四通阀、五通阀等。表 4-1 列举了不同切换通路的方向控制阀的基本符号。

表 4-1　方向控制阀的符号

名称	二　通	三　通	四　通	五　通
符号	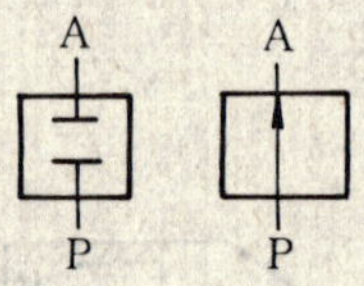 常断　常通	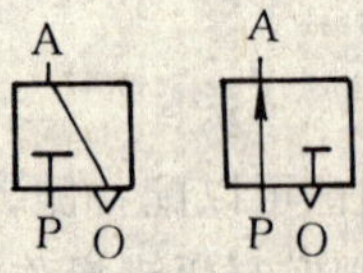 常断　常通	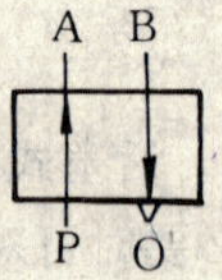	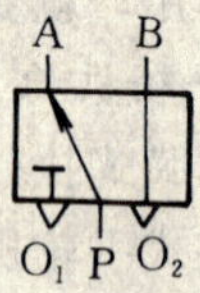

若按动作方式来分，电磁控制阀有直动式和先导式两种。

(1) 直动式电磁气阀直接由电磁铁推动阀芯，实现气阀通路的切换，结构比较简单。但阀芯尺寸较大时就需要有很大的电磁力才能推动。这就需要采用大型电磁铁，不仅耗电多，而且各种特性也变坏。所以一般只用于小型阀，或作为先导阀。

直动式电磁阀可分螺管式、拍合式、盘式等不同结构形式。图 4-24 为单线圈螺管式直动电磁气阀的原理图。断电时靠弹簧作用使进气口 P 封闭，A—O 接通，处于排气状态，如图 4-24 (a) 所示。通电时（励磁），电磁铁推动阀芯向下移动，将 A—O 通路封闭，使 P—A 接通，处于进气状态，如图 4-24 (b) 所示。图 4-24 (c) 为其通用图形符号。

直动式电磁阀的阀芯行程要求较严格，应使阀芯行程与电磁铁吸合行程一致。这种结构的缺点是若阀芯换向不灵或卡住时，电磁铁的线圈容易烧坏。

(2) 先导式电磁气阀利用电磁铁动铁芯控制气路切换产生先导气压，再去推动主阀阀芯，使阀换向。这种电磁气阀的主要特点是启动功率小，可以直接和电子逻辑线路匹配而不用功率放大。主阀阀芯行程不受电磁控制部分的影响，不会因阀芯卡住而烧坏线圈。

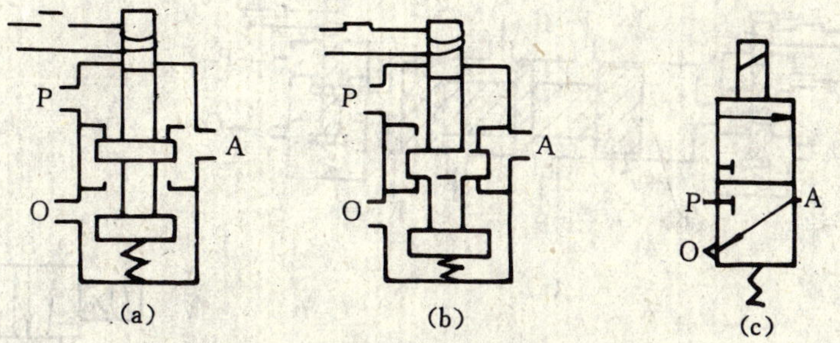

图 4-24　直动式电磁气阀的动作原理

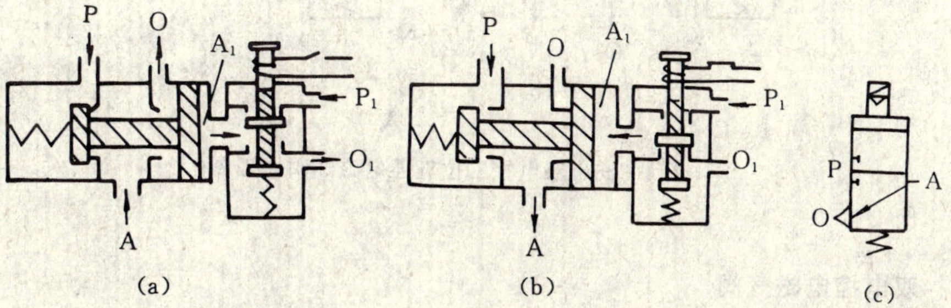

图 4-25　单电控先导式电磁闪原理图

先导式电磁气阀分为单电控和双电控两种。图 4-25 是单电控先导式电磁气阀原理图。如图 4-25 (a) 所示，当电磁先导阀的激励线圈断电时，P_1－A_1 通路封闭，A_1－O_1 接通，先导阀处于排气状态，即主阀的控制腔 A_1 处于排气状态。在弹簧作用下，主阀芯将向右移动，使 P－A 通路切断，使 A－O 接通，即使主阀也处于排气状态。当先导阀线圈通电，如图 4-25 (b) 所示，则使 P_1－A_1 通路接通，使主阀控制腔 A_1 进气。由于 A_1 腔的阀芯（活塞）面积大，受到的推力大于 P 腔气压作用在阀芯的力与弹簧作用力之和，主阀芯就被推向左移，使 P－A 接通，主阀处于进气状态。图 4-25 (c) 为其图形符号，在电磁控制符号内加一个 V 表示先导式，若主阀是加压控制，三角形的顶角朝向阀；若主阀是泄压控制，顶角背向阀。

双电控二位五通电磁气阀的原理图如图 4-26 所示，它有两个先导阀。当先导阀 1 的激磁线圈通电而先导阀 2 断电时，见图 4-26 (a)，主阀的 K_1 室与 P_1 接通而进气，K_2 室则与 O_4 接通而排气，使柱塞移到右边。于是 A－P 接通，进气；B－O_2 接通，排气。如果 A、B 分别接到活塞式执行机构的气缸两端，则活塞一侧进气，另一侧排气，将使执行机构的推杆向某一端移动。当先导阀 2 通电而先导阀 1 断电时，见图 4-26 (b)，K_2 室与 P_2 接通而进气，K_1 室则经过 O_3 而排气，就使柱塞移到左边。于是 B－P 接通，进气；A－O_1 接通，排气。若接活塞式执行机构，将使它的推杆往另一端移动。为了保证主阀正常工作，两个先导阀不可同时通电。对于这点，应由控制电路加以保证。图 4－26（c）是相应的图形符号。

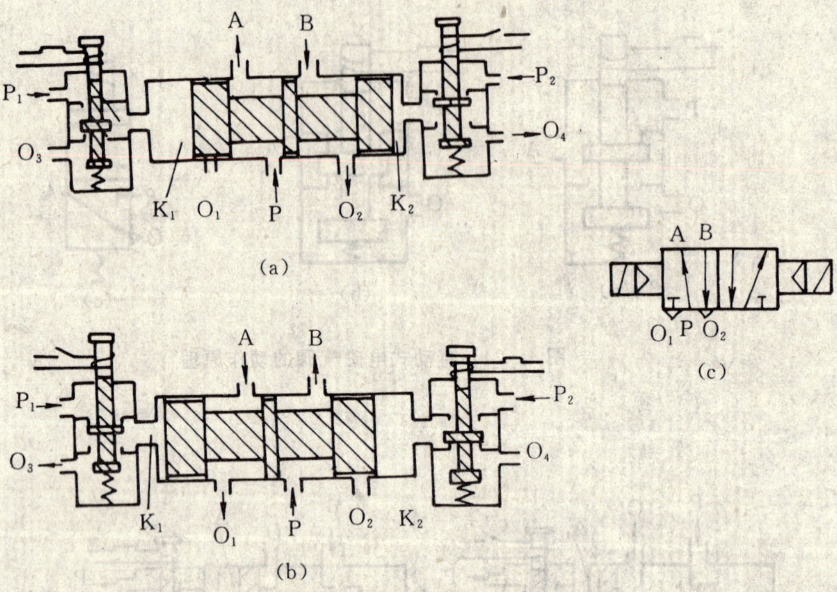

图 4－26　双电控二位五通电磁气阀原理图

二、双电控电磁气阀

双电控先导式电磁气阀的具体结构形式很多。储运系统目前广泛采用的是二位四通或二位五通式电磁气阀。它们具有双稳态性能，当控制电信号消失后，阀位能保持不变，即具有记忆作用。所以由它组成的系统不受突然停电的影响，可以采取电脉冲信号控制，应用比较方便。它们和活塞式执行机构相联接时的原理图如图 4－27 所示。

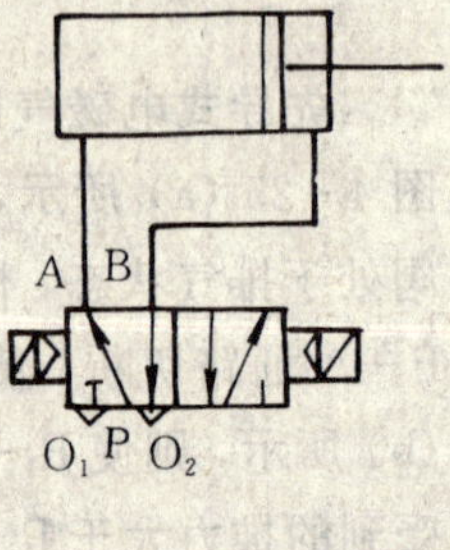

图 4－27　二位五通电磁气阀控制活塞式执行机构

下面以典型产品为例，作一些说明。

1. DQK－2442 电磁气阀

图 4－28 为 DQK－2442 电磁气阀原理图。其中电磁先导阀①是二位四通阀，先导阀②则是二位二通阀。设主阀阀杆开始时位于右端，使 P－A，B－O_2 相通。若令电磁先导阀①通电，它的动态铁芯 2 就被静铁芯 4 吸合，于是上部排气嘴就打开，主阀大活塞的左侧气体经过电磁先导阀①的手动螺帽上的放气孔排入大气。作用在主阀杆右端是气源压力（通 P），就将阀杆推向左边，使 P－B，A－O_1 相通，实现换向作用。这时若先导阀①断电，铁芯 2 复位，将排气嘴关闭，但因 A－O_1 相通，大活塞左侧经静铁芯 4 的内腔和细孔与 A 亦即与 O_1 相通，仍然是通大气的。所以靠阀杆右侧的推力仍能保证它稳定地停在左端，实现所谓记忆作用。若令电磁先导阀②通电，动铁芯 13 被静铁芯 11 吸合，使锥形阀 12 打开，由 P 腔进入的气源经锥形阀、先导阀②和先导阀的铁心外侧到达大活塞的左侧。由于大活塞 5 的面积比小活塞 10 的面积大，左边的推力就较大，就将阀杆推向右端，使 A－P，B

$-O_2$ 相通，实现了换向。这时若先导阀②断电，锥阀 12 复位（关闭），但因 P－A 相通，气源经 A 腔细孔通过静铁芯 4 的内腔可到达大活塞左侧，所以可使阀杆稳定地停在右端，也有记忆作用。由此可见，这种电磁气阀两个位置都能可靠地保持稳定状态，有良好的记忆性，所以安装方向可任选，抗振、抗冲击能力很强，但其结构也较复杂。

DQK－2442 电磁阀的手动旋钮可用来使气路换向。若需要使气路固定为某一流向时，将相应的先导阀顶部手动推杆按下旋转 90°即可锁住。它的工作电压有三种：交流 220 V（0.13 A），110 V（0.13 A）和 36 V。工作气压可为 98～784 kPa，一般工作压力都为 490 kPa。当气源压力为 490 kPa 时，切换频率不大于 30 次/min，阀能正常工作。工作寿命可达 150 万次。单次换向时间与阀的口径有关。当气源压为 490 kPa 时，数据如下：

阀　通　径	1/8	1/4	3/8	1/2
单次换向时间/s	0.03	0.04	0.05	0.05

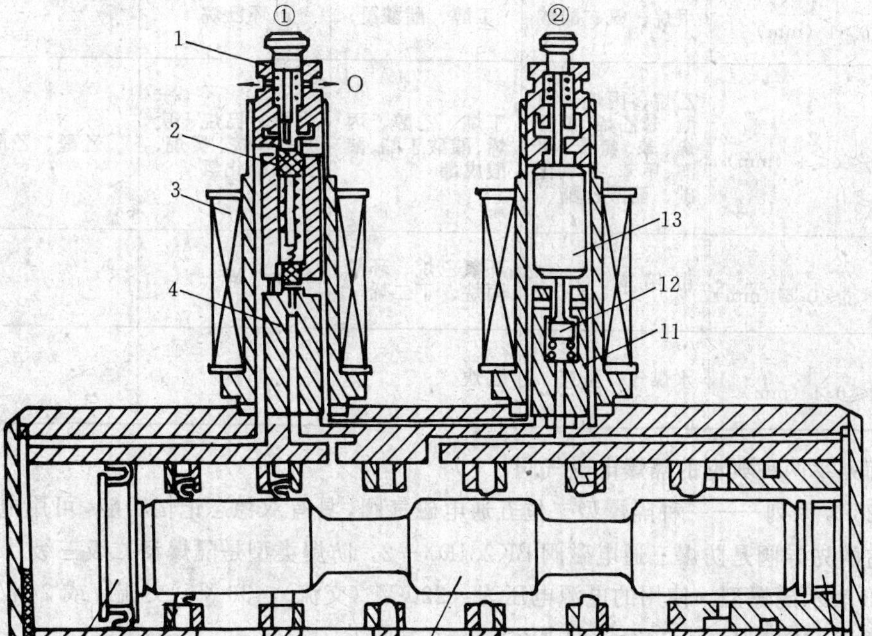

图 4－28　DQK－2442 电磁气阀原理图

1—带放气孔的螺帽；2—动铁芯；3—线圈；4—静铁芯；5—大活塞；6—U 形密封圈；7—主阀阀杆；8、9—“O”形密封圈；10—小活塞；11—静铁芯；12—锥形阀芯；13—动铁芯

2. D_2KQ 型双电控电磁气阀

它是一种新型的双电控先导式二位四通电磁控制阀，采用磁保持的办法实现双稳态记忆作用。先导阀的两个电磁线圈可平放在主阀体上，线圈之间有一个永久磁钢制成的磁环。动铁芯采用高导磁材料制成。当某一线圈通时，动铁芯移向相应的一侧，紧靠在静铁心上，而

另一侧的气隙则增大。这样，即使线圈失电，由于磁场的作用也可使动铁芯位置保持不变。只有当另一线圈通电时才能使动铁芯移到另一侧。先导阀气路的切换就由动铁芯控制。所以这种电磁气阀的结构较简单、精巧且性能可靠。阀上有整流器件，工作电源可采用：220 V（交流），36 V（交流）或 24 V（直流），12 V（直流）。

3. 防爆电磁气阀

输气管线上采用的电气设备必须符合有关防火防爆技术规范。国内已经生产了多种防爆型电磁气阀可供选用。它们的主阀结构和普通电磁气阀相同，但先导阀则按我国“防爆电气设备制造检验规程”设计制造，适用于相应防爆等级的现场。各种爆炸性混合物可按传爆间隙和自燃温度分级分组，列举几种如表 4-2，供参考。

表 4-2 爆炸性气体混合物的分级

级别 \ 组别	a $T>450℃$	b $300<T\leqslant450℃$	c $200<T\leqslant300℃$	d $135<T\leqslant200℃$
1 $\delta>1$ (mm)	甲烷、氨、醋酸	丁醇、醋酸酐	环巳烷	
2 $0.6<\delta\leqslant1$ (mm)	乙烷、丙烷、丙酮、苯乙烯、氯乙烯、苯、氯苯、甲醇、甲苯、一氧化碳、醋酸乙酯	丁烷、乙醇、丙烯、醋酸丁酯、醋酸戊酯	戊烷、巳烷、庚烷、辛烷、癸烷、汽油硫化氢	乙醛、乙醚
3 $0.4<\delta\leqslant0.6$ (mm)	市用煤气	环氧乙烷、环氧丙烷、丁二烯	异戊二烯	
4 $\delta\leqslant0.4$ (mm)	水煤气、氢气	乙炔		

下面列举两种典型的隔爆电磁气阀。

$BK25D_2$ 系列——一种隔爆型二位五通电磁气阀，具有双稳态记忆功能，可用电脉冲信号控制。它的先导阀是防爆三通电磁阀 $BK23JD_{21}-2$，防爆类型是隔爆型二级三级（B2C）。型号中的 B 表示隔爆型。使用的电源电压为：220 V（交流），36 V（交流）或 24 V（直流），12 V（直流）。介质压力：147～784 kPa。

$K25D_2-B$ 系列——一种新型隔爆型电磁气阀。也是二位五通双电控。采用磁保持方法，结构较简单，使用寿命达 300 万次，防爆等级为 B3d，允许的可燃气体蒸气与空气形成的爆炸性混合物。电源电压：24 V（直流）；12 V（直流）。介质工作压力：98～981 kPa。

三、电磁气阀性能的测试

电磁气阀的性能参数包括：灵敏度、流量特性、泄漏量、寿命和各项电气性能。制造厂应对性能参数作全面测试。对于用户则可根据需要对其中某项进行测试。下面简要介绍电磁先导阀的某些电性能测试。

1. 吸持电压、释放电压、启动电流和吸持电流的测试

这些性能指标影响电磁气阀的工作可靠性。吸持电压是指能使阀正常换向的加在电磁气

阀线圈上的最低电压。吸持电压应小于额定电压的85%，这样才能保证电源电压波动时阀仍能可靠地工作。

电磁气阀在加上电信号而换向后，逐渐降低信号电压，直到电磁铁不再能吸持而阀即将重新换向这一瞬间的最高电压值叫做释放电压。性能好的电磁阀，其释放电压应等于吸持电压。实际上由于剩磁效应，释放电压一般总是低于吸持电压，但不应相差太多。

吸持电流（工作电流）系指通电后，阀已换向，电磁铁已吸持的正常工作情况下通过线圈的电流。

启动电流（吸合电流）系指通电时，阀在换向的瞬间，即电磁铁吸合瞬间通过线圈的电流。一般情况，启动电流总是大于吸持电流。电流的大小和通电时间的长短直接影响线圈的温升。温升超过一定限度可能会使线圈烧坏。所以吸持电流和启动电流必须限制在有关产品的条件允许范围内。

测试时工作压力规定：常断式不通气压，常通式和记忆型输入 0.785 kPa 压缩空气。

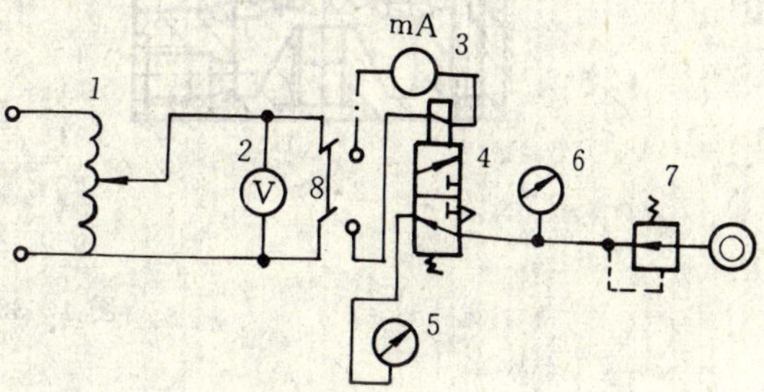

图 4-29 电磁气阀吸持、释放电压和吸持、启动电流测试线路图

1—1 kV·A 安调压变压器或直流电压调压器；2—0～300 V 交流电压表或 0～30 V 直流电压表；3—0～150/300 mA 交流或直流电流表；4—被测阀；5，6—压力表（0.5级）；7—减压阀；8—闸刀开关

对于双线圈记忆型先导阀可用双向闸刀开关控制二只线圈。测试原理线路如图 4-29 所示。

2. 线圈绝缘电阻的测试

电磁阀在环境温度为 20±5℃和相对湿度不大于85%的条件下，线圈和外壳间的绝缘电阻不应小于 20 MΩ，可用兆欧表测定。

§4-5 方向阀

一、快速排气阀

用于使气动元件或装置快速排气的阀叫快速排气阀，简称快排阀。它也是一种方向控制阀。图 4-30 是两种典型的快排阀的结构，4-30 (a) 为膜片式快排阀，结构较简单，当P腔有输入时，膜片被压下封住排气口，气流经膜片四周小孔从A端输出，即P—A通；当P腔排空时，A腔压力将膜片迅速顶起，封死P—A通路，同时使A—O接通，实现快速排气。这种快排阀靠气压密封，所以低压时泄漏较严重。4-30 (b) 为快排阀采用带骨架的橡胶皮碗作开闭件，当P腔进气时，推动骨架在导向架内滑动，靠皮碗唇部变形接通P—A；当P腔排空时，皮碗靠气压密封封住P端，并使A—O接通，实现快速排气。

快速排气阀常配置在电磁气阀和气缸之间，它使气缸的排气不用通过电磁气阀而直接排空，可以加快气缸回程速度。这对于气缸和电磁电阀之间管道较长的回路来说是很有好处的。其连接情况如图 4-31 所示。

快排阀也可用于控制气缸的移动速度。如图 4-32 所示，按下二位三通带定位的手动阀按钮，气流经节流阀进入快排阀，关闭快排阀的排气孔而将气流送入气缸。由于节流阀的作用，使气缸缓慢移动。放开手动阀按钮时，气缸中的气体通过快排阀迅速排空，使气缸可迅速返程移动，缩短了回程时间。

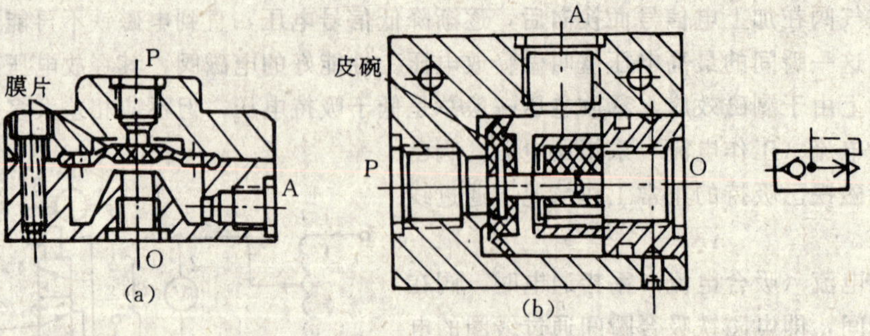

图 4-30 快速排气阀

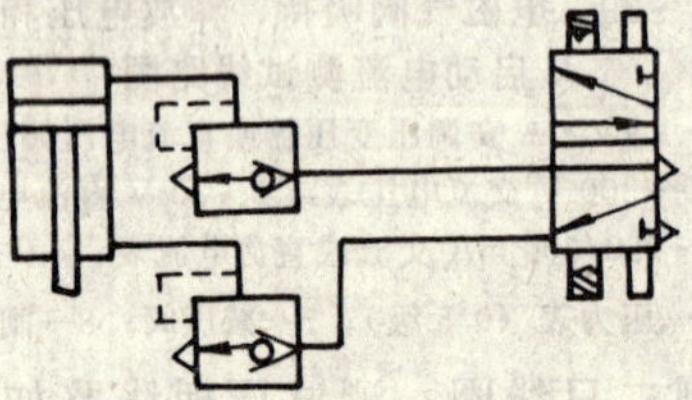

图 4-31 气缸与电磁气阀的连接

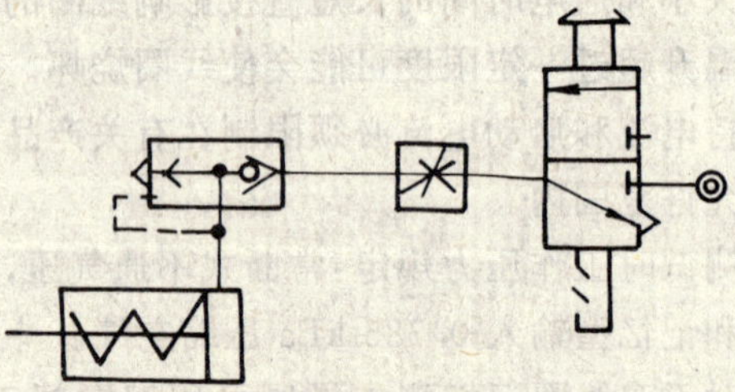

图 4-32 快排气阀

二、回讯器

回讯器或阀位回讯器是一种行程开关，实质上属于机械控制式方向控制阀，可用它对气缸的位置进行监视。

图 4-33 是一种典型的回讯器原理结构。当气缸活塞移动到全开（或全关）位置，推动传动杆，其凸台部分接触回讯器的滚轮，迫使摇臂旋转，使阀芯右移，这样输出就和气源接通。若气缸活塞反向移动，传动杆靠弹簧作用而复位，摇臂处于自由状态，阀芯则在弹簧作用下推向左边，使输出与气源切断。

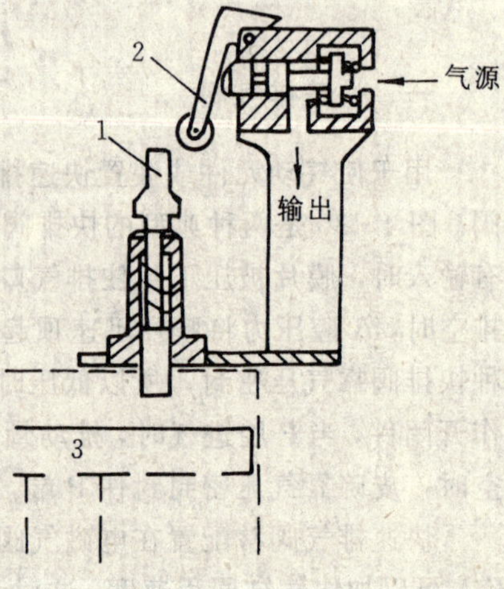

图 4-33 回讯器原理结构

1—传动杆；2—摇臂；3—气缸活塞

图 4-34 表示回讯器与气缸阀及信号器连接的情况。设气缸活塞移到全开位置，推动回讯器 1 的阀芯，使气源经它输出而分成两路。一路到气电开关（其结构如图 4-35 所示）使某触点接通，信号灯 5 亮，表示阀全开。另一路到回讯器 2 的气源端，被封住。若气缸活塞移到全关位置，则推动回讯器 2 的阀芯，使气路通大气，而回讯器 1 的阀芯早已复位，切断气源通路。所以气电开关通大气而排空，另一端点接通，信号灯 6 亮，表示阀

全关。

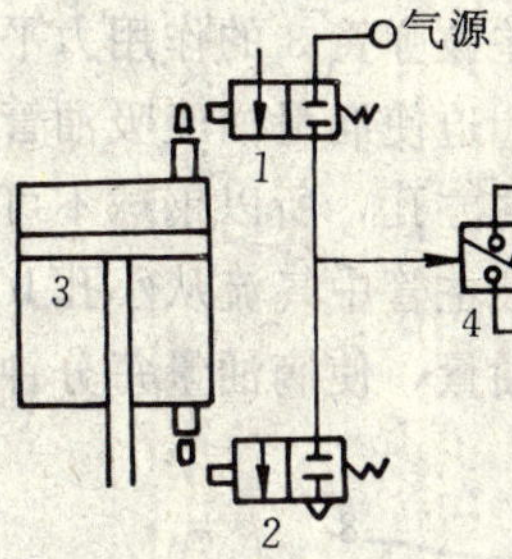

图 4-34　回讯器与气缸阀及信号器连接图

1、2—回讯器；3—气缸阀；

4—压力开关；5、6—信号灯

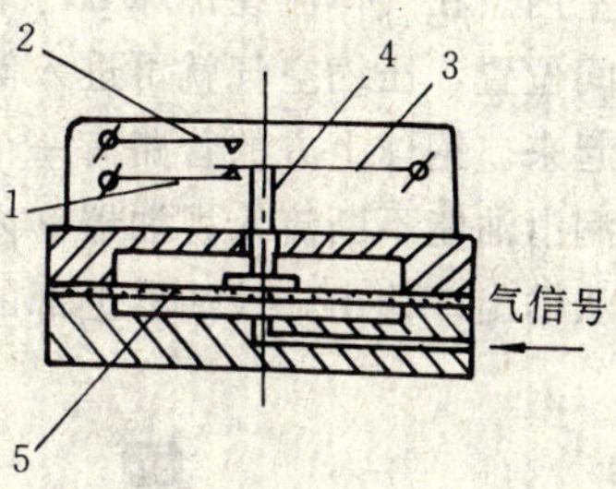

图 4-35　气电开关图

1—常闭触点；2—常开触点；

3—簧片；4—推杆；5—膜片

三、过滤器

过滤器用来过滤压缩空气中的杂质、水分和油垢。它的种类很多，但工作原理大体相同。图 4-36是目前采用较广泛的一种。

当压缩空气从输入口进入后，由于旋风叶片的作用，使高速气流沿切线方向强烈旋转。这样空气中的较大水源、油污、灰尘等就获得较大的离心力而析出，沿壳壁沉降。气体则通过滤芯进一步滤去少量的灰尘、雾状水滴而净化，并经输出端输出。挡水板可防止气体旋涡将罩壳中积存的污水卷起而破坏过滤作用。

过滤效果如何和滤芯质量有很大关系。目前常用铜粒烧结滤芯或由白刚玉烧结而成的陶瓷芯。上面介绍的过滤器是先利用离心力分离掉较大的污垢和水分，再通过滤芯除去少量灰尘。这样可减轻滤芯的负担，延长滤芯的使用时间。

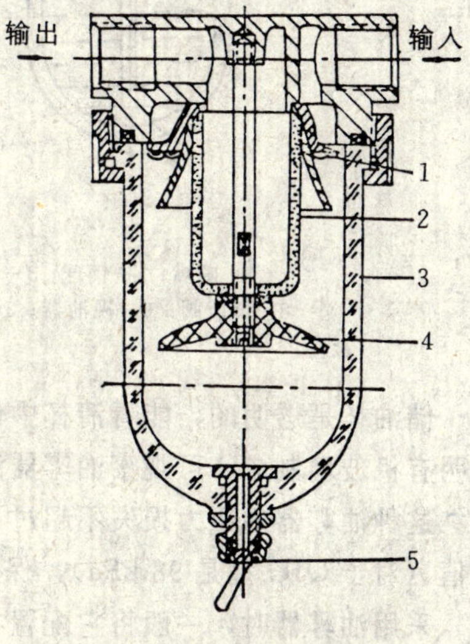

图 4-36　空气过滤器

1—旋风叶片；2—滤芯；3—罩壳；

4—挡水板；5—排污阀

四、油雾器

油雾器是一种特殊的注油装置，在压缩空气流过时，这将润滑油喷射成雾状，随压缩空气吸进需要润滑的部件，达到润滑的目的。有些气动元件或设备中有相对运动部件需要润滑，但又处在密封气室内，无法用一般方法注油，就可以采用油雾器。

用油雾润滑有下列优点：

(1) 润滑油可以到达气体流过的任何地方，可同时对许多部件进行润滑，且润滑均匀。

(2) 气路一打开就同时开始润滑。气路一关闭，润滑立即停止，耗油量少。

(3) 在气路工作时也能对油雾器补充油量。

图 4-37 为典型的（QIU 型）油雾器原油结构图。当压缩空气从输入口进入后，一方面经主管从输出口排出，另一方面通过喷嘴 1 上面正对着气流方向的小孔 a 进入截止阀阀座 4 的腔室内。在气体流经钢球 2 时形成压力差，此压力差被弹簧 3 的作用力平衡，而使钢球处于中间位置，压缩空气就可进入储油杯 5 的上部空间，迫使润滑油经吸油管 6 将单向阀的钢球顶起来。钢球上方的管路有一个边长较钢球直径小的方孔，所以钢球不可能将上部管路封死，润滑油能不断流入视油器 9 内，再滴入喷嘴中，被主管中气流从小孔 b 中引射出来，雾化后从输出口输出。被油器上部的节流阀 8 可以调节油量，使滴油量每分钟约为 8～20 滴。

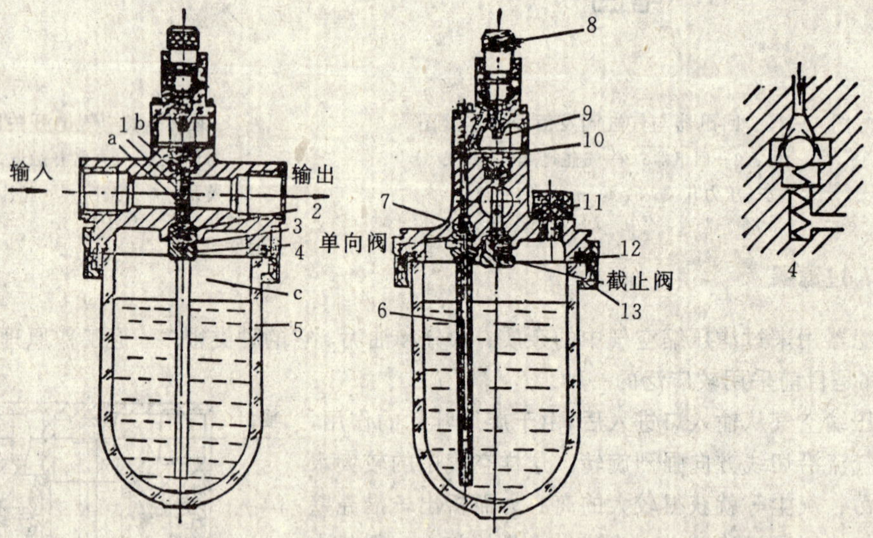

图 4-37　油雾器

1—喷嘴；2—钢球；3—弹簧；4—阀座；5—储油杯；6—吸油管；7—单向阀；
8—节流阀；9—视油器；10—密封垫；11—油塞；12—“O”型密封圈；13—螺母

储油杯是透明的，能看清杯中储量和清洁程度，以便及时补充和更换润滑油。视油器用透明有机玻璃制成，可观察油雾器滴油情况。

这种油雾器的压力损失不超过 14.7 kPa。在工作状态下加油时，气源压力不得低于某一定值（对于 QIU 型是 98 kPa），保证截止阀能关死，防止油塞打开后往外喷油。

采用油雾器时，一般将它配置在过滤器和减压阀之后靠近电磁气阀（或其它换向阀）的地方，油雾传送距离在 5 m 范围内较好。

上面介绍的是一种一次油雾器。对于要求很高的使用场合，可以采用二次油雾器，它能对油进行二次雾化，使润滑油雾化得更均匀。

五、单向阀

管道系统中的单向阀是为了使流体向一个方向流动，禁止其向反方向流动。单向阀是一种正向流动保持阀门开启、反向流动使阀门关闭的简单机械设备。在通常工作条件下，由于泵的排出压力远高于吸入压力，排出压力使单向阀关闭。由于某种原因停泵时，原油可通过单向阀越站。

单向阀还装在干线管道的上坡段。当单向阀下方下坡处发生管道破裂时，可防止油品大量排放。

图 4－38 为一典型单向阀的剖面图。当阀关闭时，阀瓣落下；阀打开时，阀瓣抬起。阀瓣安装在可旋转 90°的铰接机构上。单向阀的阀座、阀瓣或阀体的密封采用合成材料，确保流量的关断。由于干线单向阀要通过清管器、刮蜡器或清管球，阀瓣必须完全抬起以免阻碍它们的通过。当通过清管器或刮蜡器时，闪瓣自身在阀体上部处于平衡位置。在阀体下部阀腔内呈 180°弧面的托架可引导清管器、刮蜡器或清管球的通过。阀瓣也可进一步改进，添加与阀门直径相同的轴向引导结构，当阀门全开时，使清管器、刮蜡器或清管球更容易通过。

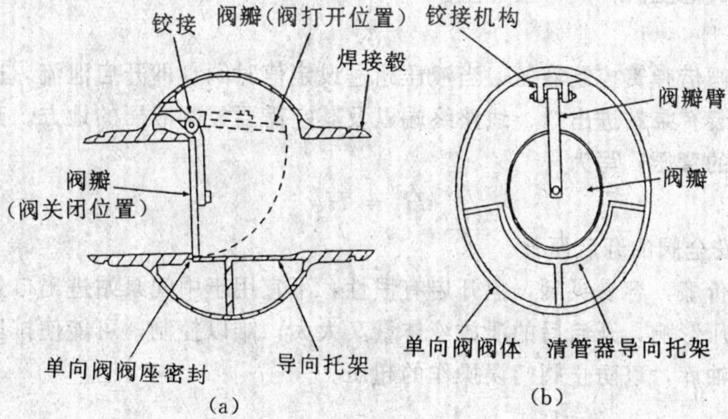

图 4－38　单向阀剖面图

需要时，阀瓣外部手柄上可加反向平衡块或气动缓冲器，以防止阀的关闭撞击；也可加装开启锁定装置，当通过装有特殊仪器的清管球或进行管道水静压试验时，将阀门锁定在打开位置。

六、泄压阀

"泄压阀"(Pressure Relief Valves) 这个词是指安全阀、泄放阀和安全泄放阀。安全阀被设定在当压力达到设定压力时打开，并迅速开至使流体满流状态。因而降低过高的压力。海上平台使用安全阀来保护各种容器，如分离器；还用于泄放泵或压缩机停车时由于热膨胀产生的过高压力。泄压阀用于液体和气体管道，设计成逐步开启，按需要泄放流体。在天然气管道上用于压缩机站的压力泄放，过高的压力将气体泄放。液体管道的水击泄压应用包括把泄放液体排入油罐。压力安全泄放阀通过阀内结构的改进，既可以起安全阀的作用也可以完成泄放阀的功能。

在天然气管道中，泄压阀通常安装在压缩机的排气管上。需要压力泄放设备来保护站场管线和设备，使压力不超过最大允许操作压力的 10%。泄压阀安装在压缩机和第一个出口阀之间。泄放阀的大小应能保证其泄放能力等于或大于压缩机的能力。如果压缩机上的泄放阀或其它阀不能对管道超压进行保护，则必须在管道上安装泄放设备以防止超压。

泄放阀还用于液体管道泵站的吸入和排出管段上。所设计的泄压阀和相应控制系统要对水压力做出快速响压，泄压阀打开将足够体积的液体排入泄压罐进行泄压，使管线的压力保持在设计允许值之内。泄压阀打开要足够快以遏制水击压力；以控制方式关闭来减弱产生的压力波动。

通常由控制系统工程师负责选择泄压阀的类型和尺寸，与之合作的管道或工艺工程师提供操作设计数据、流量、压力等。

泄压阀的“设定压力”是指在这个压力下泄压阀打开。泄放时，泄压阀可能会使管道压力超过管道的最大允许操作压力。超过最大允许压力的压力值称为累积压力（accumulation pressure）。当设定值为最大允许压力时，累积压力为管道内实际的超压。计算泄压阀尺寸时，所用累积压力百分比数应为10%（气体管道）和25%（液体管道）。常用的有三种，即弹簧安全阀，橡胶套式泄压阀，气体缓冲室。

1. 弹簧安全阀

弹簧式安全阀借弹簧控制液压，当液压超过设定值时阀盘即开启泄流。这是一种全开全关的控制阀，安装有泵站进出口、线路终端以及其它需要控制液压的地方。其边界条件可近似（忽略泄压时的背压）写为

$$H_p = H_v$$

式中　H_v—— 安全阀的开启压强。

弹簧安全阀价廉，容易买到，但开启有惯性，不宜用于中间泵站进出口处，因为它泄压不及时，且受背压影响，开启后的泄放液体量又太大，难以控制，可能使排压降低过多。故一般只用于终点油库，以防止阀门误操作的超压。

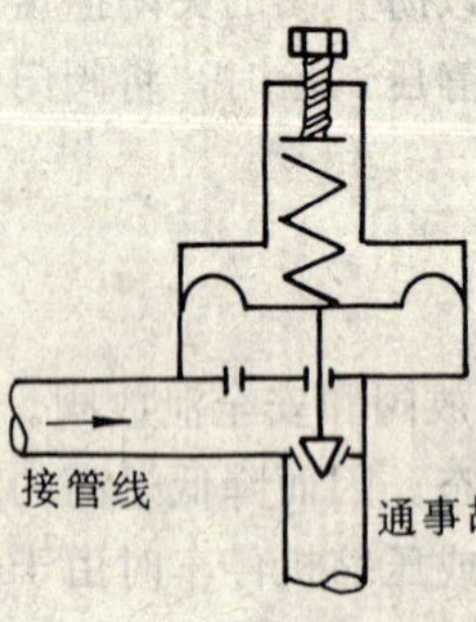

图 4-39　直接动作式安全阀

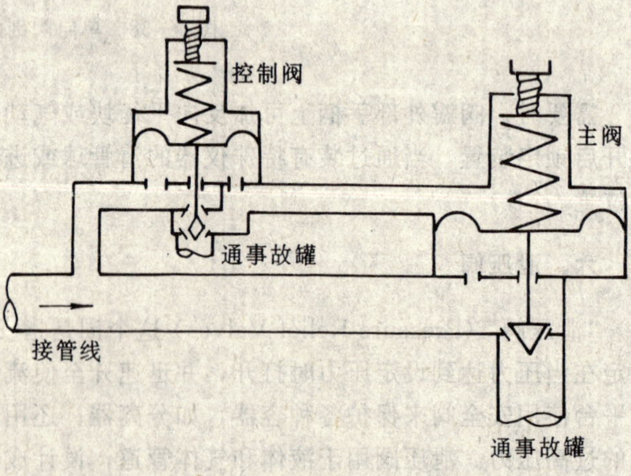

图 4-40　控制动作式安全阀

安全阀有直接动作式和控制动作式两种。图 4-39 是直接动作式安全阀示意图，当液压超过弹簧限定的压强时，活门即开启泄流。图 4-40 是控制动作式安全阀示意图，控制阀（导阀）在正常情况下把通向事故罐的出口关闭，这时主阀隔膜上下液压相等，其活门借弹簧压力将通向事故罐的通道关死。当液压超过控制阀的限定值时，其活门即开放通向事故罐的出

口泄放油品，使主阀隔膜上下出现很大的压差，其活门也立即开启进行泄放。两种安全阀的不同之处是，前者的弹簧张力正比于限定的压强，由于阀比较大，故弹簧较粗，液压要超过限定值很多（最大可达 40%）才能把阀顶开到全开位置；而后者只是控制阀的弹簧正比于限定压强，但泄放液体靠主阀，其弹簧与限定压强值无关，可比较细，故全开时的压强超过限定值不多（最多 10%），控制阀实际上起放大器的作用。

2. 橡胶套式泄压阀

橡胶套式泄压阀在国外叫“Flexflo”阀，主要用于与其它装置组成增压波泄放系统，设在泵站进口以削弱停电产生的势涌水击，可使其压强增长速度下降到 0.1～0.3×10⁵ Pa/s。

如图 4－41 所示，泄压阀由带进口短管的阀体 3 和排出短管 4 组成，其内安装管芯 1，管芯的侧壁上开有许多长方形槽孔，管式耐油橡胶套 2 紧紧套在管芯上，二者把泄压阀的内腔分隔成进入腔、橡胶套外腔和排出腔三部分。图 4－42 是增压波泄放系流的原理图，主要由橡胶套式泄压阀 4、灵敏节流阀 2、隔膜蓄压器（内储有氮气或空气）3 组成。管道稳定输油时，橡胶套借内外液压与气压之压差（不小于 7.8×10⁴ Pa）和本身的张力紧贴管芯，把槽孔盖死。发生水击时，由于节流阀的作用，外腔的压强增长速率低于进油腔的压强增长速率，二者之间压差增大，橡胶套被胀大。

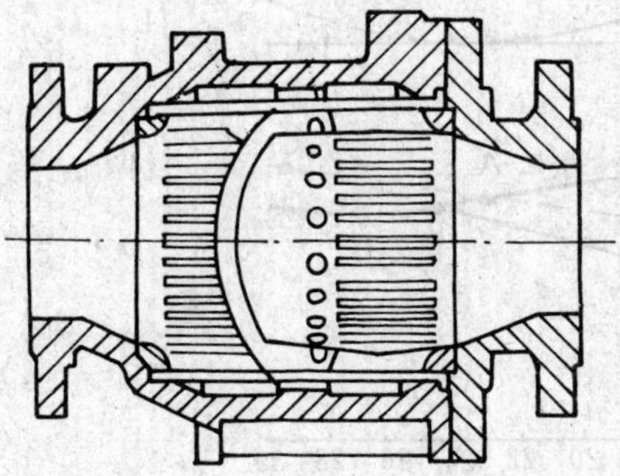

图 4－41　橡胶套式泄压阀

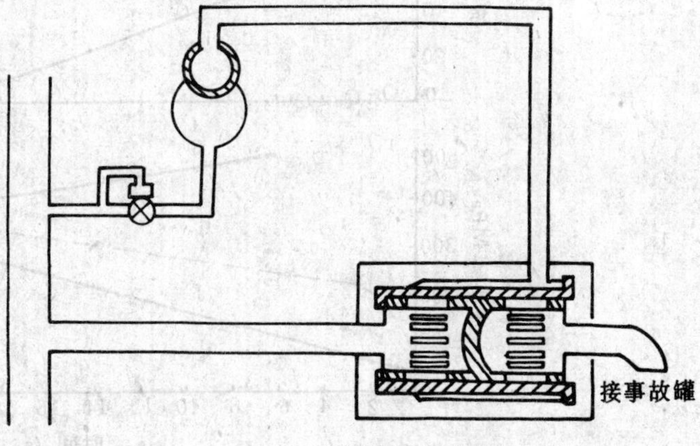

图 4－42　增压波泄放系统

如果水击轻微，橡胶套的这种变形即可将压差消除。否则，橡胶套进一步离开管芯，把部分液流泄放到常压油罐（“事故罐”）中。增压速率降低后，套内外的压强传递速度相等，橡胶套又将槽孔盖住。橡胶套的动作实际上没有惯性，故对水击的反应时间在 200 μs 以内。70 年代末，前苏联从美国引进此种技术，用于原油管道上，其系统如图 4－43 所示，储罐 8 和 4 内装防冻液把原油隔开，以防原油结蜡堵住节流阀和止回阀的通道。

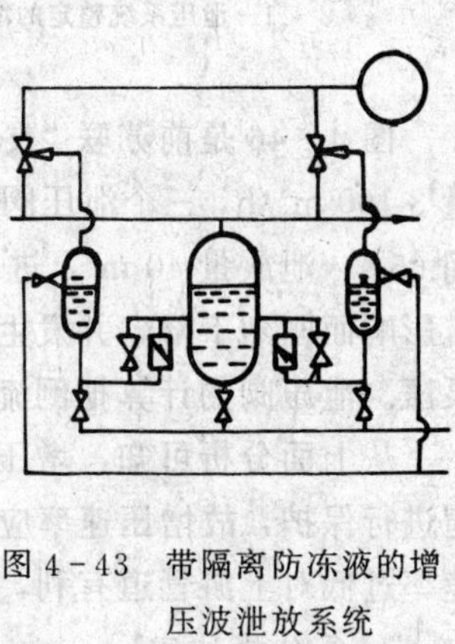

图 4－43　带隔离防冻液的增压波泄放系统

增压波泄放系统是按水击的增压速率而不是按增压值大小工作的。增压速率可用节流阀调节，故此系统又叫增压速率调节器。边界条件为（泵站出口有止回阀）。

$$\left.\begin{array}{l}\text{增压速率} \geqslant \Delta H_T \\ H_p = H_{V_0} \cdot \Delta H_T\end{array}\right\}$$

或

式中 H_{V_0}——稳态时隔离储气罐的气压；

T——水击开始后的时间；

ΔH_T——整定的增压速率。

如果在进站管道上设置增压波泄放系统，将增压速率调整为 $\Delta H_T = 13$ m/s，则停电站的流量及压力变化如图 4-44 所示。在线 1 和线 2 的交点 C 以前的时间内，泵进口压头按线 1 上升。由于泵排出口止回阀关闭，故排压基本不受进压影响，泵站排出压力按线 3 下降。线 1 和线 3 的交点 B 是越站点，位于无泄压阀时的越站点 A 之后。越站后增压速率缓，泄压阀关闭。泄放时间约 25 s，泄放油品体积为 0.23 m^3。图 4-45 说明停电后站上游沿线压头变化因泄压系统而大为不同。

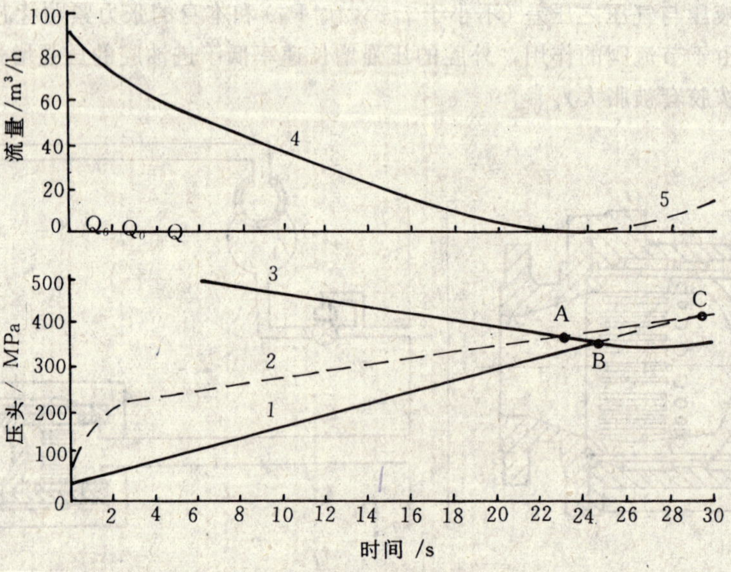

图 4-44 停电站（有止回阀）的变化

1—泄压系统整定的增压速率；2—无泄放时的进压；3—排压；4—泄放流量；5—越站流量

图 4-46 是前苏联“友谊”管道的实验资料。管道直径 800 mm，开动两台泵（串联），流量 3 100 m^3/h，三个泄压阀并联设置，泵站出口无止回阀。停电后 0.3 s 即开始泄放，泄放时间 65 s，泄放量 40 m^3，进压上升速率 0.157×10^5 Pa/s。由于泵站出口无止回阀故排压受泄流影响而剧烈下降，并发生倒流，进压线与排压线之间的垂直距离为停电后机组滑行期间的泵压。泄压阀的计算把倒流流量考虑在内。

从上面分析可知，增压波泄放系统的主要作用是削弱向上游传播的陡峭波峰，对上游管道进行保护，故增压速率应按照上游管道的保护要求确定，大致为 $(0.4 \sim 1) \times 10^5$ Pa/s。增压速率过低对上游管道有利，但会使下游降压更大，且增加泄放量。

3. 气体缓冲室

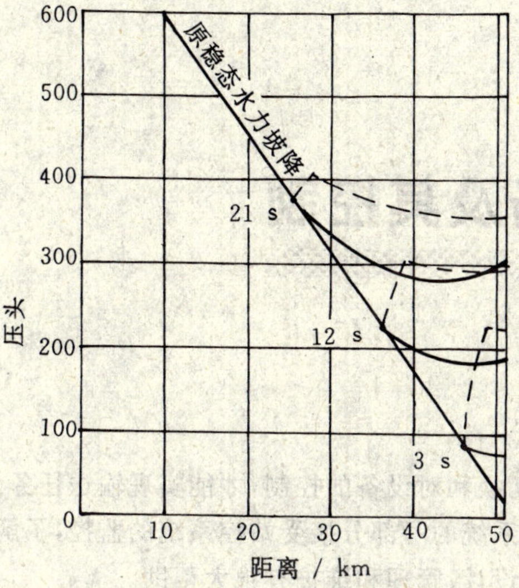

图 4-45　停电站上游沿线的压头变化
实线—有泄压阀；虚线——无泄压阀

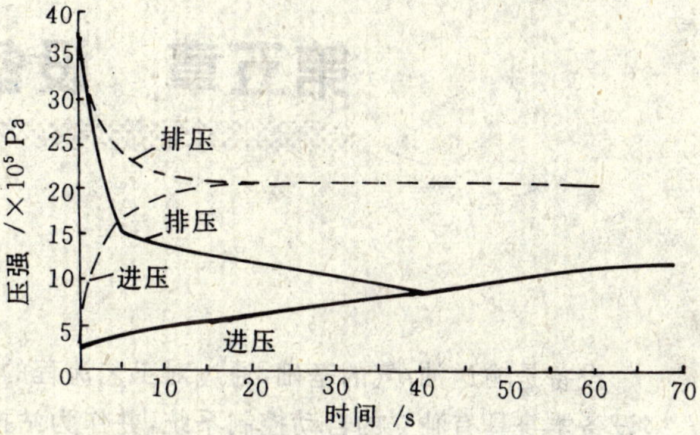

图 4-46　前苏联“友谊”管道的试验资料
实线——有泄压阀；虚线——无泄压阀

气体缓冲室的作用与橡胶套式泄压阀相似。由于它结构简单，不泄放液体，故是一种有前途的保护设备。目前已用于小口径管道。但用于大口径管道时，由于容量大，在材料和制造方面还有困难。

第五章　设备及其控制

设备是输送油/气的基础，通过对工艺流程的切换和对设备的控制，才能实现输送任务。许多设备本身具有独立的自动控制系统，并作为站控系统的一部分接受站控系统的监控，了解设备的工作原理及使用要求，对管道自动控制系统的设计、管理和维护有很大帮助。

本章简单介绍长输管道所用的主要设备及其工作原理，如：泵、压缩机、罐、加热炉、清管设备，然后从原理上分析介绍这些设备的监测量和控制方案。

§5-1　泵机组及其控制

泵是用来输送液体并提高液体压力的设备。按工作原理来分，有容积式（活塞泵、柱塞泵），叶片式（离心泵、轴流泵）等。按输送液体来分，有清水泵、油泵、泥浆泵、耐腐蚀泵等，在输油管道中常用离心式或往复式泵。

输油泵、原动机以及相应的连接装置或变速装置组成泵机组。它提供给输油所需的压力能，是输油站的核心设备之一，直接影响管道的安全和经济运行，选用机泵主要从以下几个方面考虑：

(1) 排量：泵站台并联泵机组的总排量或串联泵机组每台泵的排量应等于或略大于规定的输油量。每站还应有备用机泵，备用系数不宜大。

(2) 压力：全线各输油站给出的总扬程，应不小于全线的摩阻损失和扬程差之和。每个站的出站压力应尽量接近输油管强度允许的工作压力。以充分发挥管子强度的效能，而达到减少全线的输油站数。

(3) 功率：每台泵所匹配的原动机功率应不小于输油泵的额定功率。

(4) 液体：离心泵输送不同品质的油品时，特性要发生变化，流量扬程、允许吸入高度和效率都要下降，泵的特性需要进行换算。因此选配原动机功率时，需要留有余地。

(5) 可靠性：能长时间连续运转、工作平稳可靠。

(6) 效率：能量转换率。

一、输油泵

常用输油泵有离心泵和往复泵，二者原理和构造不同，性能差异也大，其特性比较如表5-1。

表 5-1

离心泵	往复泵
① 液流、压力平稳、工作时振动小。 ② 排出压力有一最高值(流量为零时的压头),运行安全,可以串联工作和各泵站间的密闭输送。 ③ 排量随排出压力减小而增大,故可用出口调节阀节流以调节流量。 ④ 自吸能力差,开泵前一定要罐泵;由于气蚀的影响,大排量,高扬程泵要求正压进泵。 ⑤ 泵效及工作特性受粘度影响大。 ⑥ 便于同电动机连接。 ⑦ 结构简单,便于维修。 ⑧ 操作简单,便于自动化。	① 液流、压力波动大,工作时振动大。 ② 排出压力取决于管路摩阻与位差。故出口管路要装安全阀,以防出口管路全关闭时造成压力过高而破坏。不能串联工作。 ③ 排量只与转数(冲程数)有关、与排出压力基本无关,只能用改变转速或改变旁通阀开度的方法来调节排量。 ④ 自吸能力强,启动前不用罐泵。 ⑤ 效率较高,且随粘度的变化小。 ⑥ 与电动机连接需要传动设备。 ⑦ 结构复杂,易于摩损,不便维修。 ⑧ 操作复杂。

由表对比可知,离心泵具有排量大、设备简单、能串联工作、便于实现自动控制等优点,所以在管道上,特别是密闭输送管道中被广泛应用。离心式输油泵串联工作时常采用单级泵,而并联工作时间常采用多级泵。离心泵在泵入口压力过低的情况下,会发生气蚀现象,其具体表现为泵体产生噪音和振动,严重时会使泵叶片遭受"剥蚀"破坏,并导致扬程下降,效率降低,影响管道的正常输送。因此,在设计输油管道时,应当正确选择泵机组与管线系统,提供泵机组压力调节系统,以免发生气蚀。对于大型离心式输油泵需要正压进泵,所以泵前装有辅助增压泵,也称给油泵,它和主泵串联运行,给油泵常采用变频调速控制系统。

二、原动机

输油泵原动机的选择要根据输油泵的性能参数、管道输送工艺、自动化的要求及能源供应条件等因素而定。可供输油泵配用的原动机有电动机、柴油机与燃气轮机等。

1. 电动机

不论在国内或国外,电动机都是输油管道应用最多的原动机。它比柴油机价廉、轻便体积小、维护管理方便、检修周期和连续运转时间长、能与离心泵直接相接和易于自动控制等优点。但它必须有庞大的输配电系统,在电力供应充足地方用电驱动当然合理,若要建电厂专门供电时,是否用电驱动要慎重考虑。电驱动时对供电的可靠性要求很高,一旦停电会造成一站甚至全线停输。

输油泵可以用异步,也可用同步电动机,异步电动机构造简单、工作可靠、价格低且易维护,故应用最广。同步机构造复杂、价格贵,但功率因数高,能减少无功损耗,节约电能,70年代以来,前苏联管道已逐步实现了同步机化。

输油泵—电动机组可以设置在室内,也可以设置在室外,国外已越来越多应用露天型机组,以加快施工,节约泵房建筑费用,电机为开式气候防护型或全密封式。室外机组对可靠性和自动化程度要求较高。我国目前还未生产适于露天的输油泵—电动机组。

电动机的功率应按启动条件来选择，而不应按泵轴功率来选。为了使启动电流不致过大，输油泵应在关阀条件下启动。

输油管道的输送量有时会产生波动，为避免节流造成的能量损失，最常采用大小泵搭配运转，使输送量有级调节。但是最理想的调节方法是电动机调速，它可以实现平滑无级调速。目前大功率异步电动机多用串级调速与变频调速，前者是绕线型转子，后者为鼠笼型转子。串级调速范围有限，约可降低额定转速30%，变频调速范围不受限，在任何负荷条件下应将转速由零调到额定转速，且可以使输油泵开阀启动，简化了启泵程序。但随着新型大功率电力电子器件的出现，交流调速必将获得越来越广泛的应用。

2. 柴油机和燃气轮机

在缺电和建电投资过大时，可不选电动机为原动机，这时选用最多的是柴油机和燃气轮机。与电动机相比，设备本身及辅助系统比较庞大复杂、噪音大、检修周期短工作量大、自动化难度大。柴油机和燃气轮机因为转速可调，能够在一定范围内调节输油泵的输出排量与扬程，使输油管道得到较好的运行工况，有利于优化运行。如果对柴油机和燃气轮机的废热加以利用，可以大大提高原动机的效率。

带泵的柴油机有中速(1 000 r/min左右)与低速(600 r/min左右)两种。低速柴油机带泵需要较高的增速比。可以使用天燃气或油料作燃料的称为双燃料型柴油机，只能用油料作燃料的称单燃料型。燃料油可以是重油、渣油、柴油和原油。能以原油作燃料，对它在输油管道应用非常有利。国产柴油机尚未解决燃用原油的技术问题。

燃气轮机比柴油机的体积和重量都小，可用多种廉价油与天燃气作燃料，不用冷却水，便于自动控制，它的效率低。目前国外使用的燃气轮机有航改型(改装的航空燃气轮机)和工业燃气轮机。航改型效率较高且轻便，占地小，但价格高，寿命短，对燃料要求严。工业型效率较低，笨重，但价格低，寿命较长，对燃料要求低。我国目前还难以提供管道泵用的燃气轮机。

燃气轮机有单轴和分轴两种组合型式，单轴燃气轮机的燃气透平和轴流式空压机装在一根轴上。分轴式燃气轮机的燃气透平被分为两部分，前一部分用来带动轴流式空气压缩机，后一部分用来带动被驱动的机构。由于分轴燃气轮机的轴流空压机的轴与带负荷的动力轴分开了，彼此基本上互不影响，调速性能与运行的稳定性都比单轴的好，虽然其结构较复杂，抗熄火性能也不如单轴的好，但以经济性和稳定性为主要要求轴油泵站来说，分轴燃气轮机更适合些。

燃气轮机在天然气输送管道上直接驱动离心式压缩机比其它动力都优越，但在输油管上就没那么多优点，尤其是用原油作燃料时，由于燃气轮机的高温环境，原油中所含的微量硫、钠、钒对叶片的腐蚀作用，限制了它的使用范围。

三、辅助系统

辅助系统用来协助泵—原动机组的正常运行。辅助系统的多少，规模大小主要取决于输油泵机组的类型。

1. 往复泵—柴油机机组的辅助系统

(1) 柴油供应系统。它的任务是连续不断地向柴油机供应纯净的柴油。一般柴油机的耗油量约为0.24 g/ch・W左右，一座功率1.47 MW的泵站，每小时耗油约400 kg，每月约300 t。

因而必须有一套供应、储存和输送柴油的管路和设备，保质保量地满足柴油机的需要。

(2) 润滑油供应系统。及时而适量的润滑是保证机器正常工作的重要条件。不同类型的机器，以及同一类型的机器在不同的气候条件下，需要使用不同规格的润滑油。柴油机的润滑油消耗量因功率大小而异，功率为 0.147～0.735 MW 的柴油机润滑油耗量 4×10^{-3}～6.8×10^{-3} g/(h·W)，一个功率为 1.47 MW 的柴油机泵站每月耗润滑油约 6 t，每台往复泵的润滑油耗量，每月约 50～60 kg。

润滑油的供应不同于柴油，不仅量少，品种多，还在于润滑油加入柴油机后，只有一小部分是消耗掉了，大部分由于污染，热分解和柴油稀释而变质，杂质增加，粘度下降，不符合使用要求，所以大型柴油机泵站还应有润滑油再生设备。

(3) 冷却水系统。中型以上的固定式柴油机都要用水来冷却它的汽缸壁和排气阀等，柴油机所发出的热量的 25%～30% 由冷却水带走。冷却水进出口温差最好保持在 10～15℃之间，一般进水温度不低于 35℃，出水温度不高于 65℃，以免柴油机水套结垢，或因温差太大而变形。一台 0.22 MW 的中速柴油机所需冷却水量约为 10～15 m^3/h。

水的质量对冷却效果和机器寿命影响很大，不符合要求的硬水，在加入水循环系统前必须进行净化及软化处理。输油站不断地消耗大量冷却水，在缺水地区是有困难的。常根据不同的条件，采用不同的水冷却装置，将柴油机中流出的热水冷却后重复循环使用，只定期向循环系统中补充少量软水，弥补损失。

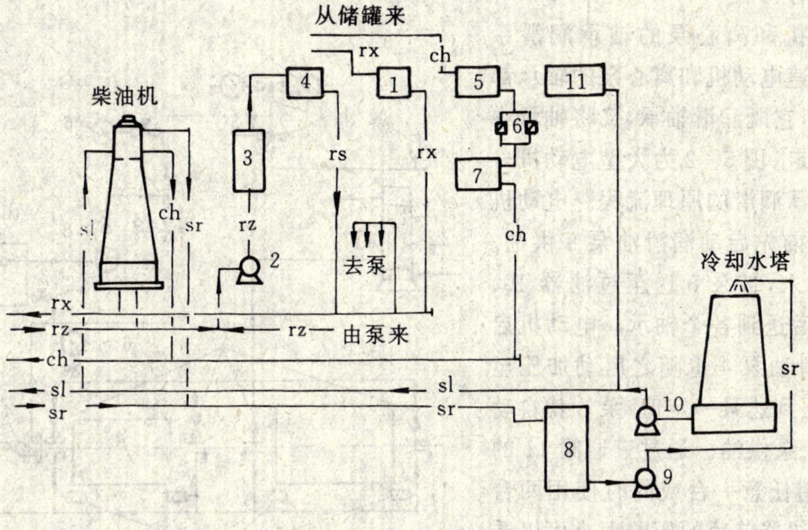

图 5-1　柴油机—往复泵机组主要辅助系统原理流程

1—新润滑油箱；2—润滑油泵；3—润滑油再生装置；4—再生润滑油箱；5—柴油沉降罐；6—过滤器；7—柴油日用油箱；8—热水箱；9—热水泵；10—冷却水泵；11—事故冷却水箱；rx—新润滑油管；rz—脏润滑油管；rs—再生润滑油管；sl—冷却水管；sr—热水管；ch—柴油管

(4) 压缩空气供应系统。固定式柴油机常用压缩空气启动。启动用的压缩空气常为 1.47×10^6～2.94×10^6 Pa。每次启动的耗气量为汽缸总容积的 2～4 倍。

为均衡泵的排量，减少脉动，往复泵设有空气室或专门的缓冲空气罐。在高压下，空气室内的空气要溶解到油里而被带走，需要定期补充。补充的空气的压力要根据泵的排出压力确定。

如果采用压缩空气扫线，供应的空气量要根据扫线的要求来确定。

压缩空气系统一般包括空气压缩机、高压及低压气罐、以及其间的管线和减压阀等。

(5) 废热利用系统。柴油机所发出的热量有25%～30%随温度很高的废气排出，柴油机工作越不满载，热损失率越大，因此应设置专门的废热锅炉，回收并利用这一部分热量。另外冷却水带走的热量也可加以利用。

图5-1为柴油机一往复泵机组的柴油供应系统、润滑油供应系统和冷却水系统等三个主要辅助系统的原理流程。从储罐来的柴油，存于泵房内的沉降罐5内，沉降后经过滤器6流入日用油箱7，不断向柴油机供油。柴油机通常是新润滑油和再生的润滑油混合使用，新润滑油送到油箱1，自流到泵和柴油机。柴油机底壳及泵壳内的废润滑油定期用泵2抽出，再生后储存于再生油箱4内，自流到柴油机的中途与新润滑油混合共同供给柴油机使用。柴油机中排出的热水流至水箱8，由热水泵9抽出送至冷却水塔，冷却后的循环水由冷却水泵10送至柴油机。为了防止冷却水泵一旦发生故障而停水，引起柴油机过热，另设有高架事故水箱11，可在停水时自流向柴油机供应冷却水。事故水箱的容量应不小于8 min的循环水量。图5-1只是表明了主要系统的原理流程，实际上为了保证正常工作，泵、冷却塔和油箱通常有备用，以便轮换检修。另外还设有事故放空、排污、补给水等管线。

2. 电动机—离心泵机组的辅助系统

供电系统是电动机—离心泵机组的动力来源，也是大型电动泵站的主要设施。除此之外其它辅助系统还有：

(1) 电动机和离心泵的轴承润滑系统。大功率高速电动机和离心泵的轴承都采用强制润滑，它既润滑轴承，又将轴承中产生的热量带走。图5-2为大型电动机—离心泵机组轴承润滑的原理流程。电动机和离心泵启动前先启动润滑油泵8供油。油从油箱7吸入，被泵8送至过滤器10、冷却器12，然后送到各个轴承。电动机启动后，轴头润滑油泵4也随之启动加压至润滑油，当油压到达某一定值，泵8就自动停车，只由轴头泵供油。通过三通阀11的倒换，可以使用任意一台或同时使用两台过滤器。由过滤器前后的压差大小可以看出过滤油网的污染程度。调节阀13是用来调节各个轴承的供油量和供油压力的。当电动机和离心泵停车时，也要先启动润滑油泵8供油，待电机完全停止转动后，才能停止供应润滑油。为了防止突然停电时润滑油中断而发生事故，有的还备有高架润滑油箱，在突然停电时，能自流向各轴承供油，直至电机完全停止转动为止。

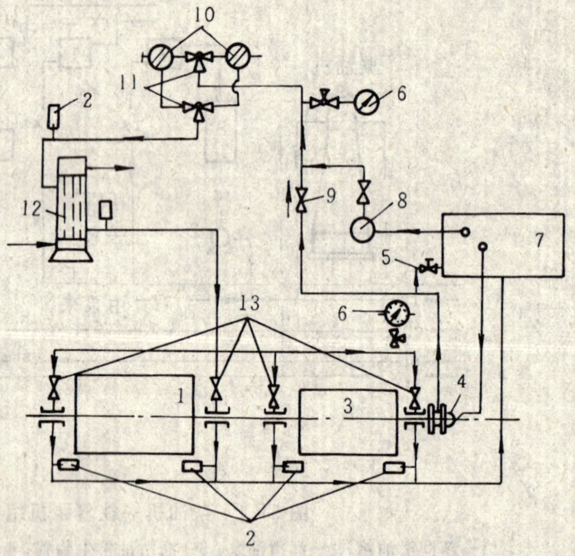

图5-2　电动机和离心泵的强制润滑流程

1—电动机；2—温度计；3—离心泵；4—轴头润滑油泵；5—闸阀；6—压力表；7—润滑油箱；8—启动和停车时用的润滑油泵；9—逆止阀；10—过滤器；11—三通阀；12—润滑油冷却器；13—调节阀

也可以采用多台机组集中润滑，即取消各泵前的轴头润滑油泵，而用专业的润滑油泵统一向各机组的各个轴承供油。集中润滑可简化流程，节约设备，但管理不便。各台机组的润滑油压力、流量互相干扰，而且一台机组的润滑油系统污染，易造成全站因整个润滑系统污染而停泵。润滑油冷却器是一种管式热交换器，管外是润滑油，管内是冷却水。

(2) 冷却水系统。强制润滑的电动机和离心泵的轴承不需要再用水进行冷却，此时冷却水主要是供给润滑油冷却器，冷却循环的润滑油。某些离心泵的轴承是用油环润滑的，则需要由冷却水带走轴承产生的热量。

在冷却水量较少或泵站冷却水补充比较充分的条件下，可以由自来水直接进入机泵进行冷却，然后自流排出。另一种是循环冷却，冷却水由冷却循环水泵自冷却水池(或冷却水塔)抽出，送到各个需要冷却的地方，然后又流回冷却水池。

(3) 漏油及污油回收系统。油泵的端面密封或盘根处都经常有油漏出，输油泵站中多采用自流管方法收集，即将端面密封处的漏油和污油，通过管路自流到专门的容器中，然后用泵或其它方法将污油送走(见图 5-3)。为了防止粘度高的污油不易流动或冻结，污油管内设有伴随加热管。汇管采用伴随加热，加热管位于管汇的底部，连接泵体的小管采用热水外套加热，热水套应尽可能地和泵体接近。采用自流的方法收集污油时，汇管应有一定坡度。

各个辅助系统都是为泵机组服务的，故各辅助系统的设备大部分设置在泵房内不同的高处，通过管路连接配合主机工作，并便于自流和放空。

输油站上的各辅助系统应根据实际需要来安排，既不能过于庞大复杂，又必须确保操作灵活和可靠，保证主机的正常运行。它所占的投资虽然不到泵站投资的 5%～10%，却十分重要，通常具有监控装置。

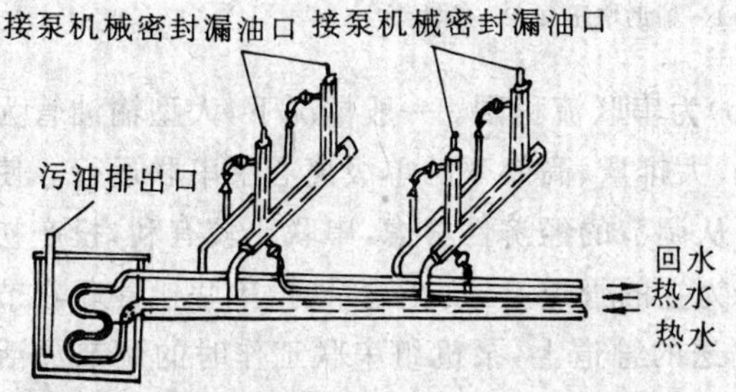

图 5-3　自流收集漏油

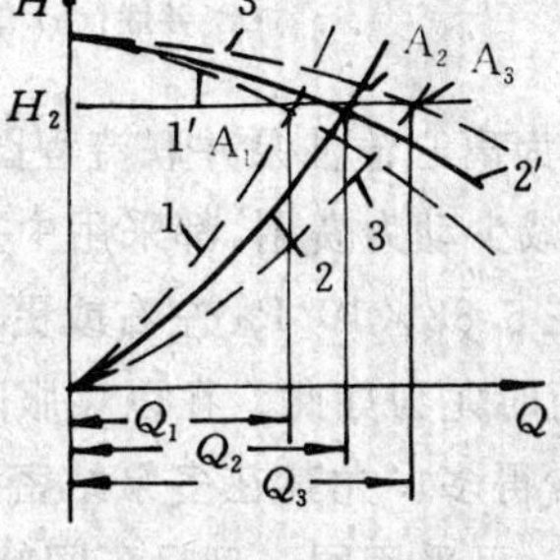

5-4　泵和管路的特性

四、机泵组的工艺流程

安装在管线起点的泵为液体提供能量储备，此储备能量消耗于克服液体在管线中运动时产生的阻力上(摩擦损失)。阻力损失与距离的一次方和流速的平方成正比。要求泵提供的能量取决于管线的长度和管中液体的流量。对直径已知的每段管线，可画出该管段的管路特性曲线，即通过不同流量时管线起点所需总压头的图解关系。管线阻力不仅随流量变化，而且随液体粘度变化，粘度升高时阻力增大，粘度降低时阻力减小。粘度又直接与油的温度有关，温度升高时粘度降低，油温降低时粘度增大。泵站特性曲线和管路特性曲线的交点是工作点，该点确定了与管线阻力相对应的流量和压头值。如图 5-4 所示，额定状态下的工作点 A_2，温度升高时泵站和管线在 A_3 点运行，而当温度降低时在 A_1 点运行。若泵或管路的特性曲线发生变化，则会自动趋于平衡，即往新的工作点过渡，在新流量下达到泵压头与管线阻力一致。

根据泵的特性和输油的工艺要求输油站有多台输油泵，泵组合有两种方式，并联或串联。并联操作，各台泵扬程相同，各泵的排量可不相同，可按排量变化情况，大小泵搭配。串联时各泵的排量相同，各泵的扬程或排量应留有一定余量。容积泵（如往复泵、螺杆泵）由于结构和性能上的特点所决定，只能并联运行。离心泵则根据生产需要可采用并联或串联。

大型离心式输油泵需要正压进泵时，在主泵前装有辅助增压泵（又称给油泵），它和主泵串联运行，辅助增压泵之间并联运行。

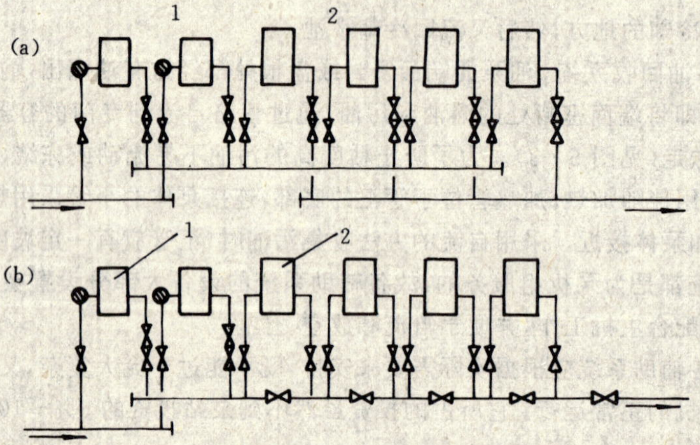

图 5-5　泵机组的流程图

（a）并联；（b）串联　1—辅助增压泵；2—输油泵

图 5-5(a)为离心输油泵并联流程图，(b)为串联流程图。一般情况下，大型输油管为了提高它的经济性，减少动力费用，都采用中扬程、大排量、高效率的单级离心泵串联运行。使泵站出口压力保持在 5.88×10^6 Pa 左右或更高。从调节的经济性考虑，串联比较有利，投产初期或输油量不满负荷时尤为如此。在以克服阻力为主的管道上，改变输量时，串联比并联在节流上的能量损失要少得多。尤其在多泵站密闭输送的管道上，泵机组串联工作时的调节灵活性更大。为便于调节，可采用同一型号不同叶轮直径的泵相互串联。中扬程、大排量离心泵除了效率高外，串联之后，还有简化流程、节约能量、便于调节及超压保护等优点，故在输油管上得到广泛应用。

但翻越大山区时，高差很大，离心泵宜采用并联运行。此时，站间管道短，沿程摩阻小，泵的扬程主要用于克服很大的位差静压头，而位差静压头并不随输油量的大小而变化，流量的变化引起总压头损失的变化不大，其管路特性高而平缓，此时并联比串联更为适宜。

五、离心泵的自动调节方案

离心泵是最常见的液体输送设备。它的压头是由旋转翼轮作用于液体的离心力而产生的。转速愈高，则离心力愈大，压头也愈高。离心泵流量调节的目的是将泵的出口压力恒定于某一给定的数值上。离心泵流量调节大体有三种方法。

1. 调节泵的出口阀门开度

通过调节泵出口阀门开启度来调节流量的方法如5-6所示。当干扰作用使被调参数(流量)发生变化偏离给定值时,调节器发出控制信号,阀门动作,调节结果使流量回到给定值。改变出口阀门的开启度就是改变管路上的阻力,为什么阻力的变化就能引起流量的变化呢?这得从离心泵本身的特性加以解释。

在一定转速下,离心泵的排出流量Q与泵产生的压头H有一定的对应关系,如图5-7曲线A所示。在不同流量下,泵所能提供的压头是不同的,曲线A称为泵的流量特性曲线。泵提供的压头又必须与管路上的阻力相平衡才能进行操作,克服管路阻力所需压头大小随流量的增加而增加,如曲线1所示。曲线1称为管路特性曲线。曲线A与1的交点C_1点对应的流量Q_1即为泵的实际出口流量。当调节阀开启度发生变化时,由于转速是恒定的,所以泵的特性没有变化,但管路上的阻力却发生了变化,即管路特性曲线不再是曲线1,随着调节阀的关小,可能变为曲线2或曲线3。工作点就由C_1移向C_2或C_3,出口流量也由Q_1改变为Q_2或Q_3,如图5-7所示。以上就是通过调节泵的出口阀开启度来改变排出流量的基本原理。

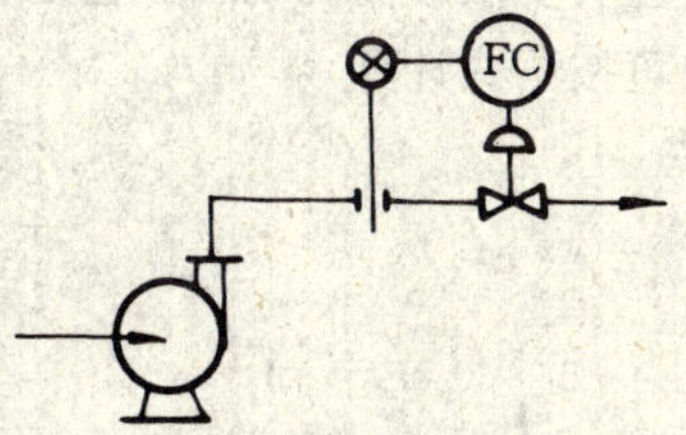

图5-6　改变泵出口阻力调流量

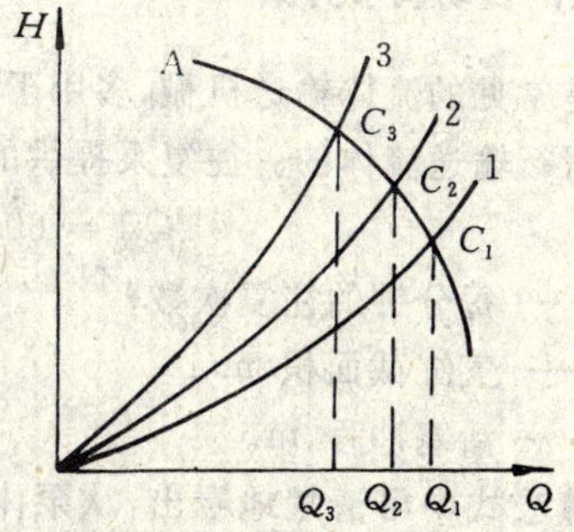

图5-7　泵的流量特性曲线与管路特性曲线

采用本方案时,要注意调节阀一般应该安装在泵的出口管线上,而不应该安装在泵的吸入管线上(特殊情况除外)。这是因为调节阀在正常工作时,需要有一定压降。

调节泵出口阀门开启度的方案简单可行,是应用最为广泛的方案。但是,此方案总的机械效率较低,特别是调节阀开度较小时,阀上压降较大,对于大功率的泵,损耗的功率相当大,因此是不经济的。

2. 调节泵的转速

当泵的转速改变时,泵的流量特性曲线会发生改变。图5-8中曲线1,2,3表示转速分别为n_1,n_2,n_3时的流量特性,且有$n_1>n_2>n_3$。在一定的管路特性曲线B的情况下,减少泵的转速,会使工作点由C_1移向C_2或C_3,流量相应也由Q_1减少到Q_2或Q_3。

这种方案从能量消耗角度最为经济,机械效率较高,对电动机组泵,目前广范利用变频调速技术。

3. 调节泵的出口旁路

如图5-9所示,将泵的部分排出量重新送回到吸入管路,用改变旁路阀开启度的方法来调节泵的实际排出量。

调节阀装在旁路上,由于压差大、流量小,所以调节阀的通径可以选得比装在出口管道上的小得多。但是这种方案不经济,因为旁路阀消耗一部分高压液体能量,使总的机械效率较低,故很少采用。

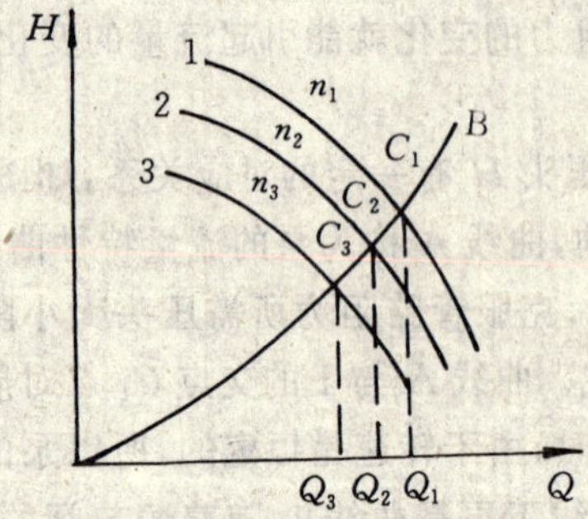

图 5-8　改变泵的转速调节流量

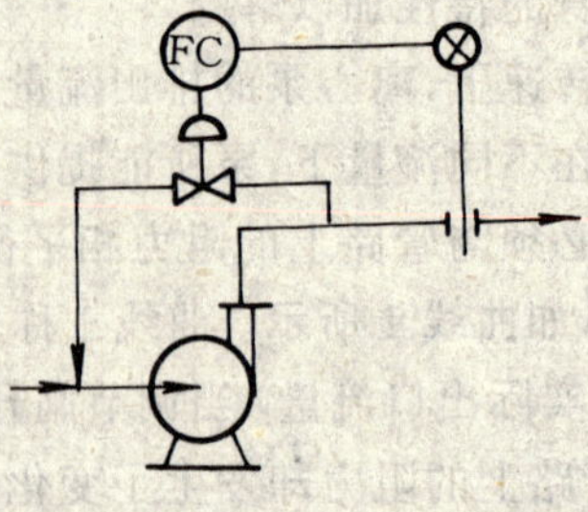

图 5-9　改变旁路阀调节流量

六、往复泵的自动调节方案

往复泵也是常见的流体输送机械，多用于流量较小、压头要求较高的场合。它是利用活塞在气缸中往复滑行输送流体的。往复泵提供的理论流量可按下式计算

$$Q_{理} = 60nFS(\mathrm{m^3/h})$$

式中　n —— 每分钟的往复次数；

F —— 气缸截面积，m^2；

S —— 活塞冲程，m。

由上述计算公式中可清楚地看出，从泵体角度来说，影响往复泵出口流量变化的仅有 n，F，S 三个参数，或者说只能通过改变 n，F，S 来调节流量。常用的流量调节方案有三种：

1. 改变原动机的转速

这种方案适用于以蒸汽机或汽轮机作原动机的场合，此时，借助于改变蒸汽流量的方法方便地调节转速，如图 5-10 所示。当电动机作原动机时，由于调速机构较复杂，较少采用，但它是一个发展方向，今后必将获得广泛应用。

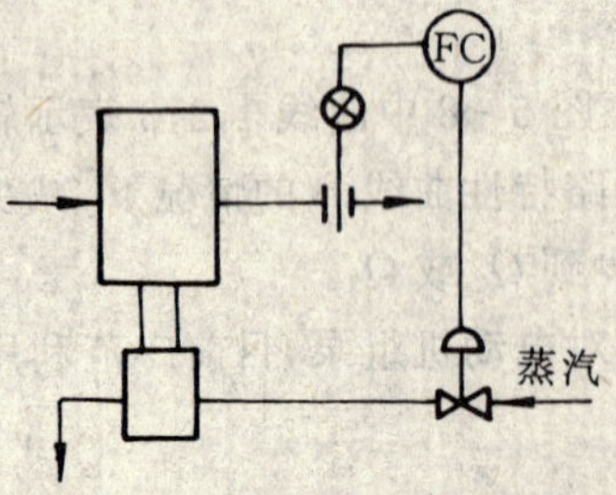

图 5-10　改变泵的转速调节流量

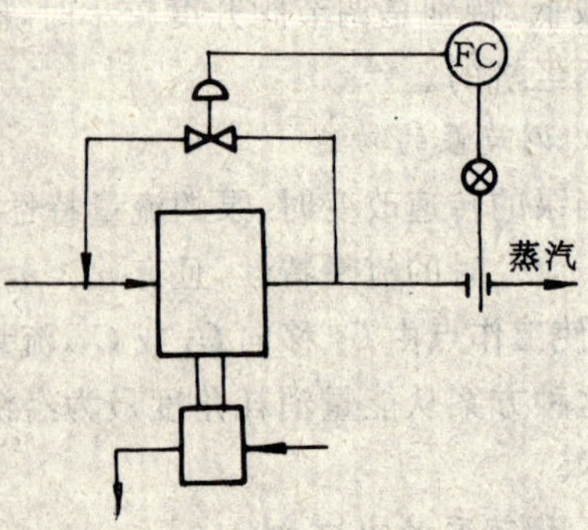

图 5-11　改变旁路阀调节流量

2. 调节泵的出口旁路

如图 5-11 所示，用改变旁路阀开度的方法来调节实际排出量。这种方案由于高压液体的

部分能量要消耗于旁路上，故经济性较差。

3. 改变冲程 S

计量泵常用改变冲程 S 来进行流量调节。冲程 S 的调整可在停泵时进行，也有可在运转状态下进行的。

往复泵的前两种调节方案，原则上亦适用于其它直接位移式的泵，如齿轮泵等。往复泵的出口管道上不允许安装调节阀，这是因为往复泵活塞每往返一次，总有一定体积的流体排出，当在出口管线上节流时，压头 H 会大幅度增加。从往复泵的压头 H 与流量 Q 之间的特性曲线，在一定转速下，用改变出口管道阻力既达不到调节流量的目的，又极易导致泵体损坏。

七、泵组的监控系统

泵站的监控系统中，除前面提到出口压力或流量控制环节外，从安全角度出发，必须对泵机组的工况进行监视和控制。主要监控的参数有：泵入口压力、泵壳温度、泵及电机轴承温度、电机定子绕组温度、电机电流、电压、泵轴承振动、泵密封泄漏量、润滑油压力等。每种参数可构成其监控环节，根据泵排量不同或电机功率大小不同，其监控系统中包含参数种类不同，对于大排量的泵组，其监控系统包含了上述的每种参数，通常是一个站级 DCS 系统或 PLC 系统。最常见的监控参数是泵入口压力和出口压力。

离心泵吸入压力由泵的允许气蚀量决定，压力过低会使泵出现气蚀现象，严重时会导致排量下降，甚至损坏叶轮。通常在入口装有检测仪表，进行就地显示，并远传到控制室，进行联锁保护，对大排量的泵通常有前级增压装置，其出口压力由这个参数去控制。离心泵排出压力由设计计算而定，若压力过高，将损害泵、泵的机械密封和管道的安全。

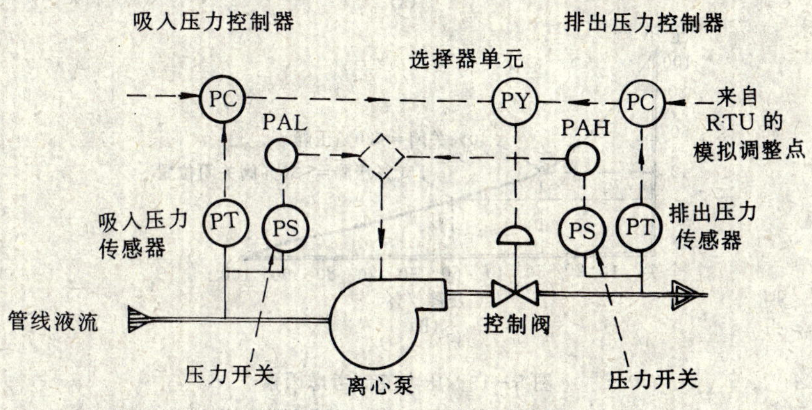

图 5-12　泵组基本过载控制系统

图 5-12 是由两个压力控制器组成的基本的超驰（过载）控制系统：一个用于吸入压力控制，另一个用于排出压力控制。每个控制器的输出信号调节控制阀位置，调节控制阀，使排出压力降回安全限制范围，使吸入压力增至防止气蚀的较高压力界限。无论哪个控制器在进行控制，其输出信号均由低位信号选择器自动选择。一个控制器的输出信号可转换给另一个控制器，因此它们的控制输出信号是兼容的。吸入与排出压力控制调整点可通过模拟信号调整点进行远程改变。而该模拟信号调整点又可由设在泵站的 RTU 予以改变。

泵站设有低吸入压力开关和高排出压力开关，以便在预设的压力点实现低压停输操作，并在预设的安全压力点实现超压停输操作，以防止仪表控制器失灵，达不到预想的控制效果而损坏管线。图 5－13 为排出压力控制点、压力开关停输预设点与管线最大设计压力之间的关系。同样，根据管线操作状态下该泵的气蚀压力，图中表示出吸入压力的控制点和停输的预设点。泵站控制阀是最后的控制装置，因为正是该装置可调节管线中液体流量，以达到期望的控制效果。

如果压力控制器在压力达到预设点时才开始响应，那么由于控制系统本身内在的时间延迟，则实际压力将超过预设压力，如图 5－13(a)所示。一定要保持这种压力超量在最低程度，以便使控制压力尽可能停留在停输限制范围内。控制系统的最小压力超量，可获得管线系统的最大性能。假如控制系统内的压力超量大于停输压力，则沿管线的各泵站将因多米诺骨牌效应而一个接一个地停输。因此，控制调整点和停输调整点之间的压力调整间隔量必须大于控制系统内的最大超量。停输压力是按钢管等级设定的，不是变量。所以，最大超量值将使控制调整点下降，从而影响泵站的压头及管线输送量。一个完善的管线控制系统，就是使压力调整间隔量减少到绝对小的程度。该间隔量越窄，浪费的能量越少，输送量越大。

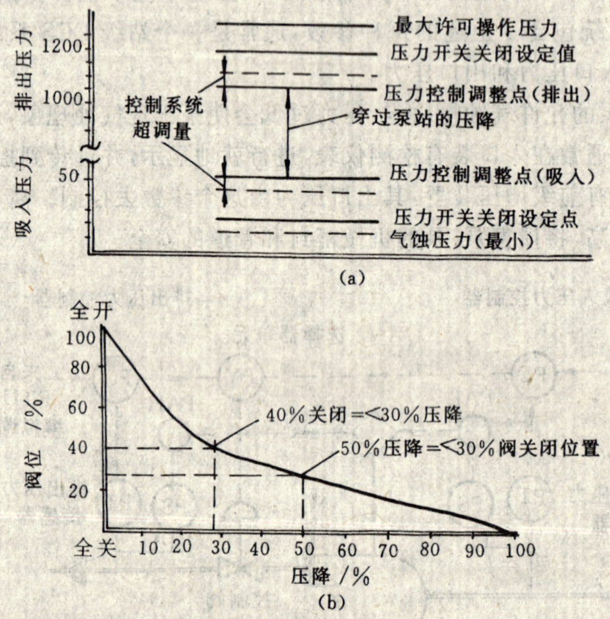

图 5－13　压力控制考虑因素

(a) 压力控制限制范围；(b) 控制阀的等百分比控制曲线

对于液体管线，控制阀用于控制首站流量及沿管线各泵站的吸入与排出压力。泵站阀应具有快速反应能力，以避免排出压力超出正常值，使管线过压。正常操作期间，该阀必须处于全开状态，且在阀端产生最小压降。由于该阀处于管线的主流位置，因此阀端压降越高，克服这种压降及输送液体通过管线所需的能量也就越高。从能量效率的角度而论，控制阀压降应保持在最小程度；从管线安全的角度而论，该阀应具有快速反应时间。这两个最小压降和阀反应时间的要求，是控制阀选型和确定尺寸时相互矛盾的设计参数。

最小压降是在控制阀全开的位置获得的，而该阀的有效控制特性，却产生于其关闭至最后的 20%～30%的阀位范围，若阀等百分比控制特性曲线，当阀开启 40%时，即一半以上关闭时，阀的压降差仅减少 30%。控制系统反应时间由三个因素决定：检测仪表反应时间、阀启动器反应时间、及阀本身反应时间。如果控制系统拟执行其原定的保护功能，则控制阀必须始终具有以一定速率改变管线压力的能力，该速率须比管线压力变化的最大速率更快，也就是说，控制阀的反应应比管线中最坏的压力波动变化还要快。

§5-2 压缩机及其控制

压缩机是指输送较高压力气体的设备，一般产生高于 3 个大气压的压力。按工作原理，压缩机可以分为速度式和容积式两大类：

- 压缩机
  - 速度式
    - 喷射式
    - 离心式
    - 轴流式
  - 容积式
    - 回转式
      - 滑片式
      - 液环式
      - 螺杆式
      - 罗茨式
    - 往复式

常用的压缩机有往复式压缩机和离心式压缩机。往复式压缩机适用于流量小，压缩比高的场合，其常用控制方案有气缸余隙调节，顶开阀调节(吸入管线上的调节)，旁路回流量调节，转速调节等。

离心式压缩机与往复式压缩机比较，它体积小，流量大重量轻，运行效率高、易损件少、维护方便、气缸内无油气污染、供气均匀、运转平稳、经济性较好，因此离心式压缩机广泛应用于石油、化工生产，包括管道输运领域。

一、离心式压缩机

离心式压缩机采用径向流和轴向流式叶轮设计。在压缩过程中，施加能量，使一定量的气体压力从压缩机入口至出口后得以提高。对于离心式压缩机施加的能量来自惯性力，而对于往复式压缩机施加的能量为活塞运动的机械能。离心式压缩机由单叶轮组成，其每级压缩比相对较低，在天然气管线中广泛采用多级压缩机(2～10 级)。不同类型的压缩机可以用串联或若干串联级并联结合形式实行多级压缩。

离心式压缩机类似离心泵，由压缩机壳体内的旋转叶轮组成。图 5-14 表示入口气体进入叶轮中心的单级压缩机的基本工作原理。直接进入式压缩机应用于高输送量和低压力比的管线时效率较高。天然气直接进入式连接消除了因改变气流方向产生的摩阻损失，提高了效率。这种摩阻损失是气流穿过一般径向进入式压缩机时才会产生的。

在天然气压缩机内部，旋转叶轮对气体粒子施以离心力，使其在离开叶轮顶部时达到很高速度。该气体粒子的动能便转化为压缩机扩散器和连至压缩机上的排出管线的排出压力。排出压力以磅每平方英寸来表示，其与吸入压力之比便成为单级压缩机的压缩比。

在多级离心式压缩机中，每一级均由叶轮及其入口、出口壳组成。每一级的出口连接至下一级的入口，如图 5-15 所示。每级的压缩比适用于每级的吸入压力，最后获得以串联方式运转的所有级的更高的压缩比。

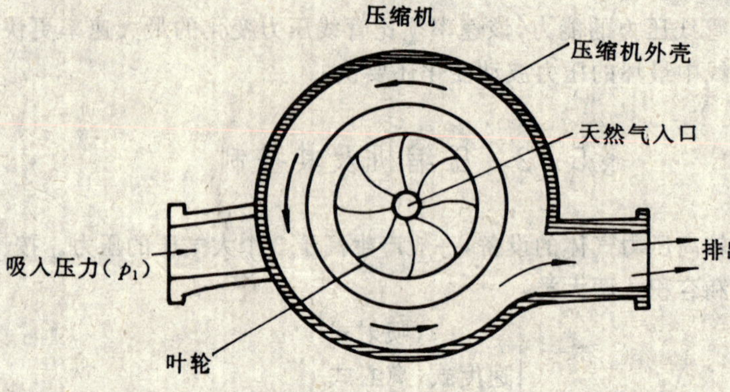

图 5-14 离心式压缩机的基本工作原理

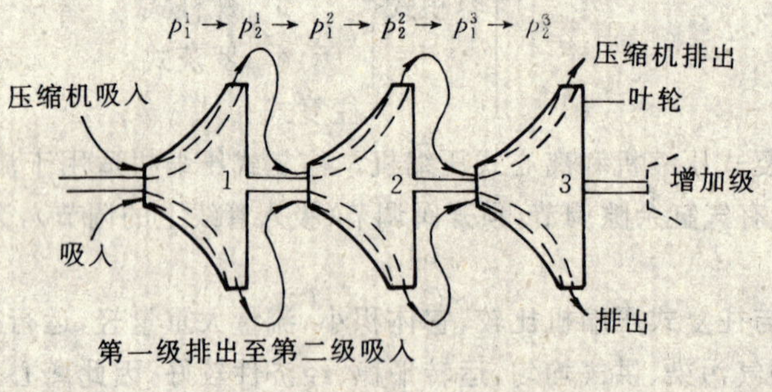

图 5-15 多级离心式压缩机原理

多级压缩机可分为不同级数排列(最多可达 10 级)，压缩比也有好几种(最高达到 5∶1)。一些多级压缩机具有级间连接装置，可将 2，4 或 6 级以串联方式分组连接，这些串联组又可排列成一个并列形式。压缩机设计方法给级数留下了伸缩性，因为级数可增加、减少、或在现场更改。串联多级压缩机产生较高的压头，而并联多级压缩机则在整体压头较低的情况下，提供较高的输送量。

离心式压缩机的最大设计速度大约为 22 000 r/min，叶轮直径为 15.24～45.72 cm。

离心式压缩机虽然有很多优点，但对大容量机组中，有许多技术问题需考虑，如喘振、轴向推力等，其中微小的偏差可能造成严重事故，而事故的出现又往往迅速、猛烈，单靠操作人员处理常常措手不及。因此，为保证压缩机能够在工艺所要求的工况下安全运行，必须配备一系列的自控系统和安全联锁系统，一台大型离心式压缩机通常有下列控制环节。

1. 气量控制系统(负荷控制系统)

具体的控制方法有转速调节，压缩机吸入口和出气口的节流，旁路控制等。一般用原动机的调整来实现。如汽轮机的调整要求汽轮机的转速在一定范围内可调，以便与压缩机的气压或气量控制范围一致。

2. 压缩机的油路控制系统

一台大型离心式压缩机组常具有密封油、控制油、润滑油等，对这些油的油压、油温等通常需要设置联锁控制报警系统。

3. 压缩机主轴的轴向推力、轴向位移及振动的指示与联锁保护系统

由于压缩机是高速运动的机械，有的转速可达每分钟近万转，一旦转子振动或轴位移超量，若不及时停车，就会造成严重损坏。因而大型压缩机组在轴瓦内都设有多个测量探头和一整套报警联锁系统，对转子的振动量和轴位移进行检测。一般振动量不得超过 0.1mm，轴位移也不能超过 0.254～0.508 mm。

4. 防喘振控制系统

离心式压缩机的压头、入口流量及压缩机速度之间的关系如图 5－16 中。这种单级压缩机的性能曲线图表示出该机的喘振控制限制曲线。若压缩机运转(在任何速度)时的流量和压头状态处于喘振控制曲线的左面(图 5－16 中的阴影部分)，就会导致压缩机发生相当大的机械损坏。因此，压缩机应具有一定的流量，以便保证性能曲线上的操作点处于喘振控制区域的右面，即安全区。

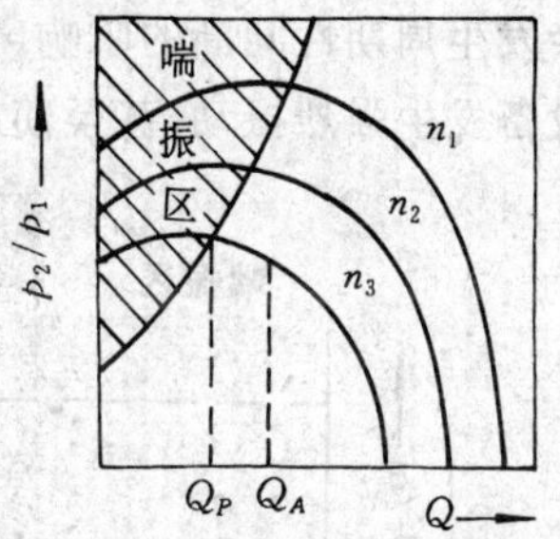

图 5－16　离心式压缩机性能曲线

离心式压缩机的进出口压差与孔板流量计压差成正比关系。喘振控制器的控制原则，就是保持压缩机的操作状态处于图 5－16 所示的安全操作区内，也就是处于喘振控制曲线的右面。

传统上压缩机喘振控制器均为模拟控制器。随着微电子技术的发展，喘振控制器具有多种技术功能，它是集各种压缩机控制功能于一体的以微处理机为基础的装置。这些控制功能可包括压缩机负荷分配、抗喘振控制、最小吸压力和(或)排出压力控制以及最大制动功率。这种喘振控制器微处理机装置可提供所有压缩机功能数据/状态显示，同时为了将压缩机控制装置，与管线整体控制系统结合起来，提供了与 SCADA 系统相连的串行数据接口。这种接口能够将压缩机数据输入 SCADA 系统主站，以便瞬时模拟系统使用。该系统也可用于管线和压缩机的最佳化的设计。

二、离心式压缩机的防喘振控制

对于离心式压缩机，当负荷降低到一定程度时，排汽会出现强烈的振荡，因而机身亦剧烈振动，这种现象称为喘振。喘振会严重损坏机体，进而产生严重后果。压缩机在喘振状态运行是不允许的，在操作中要防止喘振的产生。因此，在离心式压缩机的控制中，防喘振控制是重要的。

1. 离心式压缩机的特性曲线与喘振

离心式压缩机的特性曲线即压缩比(压缩机出口压 p_2 与入口压力 p_1 之比)与进口体积流量 Q 之间的关系曲线(有时亦可用 $p_2 \sim Q$ 曲线表示)，大体如图 5－17 所示。图中 n 是离心式压缩机的转速，由图可知每条曲线，即在每种转速下，都有一个 p_2/p_1 值最高的点，连接最高点的虚线是一条表征产生喘振的极限曲线。虚线左侧的阴影部分是不稳定区，称为喘振区；在虚线的右侧为稳定区，称为正常运行区。若压缩机的工作点在正常运行区，即在 p_2/p_1 最高点之右，此时流量减少会提高压缩比 p_2/p_1，流量增大会降低压缩比 p_2/p_1。假设转速为 n_2，正常流量为

Q_2，如有某种扰动，使流量（负荷）减少（仍在正常运行区），结果压缩比 p_2/p_1 增加，即出口压力 p_2 增加，p_2 将大于管路阻力，使压缩机排量增加，回复到稳定流量 Q_A。假如负荷继续减小，使 $Q_A < Q_P$，即移动到 p_2/p_1 最高点之左（喘振区），此时压缩比反而下降，即出口压力 p_2 下降。这样会现恶性循环，压缩机排量继续减小，压力 p_2 继续下降，于是出现管网压力大于压缩机所能提供压力的情况，瞬间将发生气体倒流。接着压缩机恢复正常工作，回升压力，重又把倒流进来的气体压出去。此后又引起 p_2/p_1 下降，出口气体又倒流。上述现象重复进行，称之为喘振，表现为压缩机的出口压力和出口流量剧烈波动，机器与管道振动。如果与机身相连接的管网容量较小并严密，则可听到周期性的如同哮喘病人“喘气”般的噪声；而当管网容量较大时，喘振时会发生周期性间断的吼响声，并伴随有止逆阀的撞击声，它将使压缩机及所连接的管网系统和设备发生强烈振动，甚至使压缩机遭到破坏。

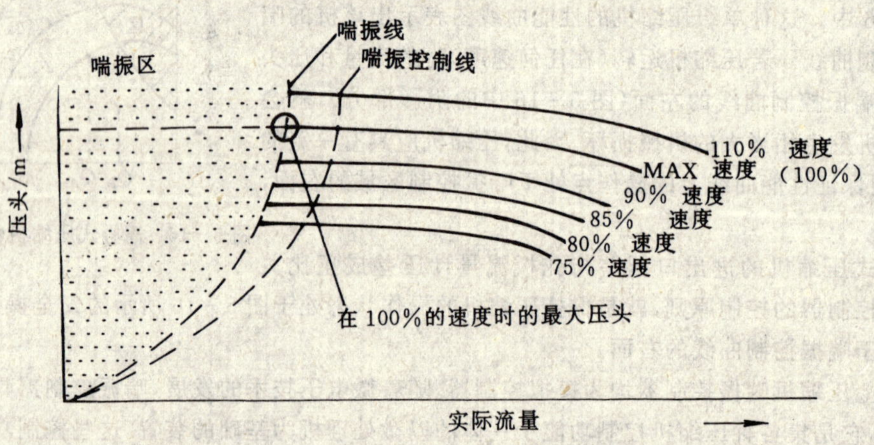

图 5-17　离心式压缩机的特性曲线（含喘振曲线）

在不同转速下，最高点的轨迹近似于一条抛物线。经过实验测试及理论分析，如果将 p_2/p_1 与 Q_1^2/T_1 标绘，喘振点的轨迹可大体上接近一条直线，压缩机的实际工作点还应留有一些余地。因此，可写出防喘振保护曲线公式如下

$$p_2/p_1 = a + b\frac{Q_1^2}{T_1}$$

式中　p_2 —— 压缩机出口压力；

p_1 —— 压缩机入口压力；

Q_1 —— 压缩机入口流量；

T_1 —— 压缩机入口温度；

a,b —— 系数。

p_2/p_1 小于 $a + b\frac{Q_1^2}{T_1}$，工况是安全的；如果 p_2/p_1 大于 $a + b\frac{Q_1^2}{T_1}$，工况就危险了。

a 和 b 的数值由压缩机制造部门提供，又可分 $a = 0$（曲线通过 $p_2/p_1 = 0$ 的一点），$a > 0$（$Q_1 = 0$ 时，$p_2/p_1 > 0$），及 $a < 0$（$Q_1 = 0$ 时，$p_2/p_1 < 0$）三种情况，如图 5-18 所示。

2. 防喘振控制系统

（1）防喘振控制的原理。一般在正常情况下，压缩机的喘振是因负荷减少，被输送的气体流量小于该工况下特性曲线的喘振点流量所致。因此，只能在必要时采取部分回流的办法，使

之既适应工艺低负荷生产要求，又满足压缩机的流量大于最小极限值的需要。当然，采用气体部分循环返回防喘振的做法也是出于无奈。因为从能量损耗的角度来看，这是不经济的。图 5-19 是气体返回循环防喘振示意图。只要返回气体流量 $Q_{返} \geqslant Q_B - Q_A$ 就能满足防喘振的要求。图中所示 Q_A 为压缩机吸入的工艺气体流量，Q_B 为该工况下喘振起始点流量。

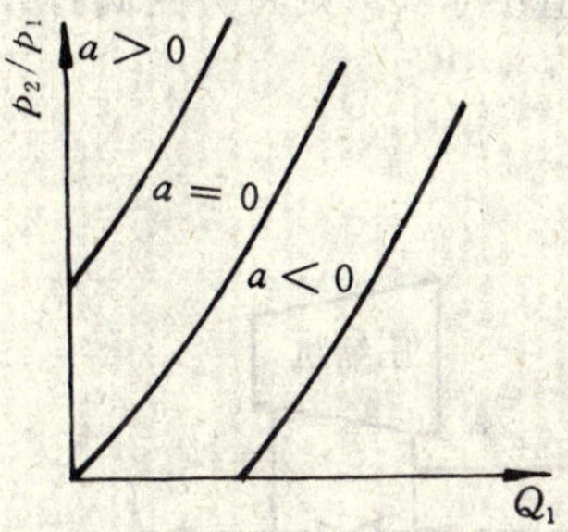

图 5-18　防喘振保护曲线

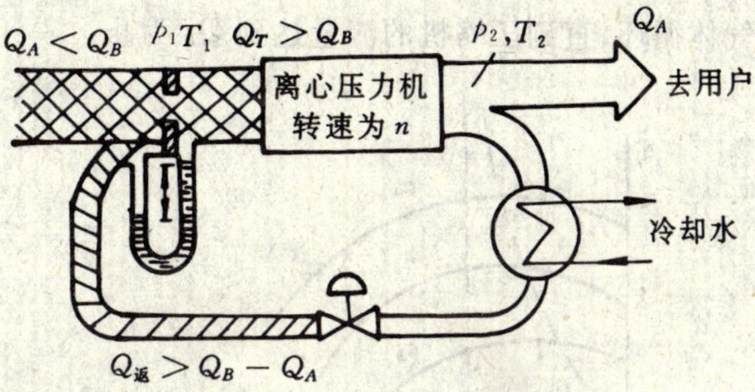

图 5-19　气体返回盾环防喘振图

Q_A— 吸入工艺气量；Q_B— 喘振起始流量

防喘振控制系统一般需要一个旁路，或放空已压缩的气体，以增加通过压缩机的流量，防止喘振。为了避免不必要的气体循环和放空所造成的动力损失，在压缩机正常操作时，总是要求旁路或放空控制阀处在关闭状态。

(2) 防喘振控制系统设计时必须考虑的几个因素：

① 压缩机的类型。按照压缩机能否调速，它可分为恒速和可以调整两类。前者如果要实现防喘振控制，显然不考虑速度的变化，设计一个固定极限流量的防喘振系统，方案较为简单。后者可以根据需要设计可变极限流量的防喘振控制系统。

② 工况变化和工艺生产的要求。如果压缩机的入口温度、压力以及负荷变化较大时，应结合工艺生产的要求综合考虑是否要在喘振点附近操作、压缩机组规模的大小等因素，决定是否采取温度、压力补偿措施的防喘振控制系统。

如果过程要求的控制精度较高时，防喘振控制系统相应也要复杂些。

③ 防喘振控制线的设置。防喘振控制线的设置要合理。如果防喘振控制器能严格地控制在喘振线上开始工作，那当然是最经济的操作。但由于喘振线一般是抛物线，防喘振控制系统设计变得较为复杂，而且要求控制精度也很高。否则，由于控制系统的失误等，就会导致压缩机进入喘振区工作的危险。当然，防喘振控制器的工作点离喘振线右边越远越安全，但因为大量的不必要的气体循环，会增加不必要的动力消耗。

考虑压缩机的安全、有效和经济操作，压缩机在低负荷下操作时，其气量应始终保持在喘振线右边，并留有一定的安全余量。一般控制线大约大于喘振线极限流量的 5% ～ 10%。因而，正确地设计一个防喘振控制系统必须首先正确地确定压缩机的喘振线。要使防喘振控制系统容易实现，喘振线最好能用直线拟合。如果喘振线是非线性的，应尽量作线性化处理。由于采用的喘振线不同，也就有多种防喘振的控制系统。

④ 防喘振控制器。因为正常时控制器不工作，所以如果选用比例积分控制器时，必须考虑防积分饱和，这样才能在需要它工作时动作及时。

(3) 防喘振控制的几种类型。目前工业生产上采用两类不同的防喘振控制方案：固定极限流量(或称最小流量)法与可变极限流量法。现分别介绍如下。

① 固定极限流量防喘振控制。这种防喘振控制方案是使压缩机的流量始终大于某一定值流量,从而避免进入喘振区运行。图 5-20 中所示 Q_P 这一流量值就是极限流量。只要压缩机在转速 n_1, n_2, n_3 状态运行的任何时刻流量均大于 Q_P,压缩机就不会产生喘振,其控制系统如图 5-21 所示。如果测量值大于 Q_P,则旁路阀完全关闭;如果测量值小于 Q_P,则将旁路阀打开,使一部分气体循环,直到压缩机的流量达到 Q_P 为止。

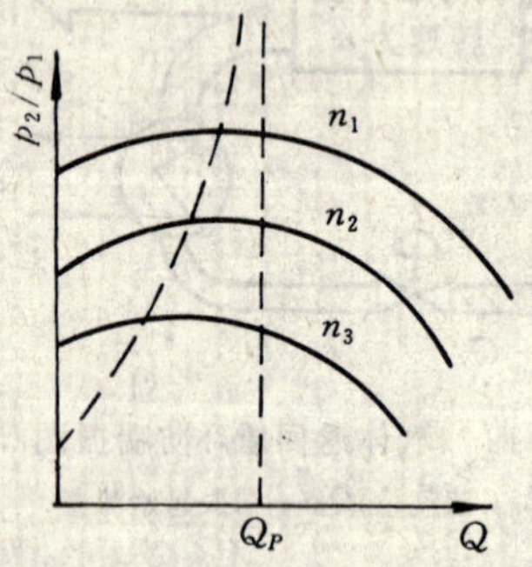

图 5-20 固定极限流量防喘振控制特性曲线图

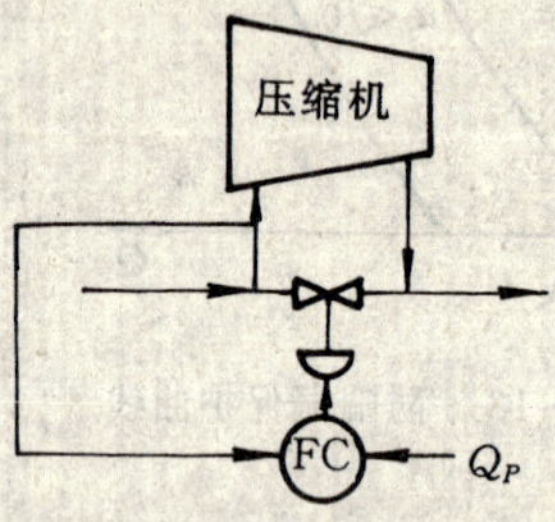

图 5-21 固定极限流量防喘振控制系统图

该方法的优点是控制系统简单,使用仪表少,系统可靠性高,所以大多数压缩机都采用这种系统。此方法缺点是在转速降低,压缩机低负荷运行时,防喘振控制系统投运过早,回流量较大,因此能量损耗较大。

通过压缩机的气体流量的检测可以在压缩机入口管线上,也可以在出口管线上,其作用原理相同,但以在出口管线上较多,主要原因是将节流装置安装在入口管道上对出口压力的影响较大。并且一般压缩机的吸入压力较低,不允许再有更多的阻力损耗。

② 可变极限流量防喘振控制。为了减少压缩机的能量消耗,在压缩机负荷有可能通过调整来改变的场合,因为不同转速工况下其极限喘振流量是一个变数,它随着转速的下降而变小,所以最合理的防喘振控制方案应是留有适当安全裕量,使防喘振控制器沿着喘振极限流量曲线右侧的一条安全操作线工作。为此需要解决两方面的问题,一是获得描述这一条安全操作线的数学方程;二是通过仪表实现这些运算规律,从而最后构成实际可用的控制方案。

对于安全操作线的数学模拟,目前有两种处理方法,即函数发生器模拟法和数学模拟法。

(1) 函数发生器模拟法。根据机组特性曲线可知,在吸入气体工况稳定条件下压缩机转速和喘振极限流量有一一对应的关系。这个对应的函数关系可用函数发生器给出。函数发生器的输出作为防喘振流量控制器的给值,当入口流量小于此值时就打开防喘振控制阀,达到防喘振的目的。其控制系统如图 5-22 所示。

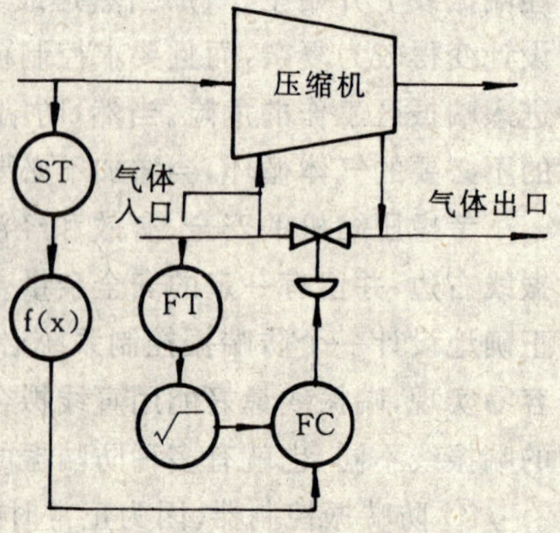

图 5-22 采用函数发生器的方案

(2) 数学模拟法。用数学式来逼近喘振线有多种方法。一般采用抛物线作为保护曲线的方法较多。

前面已经提及防喘振保护曲线数学式。现在我们进一步分析有关参数的相互关系。

假定在压缩机的进口端测得流量是 Q_1，压差是 Δp_1，Δp_1 与 Q_1 的关系是

$$Q_1 = K\sqrt{\frac{\Delta p_1}{\rho_1}} \tag{5-1}$$

$$\rho_1 = \frac{p_1 M}{ZRT_1} \tag{5-2}$$

式中 p_1 —— 压缩机进口端压力(绝对压力)；

M —— 气体分子量；

Z —— 压缩系数；

R —— 气体常数；

T_1 —— 压缩机进口端温度(绝对温度)；

ρ_1 —— 气体密度；

K —— 孔板的流量系统。

对式(5-1)两边平方，且将式(5-2)代入可得

$$Q_1{}^2 = K^2\frac{\Delta p_1 ZRT_1}{p_1 M} = \frac{K^2}{C}\,\frac{\Delta p_1 T_1}{p_1} \tag{5-3}$$

式中 $C = \dfrac{M}{ZR}$ 是一个常数。

将式(5－3)代入防喘振保护曲线公式得

$$\frac{p_2}{p_1} \leqslant a + \frac{bK^2}{C}\,\frac{\Delta p_1}{P_1}$$

即

$$\Delta p_1 \geqslant \frac{C}{bK^2}(p_2 - ap_1) \tag{5-4}$$

按式(5-4)可构成图 5-23 所示的防喘振控制系统，这是可变极限流量防喘振控制系统。该方案取 Δp_1 作为测量值，而取 $\dfrac{C}{cK^2}(p_2 - ap_1)$ 为设定值。当 Δp_1 大于设定值时，旁路控制阀关闭；当 Δp_1 小于设定值时，将旁路控制阀打开一部分，保证压缩机始终工作在稳定，这样防止喘振的产生。

要实现不等式(5-4)，当然还有其它的构成方式，例如取 $\dfrac{\Delta p_1}{p_2 - ap_1}$ 为测量值，$\dfrac{C}{bK^2}$ 为设定值等。然而，采用图 5-24 的接法有一个优点，即将运算部分放在闭合回路之外，因此可象简单流量控制系统那样整定。

在有些情况下，不等式(5-4)可以简化，例如

$$a = 0 \quad \Delta p_1 \geqslant \frac{C}{bK^2}p_2 \tag{5-5}$$

$$a = 1 \quad \Delta p_1 \geqslant \frac{C}{bK^2}(p_2 - p_1) \tag{5-6}$$

在工业设备上，有时往往不能在压缩机入口管线上测量流量，如当压缩机入口压力较低，而压缩比较大时，在入口管线上安装节流装置将造成压力降，为使压缩机达到相同的排出压力，可能需要增加压缩级，这是不经济的，应予避免。因此就采用在出口管线上安装节流装置的

办法。在压缩机的出口端测量流量，假定测得的压差是 Δp_2，把 Q_1，Q_2，Δp_2 的关系式代入保护曲线公式，经整理后，可得防喘振的条件式。具体推导如下

$$Q_1\gamma_1 = Q_2 \cdot \gamma_2$$

$$\frac{Q_2}{Q_1} = \frac{\gamma_1}{\gamma_2}$$

$$Q_1^2 = K^2 \frac{\Delta p_1}{\gamma_1}$$

$$Q_2^2 = K^2 \frac{\Delta p_2}{\gamma_2}$$

$$\frac{\Delta p_2}{\Delta p_1} = \frac{Q_2^2}{Q_1^2}\frac{\gamma_2}{\gamma_1} = \frac{p_1}{p_2}\frac{T_2}{T^1}$$

$$\Delta p_2 = \Delta p_1 \frac{p_1}{p_2}\frac{T_2}{T_1}$$

将式(5-4)代入上式，可得条件式如下

$$\Delta p_2 \geqslant \frac{C}{bK^2}\frac{p_1}{p_2}\frac{T_2}{T_1}(p_2 - ap_1) \tag{5-7}$$

式(5-7)在不少情况下亦可以简化，例如 $a = 0$ 时

$$\Delta p_2 \geqslant \frac{C}{bK^2} p_1 \frac{T_2}{T_1} \tag{5-8}$$

式(5-8)是简化了的可变极限流量防喘振控制系统的数学模型，这时节流装置安装在压缩机的出口管线上。一般情况下，式中 T_2/T_1 也是一个恒值，此时式(5-8)构成的防喘振控制系统如图 5-24 所示。

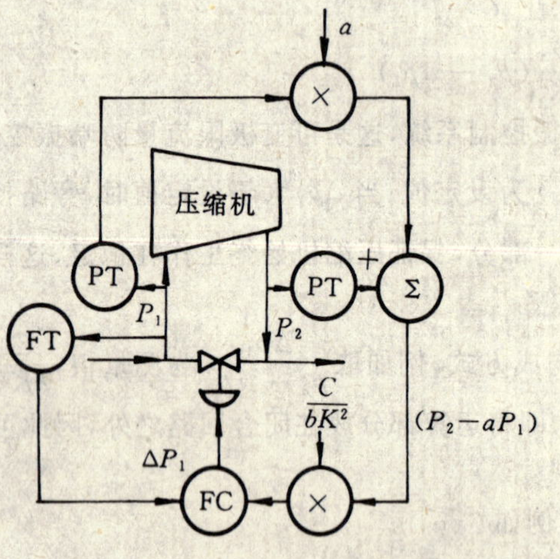

图 5-23　可变极限流量防喘振控制系统之一

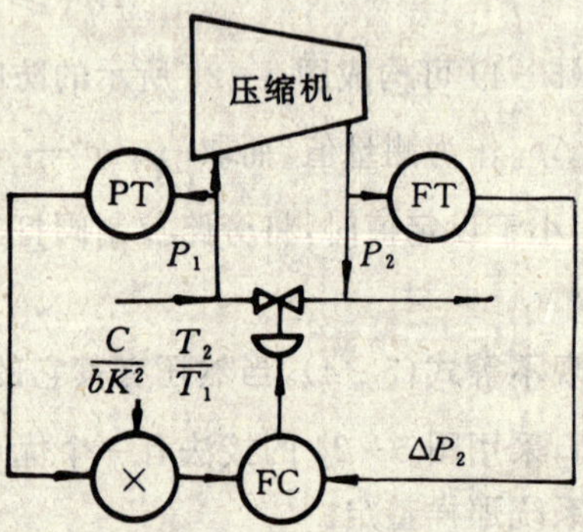

图 5-24　可变极限流量防喘振控制系统之二

下面举一个防喘控制系统的实际例子。图 5-25 是一套安装在催化裂化装置上，以蒸汽透平为原动机，输送催化气的气压机组防喘振控制方案。这一防喘控制方案实际上由两个控制系统组成，其一，气压机入口压力控制系统，它是用压力控制器(PC)去改变蒸汽透平的进汽量，从而达到控制气压机转速，使入口压力保持恒定，以满足工艺要求。

其二，防喘振的流量控制系统，用它来确保气压机的安全运行。为使控制有效，还要求入口气温维持稳定。

下面对防喘振控制系统作进一步说明。

该方案所用的防喘振安全操作线如式(5-9)所示，即

$$\frac{\Delta p_1}{p_1} = (\frac{p_2}{p_1}) - ma \tag{5-9}$$

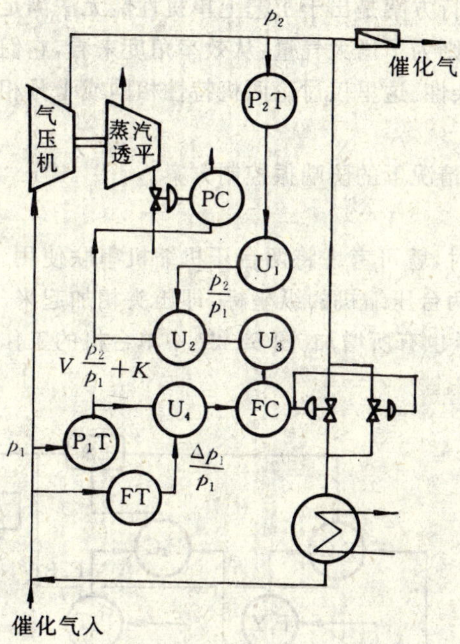

图 5-25　催化气气压机防喘振自控方案

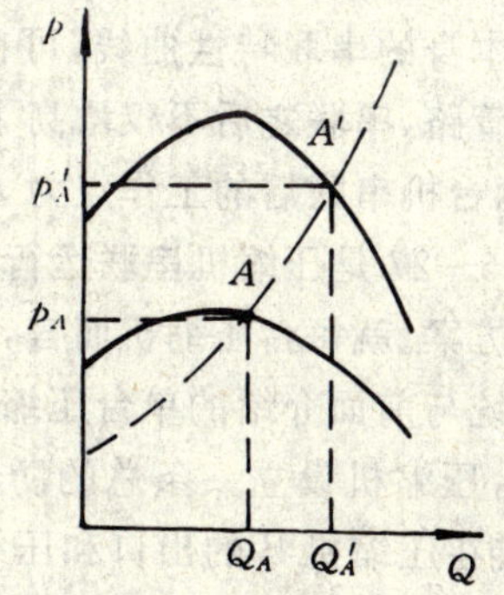

图 5-26　压缩机串联运行的特性曲线

图 5-26 表示了用仪表运算装置实现的可变极限流量防喘振控制系统。p_1T，p_2T 是表压变送器；FT 是流量变送器；$U_1 \sim U_4$ 是运算单元，其功能如下：

① U_1 的功能是将表压信号转换为绝压信号，转换算式为

$$p_a = p_m + 101$$

式中 p_a，p_m 分别表示绝压和表压(kPa)。

② U_2 它将来自P_1T 的表压信号转换为绝压信号，再去除来自 U_1 的绝压信号，以完成压缩比 p_2/p_1的运算。

③ U_3 对来自 U_2 的信号，按式(5-9)作乘系数加偏置的运算，运算结果作为控制器 FC 的设定值。

④ U_4 将来自 P_1T 的表压信号转换为绝压信号，再去除流量差压信号，以获得$\frac{\Delta p_1}{p_2}$的运算，运算结果作为控制器 FC 的测量值。

在正常情况下，始终满足式(5-9)的规律，即

$$\frac{\Delta p_1}{p_2} \geqslant m\frac{p_2}{p_1} - ma$$

FC 是一个正作用控制器，所以在正常情况下，测量值大于给定值，控制器的输出信号为高

值，从而使气关阀处于闭合状态，旁路不通。只有当测量信号低于给定值时，才依次打开旁路的分程阀。

三、压缩机的串、并联运行

在许多工业生产过程存在着离心式压缩机并联或串联运行的状况。其中并联运行的压缩机有时作为备用，以适应生产负荷波动的需要。

在大多数情况下，离心式压缩机的串、并联运行方案是出于工艺上单机性能无法满足要求时提出来的一种方案。串联是为了增加压力，并联则为了增大气量。从效率角度来看，它们都不是推荐使用的方法，并且也给控制系统带来了复杂性。这里仅讨论两机特性相同或十分相近时的串、并联操作情况。

下面分别说明压缩机在串联运行及并联运行情况下的防喘振控制方案。

1. 串联运行压缩机的防喘振方案

当生产上需要增高压力，而又想利用压缩机时，就可考虑将两台压机缩机串联使用。对于压缩机本身的串联特性曲线，可在一定气量下将两台压缩机的纵坐标，即压头相加起来。对于同一个管路，串联之后不仅增高了压头，同时，流量也有所增加。图 5－27 中单台机的工作点在 A 点，两台机串联后的工作点为 A'，显然 $Q_A' > Q_A$。

图 5－27 是压缩机串联运行时的防喘振控制方案。就每台压缩机而言，其防喘振控制系统与前面介绍的单台压缩机是相同的。两台压缩机设立一条总的防喘振旁路管，联接在压缩机 B 的出口和压缩机 A 的入口之间。两台压缩机共用一个防喘振控制阀。每台压缩机设置一只防喘振控制器，防喘振控制器 F_1C 和 F_2C 的输出信号经过一台选择器 LS 与控制阀相联通，不论哪一台压缩机出现喘振都将打开旁路阀，以防止喘振发生。为了防止 F_1C 和 F_2C 两台控制器的积分饱和，采用了引自选择器 LS 输出的反馈信号。

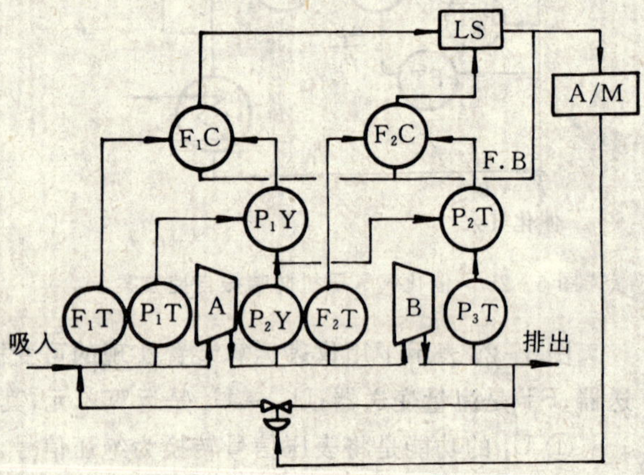

图 5－27　串联运行压缩机防喘振方案

2. 并联运行压缩机的防喘振方案

在有些生产过程中，当一台离心式压缩机的流量（即气量）不能满足要求时，就需要两台或两台以上的离心式压缩机并联运行。对于两机并联工作时的联合特性曲线，可在相同压头下，把流点气量坐标相加而得出 $Q \sim p$ 特性曲线。由图 5－28 可见，对于同一管路讲，并联后气量不会增加一倍。A 点为单机工作点，A' 点为双机并联的工作点，显然 Q'_A 小于 $2Q_A$。

如果并联运行的两台压缩机分别装有一个旁路控制阀，其防喘振控制方案与单台压缩机一样。如果两台压缩机共同使用一个旁路阀，防喘振控制方案如图 5－29 所示。在各自压缩机入口管线上设置流量差压变送器，两台差压变送器输出信号送到选择器 LS，经比较后送到防喘振流量控制器 FC 与设定信号相比较，若已达到喘振极限就自动打开旁路阀，以防止喘振发生。如果生产过程减负荷只需一台压缩机操作时，只要将选择操作开关切换到需要操作的一台压缩机的入口流量差压变送器，就可实现单台压缩机防喘振控制。这一方案成立的前提是两台压缩机的特性必须相同或十分相近。

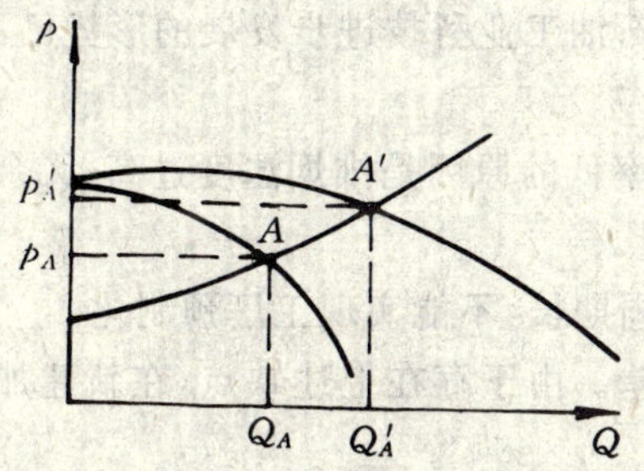

图 5-28　压缩机并联运行的特性曲线

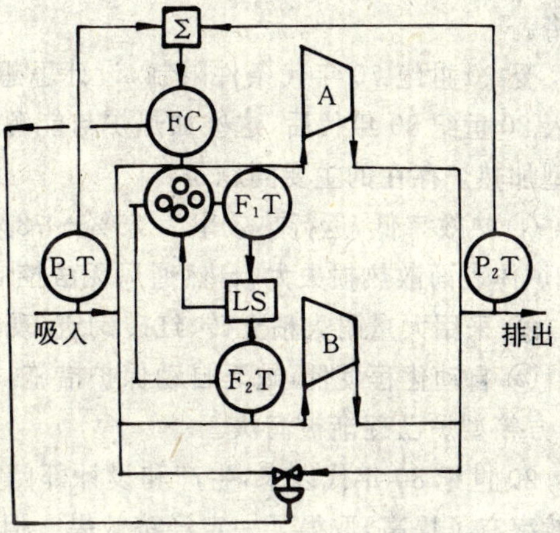

图 5-29　并联运行压缩机防喘振方案

§5-3　加热装置及其控制

我国生产原油绝大部分为高凝固点与高粘度的，这种原油在输送时，若加热输送，降低原油粘度，可减少输送所耗压力能。加热输送是在加热后输送。一般情况下，总是尽量把加热站与泵站建在一起称热泵站，有时加热站独立存在。由于加热装置规模大小不同，其监控系统的监控点数和控制方法也不同，监控系统也可简单或复杂，但其对保证加热装置的安全运行，降耗节能等是非常重要的。

一、加热装置

加热站加热原油所用设备有加热炉和换热器两类，换热器把来自锅炉的蒸汽热水与原油换热，操作安全，但设备庞大，热效率低，造价高，很少采用。不论国内或国外，一般都使用加热炉作为加热输送的加热设备。

按照原油是否通过加热炉炉管，可分为直接加热和间接加热两种方式。原油直接通过炉管为直接加热；利用另外一种介质——热媒通过加热炉炉管使之提高温度，并在换热器内与被加热原油进行换热的称为间接加热。这两种加热方式在我国管道上都被采用。加热炉设备是热输管道的关键设备，也是主要耗能对象，在管道建设和生产管理上占有重要地位。

1．*直接加热式加热炉*

除近几年引进少量间接加热式加热炉，我国输油管道一直以直接加热式加热炉作为管道的主要加热设备。我国输油管道使用的加热炉主要有方箱型炉、圆筒型加热炉和卧式圆筒加热炉。此外，还有小型活动式加热炉作为输送的临时加热之用。

(1) 方箱型加热炉。这种加热炉见图 5-30，它大部分建造于 20 世纪 70 年代中期。加热炉除加热原油外，还同时加热燃料油和水(伴热和生活取暖用)，是输油管道热泵站早期所建加热炉，有些经技术改造至今仍在使用。

加热炉主体由钢架和耐火砖砌体构成，包括辐射室、对流室、挡火墙、炉管、烟道和烟囱等部分。我国输油管道热泵站使用的加热炉按功率分有 2 300 kW，3 490 kW 与 8 140 kW 等规格。

受 20 世纪 70 年代条件限制，设计思想着重于节省钢材、简化结构、操作简单、运行可靠。进入 20 世纪 80 年代后，这些加热炉与能源短缺及石油工业科技进步发展的形势已不适应。方箱型加热炉存在的主要问题是：

① 热效率低，运行热效率为 75％～78％。热效率低的原因是排烟温度过高，无余热回收装置，炉体表面散热损失大，自然通风无法控制空气量。

② 采用大量耐火粘土砖、红砖砌筑，现场施工周期长，不能实现工厂预制化。

③ 自动化程度低，缺乏自动保护措施，可靠性差。由于存在上述缺点，在新建加热炉炉型中，方箱型炉已逐渐被淘汰。

20 世纪 80 年代以来，生产和设计部门共同协作对方箱型砖砌加热炉进行了技术改造，使热效率有了提高，取得了一定经济效果。但方箱型加热炉的技术改造是在原有基础上，结合大修进行的。受原有炉型限制，只能采取个别节能措施，结构安排上也不尽合理，而且投资一般较高。

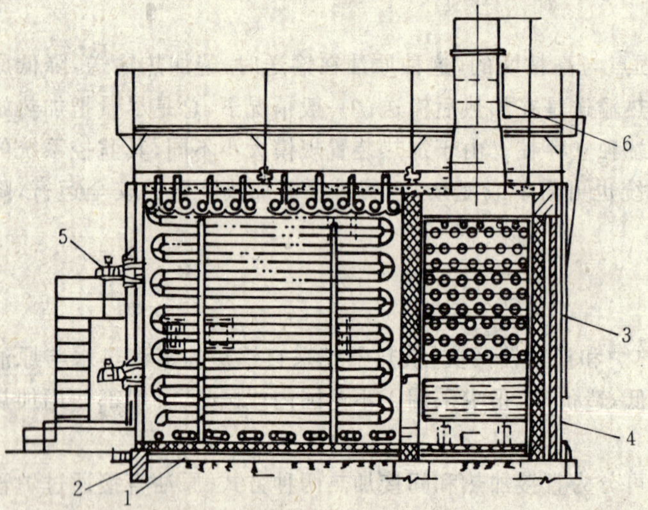

图 5-30 方箱型加热炉示意图

1—炉管；2—砖砌体；3—对流管；4—热水炉；5—火嘴；6—烟囱

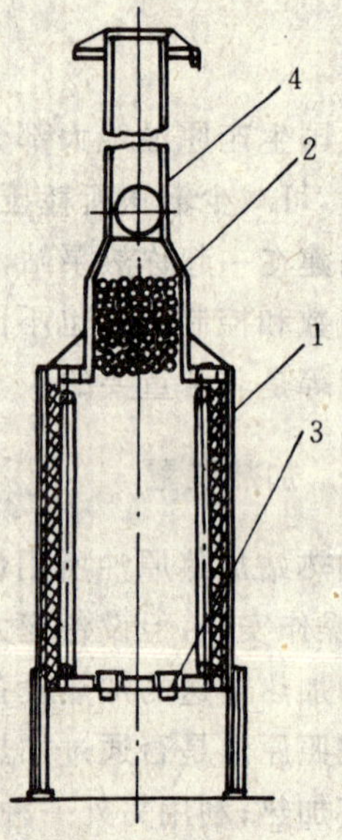

图 5-31 圆筒炉示意图

1—辐射管；2—对流室；3—火嘴砖；4—烟囱

(2) 圆筒型加热炉。圆筒型加热炉结构如图 5-31 所示，它的下部是圆筒型辐射室，上部为长方形对流室，烟囱设在对流室顶部。辐射室和对流室外墙由钢板制成，内部采用全陶纤衬里炉墙。辐射炉管沿圆筒形炉膛排列成圆状。炉底有烧式强制通风机械雾化喷嘴。对流管横向排列。装置有固定式吹灰器及热管式空气预热器。

这种加热炉构造简单，建造方便，占地面积小，热效率高（近 90％），维护和操作方便，炼油厂已普遍使用。最近在输油站建成能力为 8 720 kW 的圆筒型加热炉，使用情况良好。

(3) 卧式圆筒型加热炉。这种炉型结构如图 5-32，它吸取了炼油厂加热炉和引进的热媒加热炉的经验，辐射室卧式圆筒型，对流室为直立方型，底盘为撬座结构，其间用短节加紧固件连接。可拆装的列管式空气预热器置于对流室上部。配置吹灰器、转杯式喷嘴，并用陶纤毡衬里。全炉可拆为辐射室、对流室、烟囱和辅件四大部分。

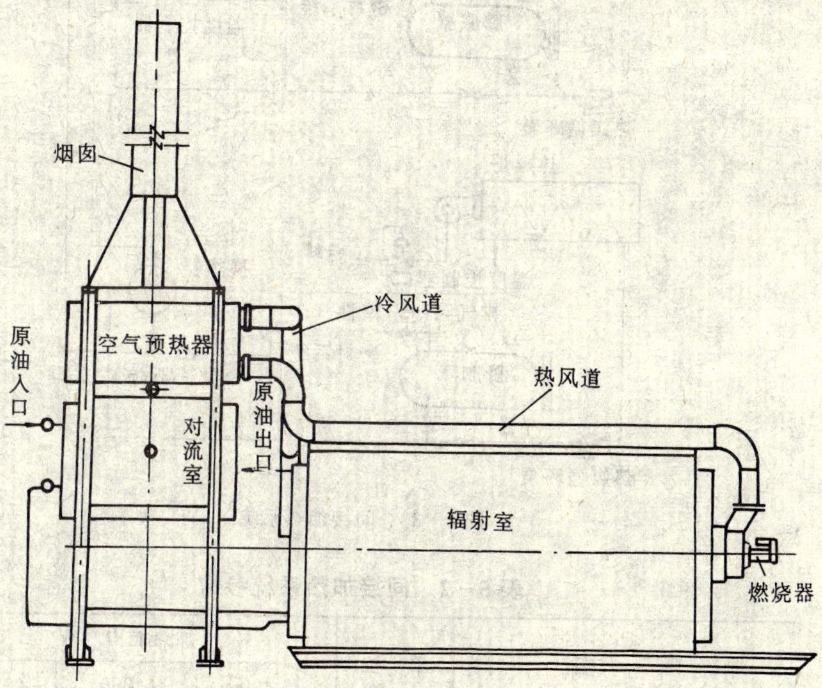

图 5-32　卧式圆筒型加热炉示意图

这种加热炉便于工厂预制，现场组装，热效率近 85%。在输油站已建成一批这种加热炉，加热能力 2 326 kW，工作状况符合要求。

2. 间接加热系统

间接加热系统由加热炉、换热器、热媒、膨胀罐、热媒循环泵、检测控制仪表与管道附件等组成，如图 5-33 所示。热媒经加热炉加热升温后，与膨胀罐旁接，并由热媒循环泵抽送回加热炉继续加热。我国从国外几家公司引进了几种不同规格的间接加热系统，几种规格间接加热系统的参数见表 5-2。现分别介绍系统的各个部分。

(1) 加热炉。间接加热系统所用加热炉又叫热媒加热炉。它的工作原理与炉型结构同直接加热式加热炉相似，只是炉管内加热的介质是热媒而不是原油。

加热炉为水平卧式，炉管有水平排列型，对流段为大量密集的翅片管；也有炉管为密集螺旋盘结构，使热烟气从炉管背面强制环流，这样，强化了辐射室的对流传热，使炉管受热更为均匀。

热媒进炉温度较高(约 120℃以上)，对防止低温露点腐蚀极为有利。因为对流段回收大量烟气热量，故加热炉的热效率较高(约 90%左右)。

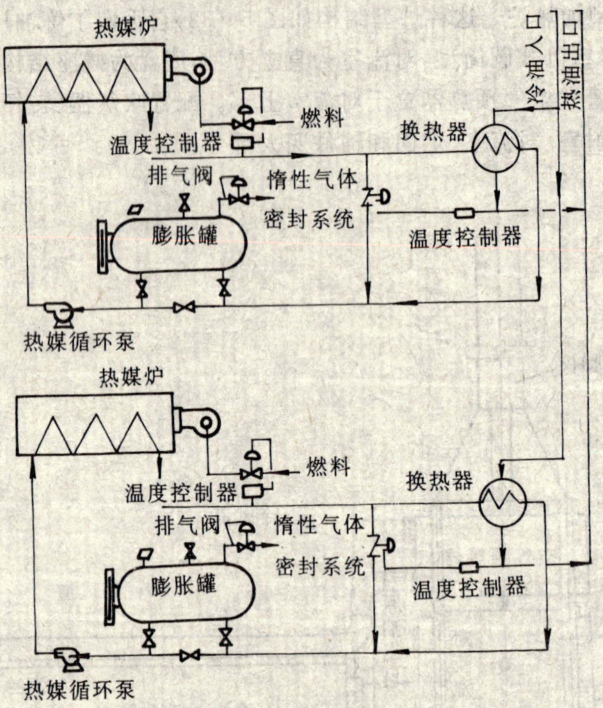

图 5－33　间接加热系统

表 5－2　间接加热系统参数

项　　目	单　位	加热能力/kW		
		3 490	5 800	9 300
热媒流量	t/h	35	58.47	95.265
热媒进换热器温度	℃	274	274	274
热媒出换热器温度	℃	121	121	121
热媒炉压力降	kPa	318.72	316.75	58.84
热媒通过换热器压力降	kPa	20.60	13.73	68.65
排烟温度	℃	171	171	177
原油流量	t/h	213	667	1 070
原油进换热器温度	℃	40	40	32
原油出换热器温度	℃	56	56	50
原油压力降	kPa	49	49	20.60
热媒炉效率	%	92.3	92.3	92.3
总电能消耗	kW	57.3	69.74	150

现在使用的热媒加热炉的加热能力有 3 490 kW，5 800 kW 和 9 300 kW 几种。

(2) 换热器。采用 U 型管束，双管程的管壳换热器，是按标准生产的系列产品。

(3) 热媒。热媒是一种比较稳定的液体，可以在较宽的温度范围使用。在一定温度范围内不会冻结，高温时的蒸汽压很低。它对金属材料无腐蚀，粘度低，但高温时如与空气接触，会发生氧化。国内已能生产可供使用的热媒。

(4) 膨胀罐。热媒温度超过 60℃，与空气接触即发生氧化，严重影响使用。热煤温度每升高 100℃，体积约膨胀 7%。为了防止因热媒体积膨胀引起超压，并且不使热媒与空气接触，必须设置膨胀罐。膨胀罐为普通碳钢容器，要求密封并配备有安全阀和相应的仪表。

(5) 热媒循环泵。热媒循环泵使热媒不断在系统中循环。为了保证安全，每套加热系统必须配备两套具有单独电源的热媒循环泵。

(6) 检测控制仪表。依靠这些仪表检测并控制加热系统的各种参数，使加热系统按照规定的工艺要求安全工作。

3. 两种加热方式的对比

由于原油不通过加热炉炉管，间接加热方式具有操作安全的优点。它不会发生直接加热方式中因受热不匀、偏流而可能发生的重大事故。同时，热媒进出加热炉温度较高，减少了低温腐蚀的危险性，延长了加热炉的使用寿命。其它如炉效较高，自动化程度高等特点则并不是间接加热方式独有的。

现在我国输油站上使用的旧式方箱型加热炉在进行了系列技术改造例如增设流炉管，空气预热器和除灰装置，采用掺水乳化燃烧，加热炉炉墙堵漏等之后，热效率可提高到接近 80%。

近年来新设计建造的圆筒型和卧式圆筒加热炉，采用了余热回收等各种新技术，热效率提高到 85%。这虽然尚比国外热媒炉热效率低约 5%，但经过进一步改进，完全可以达到 90%。间接加热系统的热媒泵上消耗额外的动力，二次换热又将影响热效率，因此，在理论上直接加热的热效率将高于间接加热。

自动化水平取决于是否能提供必需的仪表与设备。提高自动化水平以后，加热炉的热效率和安全程度都会得到进一步提高。

间接加热系统的主要缺点是设备复杂，占地面积大，造价高。美国 20 世纪 60 年代修建科林加—阿文原油热输管道采用间接加热方式加热原油；当前全世界最长的原油热输管道——美国西东管道，使用直接加热炉。前苏联的热输管道则一直采用直接加热式加热炉。

二、直接加热炉的自动调节

在生产过程中有各式各样的加热炉，在石油化工生产中常见的加热炉是管式加热炉。对于加热炉，工艺介质受热升温，其温度的高低会直接影响后一工序的操作情况，同时当炉子温度过高时会使物料在加热炉内分解甚至结焦。加热炉的平稳操作可以延长炉管使用寿命，因此加热炉出口温度必须严加控制。

1. 加热炉的单回路调节系统

加热炉主要的控制指标是工艺介质的出口温度，此温度是调节系统的被调参数，而调节参数是燃料的流量。对于加热炉来说，温度控制指标要求相当严格，例如允许波动范围为±1～2℃。影响出口温度的主要干扰因素有：工艺介质进料的流量、温度、组分；燃料方面燃料油（或气）的压力、成份；燃料油的雾化情况；空气过量情况；燃烧嘴的阻力；烟囱抽力等等。在这些干扰因素中，有的是可控的，有的是不可控的。为了保证炉出口温度稳定，对于干扰因素应采取必要的措施。

单回路调节系统如图 5-34 所示。其主要调节系统是以炉出口温度为被调参数，燃料油（或气）的流量为调节参数的单回路调节系统。其辅助调节系统是进入加热炉工艺介质的流量调节系统。

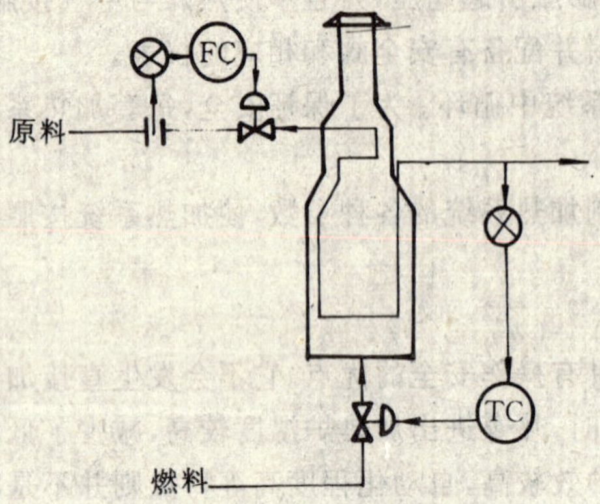

图 5-34　加热炉出口温度单参数调节

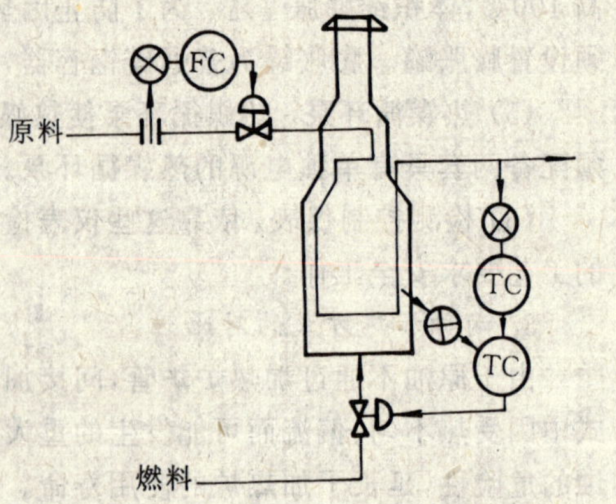

图 5-35　加热炉出口温度与炉膛温度的串级调节

采用单回路调节系统往往很难满足工艺要求，因为加热炉需要将工艺介质几十度升温至几百度，其热负荷很大。当燃料油（或气）的压力或组分有波动时，就会引起出口温度的显著变化，采用单回路调节系统时，当加热量改变后，由于调节通道滞后大，调节作用不及时，而使炉出口温度波动较大，满足不了生产的要求。因此，单回路调节系统仅适用于下列情况：

(1) 对炉出口温度要求不十分严格。

(2) 外来干扰缓慢而较小，且不频繁。

(3) 炉膛容量较小滞后不大。

为了改善调节品质，满足生产的需要过程中的加热炉大多采用串级调节系统。

2. 加热炉的串级调节系统

由于干扰作用及炉子形式不同，加热炉的串级调节方案可以选用不同副参数组成不同的串级调节系统，主要有以下方案：

(1) 炉出口温度与炉膛温度的串级调节，如图 5-35 所示。

(2) 炉出口温度与燃料油（或气）流量串级调节，如图 5-36 所示。

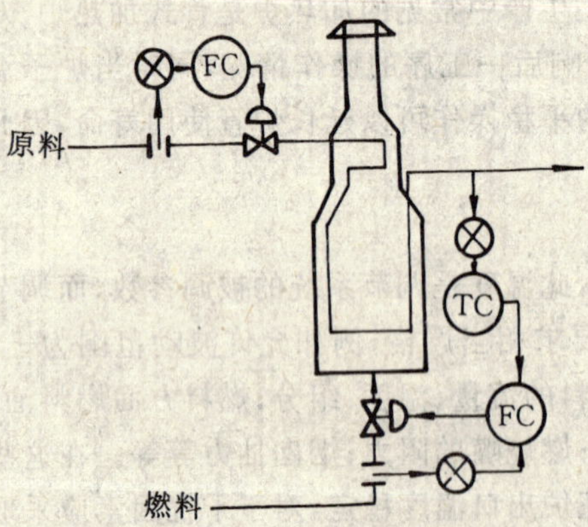

图 5-36　加热炉出口温度与燃料油（气）流量串级调节

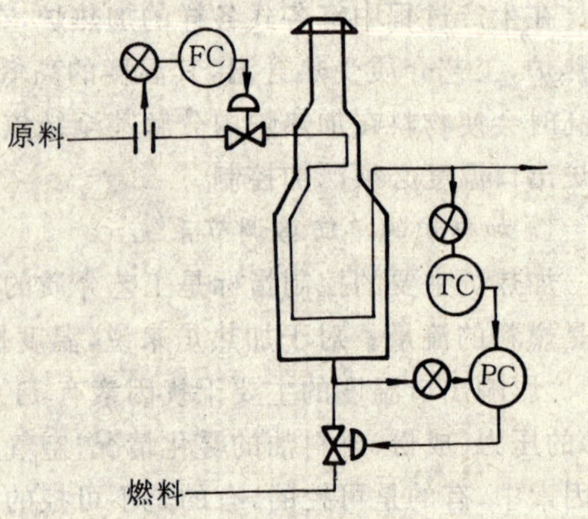

图 5-37　加热炉出口温度与燃料油（气）压力串级调节

(3) 炉出口温度与燃料油（或气）阀后压力的串级调节，如图 5-37 所示。

(4) 采用压力平衡式调节阀(浮动阀)的调节方案,如图 5-38 所示。

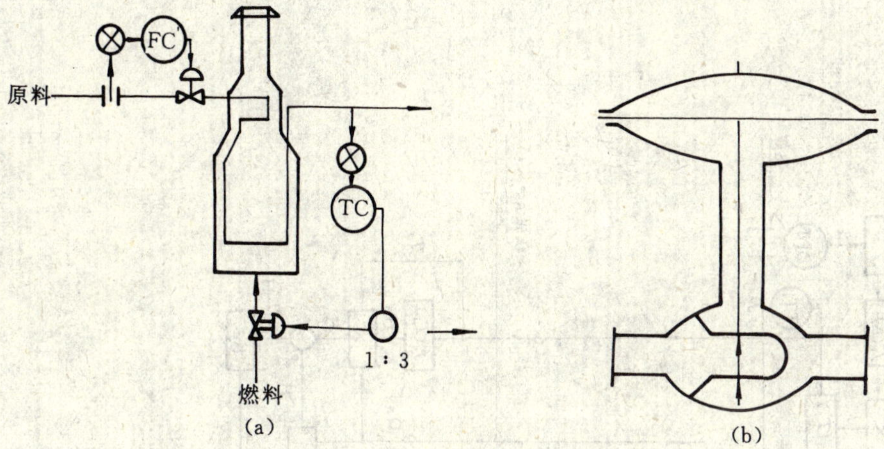

图 5-38 加热炉温度调节(浮动阀)

如果主要干扰在燃料的阀前压力变化,炉出口温度与燃料油流量的串级调节似乎是一种很理想的方案,但是燃料油流量测量比较困难,而压力测量比较方便,所以炉出口温度与燃料油(或气)阀后压力的串级调节系统应用较广泛。值得指出的是,燃烧嘴部分阻塞也会使阀后压力升高,此时副调节器的动作将使调节阀关小,这是不合适的,运行中必须防止这种现象。

当主要干扰是燃料值变化时,上述(2)、(3)串级调节的副回路无法调节,此时采用炉出口温度与炉膛温度串级调节方案为好。但是,选择具有代表性、反应较快的炉膛温度检测点较困难,测温元件及保护套管必须耐高温。

当燃料是气体时,采用浮动阀的方案也很具特色,如图 5-38(b)所示。这里浮动阀代替了一般设节阀,节省了压力变送器,浮动阀本身具有调节器的功能,实现了串级调节。这种阀不用弹簧,不用填料,所以它没有摩擦,没有机械间隙,故工作灵敏度高,反应迅速,能获得较好的效果。采用这种方案时,如燃料气阀后压力小于 0.04 MPa 或大于 0.08 MPa 时,为了满足力平衡的要求,则在温度调节器的输出端要串接一个倍数为 1 的继动器。

3. *加热炉的安全措施*

为了保证加热炉的安全生产,防止生产事故发生,应有必有的安全联锁保护措施。在以燃料气为燃料的加热炉中,主要危险是:

(1) 被加热介质流量过低或中断,此时必须切断燃料气调节阀,停止燃烧,否则会将加热炉管烧坏,使其破裂造成严重的生产事故。

(2) 当火焰熄灭时,会在燃烧室里形成危险的燃料气——空气混合物。

(3) 当燃料气压力过高,喷嘴会出现脱火现象,以至造成灭火,甚至会在燃烧室里形成大量燃料气——空气混合物,造成爆炸事故。

(4) 当燃烧气压力过低时,会出现回火现象,故要保证最小燃气流量。

在以燃料油为燃料时的主要危险是:进料流量过低或中断;燃油压力过高会脱火,过低会回火;雾化蒸汽压力过低或中断,会使燃油得不到良好雾化,甚至无法燃烧。在上述情况下应采取联锁系统,自动关闭燃料。

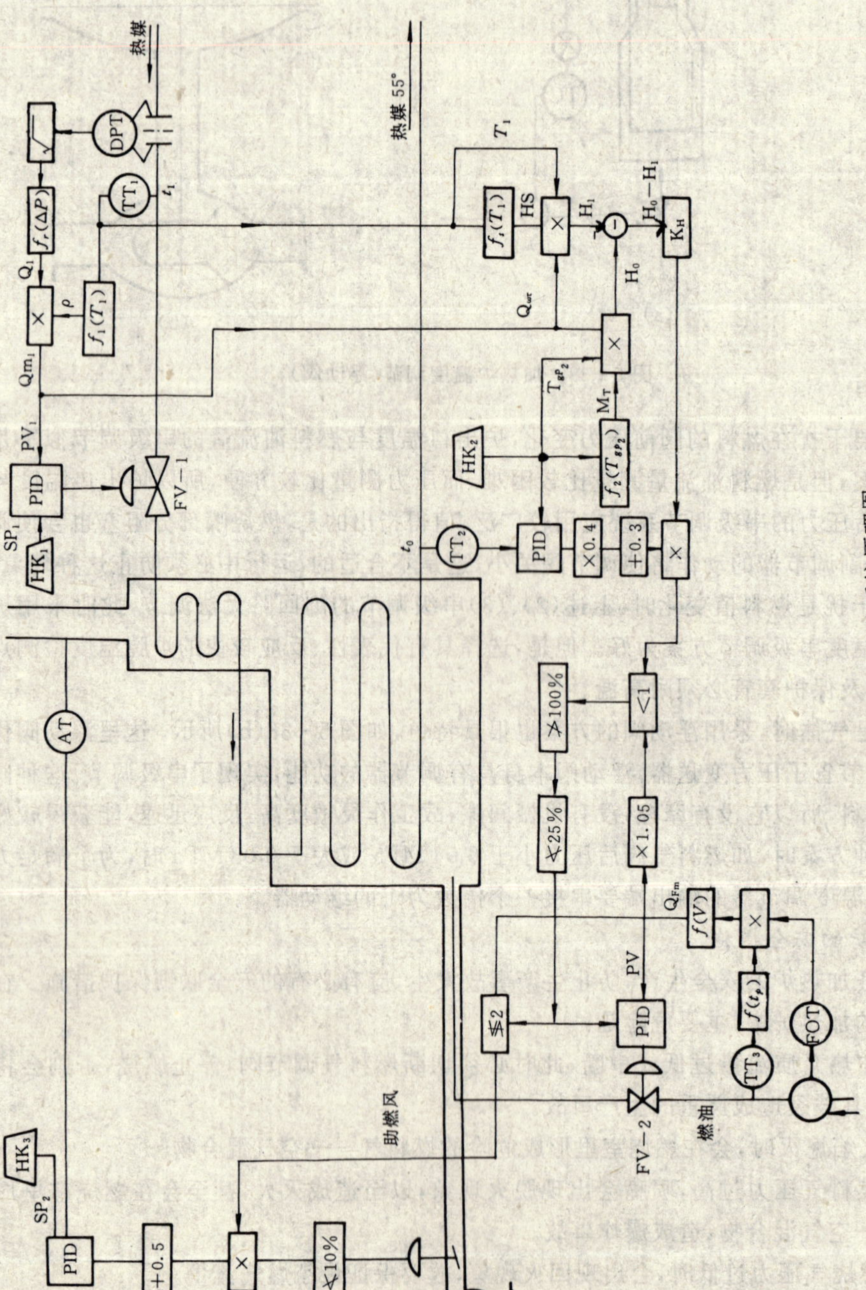

图 5－39　热媒炉自动调节系统原理图

三、间接加热炉的自动调节系统

如图 5－39 所示，热媒炉自动调节系统由三部分组成，此外，还有换热器原油出口温度调节系统。

1. 热煤入口质量流量调节系统

根据测得的热媒入口体积流量(DPT)和入口温度(TT1)，经微机运算后所得质量流量PC1值与流量控制器的设定值SP1作比较和PID运算后控制流量调节阀FV－1的开度，自动调节热媒质量流量。显然，这是一个简单调节系统。

质量流量的计算可按下式进行

$$q_{mT1}=q_T\ \rho_1$$

式中 q_T——计算的体积流量，可按下式计算

$$q_T=F_b\ F_g\ \sqrt{\Delta p}$$

式中 F_g——刻度系数；

F_b——流量系数；

Δp——测得的差压。

ρ_1 是热媒介质的密度，以用的热媒为例，可按下式计算

$$\rho_1=3.387\ 78-0.002\ 532\ 27\ T_1$$

式中 T_1——热媒入口温度。

2. 热效率计算的多变量燃油流量调节系统

其控制思路是：根据热煤入口质量流量 q_{mT1}、热媒入口温度 T_1、热煤出口温度给定值 T_{03}、燃油热值 H_f、炉子热效率 η，求出所需加热炉提供的热速率(大卡/小时)及相应的燃油质量流量；再根据实际的热媒出口温度 T_0，与给定值(HK_2 给出的)T_{sp2}之差按 PID 调节规律计算，并乘以压缩系数 0.4 加上偏置量 0.8 后作为校正值，对计算出的燃油质量流量进行校正；校正后的燃油质量流量值经门限保护后输出并作为燃油流量调节器(PID)的给定值。

3. 助燃风量调节系统

这是一个前馈反馈调节系统，目的是保证较好的空燃比，提高热效率。助燃风量是否适合，是以烟气中含氧量来判别的，含氧量的给定值为 3.05(HK_3 给定)，测量值来自氧化锆探头AT，二者之差经 PID 运算后，乘以 0.5 系数，而后再乘以前馈量后对助燃风量调节挡板进行调节。

前馈量来自燃油流量调节系统给定值与测量值比较的输出。这样做的好处是在燃油流量变化时，能及时改变助燃风量，而不是完全靠烟道含氧量，后者反应较慢。

4. 换热器的自动调节系统

换热器是间接加热系统的一部分，有些厂家提供的换热器及其相应的控制系统是独立于热媒炉的就地控制系统(与热媒炉微机控制系统独立且在现场)，所用仪表选用气动式的，这儿要介绍的就是这种情况。

换热器的自动调节系统有三部分：换热器热媒流量控制系统；换热器出口原油温度控制系统；燃油加热器温度控制系统，这本不属于换热器部分，而属于热媒炉，因它也是简单的就地控制系统，故放在这儿加以简介。这几部分均为简单控制系统。

(1) 换热器媒流量控制系统。热媒流量给定值与测量值在 FIC 中进行比较和计算(如 PI

运算)后，通过调节阀改变热媒总管道热媒介质的流量，以使进入多个并联的换热器的热媒介质总流量恒定。

(2) 换热器出口原油温度控制系统。换热器有时候几组并联使用，每一组都有相同的如图 5-40 所示的控制系统。考虑到加热原油所需热量及热媒介质所具有的热量，增加旁路球阀 A，控制其旁通流量的大小。当然，大部分热媒介质是进入换热器的。

进入换热器的主要热媒量来自热媒流量控制系统的出口，其总流量是恒定的。被加热的原油分两路进入换热器，在换热器中进行热交换后的原油汇总成一路出来。

原油出口温度给定值与实测值(TW 测定)在 TIC 中进行比较运算后，对换热器出口调节阀和旁路调节阀同时施加控制。例如，若原油出口温度偏高，则希望旁路阀开度加大，而出口阀开度减少，使进入换热器的热媒流量小一些。因此，两个调节阀的工作方式相反，一个为风开，一个为风关。

一个输油站，一般有几个换热器并联工作(假设有三个)，原油进入热交换站时分几股，最后又汇总一股出站，热媒介质也有类似情况。因此这种系统中要特别注意流量平衡问题，也就是 $Q_{总}=Q_{1分}+Q_{2分}+Q_{3分}$。如果不相等。就会出现问题，发生振荡，解决的办法是适当改变有关系统的给定值，尽可能不让其出现振荡。

(3) 燃油加热器温度控制系统。燃油温度的高低，对于炉子的加热快慢有关。为提高燃油温度，更好地进行点火，利用了一部分热媒的温度和燃油进行热交换，其控制回路如图 5-41 所示。图中调节阀采用反作用方式。

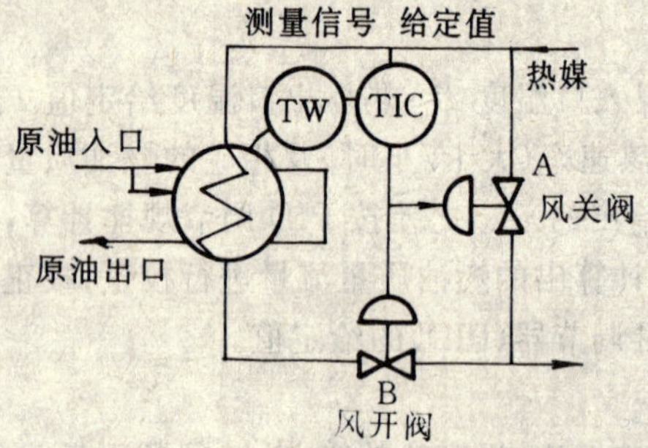

图 5-40 热媒炉换热器热媒流量控制系统

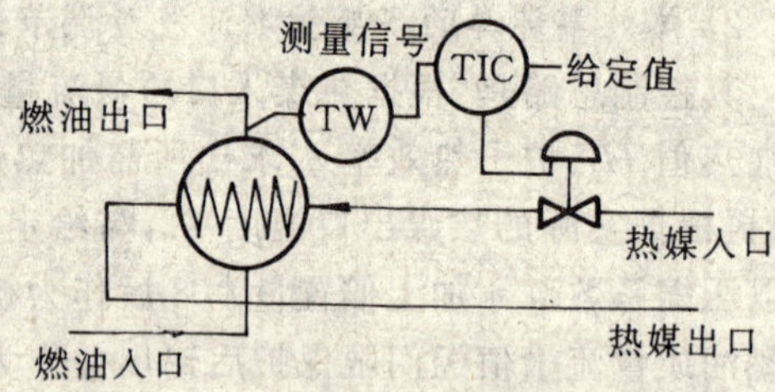

图 5-41 燃油加热器温度控制系统

四、锅炉及自动调节

锅炉是热工、电力、石油、化工生产中必不可少动力设备。在石油、化工生产中靠锅炉产生的蒸汽作为全厂的动力源和热源。因此，为了工厂安全、高产，必须确保锅炉的安全生产，保证锅炉产生的蒸汽压力和温度的稳定。

锅炉种类繁多，其主要流程如图 5-42 所示。由图可知，燃料和空气按一定比例进入燃烧室燃烧，把汽包中的水加热成蒸汽，产生的饱和蒸汽经过热器，形成一定汽温的过热蒸汽 D，汇集到蒸汽母管，经负荷设备调节阀供给负荷设备用。燃料产生的热量，一部分生产饱和蒸汽并将它变成过热蒸汽，另一部分经省煤器预热锅炉给水和空气预热器预热燃烧空气，最后经送风机烟囱排入大气。因此可以说锅炉内有着保持水的物料平衡和热量平衡的关系。

在热平衡中，其负荷是蒸汽带走的热量，被调参数是蒸汽压力，调节参数是燃料量。在物料平衡中，其负荷是蒸发量，被调参数是汽包水位，调节参数是锅炉给水。在锅炉运行中，汽包水位是表征生产过程的主要工艺指标，液位过高，由于汽包上部空间变小，从而影响汽水分离，使蒸汽产生带液现象，当液位过低时，则会烧坏锅炉，以至产生爆炸事故。特别是由于汽包容积小，横截面积中间大，上下部分小，因而当液位由正常的中间值向高或向低变化时，会愈变愈快。

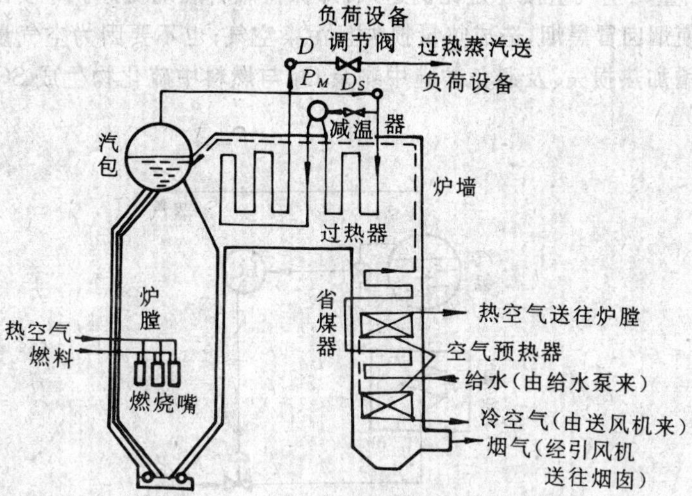

图 5-42　锅炉设备主要工艺流程图

但是热量平衡和物料平衡两者之间又是相互影响，相互关联的。汽包液位不仅受到给水流量的影响，如热量平衡受到破坏时，蒸汽压力发生变化，从而也会影响到汽包水位的变化。另一方面，蒸汽压力也受到燃料量的影响，当增加给水量时，由于冷水的影响，会使蒸发量减小，而使压力下降。所以在考虑调节方案时，应从全局出发。

根据上述特点，锅炉的自动调节是一套比较复杂的调节系统。一般来讲，锅炉的主要调节系统有三部分。

(1) 汽包水位调节。维持汽包中水位在工艺允许的范围内，以保证锅炉的安全运行。

(2) 燃烧系统的调节。使燃料燃烧所产生的热量适应蒸汽负荷的需要；使燃料量与空气量之间保持一定比值，以保证经济燃烧和锅炉的安全运行。使引风量与送风量相适应，以保持炉膛负压恒定不变。

(3) 过热蒸汽系统的调节。保持过热器出口温度在允许范围内，并保证管壁温度不超过允许的工作温度。

1. 汽包水位调节

目前锅炉汽包水位调节通常采用单冲量、双冲量及三冲量调节方案，如图 5-43 所示。从图可以看出，单冲量调节系统是以汽包水位为被调参数，给水量为调节参数的简单调节系统，但它不能克服“虚假水位”的影响，它仅适用于停留时间长，负荷变化小的小型锅炉。

双冲量调节系统实际上是一个前馈－反馈调节系统。对于蒸汽流量进行前馈调节，及时克服了蒸汽负荷波动产生的“虚假液位”的影响，避免了调节阀的误动作，改善了调节质量。

三冲量调节系统也是一个前馈—反馈调节系统。它对蒸汽流量和给水流量进行前馈调节，从而更加稳定了汽包液位。

2. 锅炉燃烧系统的调节

锅炉燃烧系统自动调节的基本任务是使燃料燃烧时所产生的热量适应蒸汽负荷的需要。因此，锅炉燃烧系统的自动调节有三个主要作用。

(1) 维持锅炉出口蒸汽压力的稳定，当负荷受干扰而变化时，通过调节燃料量使其稳定。

(2) 保持燃料量与空气量按一定比例送入，即保持燃料燃烧良好。不要因空气量不足，燃料燃烧不完全而使烟囱冒黑烟，造成热量损失且污染空气；也不要因为空气量过多，烟道中带走的热量过多而增加热损失，及避免炉膛中剩余 O_2 与燃料中硫化物生成 SO_2 而腐蚀加热器零部件。

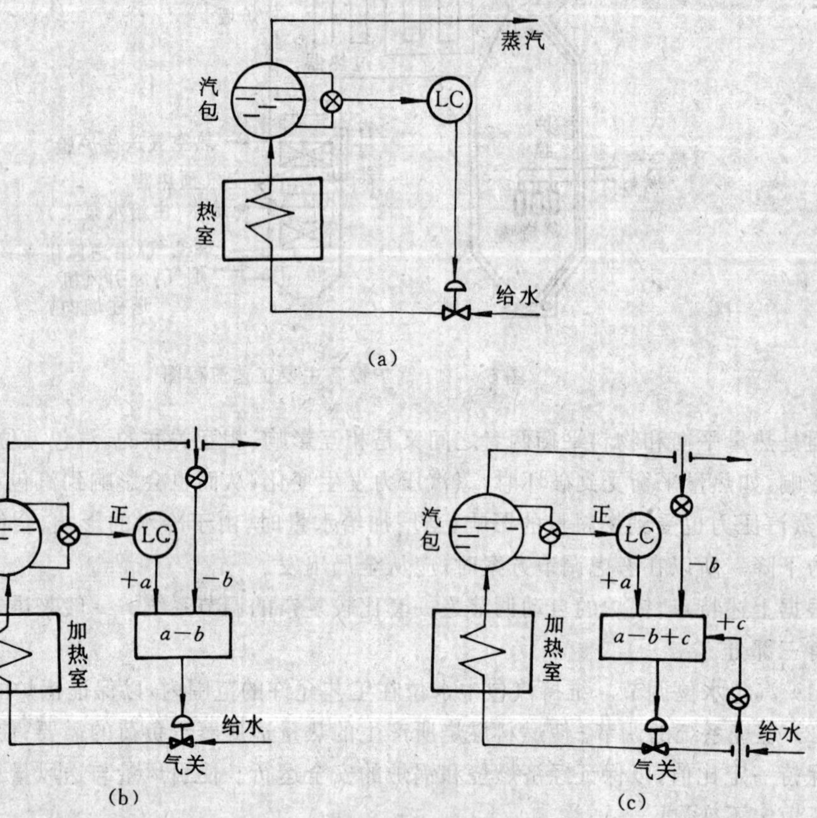

图 5-43 锅炉汽包水位调节

(a) 单冲量调节系统 (b)双冲量调节系统 (c)三冲量调节系统

(3) 维持炉膛负压不变。负压太小，炉膛容易向外喷火，影响环境卫生、设备和操作人员的安全；负压太高，会使大量冷空气漏进炉内，从而使热量损失增加，降低燃烧效率。一般炉膛应保持在−19.6 Pa 左右的负压。

3. 具体调节方案。

(1) 蒸汽压力调节和空气比值调节。因蒸汽压力对象的主要干扰是燃料量的波动与蒸汽负荷的变化。当燃料流量及蒸汽负荷波动较小时，可采用以蒸汽压力为被调参数，以燃料量为调节参数的单回路调节系统。而当燃料流量波动较大时，可采用蒸汽压力与燃料流量的串级调节系统。

燃料流量是随蒸汽负荷而变化的，是不可控的，所以作为主流量，空气量作为副流量组成单闭环比值调节系统，以使燃料与空气保持一定比例，获得良好燃烧。

图5—44是燃烧过程调节系统一例。在燃油锅炉燃烧系统中，希望燃料量与空气量成一定比例，而燃料量取决于蒸汽量的需要，常用蒸汽压力来反映，当蒸汽量要求增加时即蒸汽压力降低，燃料量亦要增加，为了保证燃烧完全，应先加大空气量后加大燃料量；反之在减量时应先减燃料量后减空气量。图5-44燃烧系统的自动调节由四个调节系统组成：

① 蒸汽出口压力与燃料量的串级调节系统。

② 燃料流量与空气流量的单闭环比值调节系统。

③ 空气量过少时自动减少燃料量的选择性调节系统。

④ 蒸汽出口压力降低时自动加大空气量的选择性调节系统。

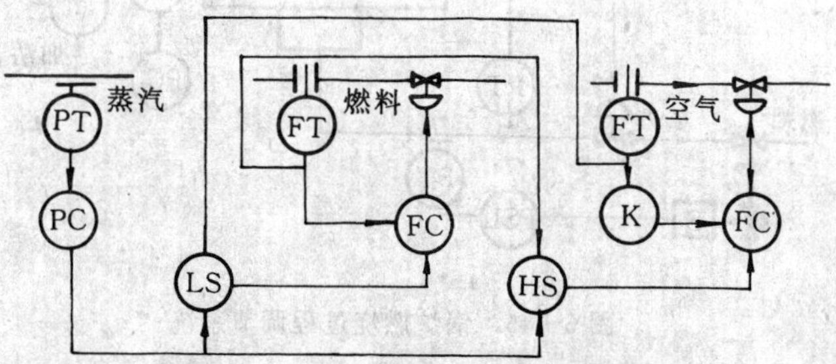

图5-44 锅炉烧炉过程调节系统

这套系统在正常工况下是蒸汽出口压力与燃料流量的串级调节系统及燃料流量与空气流量间的比值调节系统。蒸汽压力调节器为反作用调节器，当蒸汽压力下降时，压力调节器输出增加，提高燃料流量调节器的给定值。但是，如果空气量不足，将使燃烧不完全，为此设有低值选择器LS，它只让两个信号中较小的一个通过，这样保证燃料量只在空气量足够的情况下才能加大。压力调节器输出信号将通过高值选择器HS来加大空气流量，保证在增加燃料量之前先把空气量加大，使燃烧完全。当蒸汽压力上升时，压力调节器输出将减小，降低燃料调节器的给定值，在减少燃料的同时，通过比值调节系统，自动减少空气流量。这样保证了对燃烧过程的要求，使燃烧完全并适应蒸汽负荷的需要。

(2) 炉膛负压调节与有关安全保护系统。图5-45所示为燃烧过程调节系统，用它来说明炉膛负压调节的安全性。

该方案主要目的是为了保证锅炉出口的蒸汽压力稳定。所用燃料为天然气，当蒸汽压力升高时，则要求加入的燃料量减少，以降低锅炉的出气量；反之，在蒸汽压力下降时，则要求燃料量增加，以增大锅炉的出气量。但是这样减少和增加燃料量，受到工艺上的限制。当燃料气压力过高时，会造成炉膛脱火现象；燃料气压力过低时，又会造成回火现象，这些都是安全生产所不允许的。为解决这一矛盾，设计了PC_1和PC_2的选择性调节系统，以防止脱火。同时设计了一个低压的联锁装置PSL，以防止回火。

随着蒸汽压力的变化，燃料天然气的压力也要跟着改变，但随着燃料天然气压力的变化必将引起炉膛压力的变化。当蒸汽压力升高时，燃料天然气压力减小，而炉膛压力也跟着减小，蒸汽压力降低时，燃烧气压力要提高，炉膛压力也随着升高。也就是说，炉膛压力受到蒸汽压力的直接影响；然而从工艺角度，要求炉膛压力稳定(保持一定的负压)。从上面的分析可知，蒸汽压力波动是引起炉膛压力变化的主要干扰，要想达到炉膛压力稳定，将蒸汽压力 P_1 信号作为炉膛压力的前馈信号，起一个“超前”调节作用。

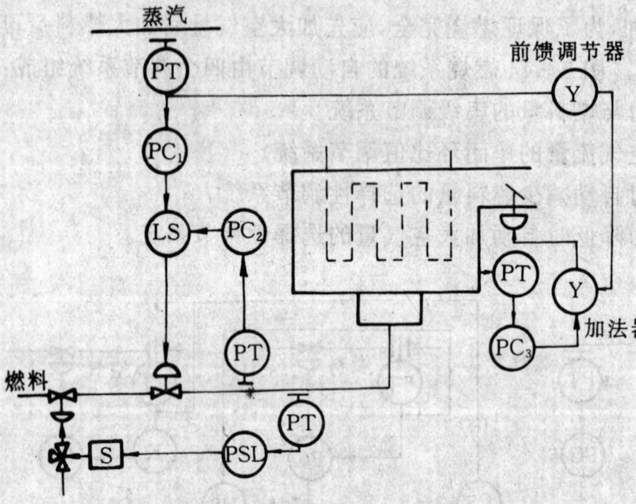

图 5-45　锅炉燃烧过程调节系统

4. 燃烧调节系统

这一套燃烧调节系统由选择性调节、前馈—反馈调节系统和低压联锁所组成。现将该系统具体工作过程分别叙述。

(1) 选择性调节及燃料天然气小流量联锁。该选择性调节由 PC_1，PC_2，LS 组成。低压的联锁由电磁阀实现。

在常情况下，由 PC_1 来控制蒸汽压力，所以 PC_1 是主调节器，可选用 PI 或 PID 调节规律。当汽包出口蒸汽压力过低，或由于外来干扰引起燃料气压过高时，由 PC_2 通过低选器自动取代 PC_1，控制调节阀，从而防止因调节阀开度过大或燃气压力过高而造成炉子脱火。

当蒸汽压力过高或燃料气流量过低时，燃料气联锁系统就会动作，PSL 切断电磁阀的气源并放空，关闭调节阀，从而防止因燃气压力过低造成的回火现象。这套联锁动作后不能自动复位，只有在作全面检查后，认为事故已消除才通过人工复位投入运行。

(2) 炉膛负压的前馈调节。由于燃气量变化对炉膛负压的影响最大，又因燃气流量的变化受汽包出口压力所支配，故单用 PC_3 控制烟气阀是不能满足要求的。还要求在蒸汽压力发生变化时，能及时地去调整烟气阀，使炉膛负压保持一定。为此，把蒸汽压力变化这一前馈输出信号加在反馈调节器 PC_3 的输出端，经加法器再去控制烟气阀门。

五、燃煤锅炉控制系统举例

锅炉通常有水位控制、气温控制和燃烧控制三个主要控制系统。三个系统互相联系、互相配合，共同完成供应生产所需的蒸汽，保持蒸汽压力、温度稳定，同时使锅炉在安全经济的工况下运行。图 5-46 是锅炉控制系统的总图，从上可以了解各控制系统的组成与其间的联系。

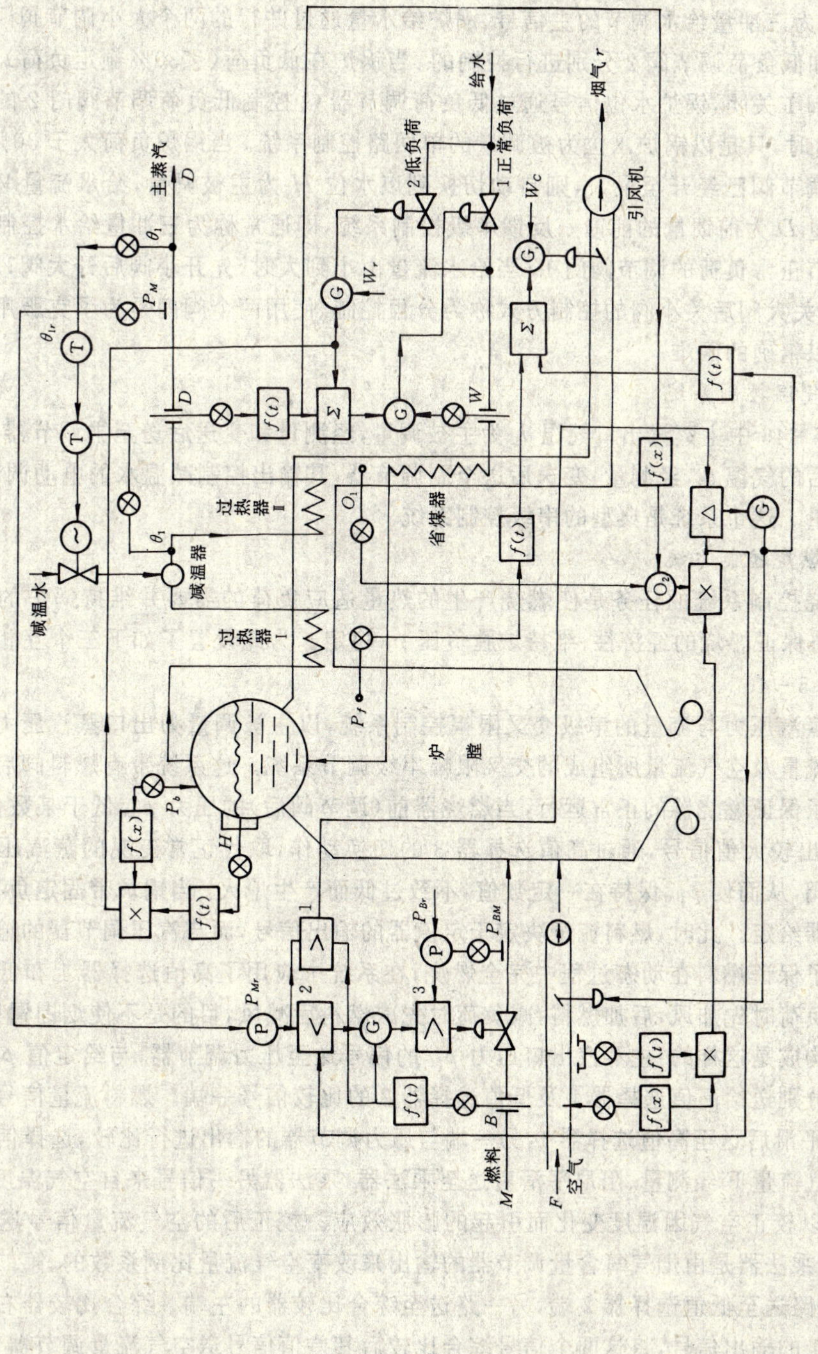

图 5-46

1. 给水控制系统

汽包水位的测量采用差压变送器，其输出经低通滤波器 $f(t)$ 以平滑阻尼水位的高频脉动。另外，汽包压力 p_b 经过变送器测出并转换成标准输出信号，经过非线性函数单元 $f(x)$ 和乘法器的作用对水位信号进行压力校正，使水位信号更为准确，减少虚假水位的影响。校正后的水位信号分为两路，一路送低负荷运行时给水调节器 G，另一路送至正常负荷调节系统的加法器，作为三冲量给水调节的主信号。锅炉给水量通过并行的两个大小调节阀门即正常负荷调节阀 1 和低负荷调节阀 2 分别进行控制的。当锅炉在低负荷（<30%额定负荷）运行时，正常负荷调节阀 1 关闭，锅炉水位信号通过低负荷调节器 G 控制低负荷调节阀门 2 的开度以调节给水量。这时，只是以锅炉水位为被调量的单回路控制系统。当锅炉负荷大于 30%额定负荷 时，低负荷调节阀已经开至最大，则自动切换到以水位 H 为主被调量，给水流量 W 为副被调量，蒸汽流量 D 为前馈量的前馈一反馈串级控制系统，即通常称为三冲量给水控制系统。这时主要用调节正常负荷的调节阀门 1。当给水流量由小到大时，先开小阀后开大阀；反之，减少给水流量，先关大阀后关小阀的控制方式称为分程控制。使用两个阀门是为了克服用大阀门控制小流量难以精确的困难。

2. 气温控制系统

图 5-46 中主蒸汽出口气温 θ_1 为主被调量，经测量和变送后送至主调节器 T，副被调量是减温器后的气温 θ_2，经测量、变送后送至副调节器，其输出控制减温水的电动调节阀，以改变减温水流量。这个系统是典型的串级控制系统。

3. 燃烧控制系统

燃烧控制系统的任务是使燃烧产生的热量适应负荷的需要并维持锅炉的出口蒸汽压力 p_M 稳定；保证燃烧的经济性；维持炉膛负压 p_f 稳定。为此设置了如下三个互相关联的控制系统，如图 5-46。

主蒸汽压力与流量的串级交叉限幅控制系统，以主被调量为出口蒸汽压力 p_M，副被调量为燃料流量及空气流量所组成的交叉限幅串级调节系统。这系统带有燃料阀后压力选择性调节。为了保证燃烧器的正常运行，当燃烧器前（调节阀后）的压力 p_{BM} 低于某数值时，压力调节器 P 发出较大值信号，通过高值选择器 3 的切换动作，取代正常工况的蒸汽压力调节器去控制调节阀，从而使 p_{BM} 保持在一定数值，不致过低而产生熄火。当锅炉带固定负荷时，锅炉负荷由定值器给定。此时，燃料流量决定于定值器的输出信号，而与汽压调节器的输出无关。

为了保证燃料在动态过程中完全燃烧，在系统中应用了高值选择器 1 和低值选择器 2 以实现加负荷时先加风，后加燃料，减负荷时先减燃料后减风，目的是不使烟囱冒黑烟。燃烧控制系统的构成是这样的：主蒸汽出口压力 p_M 的信号送至压力调节器，与给定值 p_{Mr} 比较运算后，其输出分别送给高值选择器 1 及低值选择器 2 的比较信号一端。燃料流量信号测出并经阻尼器 $f(t)$ 平滑后送至高值选择器 1，另一端与压力调节器的输出进行比较，选择信号高者作为输出。空气流量 F 经测量、阻尼平滑后送至乘法器，乘法器另一信号来自空气温度函数变送器 $f(x)$，用以较正空气因温度变化而引起的膨胀效应。校正后的空气流量信号送至第二个乘法器，这个乘法器是由烟气氧含量调节器的输出来改变空气流量比例系数的。第二乘法器输出分两路，一路送至低值选择器 2 端，另一路送至综合比较器的左端。综合比较器右端是接收高值比较器 1 的输出信号，将这两个信号综合比较后其差值信号送空气流量调节器 G，去调节空气流量的翻板阀门。

当要增大负荷时，首先压力主调节器 p_M 的输出增大，这将使高值选择器 1 动作，选择主调节器的信号输出到综合比较器，然后再通过空气调节器去开大空气阀门，增加空气量。当空气流量增大后，其信号送至低值选择器 2，由其输出控制燃料调节器逐步加大燃料流量。若空气流量信号增至大于主调节器输出信号时，则低值选择器切换由主调节器输出控制燃料 量。反之，当减少负荷时，低值选择器首先动作，由主调节器的输出控制降低燃料流量，然后再通过高值选择器 1 去降低空气的流量。这样就实现了加负荷时先加风，后加燃料；减负荷时先减燃料后减风的交叉限幅控制。

以烟气含氧量作为燃烧经济性指标，燃烧的经济性以燃料流量与空气流量有最佳的配比来实现的。空气的不足，使燃烧不充分；空气过量，使排烟带走热量过多。二者都不经济。以检测烟气含氧量作为燃烧经济性指标是一种普遍采用的方法。图 5－46 是以检测烟道的氧气含量通过调节 O_2 来改变第二乘法器的系数，从而改变空气流量的比例系数，实现燃料与空气的配比最佳。由于锅炉在负荷不同时，烟气含量的最佳值是有变化的，所以，氧气调节器的给定值应由蒸汽流量信号通过函数变换单元来较正，烟气含氧的定值随锅炉负荷而改变。

炉膛负压 p_f 控制系统以炉膛负压 p_f 为被调节量，并带有送风调节器输出为前馈量，通过加法器综合后去控制引风量调节器，组成前馈一反馈复合控制系统。

系统中为了消除蒸汽气流量、燃料流量、空气流量、锅炉汽包水位和炉膛负压等被测信号的脉动，采用阻尼器 $f(t)$ 以平滑高频脉动干扰，使整个控制系统工作平稳。

§5－4 储罐及其监控系统

储罐是油气储运管道中的重要设备，主要用于调节供需均衡计量及缓冲。储罐是长输管道上常用设备，在生产管理上有其相应的监控及保护系统。

一、储油罐

输油管道的首、末站和中间站大都设置储油罐。首、末站储油罐分别用来调节油田与首站、末站与收油(或转运)单位间输量的不均衡。在计量系统不完善情况下，储罐还可供原油交接计量之用。首、末站的储罐容量一般都较大。非密闭(旁接)输油的中间站设置储罐是为了平衡中间站进出油的输差。密闭输送的中间站可以只设置供水击泄放的储罐。

储油罐种类很多，按材质分为金属罐和非金属罐。金属罐一般为钢质罐，这类罐应用最广泛，常用的金属罐有立式圆柱形罐和卧式圆柱形罐。金属罐常用于储存各种油品，也可以用做盛水等非腐蚀性介质，还有一些特殊形状的金属罐，如球形罐、水滴形罐等，它们主要用来储存低沸点油品和油气集输过程的受压容器。金属罐大部分为地上罐。非金属油罐是用非金属建造罐主要材料的油罐。常见的有砖油罐，石砌油罐，钢筋混凝土油罐等。这类油罐大部建造在地下或半地下，多用于储存原油或重油。还有容积小，便于折叠搬迁，储存各种军用油料的耐油橡胶油罐，塑料油罐等非金属油罐。按建造方式分为三种，地下油罐建造在地下。罐内油品的最高液面比邻近自然地面低 0.2 m 以上的油罐，都称为地下油罐。半地下油罐埋在地下的深度(从罐底算起)相当于油罐高度的 2/3 左右，称为半地下油罐。地上油罐，油罐罐底设于地面，或高于地面都称为地上油罐。按结构形状分为五种油罐的大小，储存油品的性质，设置的位置等因素来确定的。一般可分为:立式圆柱形罐、卧式罐、矩形罐、球形罐、水滴形罐五类。

1. 立式圆柱形油罐

立式圆柱形油罐分为金属和非金属两种。非金属圆柱油罐,有砖砌油罐,石砌油罐,预应力钢筋混凝土油罐等。按其罐顶形式不同,分为五种:锥顶油罐、悬链式无力矩油罐、拱顶罐、浮顶罐、套顶罐。

2. 卧式油罐

这种形式罐绝大部分是用金属建造的,它的结构有以下三种:

(1) 卧式圆柱形油罐。这种油罐一般用在生产需要有一定压力下来储存少量的石油,有的作为拉运用的油罐,有的用作高架罐和放空罐,它由圆柱形罐身和两上端盖组成。端盖一般有平盖和蝶形,少数也有采用锥形的。

(2) 滴形卧式罐。其截面积是根据水滴形状建造的卧式筒罐。一般是用于使用规模较大的石油储罐。目前最大的滴形卧式罐达 108 000 m^3,承压能力为 39.2~117.6 kPa。

(3) 椭圆形卧式罐。其截面积为椭圆形的卧式筒状罐,两端的盖有平盖和蝶形二种。

3. 矩形油罐(油池)

其形状有长方体形和正方体形。在同样容积下正方体形油罐比长方体的油罐更经济、占地面积小,省材料。矩形油罐(油池)材质有金属油罐和非金属油罐,一般矩形的金属罐都比较小(大部分在 100 m^3 以下)。非金属的矩形油罐(油池),一般在容量超过 500 m^3 时,大都建成为地下或半地下式,因为土壤的压力可以增强罐壁的强度。

4. 球形罐

其形状如圆球,这种油罐由于承受压力大,所以多用在储存轻质油和生产上需要承受压力的油罐,容器(如脱水转油站用的压力沉降罐,油气分离器的外壳等)。

5. 水滴形罐

这种油罐的形状如同一个放大了的水滴,在表面张力的作用下,自由地置于平面上。其形状如图 5-47 所示。它是由扁球形的薄壁体壳 2 和罐底 1 组成。体壳贴在内部的骨架上,这种骨架保证了体壳处真空时的稳定性,并能简化安装工作,避免骨架保证了体壳处真空时的稳定性,并能简化安装工作,避免骨架受拉应力,所以不把体壳焊在骨架上(水滴受地球引力作用,水的外形不再呈球形而变成水滴形)。由于水滴各部分都受到同样大小的应力,所以它就比较容易处在平衡状态中。

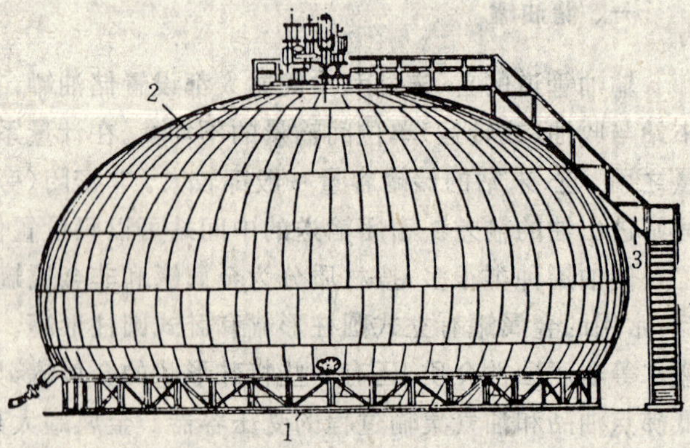

图 5-47 水滴形油罐图

1—罐底;2—体壳;3—梯子;4—安全阀

由于水滴油罐可承受较大的应力(内部压可达 196 kPa,真空度可达 6.67 kPa),所以,可用来长期储存易挥发的石油。用这种罐储存石油可以减少呼吸损耗。

目前在油气集输系统中,比较常见的是金属罐其中有立式圆柱形罐、卧式圆柱形罐和球形罐三种。

二、立式圆柱形罐

目前在油田上，使用最普遍的是立式圆柱形油罐。这种罐按其罐顶形状不同分为：悬链式无力矩罐顶、锥形顶、球形顶、浮顶罐等。由于立式圆柱形油罐具有建造容易，施工快，在同样容量下省材料，且罐壁高度的大部分是仅受环向拉力，适宜用金属钢板建造。所以，在国内外，油气集输过程中对于容量较大的储油罐，较普遍采用立式圆柱形油罐。

立式圆柱形金属油罐主要由罐的基础、罐底、罐壁、罐顶以及各种附件组成，在这重点介绍罐顶及附件。

1. 罐顶

立式圆柱形金属油罐，根据罐顶的结构不同，分为五种。

(1)锥顶油罐。油罐顶盖呈锥体形。根据油罐直径的大小，顶盖有不同的承重形式，其中主要有以下三种：

① 自承荷重的锥顶油罐。罐顶是2.5 mm厚的钢板焊制成圆锥形薄壳。顶盖重量直接由锥顶传向罐壁，由罐壁传给油罐地基。这种罐的容积一般小于100 m^3，承压能力为26.66 kPa，负压为3.33 kPa。

② 桁架式锥顶油罐。顶盖重量由顶板下的桁架来承担，并经制壁传向地基。其结构形式如图5-48所示。这种罐一般能承受正压26.66 kPa、负压3.33 kPa。

③ 梁柱式锥顶油罐。顶盖的重量由设在罐内的染柱来承担，经梁柱和罐壁传给基础。这种罐的容积一般都大于10 000 m^3，承正压能力为26.66 kPa，负压为3.33 kPa，在国外有的将罐顶，罐底都安装上梁和拉杆，中间用柱连接。当罐受钡压时构件受支撑力，受正压时支柱受拉力。这种结构能承受较大的负压(可达到6.67 kPa以上)。

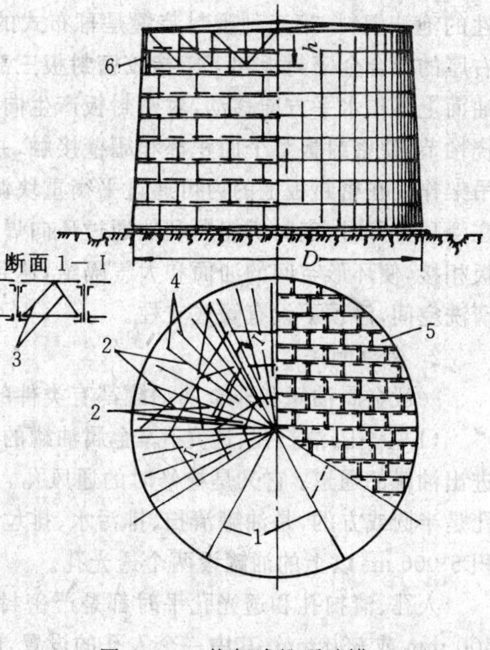

图5-48 桁架式锥顶油罐

1—桁架；2—桁条；3—连杆；
4—梁；5—顶板；6—支柱

(2)悬链式无力矩顶油罐。油罐的顶盖采用2.5～4.5 mm的薄钢板，由中心立柱和罐壁支撑成悬链曲线。中心柱立于罐底中心的导向套管中。这种悬链曲线形的顶板只受拉力，不出现弯曲力矩，故称无力矩顶油罐。油罐进油时，由于温度变化或收发油引起罐内气体空间的压力变化时，能使罐顶随着升降一定距离，以自行调节气体空间体积，降低油品的蒸发损耗。这种罐承受负压可达6.67 kPa。承受正压力26.66 kPa。但由于顶盖上下活动，容易损坏，所以容积一般都在5 000 m^3以下。

(3)拱顶油罐。罐顶盖呈圆拱形，顶盖本身就是承重结构，罐内无桁架和支柱，结构简单，应用广泛。承压能力较高，正压为26.66 kPa，负压为6.67 kPa。

拱顶形式有两种：一种横截面是圆弧拱，实际上是球壳的一部分，故也称为球顶罐；一种横截面是由三个圆弧组成。中间弧大，两边圆弧小，故称为准球顶。对于较大的拱顶油罐罐顶底部都要用型钢焊加强筋，以提高拱顶强度。我国建造的拱顶罐多为球顶罐。

(4) 浮顶油罐。油罐顶盖浮在油面上，并随着油面变化而上下浮动，故称为浮顶油罐。由于此种油罐罐顶随油面浮动，所以能减少油品蒸发损耗，多用在收发油频繁的油罐上。

浮顶罐的顶盖常采用 A_3 钢板，浮顶的结构形式有两种，一种是双层浮顶，它由上下两层钢板和中间隔板组成圆形顶盖。中间隔板以环形排列和径向排列的方式，将顶盖分成许多单个密闭的环形舱。其作用是顶盖发生渗漏时，不致因顶盖充满液体而下沉。另外舱内的空气超绝热作用，减少气温对油品的影响，减少油品蒸发损失。浮顶上层顶板由周边向中心倾斜，这样有利于顶面排水，得于减少油品的蒸气挥发。下层顶板则由中心向四周倾斜。另一种是四周向浮舱的单层浮顶。这种浮顶周边是 由双层钢板对焊成的浮舱。中心用 6 mm 钢板对焊成单层圆盘。浮舱的面积是整个顶面的 40%～50%。浮舱的内部设有桁架和径向隔板，以保证浮舱的强度。浮舱的顶板和单层圆盘具有向罐中心，成向上倾斜的坡度，以利于罐顶下部的油品蒸气尽量集中到单层圆盘下面，减少从浮顶和罐壁间的环形空间的挥发。

浮顶和罐壁间环形空间的密封装置有三种形式：一种是用涂胶帆布制成的环形(接触式)密闭装置；另一种也是环形的密封装置，它的外部包层是用耐油橡胶制成，里面包裹着富有弹性的泡沫塑料；第三种密封装置是幕布式的，这种密封装置是由伸缩吊架(剪刀撑)、2 mm 左右厚的铝合金密封板和丁晴橡胶密封板三部分组成，伸缩吊架的作用是支撑密封板，使浮顶在油面上不作水平方向移动，对密封板产生向外的推力。这个推力通过密封板上垂直方向设置的挠性节，使密封板整个面积都和罐壁接触，并能适应壁板外形变化始终得到可靠的密封。伸缩吊架作用在密封板上的力可通过平衡重块调整。密封板的上边缘和下边缘都向油罐内部卷折，在浮顶升降时，密封析能顺利地通过环向焊缝，密封板上部和固定在浮船周边的丁晴橡胶密封板相接，使环形空间的油面和大气隔绝，达到密封。为使浮顶降到最低位置时有足够的检修和清洗空间，浮顶下设有管式支柱。

2. 油罐附件

一般金属油罐和非金属油罐都有类件的附件，主要包括以下几种。

(1) 人孔、清扫孔、透光孔。金属油罐的人孔和清扫孔都在罐壁的底部，人孔是供检修人员进出油罐的通道。它又是检修时的通风孔。容积 5 000 m^3 以上的油罐，一般设两个人孔。清扫孔是半圆或方的，是油罐清扫、排污水、排垃圾的通道。透光孔设在罐顶，作用是采光和通风，容积 5 000 m^3 以上的油罐设两个透光孔。

人孔、清扫孔和透光孔平时都是严密封闭，防止渗油漏气对于金属罐，人孔的直径一般为 500 mm 或 600 mm，其中一个人孔的设置，距进油管略大于 90°的位置，另一个人孔在相隔 90°的地方设置。人孔中心一般距罐底向上高出 70 cm，人孔加强板焊缝距壁板立缝距离应大于 50 cm，且尽可能和透光孔相对，对利采光和通风。

对于埋地的非金属油罐，人孔和透光孔都设在罐顶的边缘，均匀分布。均采用 800～1 000 mm 的直径，互相通风，不同的是人孔中有直梯，通入罐底。

(2) 量油孔。罐顶的量油孔用作量油和取样。每座罐只设一个，通用直径为 150 mm。有的油罐为了准确量油，量油孔下还装有下部带孔眼的、直径为 150 mm 和罐底垂直的量油管。管上端用法兰和量油器相接。对于金属罐，量油孔安装在罐顶平台附近，距平台中心线略大于 800 mm，高出罐顶边缘 500～1 000 mm，以便操作。

量油孔平时除依造孔盖本身的自重盖严外，还应上紧螺栓。为了防止量油孔盖关闭时因碰撞而产生火花，盖与孔接触处装有用软金属(铝或铜)、塑料或耐油橡胶制成的垫圈。量油孔内应装设铝或铜制的导向槽，以避免钢卷尺与孔壁和量油管摩擦而发生火花。

(3) 机械式呼吸阀。油罐在收发油时，罐顶空间的气体体积改变，其压力变化，当温度和气压变化时，会产生一种大呼吸、小呼吸，从而造成油品的蒸发损失。

呼吸阀的作用是保持油罐气体空间的压力在一定的范围内，减少蒸气损耗，保证罐安全生产。机械呼吸阀是由压力和真空阀两部分组成(见图 3-33)。其动作原理是：当罐内气体空间的压力超过油藏设计的压力时，阀内气体顶开压力阀，从罐内溢出，使罐内压力不再上升。反之，当罐内气体空间压力低于设计的允许真空压力时，大气压力顶开真空阀盘，向罐内补入空气，使压力不再下降，以免油罐抽瘪。

机械式呼吸阀是按油罐顶盖所承受的最大压力(一般小于 26.66 kPa 正压)和最大真空度(一般小于 3.33～6.67 kPa 负压)来设计的。故选择呼吸阀时，应根据油罐的承受能力和进出油量来决定。一般油罐的呼吸阀数量和口径可参考表 5-3。为了保证安全，防止阀盘运动中碰撞而产生火花，机械呼吸阀盘和阀座一般用有色金属(铝)或塑料制作。机械呼吸阀在金属罐和非金属罐上都可使用。其缺点是冬季阀盘易冻结在阀座上而失去作用。

表 5-3　呼吸阀数量和口径

最大进出输油量 m^3/h	呼吸阀直径 mm	呼吸阀型号	选用数量	备注
≤25	50	CHF—8	1	
26～100	100	CHF—100	1	
101～150	150	CHF—150	1	
151～250	200	CHF—200		
251～300	250	CHF—250	1	
≥300	250	CHF—250	2	

(4) 液压式安全阀。液压式安全阀的作用是当机械式呼吸阀因锈蚀或冻结不能动作时，通过它保证油罐的安全。液压式安全阀的压力和真空值一般都比机械式呼吸阀高出 10%。在正常情况下它是不动作的，只是在机械式呼吸阀不起作用时，它才工作。

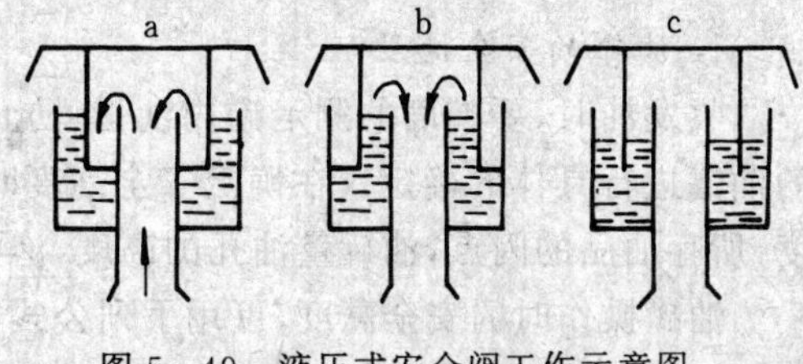

图 5-49　液压式安全阀工作示意图
a—油罐内压力大于罐外压力；
b—油罐外压力大于罐内压力；c—油罐内外压力相等

为了保证液压式安全阀在各种温度下都能工作，阀内应装用沸点高、不易挥发、凝固点低的液体作为液封，如变压器油、轻柴油等。液压安全阀的工作原理如图 5-49 所示，图中例出 3 种情况：罐内气体压力大于外界压力、罐内气体空间产生负压时、罐内气体压力等于外界压力。

如图可见，当罐内压力增高时，罐内的气体空间中心管的内环空间，把油封挤到外环空间，若压力继续升高，油封油位不断变化，当内环油面和中间隔板下缘相平时，罐内气体通过隔板下缘逸入大气，使罐内气体压力不再上升。反之当罐内出现负压时，外环空间的油封将被大气压入内环空间，外环液面达中间隔板的下缘时，空气进入罐内，使罐内压力不在下降。中间隔板下部做成锯齿形，可使油封流动时均匀稳定。

（5）防火器。防火器装在呼吸阀和液压式安全阀后面，它由装有铜，铝或其它高热容、导热良好的金属制成的纹皱网的箱体构成。当有火焰通过防火器时，金属皱纹板吸收燃烧气体的热量，使火焰熄灭，从而防止外界火焰经呼吸阀引入罐内。其结构如图 5-50 所示。

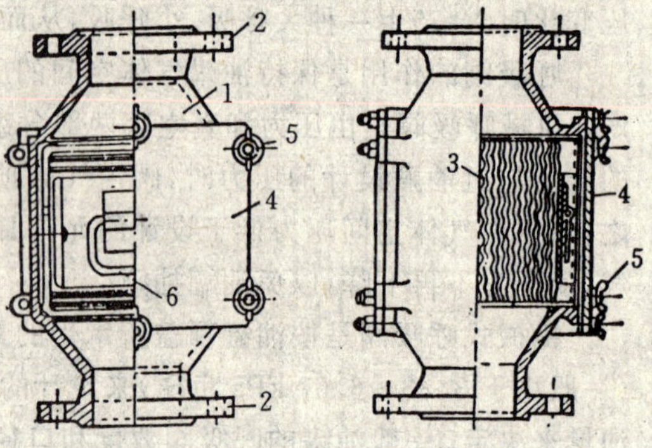

图 5-50　防火器

1—壳体；2—连结法兰；3—金属皱纹板；4—壳体盖；5—蝶形螺母；6—消防泡沫箱

地面或半地下油罐，大多数都装有泡沫箱。泡沫箱装在油罐壁的上层圈板上。泡沫液是在压力的作用下，冲破泡沫箱中的隔膜，沿着泡沫管的喷射装置，进到油面上，以隔绝空气，窒息火焰。隔膜的作用是防止油品蒸发漏失，有纸膜、铅膜、玻璃膜等。泡沫箱装设数量，根据油罐容积大小确定。

除上述油罐附件之外，油罐尚设有其它设施，如供罐的油品加热（或保温）用的加热器、油罐避雷装置以及排污管等。

三、油罐的计量及监控系统

在生产过程中，需对油罐进行计量、油水介面测量、油位测量以及非安全油位的联锁保护等。油罐的计量通常采用储罐液体称量仪，随着管线自动管理系统的应用，目前已生产有以浮子式液位测量为基本原理的油罐计量系统，在这个系统除要测量油位外，还测定储罐中油品的平均温度和密度。

对于脱水沉降罐操作时，不但要注意油罐液面的变化，而且要注意油水介面的变化，以防油水介面太高影响原油脱水器的正常操作；油水介面太低时又会使污水内含油增高，形成浪费。

1. 油罐的安全高度

收发油时，要准确的测定罐内油位，防止溢罐和抽空，同时，油罐的安全高度，要根据不同的油罐进行具体的确定。在确定安全高度时一般设计到油罐的容量，灭火时所需要的泡沫厚度，所存油品的闪点，油罐量油孔的高度，泡沫发生器装置的位置等。

油罐操作时的安全高度，可用下列公式简算

$$H = h_{总} - (h_1 + h_2 + c)$$

式中　$h_{总}$—— 量油孔顶面距罐底高度；

h_1 —— 量油孔顶面距罐壁顶面高度；

h_2 —— 泡沫箱进罐孔最低位置距罐顶高度；

h_3 —— 量油孔距出油管的顶面高度；

c —— 常数，考虑不同油品闪点不同，消防泡沫应需的厚度不同（一般闪点越低要求泡沫厚度越大，c 也就越大），另外考虑到油品进出油罐的排量大小，进出油管直径大小，一般排量大，管径大 c 值就大。一般根据经验 c 值取 20 ～ 40 cm。

油罐的最低操作油位，主要应考虑油罐的出油管线位置，出油管直径，输油泵的排量，油品性质，油品温度等。油罐操作时的最低油位，可用下面公式简单计算：

$$h = h_{总} - h_3 - c$$

2. 油罐计量系统

长输管道的 SCADA 系统中，油罐计量系统如图 5－51。数据显示提供每个油罐液位和温度的信息，还显示每个油罐计算出的液体体积。将液位从英尺和英寸转换到桶或加仑，所依据的是每个罐的单位高度容量表或油罐增量系数。其它的数据显示还包括根据用户程序要求给出每种成品油或每个发货人的库存报告。为了方便管线的操作和生产安排，剩余储存体积也被计算和显示出来。

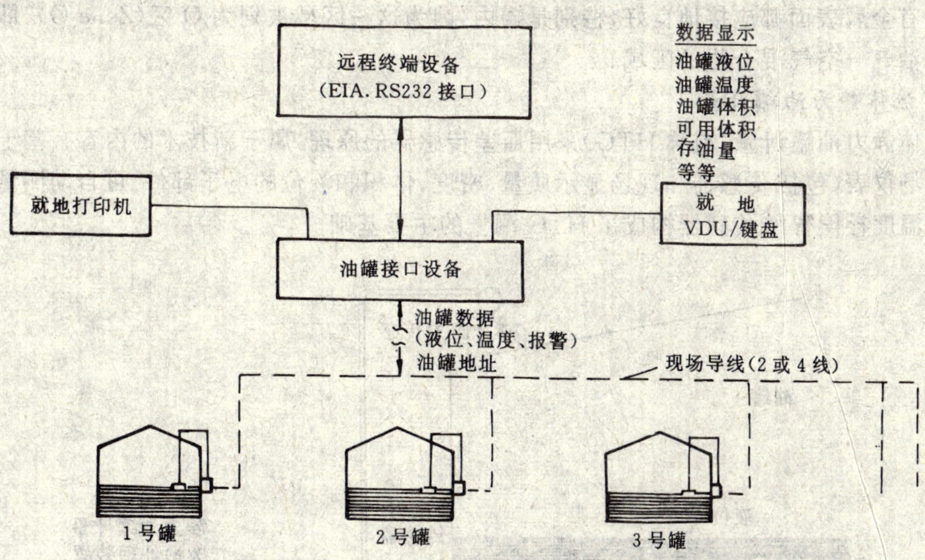

图 5－51　远程油罐计量系统

油罐单位高度容量表列出油罐整个高度上每 1 mm 的测量体积。由于这要输入和存储大量的数据，一般都使用油罐增量系统。增量系统是每增高单位高度（1 mm）所增加的体积。对具有相同体积增量的油罐而言，增量系数与所使用的单位有关。如果由于油罐形状变化或有浸入物体使体积增量发生改变，则只要某部分的体积变化均匀就可使用某一新增量系数。油罐增量系数表在油罐特定液位范围内会因此仅有 20 到 30 个增量系数。一旦微处理器从油罐检测仪表中采集到液位数据，液位计量程序就会把直到油罐测量液位的所有体积增量相加，求出罐内液体总体积。

3. 伺服液位仪表

伺服液位仪表一般安装在罐顶或是立管上，通过从仪表中伸出的一条软绳吊着的一个小平衡浮子来工作。平衡浮子部份浸入水中，由于其相对密度比水大，因而要沉入水中，但由于来自伺服仪表机械机构的反向拉力，它在油藏的液位处保持平衡。这时悬吊绳是拉紧的。液位变化时，伺服仪表检测出运动，悬吊绳随油罐液位的变化继续保拉紧的平衡状态。这一运动或者传到表头内机构的液位指示机械中，或者以电信号传入远程数据采集系统。由于在伺服仪表中使用了磁性耦合技术进行运动传递，因而油罐内的物质不会扩散到表头。伺服液位仪表在欧洲的监控输油计量中被广泛使用，其精度可达±0.015%。

立式圆筒形油罐罐顶平面罐内压力、温度变化、承重（如罐顶 一个或几个仪器仪表）等原因将产生变化或弯曲。另外，罐壁或外壳也会因内压而变形，加剧了罐顶的弯曲。为了避免这些潜在误差，伺服机构安在一个伸出罐顶的立管的顶部。罐顶伸出部分的设计应满足罐顶移动不影响立管的要求。在固定顶油罐上，立管和罐顶的密封采用橡胶密封，这样即能允许罐顶的移动又保持了罐内密封的蒸气压力。立管上有孔使油品从罐中流入主管内腔。这些开孔消除了罐和管可能存在的相对密度差。

在输油监控中广泛利用的浮顶油罐中，油罐导向杆可作为立管使用，不需要在油罐中再装管子。

所有金属表面都应接地良好，特别是罐内，因为这一区域被划为 O 区(Zone O)，即总是存在易爆油气—空气混合物的区域。

4. 流体静力油罐计量

流体静力油罐计量（或称 HTG）采用压差传感器的原理，属于新技术的内容有基于微处理器的现场仪表，包括传感器和现场显示质量、密度、体积和液位的电子部件。可自动测量以及一体化的温度补偿智能传感器构成了 HTG 测量的主要基础。

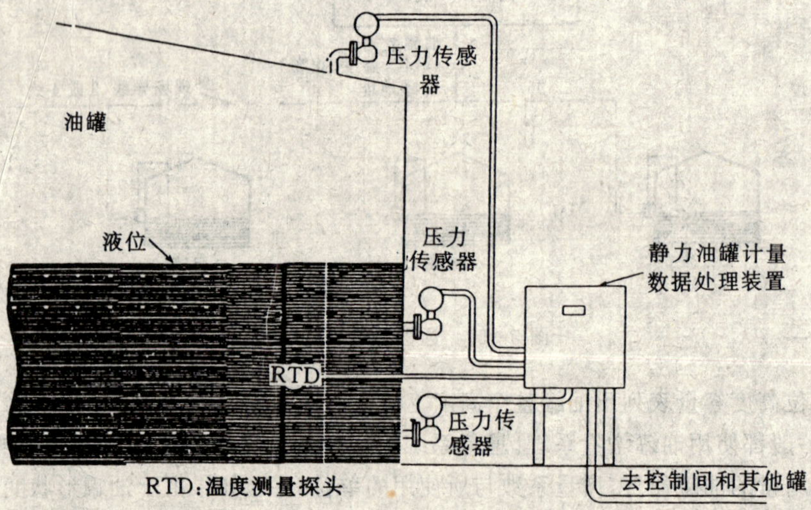

图 5-52 静力油罐计量

图 5-52 表示立式罐 HTG 测量中所应用的典型仪表。上部和下部的传感器可进行质量测量，因为

$$质量=(P_1-P_2)\times面积$$

油罐底面积数据与油罐的液位高度和体积有关，这些数据可从油罐单位高度容量表中查到。油罐单位高度容量表是进行现场油罐标定的指定测量公司作出的。该表考虑了所有浸没附属物和罐壁凹进对液位高度和液体体积增加的影响。

为了更精确地计算质量、热膨胀和机械变形的影响，可使用油罐数据库中的数据进行补偿。同样，由液体质量化所引起的罐壁变形误差可以由如下办法来减小，尽量以当油品泵入泵出时不受罐壁位移影响的方式安装传感器。

HTG 是一个质量测量系统，所以它可以对一些原来在油罐中无法测量的油品进行有效的测量，比如对只有对每个罐加蒸汽时才呈液态的沥青的测量。对这类产品的监控输油结算通常采用在油罐车离开厂区对罐车称重的办法完成（当然，首先要对空车称重）。

采用中部和底部的压力传感器进行密度测量，由于

$$\text{密度}=\frac{P_1-P_2}{H}$$

式中 H 为 P_1 和 P_2 间的距离，在安装罐时就已精确地测量出。可自动偏移校正传感器，比以前使用的传感器的精度更高。

密度是由底部和中间压力传感器测量出的，而液位则是由底部和上部传感器所确定的值加上底部传感器至罐底的高度。所以，质量和密度是测量数据；而罐液位和体积是计算数据，这些数据又都以与罐底面积相关的油罐单位高度容量表为基础。

HTG 系统的整体精度取决于：

（1）压力传感器的精度；

（2）油罐测量数据，如 P_1-P_2，油罐圆周长及高度的测量值。

高性能传感器内置了适应环境温度变化的温度补偿装置，极大地改进了传感器的精确度，使 HTG 成为有吸引力的油罐计量换代系统。HTG 是非浸入油罐测量系统，不像伺服液位测量系统那样需要有运动部件。

如果需要获得罐内油品质量的测量参数，HTG 可提供直接的在线测量，而其它液位测量系统则必须先有密度值再计算质量。这些系统所用的密度值是从油罐中取样，后在试验室中测定的。经过一段时间，实验报告出来后，密度值才能输入系统，将计算出的油罐中油品的质量提供给操作者。

原油/成品油过去通常是在油罐中的流量计系统中以液位和体积来计量。工业上做了大量研究、改进和工业性试验，来使 HTG 成为输油监控用油罐计量系统。HTG 系统供应商可以列出欧美一些主要石油公司安装 HTG 系统的名单。某个在同一油罐安装包括 HTG 在内的各种不同类型液位仪仪表的工业试验，证明了 HTG 作为质量测量方法具有可靠性。

由于质量是直接测量出的参数，所以是最准确的；而液位和体积的测量易于受罐内物理因素变化的影响，比如温度分层差异，在不同液位层密度的变化等等。

温度也可以从罐顶用一温度平均值控测器来测量。垂直的控测器包括有 10 个或更多的 RTD 元件，这些元件连续扫描以确定罐内的油品的平均温度。使用液位测量值以便进行温度平均计算时，只使用那些液面以下测温元件测出的值。

现场 HTG 处理器单元可产生高位、低位、高高位和低低位液位报警信号。在紧急关断信号需发另外独立的液位控制设备时，这些信号可以与现场处理器相连，也可以随油罐数据一起传回操作控制中心。

高性能传感器没有模拟电路，因而改进了 HTG 的测量精度。现场处理器可以确定在测量温度下的密度，该值可以再转换成为标准参考温度下的密度值。密度修正以 API 标准手册为准。

与现场处理器配套的固件(firmware)和软件是非常灵活的，所有与操作有关的报警都可

以考虑到，比如对任一或所有质量，密度、液位和温度报警的切换速率等。当中部探头露出液面时，也会产生一个报警信号。

现场处理器装置可以显示所有这些测量数据和计算数据，并通过通信线路传至位于罐区控制中心的操作控制单元。

整个库区管理系统内的HTG系统中也有其它类型的液位仪表、伺服机构、无线电和超声波仪表。通常，库区数据采集系统是用2线或4线通信电缆将这些油罐计量装置串接在一起的。通信电缆根据系统应用需要，布置成星形、环形或其它形式。

在现有立式罐上改用HTG系统，需要在罐上带压开孔(hot－tapping)，连接压力传感器法兰。尽管施工要冒一点险，但带压接管可以安全地完成。依照公司的安全规程来安装HTG，可以在油不停产的条件下进行。由于在带压接管过程中会产生热量，所以罐内油品液位必须保持高于带压开孔处，以消除局部产生的热量。

现场处理器单元的LCD显示器显示所有油罐数据和报警信号。一些HTG系统使用一种手持式本质安全型装置来获得在线数据测量和报警显示。手持装置还可完成现场诊断。微处理器内的诊断程序连续监视系统的操作运行并向操作控制室发出报警信号来报告问题。这些报警信号可供现场手持装置做进一步的分析判断。

HTG系统质量测量精度一般为±0.04%，相当于152.4 m高油罐液位总误差为±3 cm到4 cm。作为比较，伺服计量机构液位测量精度为±0.3 cm。

基于压差原理测量的HTG成功地避开了以罐顶为基次进行测量所生的问题。伺服机构和无线电类型的仪表从罐顶测量，当装油发油引起罐顶变形时，这些计量系统很容易产生误差。

油品体积既可以从油罐单位高度容积表中查出，也可以用一个四阶多项方程式计算。可用一个手持式装置测试和设定油罐上的高性能传感器。由于没有高性能传感器的现场传输总线协议(Field Bus Protocol)，工业上现在都是使传器匹配于现场处理器单元。

工业用油罐单位高度容积表给出油罐全部操作高度上每一单位变化相应的体积变化。因此，表中包括油罐底面积，体积是面积乘以液位得出的。油罐容积表也可转换为增量表，表中对油罐所有均匀体积变化的部份给出了标准增量值(每一最小高度部份的体积)。油罐油品总体积就是所有到液位高度的这些增量体积之和。体积与罐液位的变化关系也可用一个多项式来模拟，该多项式的复杂性随罐液位和体积的非线性关系不同而不同。

5. 手工油罐检尺

叙述手工计量是因为许多管道公司在原油的输油监控中仍用这一方法来计量大宗油品。不管油罐计量的方法是手工还是自动，在测量和校验过程中都容易产生人为的工作误差，将数据自动记录件传输至SCADA主站计算机中，可以消除人为记录时可能发生的液位、温度或罐号等的记录错误。人为工作误差会引起终端体积盈亏值的变化。大的错误很容易被察觉并得到纠正，而小的工作误差则不易察觉，如果不正确的工作方式不能被认识并改正，积累起来将会造成严重的后果。

有两种基本的测量油罐液位的方法：实高法和空高法。图5-53为一个对常见固定顶油罐测量所用的这两种方法的示意图。实高深度是指罐内液体的深度，是从液体表面到罐底或到基准板的距离(见图5-53(a))。空高，或称液上高，是指从罐内液体表面的罐顶参考点的距离(见图5-53(b))。

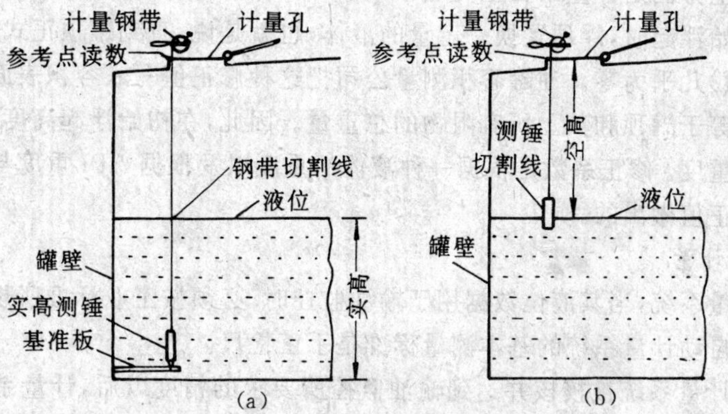

图 5-53　实高和空高油罐计量

基准板是一块水平的钢板，固定在罐底板上，位于计量孔和参考点的正下方。基准板为量油尺浸入液体内进行液位测量的实高测量钢带提供了一个固定的接触平面。参考点是罐顶计量孔内的一个标记。它可能是一块小钢板或是计量孔内凿出的窄凹槽。这一点确定了参考高度，即从参考点到罐底基准板的距离。这一距离值通常指示在顶靠近计量孔的一块铭牌上。测量带是一根其长度大于所量罐高的连续钢带。测量钢带使用前必须校核，以后至少每年校核一次。

确定罐内装卸油的体积必须包括两次测量：一次在输送的开始或开阀时；一次在输送的结束或关阀时。两次测量容易引起线性测量误差和产生测量方法误差。为了尽量减少这些误差，在两次测量时，使用同一钢带同一计量孔（即带有基准板的计量孔）检查参考高度。两次测量时，罐顶应站有相同数量的人员以避免罐顶变形影响液位测量。计量时，应做至少两次完全相同的测量，这些测量数据应与计量时间和数据、罐号、参考深度、水和沉积物、温度等一起记录下来。

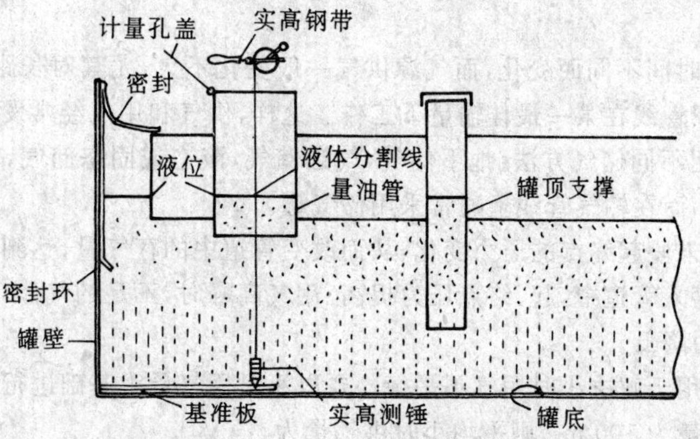

图 5-54　浮顶罐—手工计量

浮顶罐的计量用相类似的办法，或者从罐顶、或者从固定的计量平台，通过浮顶的计量孔测量。图 5-54 画出带人工计量孔的浮顶罐。当罐顶自由浮动时，用实高钢带和测锤量出基准板到量油孔内液面的高度。当罐顶落在垂直支撑上时，则测量基准板至液面的高度。类似的测量的也可在浮顶上方固定计量来台上完成。

在罐顶刚开始浮起时，浮顶置换一定量的液体，也就是说，直到罐顶正式浮动之前，液体体积增加(体积增量)几乎为零。油罐容积测量公司把这种修正值写入容积表面和增量表中。被置换液体的重量等于罐顶和其上所有限物的总重量。因此，在初始浮起高度进行体积修正时，还要考虑液体的重度。修正系数是根据一种液体的重度以及根据 API 重度与容积表中给出的标准重度值的修正值做出的。

6. 自动油罐计量

一个油罐计量系统，当其液位数据用于输油监控时，必须按工业标准所规定的严格的方法进行校核。校核自动计量系统的基本测量标准是手工检尺。

在自动油罐计量系统被校核并达到输油监控所要求的精度以后，计量系统还必须得到良好的日常维护。仪表应按制造商建议的方法每月检查一次。仪表读数每两星期与手工检尺值核对一次。当十次或十次以上手工和仪表测量的偏差平均值超过预先规定的偏差时，就应对自动计量系统进行重新标准。

应为每个计量仪表建立过程控制图或过程控制记录。

7. 原油罐取样

管道公司规定了输原油沉淀物和水(BS&W)的百分比含量。管输原油 BS&W 值一般小于 1%，在原油罐区，原油也许会在罐中存放一些日子。在这段时内，水和沉淀物会从原油中分离出来，沉积在罐底。这就要求油罐具有能在罐底将这些日积月累分离出来的积水排出的能力。由于输油监控的需要，必须确定罐中原油的重度。这通常要靠从罐中取出油样，在实验室进行测定来完成。

罐中原油样品可以从装在罐上的取样阀中取出，也可以人工放入取样瓶在不同罐高处取样。石油工业中，这一操作叫做“取样”，所用工具叫“取样器”。取样器有简单的瓶型容器，也有具有传统结构的容器，它们带有可关闭容器底部和顶部阀门的绳索。

四、储气罐

用户用气量随时间不同而变化，而气源供气一般变化不大，尤其对长距离输气管，为求得最高的效率，总希望管线在某一最佳输量下工作。这样，供气和用气经常发生不平衡。为此在输气管线中，可采用不同储气方法：地下储气，气罐储气，液态或固态储气，输气管道末段储气等，均衡这个矛盾。而在输气管线上通常采用储气罐。

利用长输管道末段起终点的压力变化，从而改变管道中的存气量，达到储气的目的。用气低峰时，多余气体存入管道中，起、终点压力提高。用气高峰时，不足的气体，由管道中积存的气体弥补起、终点压力降低。

气罐储气主要用于解决小时用气不平衡。要以小时用气量为基础进行储气容积的计算。

若以全天供气量为 100 m^3，则平均小时供气量为

$$\frac{100}{24}=4.17 \quad (m^3)$$

用气量低于 4.17 m^3 的时间就是气体进入储罐的周期，用气量高于 4.17 m^3 的则是气体从气罐进入管网的周期。因此，储气的理论容积，等于气罐工作曲线最高值与最低值之差。

例如日用量为 1500 000 m^3，气源一日内连续均匀供气。小时用气量及理论储存容积的计

算结果见表 5-4。

表 5-4　理论储气容积计算表

小　时	供气量累计值	用气量		气体的理论储存量	小　时	供气量累计值	用气量		气体的理论储存量
		小时值	累计值				小时值	累计值	
1	2	3	4	5	1	2	3	4	5
0—1	4.17	1.90	2.27		12—13	54.17	4.90	48.58	5.59
1—2	8.34	1.51	3.41	4.93	13—14	58.34	4.31	53.39	4.59
2—3	12.50	1.40	4.81	7.67	14—15	62.50	4.75	58.14	4.36
3—4	16.67	2.05	6.86	9.81	15—16	66.67	4.75	62.89	3.78
4—5	20.84	1.58	8.44	12.40	16—17	70.84	5.82	68.71	2.13
5—6	25.00	2.91	11.35	13.65	17—18	75.00	7.60	76.31	—1.31
6—7	29.17	4.12	15.47	13.70	18—19	79.17	6.16	32.74	—3.30
7—8	33.34	5.08	20.55	12.79	19—20	83.34	4.57	87.04	—3.70
8—9	37.50	5.13	25.73	11.77	20—21	87.50	4.48	91.52	—4.02
9—10	41.67	5.21	30.94	10.73	21—22	91.67	3.25	94.77	—3.10
10—11	45.84	6.32	37.26	6.58	22—23	95.84	2.77	97.54	—1.70
11—12	50.00	6.42	43.68	6.32	23—24	100.00	2.46	100.00	0

表 5-4 中第 2 项与第 4 项之差即为该小时末气体的理论储存量(气罐中应有的气量),故第 5 项中最大值与最小值之差,就是理论储存量占日用气量的百分数:

$$13.70-(-4.02)=17.72$$

日用量为 1 500 00 m^3,理论储气容积为

$$1\ 500\ 000\ m^3 \times 17.72\% = 265\ 800\ m^3$$

确定储气罐的实际容积时,还应考虑到供气量的波动、用气负荷的误差、气温等外界条件的变化以及储气罐有效容积利用系统等。故实际容积总大于理论容积,有一定的富裕量。

计算日用气或月用气不均衡所需的储气容积的基本原则与上述计算小时用气不均衡所需储气容积的基本原则相同。

1. 低压气罐

低压气罐有湿式和干式两种。低压气罐的特点是它的储气容积能在一定范围内变化。

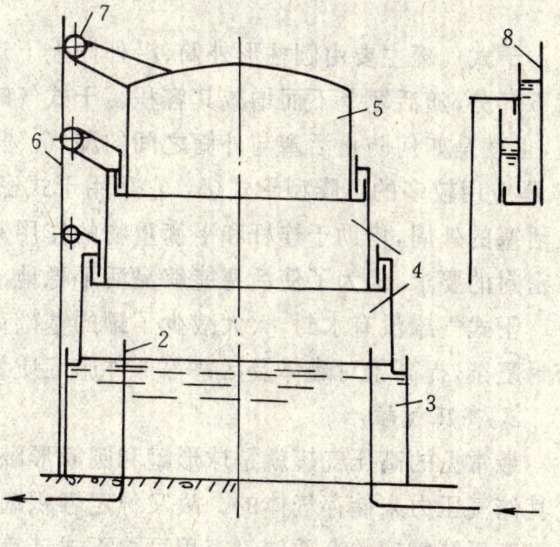

图 5-55　多节直立式湿式气罐

1—进气管;2—出气管;3—水槽;4—塔节;5—钟罩;6—导向装置(导轨立柱);7—导轮;8—水封

图 5-55 为湿式直立罐,它由水槽、钟罩、塔节、水封、顶架、导轨立柱、导轮、增加压力的加重装置及防止造成真空的装置等组成。气罐的进出气管可以分为单管及双管两种。当供应的气体组分经常发生变化时,使用双管——进气、出气各一根管子,以利于气体组分混合均匀。

单节低压湿式气罐容积一般不超过 3 000 m^3,大容量的为多节罐。

另一种低压湿式罐——螺旋罐如图 5-56 所示。这种罐没有导轨立柱,罐体靠安装在侧板

上的导轨与安装在平台上的导轮之间的相对运动，使其缓慢旋转上升或下降。螺旋罐的主要优点是比直立罐节省金属 15%～30%，且外形较为美观。故在我国得到广泛应用。

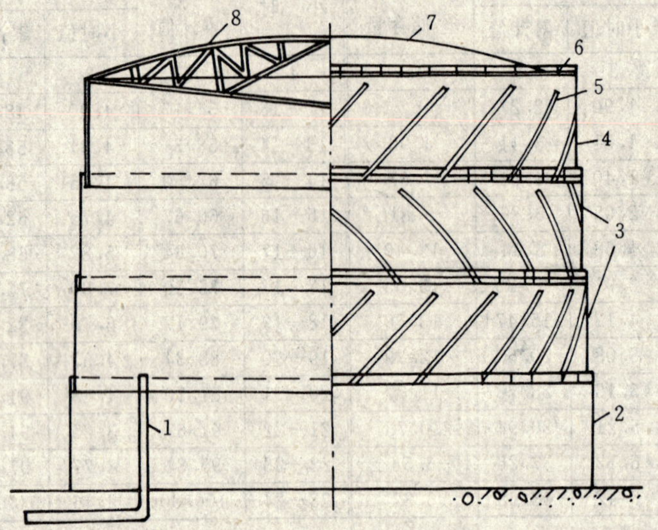

图 5-56　螺旋罐示意图

1—进气管；2—水槽；3—塔节；4—钟罩；5—平台；6—平台；7—顶板；8—顶架

干式气罐主要由圆柱形外筒、沿外筒上下运动的活塞、底板及顶板组成。气体储存在活塞以下部分，随活塞上下而增减其容积。干式气罐没有水槽，因而产生复杂而不易解决的密封问题，也就是如何防止活塞与外筒之间的漏气。根据密封方式不同，干式气罐的形式很多。图 5-57 是应用较多的可隆型干式罐。它采用干式密封。由树胶和棉织品薄膜制成的密封势圈安装在活塞的外周，借助于连杆和平衡重物的作用紧密地压在侧板内壁上。这种结构已经满足了气体密封的要求，但为了使活塞能够灵活平稳地沿侧板滑动，还要定期注入润滑脂。

干式气罐没有水封，大大减少了罐的基础荷载，有利于建造大型储气罐，又节约金属。但因密封复杂，提高了对罐体及活塞等部件施工质量的要求。

2. 高压气罐

最常见的高压气罐就是球形罐和圆筒形卧式罐。高压气罐的几何容积固定不变，而是靠改变其储气压力来储存气体的。故又称定容积罐。

高压储气罐的有效储气容积可按下式计算

$$V = V_c(p - p_c)/p_0$$

式中　V —— 气罐的有效储气容积，m^3；

V_c —— 气罐的几何容积，m^3；

p —— 最高工作绝对压力，Pa；

p_c —— 气罐最低允许绝对压力，Pa；

p_0 —— 工程标准压力，$p_0 = 101\ 325$ Pa。

储罐的容积利用系数，可用下式表示

$$\varphi = \frac{V}{\frac{V_c p}{p_0}} = \frac{V_c(p - p_c)}{V_c p} = \frac{p - p_c}{p}$$

通常储气罐的最高工作压力 p 已定，欲提高容积利用系数，只有降低储罐的剩余压力，即最低允许压力 p_c，而它是受到管网压力的限制的，其值取决于罐出口处连接的调压阀的最低允许进口压力。为了降低罐的最低允许压力，提高储罐的利用系数，而又不影响对管网供气，可以在高压储气罐内安装引射器。当储气罐内气体压力接近管网压力时，就开动引射器，利用经过储气罐站的高压气体的能量把气体从压力较低的罐中抽出来，送入供气管网。使用引射器时，必须安装自动开闭和控制装置，否则管理不当，会破坏正常工作。

通常在高压储气罐站的入口处安装逆止阀，防止干线停气时，储气罐内的气体倒流。

3. 高压管束

高压管束实质也是一种高压储气罐，不过因其径较小，能承受更高的压力。高压管束储气是将一组或几组钢管埋于地下，利用气体的可压缩性及其高压下同理想气体的偏差进行储气。天然气在 16 MPa 和 15.6℃的条件下，比理想气体的体积小 22%左右，使储气量大为增加。

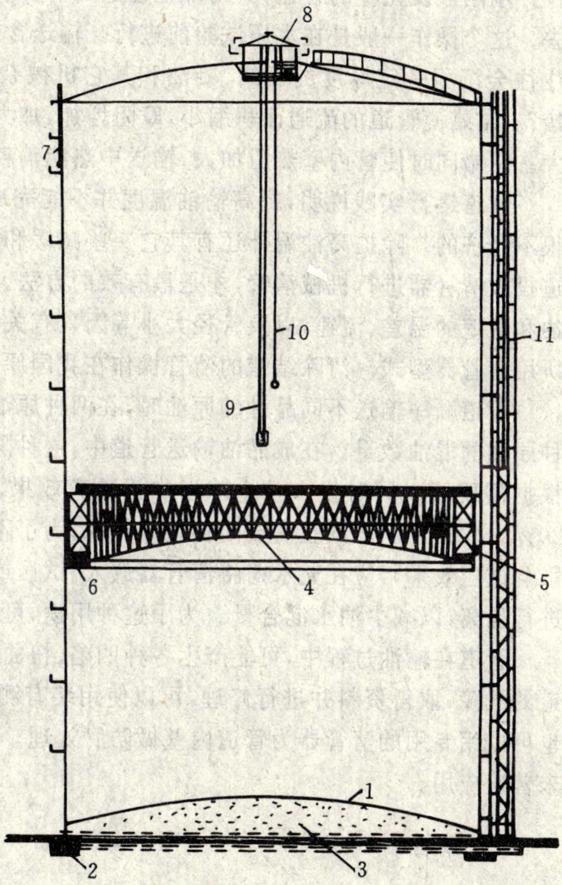

图 5-57 可隆型干式气罐示意图

1—底板；2—环形基础；3—砂基础；4—活塞；5—密封垫圈；6—加重快；7—燃气放散管；8—换气装置；9—内部电梯；10—电梯平衡块；11—外部电梯

§5-5 清 管 器

清管器指将一特殊器具置入管道内，靠泵送的介质推动器具在管道内行走，以完成某种指定的任务。通常清管操作完成的任务有：

(1) 施工阶段排除管道中杂物；输油期间，定期清除通常管道内壁上的积蜡、杂物、锈蚀物与积水；

(2) 顺序输送中，对不同品种原油(或成品油)加以隔离以减少混油量；

(3) 在管道充水或排水时控制水头；

(4) 检查管道的凹陷、扭曲与过度腐蚀；

(5) 为管道内壁做防护涂层。

刚刚敷设完毕的管道，其内部往往遗留许多石块、手套、泥土等杂物，需要从管道中清除出去。这个操作一般是在水压试验前进行。输送含蜡原油的管道，工作一段时间之后，管内壁上往往会沉积一定厚度的石蜡、凝油和其它机械杂质混合成构成的沉积物，也即通常所谓“结蜡”。结蜡使管道的流通面积缩小，摩阻增加，加大了输送的动能消耗，对管道输送量的影响很大。结蜡同时使管内壁热阻加大，输送中热能消耗有所减少。

管道运行实践说明，提高输油温度并不能完成防止结蜡，而且提高油温会多消耗热能，是很不经济的。除提高油温外还有其它一些减缓和清除结蜡的措施，但经验证明，唯有定期向管道投放清管器进行机械清管，才是最有效的方法。原油中石蜡的析出和沉积与原油的温度、原油和管壁的温差、流速，以及管径大小等因素有关。应根据管道的具体情况确定清管的周期及所用清管器型式。清除结蜡的清管操作在我国原油管道上已普遍进行，并且已经制度化。

管道顺序输送不同品种的原油时，在两种原油之间放入清管器加以隔离，能够大大减少两种原油的混油数量。在成品油输送管道中，这种隔离特别重要。通常使用清管球做隔离之用。根据需要可以同时投入几个球以加强隔离效果。根据外国资料，使用清管球可减少混油量20%～40%。水压试验需要向管道灌充水，为了不使水中混入大量空气（水中含有大量空气将影响试压效果），应在充水前将清管器放入。试压或热水试运完毕投入原油之前，也应以清管球进行隔离，以减少油水混合量。为了这种用途，可以应用清管球或盘式清管器。

管道在输油过程中，可能产生各种凹陷、扭曲变形以及严重的内壁腐蚀。为了及时发现管道的故障，取得资料并进行修理，可以使用装有测量用的电子仪器的清管器在管内进行检测。也可以用专用的清管器为管道内壁做防腐处理。这种检测与做内防腐的特殊清管器在我国尚未普遍应用。

一、清管器

通常，用于输油管道的清管器，按其功能可分为清扫型与隔离型。

1. 清扫型清管器

清扫型清管器用于输油期间清除管壁上沉积的蜡和锈蚀物等杂物。这类清管是由金属主体、圆盘和清扫件构成。圆盘起着导向和密封的作用，由人造橡胶制成。为了增加与管内壁的密封效果，通常圆盘直径比管内径大 2～3 mm。清扫件由热处理的不锈钢丝刷或人造橡胶刀片制作。钢丝刷可以做成固定，或由悬臂弹簧支撑。前者多用于小口径管道；后者用于大、中口径管道，而且能适应口径的不规则形状。刀片式清扫件也由悬臂弹簧支撑，悬臂弹簧能使清扫件与管臂紧贴，加强清扫效果。钢丝刷用以清除坚硬的沉积物，刀片适于清理松软的沉积物。清管器前方顶部留有数个旁通小孔（不用的可用塞封堵）。旁通孔的作用是控制清管器的走行速度，其速度以 1 m/s 为宜。过快则加剧圆盘的摩损，并影响清除效果。旁通孔的油流还可冲洗钢丝刷或刀片，使管壁上的沉积物容易冲掉，悬浮在油流中。这种清管器一般都通能通过曲率半径 1.5D 的 90℃弯头。

另外一种简易型清管器外貌呈炮弹形，是由聚酯泡沫塑料制作的。头部为半球形或抛物线形，外涂耐磨、耐油的聚氨酯橡胶，外表面并缠有金属带或有弹性的聚合物带，起清扫作用。这种清管器有较好的适应管道截面变形的能力，但清扫效果不如前面介绍的金属主体带有钢丝刷或刀片的清管器。泡沫塑料清管器靠超尺寸获得密封效果。密封效果关系到清管器在管内的行走能力。尺寸必须适当，过度超尺寸造成清管器快速磨损。

2. 隔离型清管器

有圆盘式和球式两种清管器。隔离型圆盘式清管器和清扫型圆盘式清管器的主要构造基本相同，只是没有清扫用的刷子，对密封性能要求严格。圆盘式清管器的能过曲率半径 1.5D 的弯头。

双向作用隔离型清管器。其圆盘由硬质橡胶制作。它的特殊用途是在管道进行水压试验时，用试压水把清管器推至试压段末端，将管中空气排空。水压试验完毕，又用压缩空气把清管器顶回。顶回过程就把试压用水排至别一个试压段中。这样做可使试压段中不存空气，保证安全和试压的准确性，同时也解决了试压水的重复使用问题。

球式清管器(俗称清管球)是经常使用的隔离型清管器。在国外，广泛用于管道施工阶段的扫线和投油操作。清管球由橡胶或塑料制成，内部充水。充水后的球直径，一般约比管道内径大 2%。

二、清管设施

清管器通过的管段两端应设有清管器的发送与接收装置。被清管段的长度按照清管器的功能、泵站站址、操作方法、清管器受磨表面的材质以及摩擦条件等因素而定。原油管道的润滑条件较好，清管器通过的极限距离比气管道与其它管道要长。在原油管道中，清管器的极限通过距离为 480 km，清管球为 800 km。但是具体确定清管器通过距离还要根据管道中被清扫物的多少及泵站站址而定。如清管器通过中间泵站并不取出时，该泵站必须有清管器越站流程。

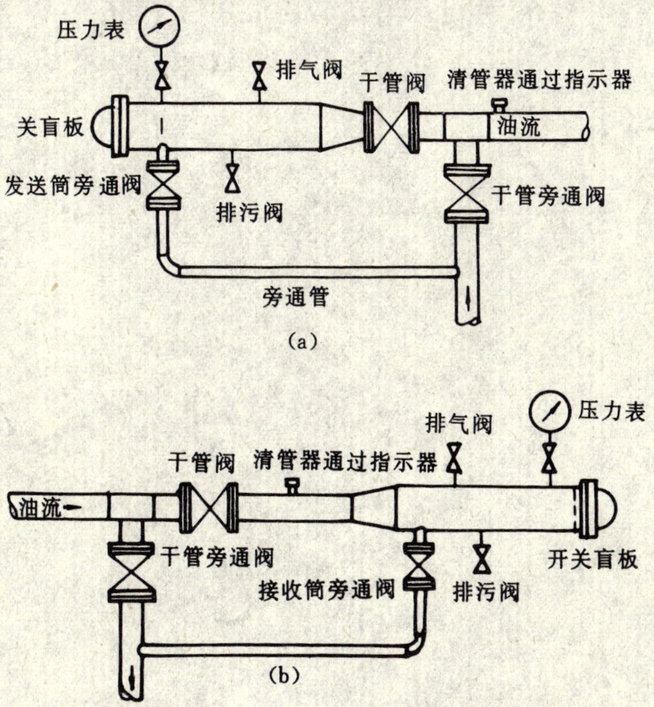

图 5-58　清管器发送与接收设备示意

(a) 发送；(b) 接收

清管器与清管球的发送与接收用专门的发送筒与接收筒进行，如图 5-58 所示。发送筒与接收筒各与干管相接，并另有一旁通管与干管相连。发送筒与接收筒的直径一般比干管内径大50～100 mm。发送筒上旁通接管位置紧靠开关盲板，在接收筒上则紧挨大小头。旁通管的口径一般约为干管口径的1/3。发送筒最好使用偏心大小头，并使大小头的底部和发送筒的底部在同一平面上。发送筒长度应考虑清管器的长度和一次投放的清管器个数。接收筒长度除了考虑一次接收清管球的个数以外，还应留出容纳清出物的容积。筒身上侧设有排气阀，卜侧装有排污阀。发送筒和接收筒上都装有清管器通过指示器。发送筒的清管通过指示器设在发送筒的旁通阀的下游测，接收筒则装在干线阀内侧的短节管上。指示器都应装在管子的上方，以免杂物进入。

第六章 SCADA 系统

SCADA 是英文 Supervisory Control and Data Acquisition 的缩写，即监督控制和数据采集系统。它是一种以监督为基础的计算机控制系统。它能收集远处现场的操作信息，并通过通讯线路将远方信息传送到控制中心进行显示和报告，控制中心的操作员监视这些信息，并能向远方的设备发布监督性质的命令。

本章首先介绍 SCADA 系统的概念和功能，然后介绍 RTU 的基本组成和功能，主站组成和功能，最后简介 SCADA 系统中 HOST 的应用软件。

§6-1 SCADA 系统基本概念

SCADA 系统的主要组成部分是：远程终端设备（RTU）、主站计算机（包括硬件和软件）、操作装置、数据显示装置和控制盘以及有关的外围设备。基本的 SCADA 系统设计方案可以通过分级控制系统（见图 6-1）很好地进行描述。这一方案将仪表、计量、大罐检测通过 RTU 就地控制结合在一起，另外还包括在主站计算机与管道公司的数据处理计算机之间建立接口。

使用 SCADA 系统的主要目的是对地域分布非常分散的设施提供连续监测，并从中央控制室对这些边远设施进行操作控制。由于管道长及大多数情况下穿越地形复杂的区域，所以采用 SCADA 系统通常在经济上是合算的，这是因为采用它可以提高总的操作效率，并可降低因依靠人力一天 24 h 管理边远设备而产生的开支。操作报警的及时报告可以避免管道油品的流失及监督控制使各远端设备工作在较佳状态，节约能源。其它的经济利益可以来自精确和及时地获取输送计量监测数据，用以自动产生用户货物清单、管理报告等。通过提供对系统的一些关键参数如压力、流量、油罐液位等的连续监测，SCADA 系统可保护管道的完好，进而也保护了管道穿越地区的环境。这一点对于穿越敏感生态区的管道来说尤其重要。管道数据通过在管道上安装仪表来测量，仪表通过导线直接与泵站或压缩机站控制室的控制器连接。压力或流量控制器根据就地控制或借助 SCADA 系统远程控制的设定值对工艺参数（压力或流量）做出反应。

如图 6-1 所示，第一级控制系统是现场检测压力、温度、液位和流量等仪表；第二级是就地控制系统，如控制盘、计量系统、油罐计量系统等；以微处理器为基础的 SCADA 系统中的远程设备（RTU）也归为第二级；第三级由中央控制室的主站计算机构成；第四级是数据处理计算机系统，数据处理计算机设在管理机构的数据处理中心或管道控制中心。

20 世纪 60 年代以前，就已存在多种形式的监控和数据采集系统。早期继电器用于扫描、报警及模—数转换，后来继电器逐渐被半导体元件取代，半导体元件又被小型计算机和微型计算机取代。这些演变分别发生在60年代、70年代和80年代初，其结果是导致多种技术并存于管道系统。

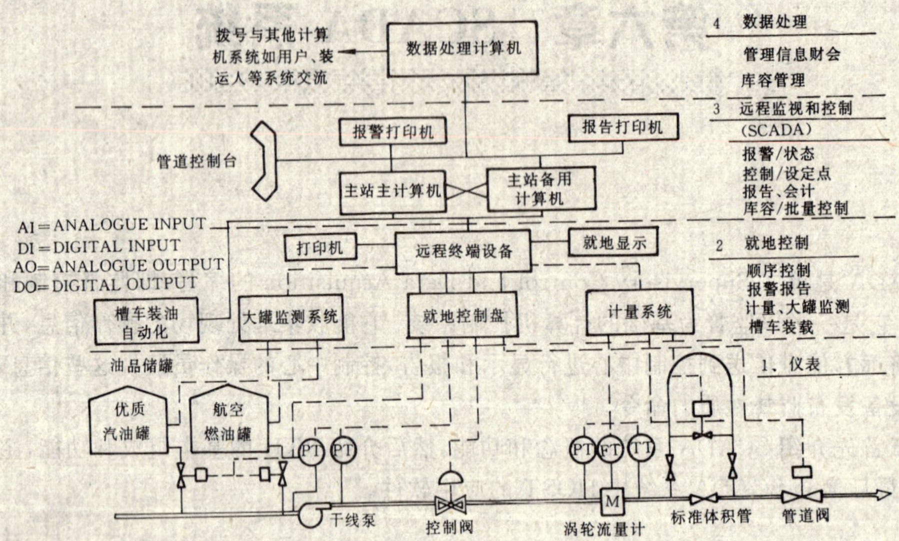

图6-1 管道分级控制系统

AI—模拟输入；DI—数字输入；AO—模拟输出；DO—数字输出

70年代初期，电气设备制造商推出可编程序逻辑控制器，它们最初是被直接用来取代控制继电器的。可编程序逻辑控制器(PLC)发展成为以微处理器为基础的系统，可提供复杂的顺序逻辑、控制回路的PID算法，并可与其它计算机或PLC通信。PLC也具备将输入/输出硬件远距离地分布在靠近工厂现场的功能，以最大程度地节省控制线。

70年代中期，许多过程控制仪表供应商将分布式过程控制系统引入现场自动化。随着这些分布式系统的出现，许多重要的仪表系统制造商生产出品种多样的分布式控制系统。分布式控制多路复用数据和控制信号从中央控制室以超高数据传输速度(典型的是1 MB/s级或更高级)发出或接受。就地比例积分微分(PID)回路控制算法及一些顺序逻辑和就地人一机界面都包括在远程终端设备里。该系统可达到的基本功能是使控制分散到真实的工艺而不是在一些远离现场的控制室里。

通信频道带宽是管道控制系统的一个制约因素。微波现场、电话线频道通常可提供1 200 bite的数据传输速度，也可高达9 600 bite，这主要取决于可提供的频道条件。有些分布过程控制系统制造商在上述波段速度范围提供数据通信接口能力，以使这些系统可直接为管道SCADA系统所运用。可编程序逻辑控制器，利用其计算机通信能力，也可应用于管道SCADA系统，PLC和分布式系统提供模拟和数字两种控制功能。大多数管道监控系统制造商已开发出具有模拟、数字和顺序控制功能的装置，通常称为专用RTU。图6-2是由专用RTU单元构成的SCADA系统方案，图6-3是由分布式系统构成的SCADA系统方案，图6-4是由PLC单元构成的SCADA系统方案。专用RTU、分布式系统、PLC单元都可作为站控系统的核心，它们相对SCADA系统主站，从位置上都属于远程设备。

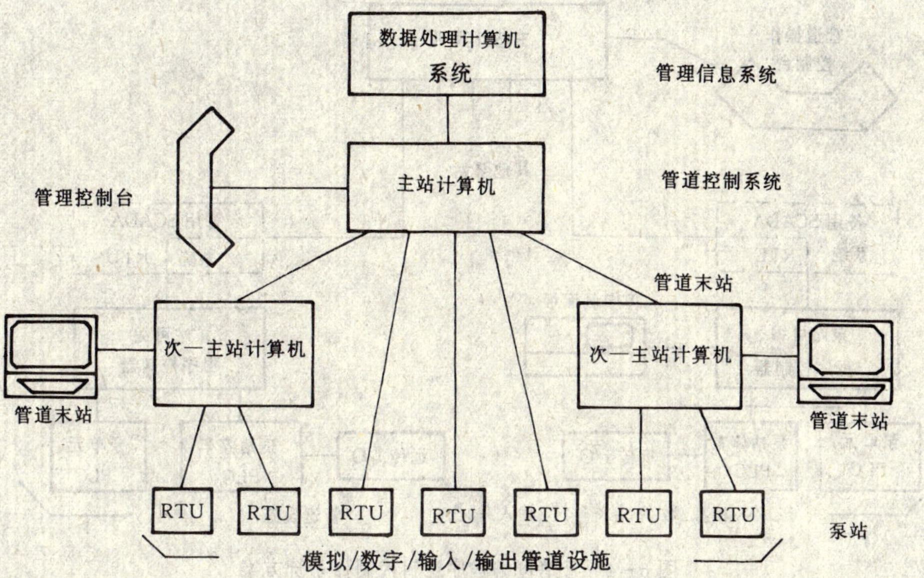

图 6-2　管道 SCADA 系统方案

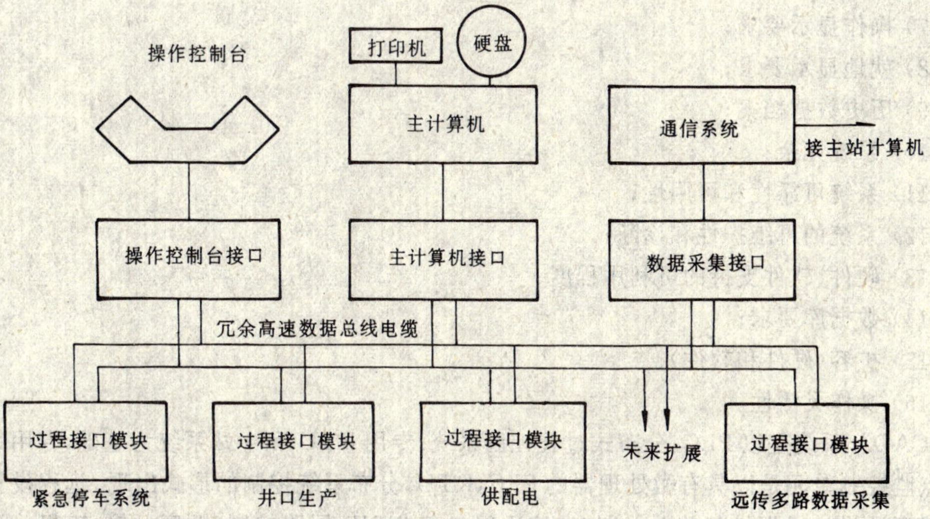

图 6-3　分布式过程控制系统方案

当考虑选用哪种类型的 SCADA 系统时，需同时考虑它们的多重优缺点。其中一个需要考虑的重要标准是可获得的应用软件的数量。SCADA 系统配置时需评估以下的功能：

(1) 应用软件；

(2) 顺序逻辑要求；

(3) 模拟回路控制；

(4) 数据通信协议；

(5) 通信频道、带宽；

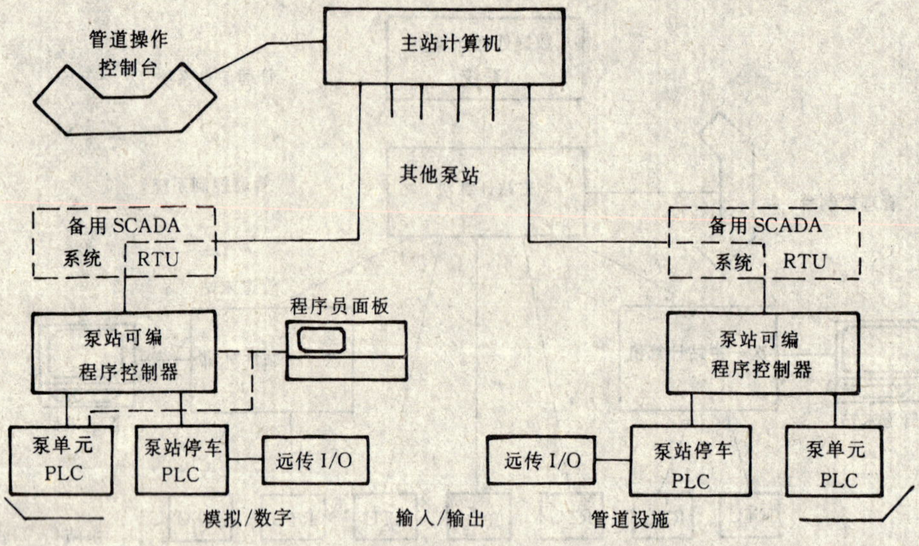

图6-4　管道可编程序逻辑控制器系统方案

（6）系统扫描速度；

（7）操作显示要求；

（8）就地显示要求；

（9）历史数据档案；

（10）系统冗余；

（11）系统可靠性和可用性；

（12）系统的可维护性和诊断；

（13）硬件、软件支持的可利用程度；

（14）数据库要求；

（15）扩容（硬件和软件）；

（16）操作灵活性。

SCADA系统是以PLC、分布式过程控制系统、专用RTU和主站系统为基础，专用每一个远程点监控制单元是以具有微处理器的PLC，RTU，分布系统控制的形式出现。远程设置的微处理器可被设计成提供某些功能，如在该远程点完成PID回路控制、顺序逻辑、工程单元转换以及比例、就地人－机接口等。没有这种设计上的灵活性，这些功能将不得不在主站计算机上完成，亦即需集中计算。随着微处理技术的出现，上述这些功能可以“下放”到远程点，这样提高了系统总体上的可靠性和操作上的灵活性。通常可编程序逻辑控制器可用于泵站、压缩机站、单个机组和地方站控制系统的一个部分，且具备与主站或另一主体PLC系统进行数据通讯，分布式控制单元可用于为加热主站和大罐的监控系统，并与主站通讯。

§6-2　SCADA系统功能

管道调度员可在中控室的彩色VDU终端前监视管线操作数据和报警，所有的数据显示均以管道图表格出现，以做到数据显示、报警清晰。系统报告、报警及操作事件还将通过设在中央控制室的打印机报告出来。SCADA 系统功能如下：

(1) 连续扫描所有的边远设施；

(2) 保存 SCADA 系统数据库；

(3) 生成彩色 VDU 数据及图表显示；

(4) 提供所有的模拟信号高、低极限报警；

(5) 提供所有的油罐液位数据输入，高、低极限报警；

(6) 在 VDU 上显示状态及报警，用声音报警并在报警打印机上打印报警；

(7) 传递控制信号，由管线操作人员通过控制键盘向边远地区传送泵站、末端设施的控制功能；

(8) 在控制室的打印机上打印所有操作人员起动的控制、通信报警；

(9) 询问所有的油罐液位传感器及传输诸如液位、温度和总体积等数据；

(10) 提供三种模式(PID)模拟控制回路及所有干线泵的逻辑顺序控制；

(11) 打印管线数据如流量、吸入排出压力、监测输送体积总量的时、日、月报告；

(12) 将系统操作数据格式化以便传送到会计、计划计算机系统；

(13) 根据每一管段的进出流量计量(自动进行温度、压力补偿)提供泄漏探测监视和报告；

(14) 与油品界面追踪作业相结合，提供日、周管道计划能力；

(15) 在系统计划扩建阶段，提供泵站和末站动力优化的报告；

(16) 在系统计划扩建阶段，提供自动化仪表校正基础；

(17) 在系统计划扩建阶段，提供动态泄漏探测、瞬时模拟的报告。

SCADA 系统设计模式可以包括每一管段的静态泄漏探测系统，以及(或者)在系统设计时也可包括瞬时模拟系统，它将提供动态泄漏探测能力。在管道 SCADA 系统和会计计算机系统间传输的数据包括：

(1) 油罐、油品用途；

(2) 油罐和管道库容；

(3) 管道批量信息；

(4) 管道进度。

对于复杂的管网在操作上分成独立操作的段或区，其中每一部分由一个次主站计算机系统来控制。该次主站系统可同 RTU 通信，并向总主站提供数据传输。为尽量提高数据通过量，主站仅扫描超出设定容量极限的状态变化及模拟参数。此外还提供了其它的扫描容量用来扫描数据，并可能对某些指定的关键参数进行快速扫描。次主站作为主站计算机的前沿处理器完成以下任务：

(1) 询问和预处理 RTU 数据；

(2) 命令控制格式化；

(3) 数据压缩和释放；

(4) 模拟值的限制和偏移检查；

(5) 非授权变化检测；

(6) 参考点自动升值；

(7) 局部事件或报警打印；

(8) 有限的就地监视和控制；

(9) 停车报警和排序。

从主站 VDU 显示屏上获得的信息可以是如下的部分或全部内容：

(1) 水力总结：管道水力条件的实时概述；

(2) 泵站图表：当前泵站状态和模拟数据；

(3) 线总结，模拟批量界面追踪信息；

(4) 批量柱状图：图表显示每一管道中批量信息及预计到达时间；

(5) 油罐液位线：经计算剩余容积的油罐信息；

(6) 相对密度计趋势；相对密度计曲线直观地探测油品变化；

(7) 报警总结：列出当前和最近报警；

(8) 泵运行：详细显示单泵运行时间和启动次数的每月历史资料；

(9) 注入总结：手动和监测注入的状态；

(10) 量表页：显示累积和净量表读数，输入仪表校正系数；

(11) 参数页：列出可由操作人员改变的系数；

(12) 锁定/停用：允许操作人员锁或停用任何可控点或报警。

批量跟踪和得/失应用程序，独立于现场装置，用来模拟原油和成品油通过不同的管道系统的情况。这种信息以线条总结格式显示，代替常规的调度表。程序从字母一数字键盘接受批量和量表信息，根据预测流量计算进入管段的桶数和流出管段的桶数。添加剂应用程序以时间和流量为基础，计算自动和手动泵入管线的每小时、每天、每日的添加剂数量。

有一种特殊的自动化目的，很少在石油工业中应用，就是从实际流量计取得的净容积计量数据可以通过就地 RTU、次主站和主站传到数据处理计算机而不需人工干预。数据处理计算机根据从 SCADA 系统获得的计量数据自动准备发货清单。

次主站计算机允许本机操作人员预先设定几个系统控制功能的操作顺序，当任一选定的事件发生时，触发这一功能。这有助于操作人员预先设定某些事件，如当一个批量完成或当某一油罐抽空等事件发生时，管道输送切换到其它油罐。此时操作人员必须控制阀门、打印票据，以及启停末站油泵。因此，根据选择的功能，当油罐处于低液位时，计算机自动启动这些控制功能。

每一成品油罐当其活动时，也就是成品油运动发生时，都处于被监视状态，即比较油罐内液位的变化与从该油罐抽出油品的计量体积。任何超出预先设定的报警极限的差异都将启动报警，提醒操作人员某些仪表不能正常工作。

从每个 RTU 的涡轮流量计采集到未校正的以桶为单位的读数，在每次扫描时，连同从该计量站采集的温度、压力、相对密度等数据一起传送到次主站计算机。每到 100 bbl，计算机利用温度、压力、相对密度等参数校正采集的体积数，这样可保证这些参数有一个真实的体积一重量平均值。在每一批量输送过程中，计量仪表需经在线标准体积管做三次连续的标定。次主站操作员通过次系统发出一条单一的命令对每一个批量作一次量表标定。

在比较历史数据及通过计算机统计错误分析测试后，接受二次仪表标定结果，自动计算出标定的压力、温度及相对密度等，校正的仪表系数用于计算累计的体积。在每一批量输完后，次主站计算机计算出净桶数票据，发货人即知有多少桶油发出。

当票据或操作状态报告在次主站上打印出来时，还可由操作人员在 VDU 上检查，然后通过 4800 bite 的专用数据线自动地传输到主站计算机，然后操作状态报告传输到计划/预测计算机系统，准备每 30 min 一次的输入、输出比较报告，自动更新 8 h 的操作预测。所有的计量票据都传给位于公司总部办公室的数据处理计算机系统。

计划/预测计算机系统可根据发货部门的输入信息提前准备一个月的预测。计划人员准备超前 10 d 计划，在一实际批量开始输送前，做出提前 8 h 的计划安排。数据自动地从次主站计算机流向高一级即主站计算机及计划/预测计算机，不需人为干预。8 h 预测从计划/预测计算机下达给下一级的次主站计算机。

泄漏探测程序是在冗余主站计算机系统上运行的实时计算机仿真泄漏监测程序。本程序每隔数秒监测所有次主站中的每一压力、体积计量及油品性质。动力优化程序以从计划/预测计算机获得的操作预测为基础，在一独立的小型计算机系统上运行。优化程序可以选择最有效的泵组达到给定的泵的排量。这些计算以管道水力模拟、泵的性能曲线及电力公司的供电计划为基础。

§6-3 远程终端装置

远程终端装置(RTU)是一个术语，用来描述从地理位置上相对中心控制室很远的装置，该装置具有数据采集、控制和通信功能，可以是专用的装置，也可以是通用的监控装置或系统。对于 SCADA 系统，由于各制造商采用的数据传输协议，信息结构和检错技术都不同，为此，从系统构成的统一性角度，各制造厂家都生产有 SCADA 系统中配套的专用远程终端装置，它不仅独立用于数据采集、实现控制，同 SCADA 系统的主站通信，有时还在 SCADA 系统主站与站控系统(如:PLC 系统和 DCS 系统)之间用于传递数据信息。因此在这所介绍的远程终端(RTU)，是指 SCADA 系统的配套专用装置，而用 PLC 和 DCS 实现的站控制系统从地理位置上讲，相对主站它们也可称为远程终端，但许多书中已介绍，在这不涉及它们。

一、RTU 的功能

1. 数据采集

数据可以是来自仪表变送器的模拟量，也可是离散的脉冲/频率信号，某些智能仪器、流量计算机和分析仪表能通过串行通讯将模拟的或离散数据提供给 RTU。RTU 将根据输入数据的类型完成一定的处理。

(1) 模拟输入。模拟数据，例如压力和温度，通常以 4～20 mA 电流形式提供给 RTU，RTU 对其处理后将结果存入 RTU 的数据库。对模拟信号的典型处理过程是：

· 由 I/O 子系统获取原始输入信号；
· 将原始值转化为工程单位值；
· 将输入值与报警限比较；
· 将原始信号、工程单位信号及报警信息存入数据库。

在模拟信号的数据库中通常含有以下信息：

· I/O 地址；
· 工程单位转换因子；

· 工程单位值；

· 报警门限；

· 当前报警状态；

(2) 离散输入。离散输入是一种两状态值输入，两个状态可以表示 ON/OFF，OPEN/CLOSED 或报警条件。离散值有时又称数字输入、状态输入或二进制输入。当由 RTU 读入时，首先检查报警状态，并存入数据库。

(3) 脉冲和频率输入。某些仪表，例如涡轮流量计，能向 RTU 提供代表流量的脉冲串。在处理这种输入时，RTU 能计算当前脉冲速率或频率，这代表瞬时流量。并能对脉冲进行累加，得到累积流量。RTU 对脉冲进行处理的过程是：

· 由 I/O 子系统获得脉冲信号；

· 对脉冲累积；

· 计算脉冲速率；

· 将速率值及累积值转为工程值；

· 对瞬时值进行报警检查；

· 对累积溢出进行处理；

· 将原始值、工程值存入数据库。

(4) 串行输入。在一些复杂的仪表中，串行输出数据方式已越来越普及，这类仪表中提供串行输出的链路，例如 RS－232C。这类仪表如流量计算机、水分析仪、H_2S 分析仪、气体色谱仪、密度计、PLC 等。数据由 RTU 接收后，可处理为对应的模拟、离散或脉冲输入数据，并存入数据库。

2. 控制输出

RTU 的控制输出有两个来源：一个是由 SCADA 控制中心操作员发出的命令经 RTU 输出相应的控制动作；另一个是 RTU 本身发出的对过程的控制信号。操作员发布的控制命令一般是监督性质的信号，例如启/停过程、启/停泵、使压缩机在线设定站的出口压力设定值等，具体的控制一般在当地进行，其控制信号由 RTU 发出，例如阀的顺序动作，以及辅助设备的控制等。

RTU 输出控制信号的形式可以是模拟的或数字的。模拟输出可以表示速度、压力设定值或阀位。信号可以是 4～20 mA 的电流信号或 1～5 V 的电压信号。

数字输出可以是离散输出，用来关/开阀门，启/停装置，也可以是定时的或持续的脉冲输出。RTU 的 I/O 系统中可以提供机械的或固态继电器，它们可以是干式触点或电压电平。

3. 控制回路

若现场需要闭环控制回路，除设备自带控制器外，可由 RTU 就地实现闭环控制，一般不经主站构成闭环控制回路。这就是分散控制概念，控制决策尽量接近过程，这样就把就地控制回路与通讯分开处理，并能以最小的延迟保证过程变量的跟踪。

(1) 模拟控制回路。这种回路一般是负反馈回路，常用的控制规律是 PI 或 PID，具有模拟输入和模拟输出点。

(2) 离散控制。离散控制是 RTU 对一些数字输入或模拟输入作报警处理后的报警信息响应而发出的控制动作，离散控制的算法利用上述两信息组合以及顺序逻辑和时间延迟来实现。这种控制常用于启/停装置，阀的顺序动作等。

(3) 混合控制回路。有的 RTU 生产厂家，允许在同一控制结构中既能作模拟又能作离散控制的功能，这种控制结构称之为“顺序功能表”。它允许利用模拟及离散功能的任意组合实现控制回路。这种混合控制有的时候也称为“批量控制”。

4. 计算

RTU 可以完成一些复杂的计算，以减少发往主站的数据量。通过对 RTU 预先编程，完成用户所需的计算。RTU 可实现孔板和透平仪表计算。

5. 通讯

二者之间通讯信息分两大类：一类是从 RTU 到主站的数据传送，另一类是从主站到 RTU 的监督命令的传送。二者之间相互联系及信息格式和内容的规定，称为通讯协议。通讯协议有多种，有些已成为大家公认的标准。

最常用的协议通常支持主站多点通讯线路对 RTU 进行顺序定时询问，这类协议中，每个信息段都必须包含一个 RTU 的地址信息。扫描数据及计算得到的数据放在传送表内，通讯程序按通讯协议把要传送的数据格式化并加上检错信息。SCADA 主机通过向 RTU 发送一个请求信号来要求 RTU 向它发送信息，当 RTU 读到它的扫描地址以及数据请求信号时，就将离散及模拟的数据表发往主站。

有的通讯协议支持例外报告(report by exeception)，这种方法并不要求每次都将全部数据发往 HOST，仅将离散点和自上次报告以来发生较大变化的模拟数据表送往 HOST。

二、RTU 硬件配置

1. 综述

由于对现有硬件和软件技术的应用有不同的观点，因此，各个厂家的 RTU 硬件配置也不尽相同，但所有的 RTU 都利用微处理机，典型结构如图 6-5 所示。RTU 的硬件和软件设计都是模块化的，这样，在设计 RTU 时就具有灵活性并易于扩展，从而满足了多路传输一定数目的模拟和数字点的具体要求。小型 RTU 是指处理少于 10 个或 20 个模拟和数字信号的 RTU；中型 RTU 数字输入可能会达到 100 个，模拟输入会达到 30～40 个；任何超过 100 个数字输入和 30～40 个模拟输入的 RUT 硬件配置，均视为大型 RUT。

模拟信号处理涉及两种模块：一种用于模/数转换，另一种用于模拟信号电路输入和将信号转换成供给模/数转换器的标准电压。模拟多路转换器输入一定数量的信号，根据制造厂家的设计原则，这些信号可为 4,8,12 或 16 个。因此，如果要求 RTU 传送 20 个模拟信号，假定每个模拟多路转换器卡有 8 个模拟输入通道，那么就需要有 3 个卡。这样，在 RTU 硬件配置中就留有 4 个备用模拟输入。

同样，数字输出可通过继电器、固态继电器触点输出，与泵站电气设备(即电机控制断路器、阀门机动控制继电器等)接口。一个数字输出卡可配备一定数量的继电器，它决定着 RTU 的配置，即决定着满足规定的应用所需电路板的数量。

就地通信接口模块最多可连接 8 个装置，如 VDU 或键盘、打印机、可编程序控制器(两台)、计量/流量计算机、油罐测量系统，以及与主站数据传输的主要功能。主站数据传输应与电话线路或无线电设备接口，通过调制解调器，把数字数据转换成在电话线路或无线电的音频带上传输的频移键控(FSK)频音信号。RTU 通信接口根据“数传机就绪、请求发送、清除发送”等接口信号，对 RS232C 调制解调器进行顺控。当采用无线电设备时，数据的发送将被延迟，以便使RTU的控制输出启动无线电发射机。启动发射机可使发射机射频RF输出的数据在传输前达到稳定状态。数据发送延迟时间约为50～100 μs。

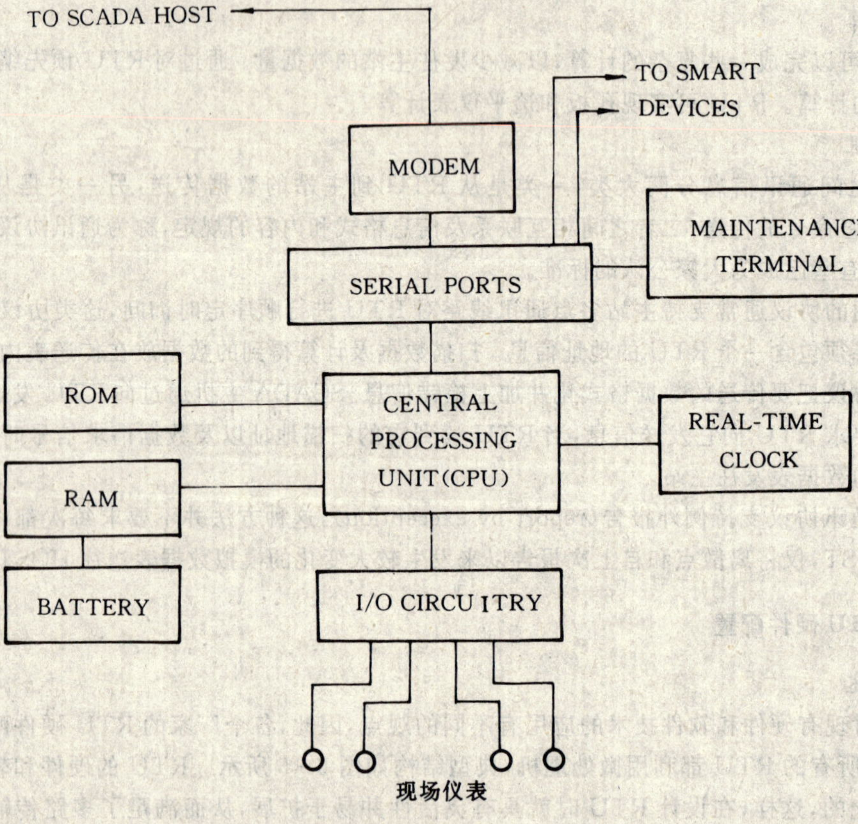

图6-5 RTU的典型结构

有些RTU硬件配置通过数字输入和输出，具备可编程序顺控能力。顺序逻辑可根据AND/OR硬件功能、计数功能或字时功能，使输入信号相互接口，以执行由某些输入信号触发的规定顺序。应用实例有：(a)顺序控制清管器旁通阀，使清管器通过泵站；(b)当校准流量计时，顺序控制标准体积管阀门；(c)向管道发射清管球或清管器。

一般RTU硬件配置模块化可分为模拟输入、模拟输出、数字输入、数字输出、数据处理、通信接口、供电维护试验箱、RTU外壳。由于RTU一般正作在环境转恶劣的地方，其外壳的设计，考虑到：散热均匀，抗电磁干扰、射频干扰、环境温度、强震力等问题，保证SCADA系统的可靠性。模拟输入、输出模块，数字输入、输出模块是RTU数据采集和控制的接口，数据处理模块对输入和输出的模拟量，数字量进行运算和管理，RTU有独立的电源模块，除完成正常电源转变外，为了保证系统的可靠性，一般有充电电池或太阳能电池，其容量能维持RTU自身、无线电收发机、相关仪表、设备工作几个小时，下面着重介绍RTU的通信接口和维护试验箱。

2. 通信接口

通信接口板的芯片用来处理串行数据传输，以异步方式接收和发送数据，并被命名为通用同步收发信机(UART)。处理同步及异步数据传输的微型芯片被命名为通用同步—异步收发信机(USART)。

在异步数据传输中,传送的每个数据字符均包括自己的起始位和终止位,以便每个字符都能独立解码,而不受任何定时信号或同步要求的影响。

通过应用UART基础上的通用数据传输接口,CPU可在一定程度上不受数据字符格式和接口信号与数据调制解调器交换的影响。这种不受影响的意思是指,CPU处理时间用于其它任务,只有当接收到通信接口模块的一个中断时才为主站数据传输提供服务。通信模块可设计用来为数个通信端口提供服务,如提供与VDU、打印机、流量计算机或其它配备有符合EIA,RS232C标准或相当的国际标准的标准串行端口的设备的串行数据通信等。

图6-6是以UART为基础的通信接口板的基本电路布置图。尽管根据应用要求每块板可有多个串行数据信道,每个RTU也可有多块通信板,但图中只介绍了一个UART或数据信道。

UART处理缓冲寄存器数据的并行发送和接收,并把数据转换成串行数据流,连接到调制解调器和通信媒体、电话线、无线电等。波特率发生器确定数据以什么样的数据传输率接收或传送。波特率或比特/秒率可通过在印刷电路板上选择跨线或双列直插式封装开关来建立,一般可用的标准波特率有:110,150,300,600,900,1 200,1 800,2 400,3 600,4 800,7 200,9 600,19 200等。在更为先进的通信接口系统中,波特率可通过软件控制来建立。

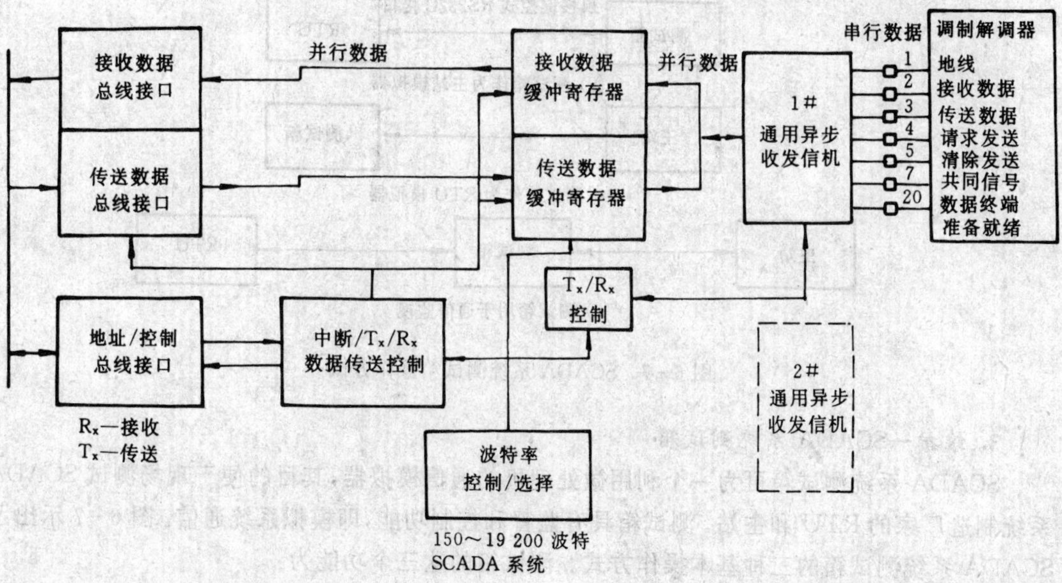

图6-6　UART通信接口基本电路布置图

输入、输出控制选择数据寄存器,用于通信接口板和CPU之间的输入和输出数据传输。中断逻辑产生一个中断,向CPU表明发送数据缓冲器已准备好接收另外一个数据字符。如果接收数据缓冲器接收了一个数据字符,它也向CPU发送一个中断,以便使收到的数据符可被传送一个中断,以便使收到的数据字符可被传送到CPU。发送和接收数据缓冲器之间的数据传输,是在输入、输出和中断控制装置的控制下通过数据总线接口来进行的。

调制解调器接口符合 EIA 标准等级。UART 向调制解调器传送“请求发送”指令，然后接收来自调制解调器的“清除发送”。共用信号(管脚 7)采用标准电压，总体屏蔽可在管脚 1 接地。调制解调器和通信接口板之间另一信号交换是“数据终端准备就绪”，不过这一信号并非始终使用。

在大型 SCADA 系统，如果 RTU 是由许多不同的厂家提供的话，那么，通信接口可能较复杂。所有的 SCADA 制造厂家采用不同的报文和检错协议，遗憾的是，没有统一的标准。为了解决外来数据和检错协议的译码问题，一些系统供货厂商提供了一种利用微处理机的智能通信模块。这种模块将通过预编程序来接收来自另外厂家主站的数据传输协议。当不同厂家协议在各个 PROM 中仿真时，译码协议可驻留在 PROM 中。当需要把一个厂家的协议换成另外一个厂家的协议时，只需要换 PROM 即可。

通常，RTU 调制解调器属硬件的一个单独部件，或有时可单独安装在 RTU 外壳内。例外情况是，有些制造厂家自己设计调制解调器并把它们集成到主 RTU 印刷电路板上，或把调制解调器制备成插入式印刷电路板。

调制解调器的功能是把从 UART 接收到的串行数字数据转换成能在电话线路上传输的模拟信号。同样，调制解调器通过电话线路接收来自主站的数据，并把数据转换成串行数字数据流，输入到 RTU 通信接口板的 UART 上。

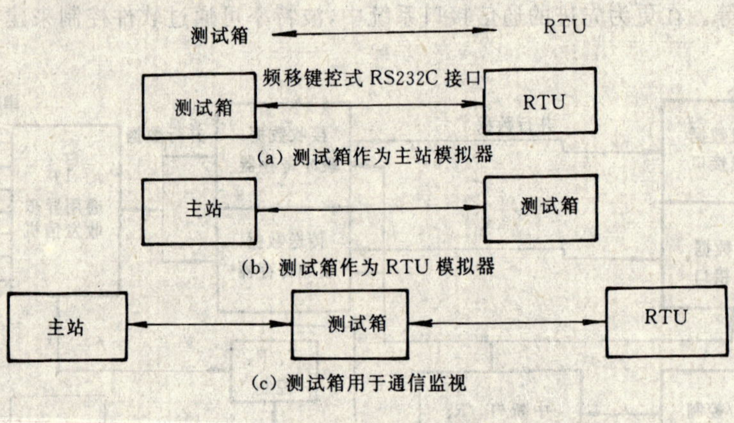

图 6-7　SCADA 系统测试箱操作方式

3. 维护—SCADA 系统测试箱

SCADA 系统测试箱可为一个利用微处理机的通信模拟器，其目的便于现场测试 SCADA 系统制造厂家的 RTU 和主站。测试箱具有监督和控制功能，即模拟系统通信。图 6-7 示出了 SCADA 系统测试箱的三种基本操作方式。测试箱的这三个功能为：

(1) 测试箱能生成通常从主站发送到 RTU 的任何标准数据传输报文，并能数字显示从 RTU 接收到的响应结果(见图 6-7(a))。

(2) 测试箱能以联机方式监视来往于主站和 RTU 寻址的报文，并能用可编程序的应答响应任何报文(见图 6-7(b))。

(3) 测试箱能以联机方式监视来往于主站向 RTU 之间的通信/报文。这种联机监视方式可在 RTU 完成，也可在主站位置完成。在这种方式下，测试箱将不生成响应任何解码数据的报文。因此，其应用对主站和 RTU 都是透明的。这种监视方式对通信信道无不良影响(见图 6

-7(c))。

为了给主站和RTU提供兼容接口，测试箱装备有一个调制解调器和标准接口。在测试箱面板上装备有开关和指示器，并根据SCADA系统的报文格式按功能分组分置。测试箱也可配备电子件，以使测试箱和VDU或类似数据终端接口。

为处理安全起见，SCADA系统测试箱不能编程来传送控制功能。这样可避免由于维护技术人员疏忽而导致对管道上工作的阀或泵误操作。以下列出SCADA系统测试箱的典型RTU和主站的监视与功能能力：

(1) 输入电源开关或指示器：测试箱可用外部交流电操作，当交流电不具备时，也可用内部直流电池来操作。

(2) 报文开关：报文开关用来输入模拟报文和模拟响应。开关数量将按字格式而定。开关将根据有关的位、字节或字以及顺序码和检错位(或字节)来分组布置。

(3) 报文指示器：习惯上直接安装在报文开关上方的LED指示器，用来显示发送和接收数据、误差数据等的情况，并且，这些指示器需根据报文开关布局进行分组。大多数测试箱采用二进制传输格式，但有的也采用BCD甚至十进制传输格式。

(4) 方式选择：方式选择开关确定要选择这三种方式中的哪一种方式。

(5) 通信：当测试箱生成或接收到报文时，LED指示器就指示“发送”或“接收”状态。当检测到误差数据时，误差指示灯就指示出来。

(6) 传送控制：传送控制开关能连续地传送在报文开关上编码的报文，或该开关每操作一次传送一个报文。

(7) 数字显示：三位或四位BCD码数字显示，显示从被测试的RTU请求的模拟数据。

三、RTU应用程序

随着半导体存储器技术的改进，RTU存储器容量已大大提高，以致于许多以前在主站实施的应用软件能容易地在RTU实施。例如流量计标定操作应用程序和气流量计量应用程序原先在主站实施的应用程序。下面介绍RTU一般的应用程序，液体管道：① PID回路控制；② 流量计自动标定。气体管道：① 气体流量计量；② 压缩机组喘振控制。

1. PID回路控制

比例－积分－微分(PID)控制功能传统上是由独立的仪表控制器来完成的。但是，随着微处理机装置的出现，PID回路能编入数字仪表控制器、PLC或RTU程序之中。

RTU软件中，增益、积分和微分时间常数可在一定的范围内通过程序变更，就象这些常数可在仪表控制器上通过调节控制器侧面控制旋扭进行调节一样。

通过应用软件内的PID控制算法和过载选择，泵站入口、出口过载控制系统功能就可在RTU软件内完成。这样就不需要泵站配置分立的控制器仪表。分立设备的取消提高了操作可靠性，减少了维护要求。控制参数也可通过RTU软件来调整，或可根据操作要求由主站下装。当带有控制器仪表时，为了实现对泵站的远程设定值控制，就需要有一个中间阶段的数、模转换过程。泵站的远程设定值控制可通过内部带有集成PID控制系统的软件来完成，这样就取消了额外的硬件，并消除了数、模转换所固有的不准确因素。

2. 流量计自动标定

流量计自动标定所需的RTU应用程序涉及到标定阀的顺序控制、吹扫标定装置、标定流量计、确定流量计系数，以及提供该地点的输油监测统计等。流量计所有的自动标定顺序取决于计量管路结构配置。图 6-8 所示的这种管路结构配置，介绍了三条始于某一末站的管道。三种不同的油品，来自三种不同的油罐。在实践中，油罐入口管线应是汇管装置，用来输送每条管道上不同油罐中的不同油品。为简明起见，每条管道只示出了一个油罐入口阀和一个增压泵。每个流量计试验管路都配备有过滤器、流体整流器、涡轮流量计，以及压力、温度、流量传感器和标定装置连接阀等。下游应为干线泵、管道控制阀和清管器发射筒等。

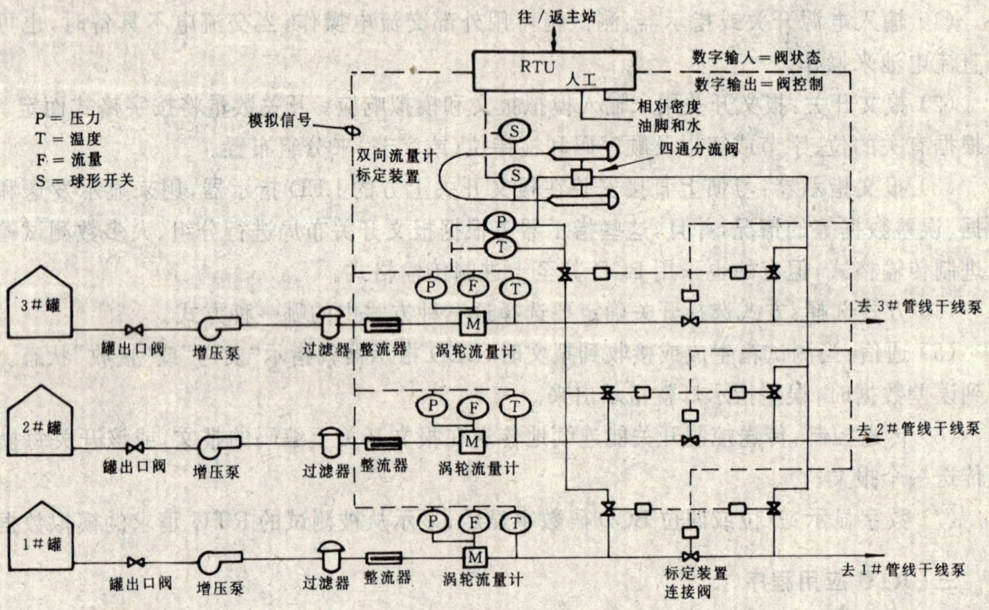

图 6-8　RTU 流量计自动标定系统

当要求确定一个流量计的仪表系数时，可将该流量计的标定装置依次与三条管道的每一块流量计串联起来进行确定。RTU 应用程序将执行如下功能：

(1) 控制标定装置连接阀以选择要标定的流量计。流量计选择可通过主站的遥控命令来完成，也可通过就地操作员的就地命令来完成，或根据管道中输送的新一批油品的输量来自动完成。

(2) 使油品有足够的时间吹洗标定装置。所需要的时间可能是启动控制标定装置连接阀后的预置时间，或可能根据标定装置温度传感器实测的温度稳定性自动确定。

(3) 根据涡轮流量计的换算系数，即每单位体积的脉冲数(1 000 个脉冲/桶或 6 290 个脉冲/ m^3)，换算来自该流量计的高频输入脉冲数。

(4) 累加总体积总数(桶)(m^3)。应用仪表系数，并根据石油学会计量手册(IPMM)对温度、相对密度和压力进行补偿。相对密度及油和水(BS&W)值由人工在主站输入，或由主站上装到 RTU 软件中。

(5) 累加净桶(m^3)数。

(6) 通过控制四通分流阀向一个方向发射标定球，开始流量计标定。

(7) 计算标定装置检测器开关选通的高频仪表脉冲数。控制四通分流阀向相反的方向发射标定球。累加标定脉冲，并根据标定装置制造厂家提供的高精度标定装置的体积确定该流程的仪表系数。

(8) 按要求次数重新标定，重复进行仪表系数的确定过程，以便在 6 次试验至少有 5 次效果良好的基础上确定平均仪表系数。

(9) 应用新的仪表系数校正实测的体积。

(10) 通过确定仪表系数平均值和标准偏差值以及保留仪表控制图的方法，监视仪表系数性能。如果仪表系数偏差超过标准偏差 3 倍，则发出报警。

(11) 根据管道公司操作工艺规定的程序指南，顺序控制流量计的标定。

(12) 根据主站要求，传送输油监测所需的总/净体积、流量以及所有的支持数据。

以上列举的这些应用归纳了许多不同的管道应用情况。但是，可能有许多的考虑和操作会限制这些应用的通用性。

3. AGA(美国煤气协会)No. 3 气体流量计量

RTU 是根据来自差压传感器、静压传感器和温度传感器的模拟输入数据进行气体流量计算的。这些传感器位于气体管道孔板流量计上，图 6-9 所示为用于单个孔板流量计、导管气体流量计量的传感器布置图。传感器 4～20 mA 的输出信号被连接到 RTU 输入端子上，用于模/数转换、数据库存储，并将输出信号作为原始数据传送到主站。RTU 气体流量程序利用流量、压力和温度等信号来计算气体流量和体积。

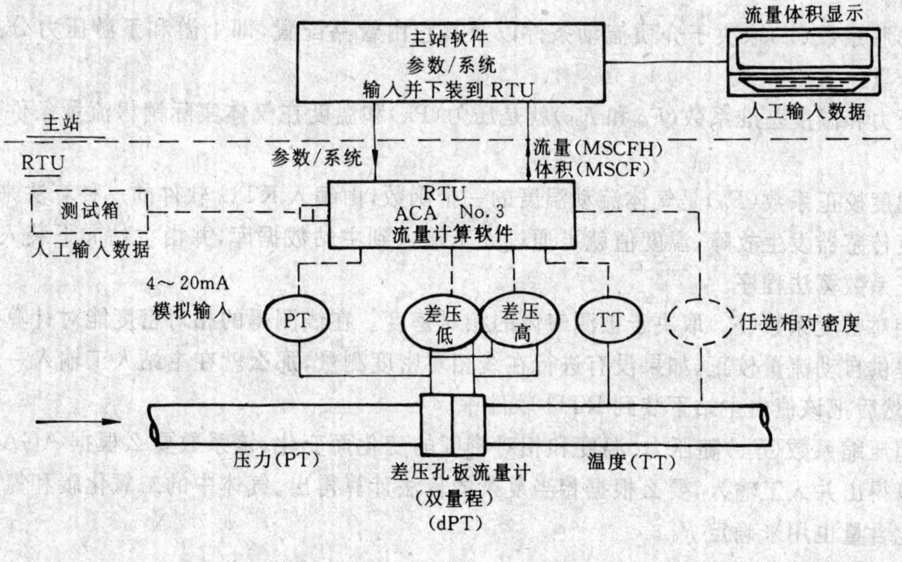

图 6-9 气体流量计量

气体流量计算的依据是美国煤 气协会标准 AGA No. 3 和 No. 8(以前为“超压缩性专用报表 NX-19”)。

编入 RTU 应用程序的 AGA No. 3 流量方程是：

$$Q = C\sqrt{dp \times p}$$

式中 Q —— 流量；

dp —— 差压；

p —— 静压(绝对);

C —— 流量系数。

流量系数是气体流量计算所涉及的所有其它系数的乘积,其值由下列方程式得出

$$C = F_b \times F_r \times Y \times F_{pb} \times F_{tb} \times F_{tf} \times F_g \times F_{pv}$$

式中 F_b —— 基本孔板系数;

F_r —— 雷诺数系数;

Y —— 膨胀系数;

F_{pb} —— 压力基准系数;

F_{tb} —— 温度基准系数;

F_{tf} —— 温度校正系数;

F_g —— 相对密度系数;

F_{pv} —— 超压缩系统。

基本孔板系数(F_b)需根据孔板尺寸、管径以及分接头配置来确定。该系数可从 ADA No. 3 表格中查出并由人工输入,或可根据 ADA No. 3 表格由软件计算出来。基准孔板系数运算程序可由主站软件来执行,因为这种运算只有在初值发送时间以及每次变更孔板尺寸时才需要进行。

雷诺数系数(F_r)随介质流动条件的变化而变化,但它也含有一个由孔板尺寸和管径确定的分量。

膨胀系数(Y)取决于介质流动条件以及其它由管路配置,即上游和下游压力分接头来决定的分量。

压力和温度基准系数(F_{pb}和 F_{tb})就是压力(Pa)和温度在气体实际销售流量条件下的换算系数。

温度校正系数(F_{tf})是气体流动温度的一个函数,由编入 RTU 软件的一种算法来确定。如果温度传感器发生故障,温度值就可通过人工输入到主站数据库,并由主站向下装入 RTU 温度校正系数算法程序。

相对密度系数(F_g)取决于被测气体的相对密度。在线测得的相对密度能对计算出的气体流量提供自动流量校正。如果没有进行在线相对密度测量,那么就在主站人工输入一个相对密度值,然后把该值由主站下装到 RTU 软件中。

超压缩系数(F_{pv})随压力、温度和相对密度的变化而变化,该系数要么根据 AGA No. 8 标准计算得出并人工输入,要么根据相当复杂的算法计算得出。气体中的二氧化碳和氮气的摩尔百分比含量也用来确定 F_{pv}。

4. 压缩机组喘振控制

以前的压缩机组喘振控制系统,是由一些分立的仪表控制器组成。这些控制器设置用来打开喘振控制阀,使气体在一定的操作条件下重新循环到压缩机。通过重新循环压缩机排放的气体,使压缩机流量上升到能使压缩机组恢复正常操作条件的水平。

一些 SCADA 系统供货厂家提供压缩机喘振控制算法并编入 RTU 软件程序,这样,RTU 就可根据流量、压力、温度、压缩机转速、相对密度等输入参数执行在线计算,并向喘振控制阀输出一个模拟控制信号。图 6-10 所示为一个应用 RTU 的压缩机组喘振控制系统示意图。

通过把一些气体经流量控制阀旁通或循环加压缩机入口端,使入口流量保持在最低流量

以上，这样就使压缩机能保持最小压缩量，又可避免喘振条件的出现。

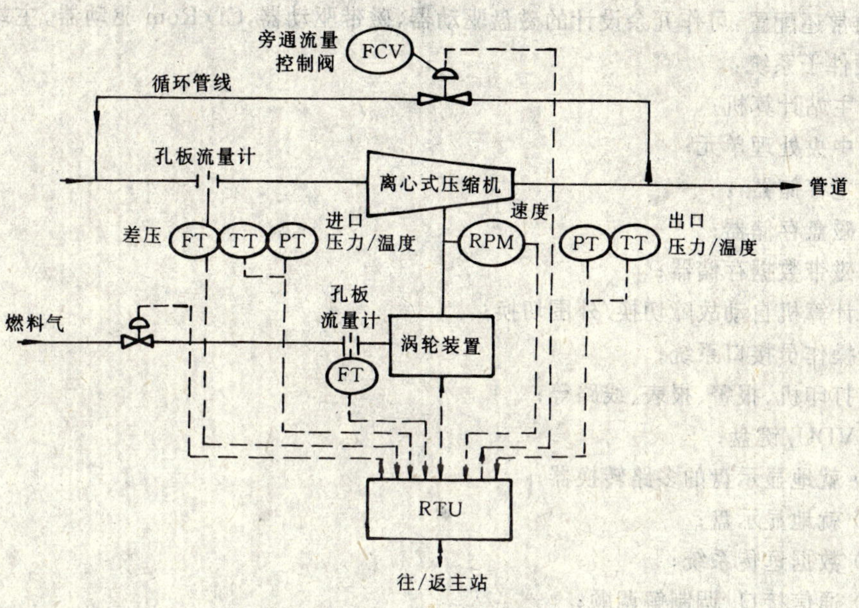

图 6-10　RTU 压缩机喘振控制系统

当操作条件接近压缩机流量、压头曲线上的喘振线时，喘振控制算法程序将打开喘振控制阀。如果操作条件危险地持续接近或超过喘振线一定的时间，那么，喘振控制应用软件将发出一个指令，使压缩机组停车。压缩机组损坏将会造成很大的损失，这不仅仅是因为需支付更换或修理费用，还因为在压缩机修理或更换过程中管道输量也要受到损失。

压缩机必须保持一定的最小流量，以防出现喘振条件。当达到预先设置的最小速度点时，RTU 软件可通过编程发出报警。

§6-4　主　站

SCADA 系统的控制中心称为主站，其实质是指收集远程终端所有数据并以工艺流程的形式显示的计算机系统其主机也称 HOST，当操作员需要对远端设备操作时，可通过这套计算机系统向相关 RTU 发出指令，用来启或停泵及压缩机，改变控制设定值，开或关管道阀组等。主站的基本功能收集远程装置的数据和实现远程操作控制，以及对有关组合、解释、显示运行信息的操作，其辅助功能还有累积历史数据、计划、调度、编制管理报表、流计等。主站一般位于管道控制中心，控制中心有时位于管道首站，有时位于管道末站，也有位于油气公司总部。如果控制中心处于火灾，洪水或地震发生时易受破坏的位置，那么，就把主站和备用主站分开设置。主站和 RTU 之间的数据传输通常自主站开始，一般由主站连续扫描所有 RTU 的模拟数据报警或状态变化等，并下达模拟设定值和状态改变量。

一、主站硬件

主站计算机系统硬件，根据应用要求，数据采集量，历史数据存储要求，系统/扫描响应时间、VDU 显示要求等，即主站可由多种计算机硬件组成。为了存储大量的历史数据，主站计算机系统通常还配置：可作冗余设计的磁盘驱动器，磁带驱动器，CD Rom 驱动器。主站配置可分为下列硬件子系统：

(1) 主站计算机；

(2) 中央处理单元；

(3) 主存储器；

(4) 磁盘存储器；

(5) 磁带数据存储器；

(6) 计算机自动故障切换/外围切换；

(7) 操作员接口系统；

(8) 打印机、报警、报表、线路等；

(9) VDU/键盘；

(10) 就地显示盘的多路转换器；

(11) 就地显示盘；

(12) 数据远传系统；

(13) 通信接口/调制解调顺；

(14) 电源和辅助系统；

(15) 带有蓄电池的不间断电源系统；

(16) 主要电源配置；

(17) 空调/环境控制；

(18) 防火系统。

随着多处理机结构技术的发展，局域网(LAN)已在 SCADA 系统的主站中广泛利用。虽然各种局域网的拓扑结构不同，但它们都有共享各处理器或工作站的功能，各处理器或工作站能相互提供冗余，互为备份，都对 SCADA 数据库进行读取和写入，分别处理各项任务。LAN 技术将外设(磁盘、磁带、打印机、客户机等)作为网络的一部分，直接挂在网上数据库共享，使 SCADA 系统外设从主处理机向备用处理机切换得以简化。

根据两个计算机间用 DMA 接口的双计算机冗余原理，由于从各个计算机制造商处都可以买到标准的计算机系统软件包，因此，用来提高系统总利用率的主站计算机系统配置技术通常是标准化的。

图 6-11、图 6-12、图 6-13 为 SCADA 系统主站的三种冗余计算机配置。图 6-11 所示为人工后备配置，在此，SCADA 系统功能由主计算机来完成，直到检测到故障为止。"主"和"基本"这两个术语交换使用，"后备"和"辅助"这两个术语也交换使用。这是因为，尽管这些术语意思一样，但不同的 SCADA 系统公司在技术说明中会使用不同的命名，因此，在这加以说明。

在正常操作过程中，备用计算机可用作一个独立计算机，用来执行像管理信息和数据处理等这类计算任务，或用来在脱机方式进行程序开发。当主计算机发生故障时，必须人工切换玛备用计算机进行操作，并且必须把 SCADA 系统软件通过磁盘或软盘装入备用计算机。当操作人工切换器时，就可把 RTU 的调制解调器、VDU 显示器及打印机的通信接口转接到后备计算机系统。SCADA 系统功能继续在后备计算机上完成，直到主计算机修好为止。SCADA 系统的首要任务是通过扫描所有 RTU 的模拟量、累加量及状态等情况来更新数据库。备用计算机能完全投入操作所需的时间取决于扫描所有 RTU 来更新信息所需的时间。该时间能缩短到 30s，但根据数据采集量和复杂程度，这一时间可能会长一些。

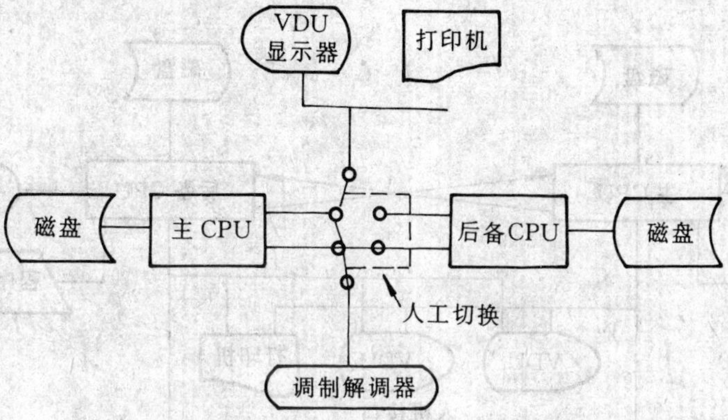

图 6－11　冗余计算机配置——人工后备

1. 用于其它计算操作的后备机；2. 在需要时必须装入 SCADA 系统软件

图 6－11 为以"热备用"方式操作的整个冗余计算机系统的简化方框图。热备用的意思是指，当主计算机出现故障时，后备计算机可随时接替执行 SCADA 系统所有的功能。为了达到这一目的，备用计算机的存储器系统必须与主计算机的一样，存有最新的信息。使用主计算机和后备计算机之间的高速、并行接口可达到这一目的。这种接口保证了两台计算机直接对存储器存取。

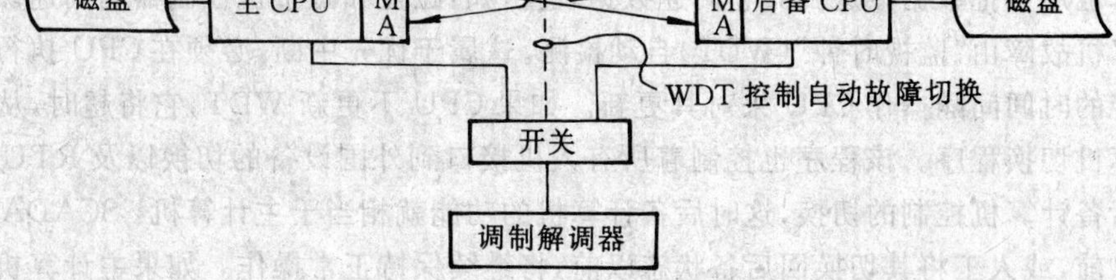

图 6－12　冗余计算机配置——自动后备

DMA—直接存储器存取；WDT—监视时钟

直接存储器存取（DMA）属硬件特性，用于大多数主站 SCADA 系统应用的计算机中。

DMA 可使后备计算机直接存取主计算机高速并行总线的中的数据。通过让另外一个 CPU，即后备计算机直接存取主计算机总线的数据，数据传送可达全存储速度，约比正常数据传送的速度快 12 倍。根据存储器和外围装置之间的信息交换程序，外围装置和存储器之间的正常数据传送是逐字进行的。

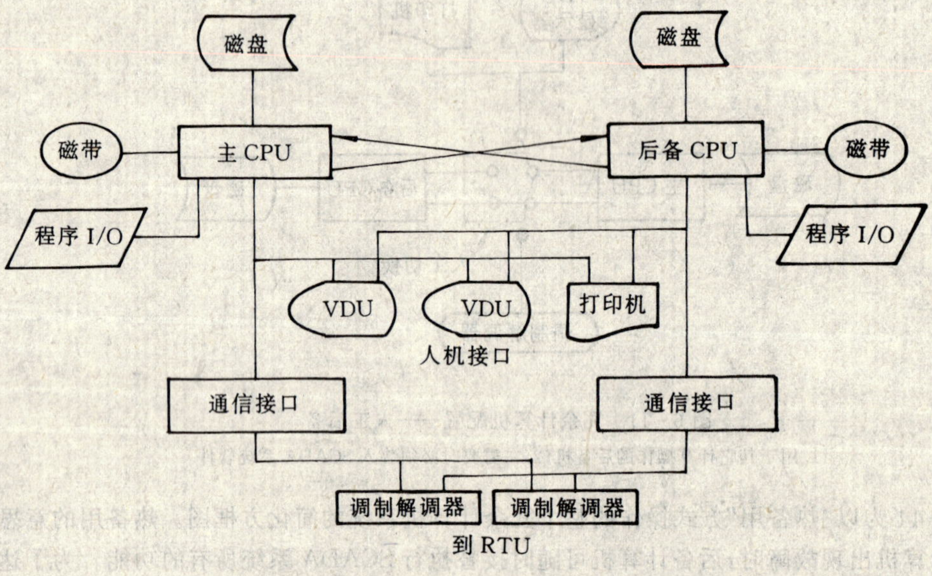

图 6-13 冗余计算机配置——双端口外围装置

后备 CPU 必须请求主 CPU 传送数据，主 CPU 在完成其目前任务后将允许使用其存储器。这时，所有的总线控制、数据行和地址行被传送到后备 CPU，后备 CPU 将利用该总线控制传送主计算机主存储器的数据。后备计算机的 DMA 控制逻辑向主 CPU 确认其有总线控制，不然的话，经过一个短时间间隔后，主 CPU 将撤回总线控制。这一超时性能防止了主 CPU 总线的堵塞。

当后备 CPU 和 SCADA 系统计算机同时操作时，DMA 性能可提供直接存储器以存取第二台计算机的数据。在冗余 SCADA 系统主站配置中，DMA 传送技术被广泛使用。但是，DMA 传送技术也用于把数据传送到其它高速数据装置，如：磁盘和磁带机控制器的高速缓存器。

计算机故障由“监视时钟”(WDT)自动检测。这属于优先中断，必须在 CPU 执行周期内通过以一定的时间间隔操作 CPU 来对其更新。如果 CPU 不更新 WDT，它将超时，从而触发预编程计算机切换程序。该程序也控制着所有人机接口到外围设备的切换以及 RTU 数据接口电路到后备计算机控制的切换，这时后备计算机的功能就相当于主计算机。SCADA 系统在出现故障以前，或人工将其切换回后备状态以前，将继续保持正常操作。如果主计算机故障已修好，那么就会出现到后备计算机的自动切换。如果主计算机发生的故障还没有修好，那么整个系统就会停机。这种全冗余“热备用”配置对维持可靠操作已证明非常有效，并且，几乎所有的 SCADA 系统供货厂家都提供系统的这种冗余能力。

计算机自动故障切换将在约几秒钟内发生。假定数据程序的设计、编程、试验都正确的话，软件操作到后备计算机的传送将不会影响计算机执行 SCADA 系统功能。这种传送方式实际上为“无中断(bumpless)”传送。

尽管在操作过程中管道操作员看不到计算机系统传送过程，但有必要使计算机发出报警，以便使操作员可以提醒维护技术人员修理故障计算机。另外，如果故障发生在脱机后备计算机，那么必须产生一个类似的计算机系统故障报警。

磁带机用于存储历史数据，这样，大量的数据可存放在架上，只有在需要进行历史数据分析时才使用。在冗余计算机配置中，磁带机可具备如下功能：

(1)由主计算机和后备计算机共享，当一个计算机发生故障时则进行切换。

(2)主计算机和后备计算机可配备各自的磁带机，这样就没有切换的必要。

(3)双端口磁带机可直接存取主计算机和后备计算机的数据，从而不需要外部切换。

另外一种冗余系统配置(见图6-13)使用了双端口外围设备。彩色VDU系统的显示发生器可规定带有双端口，这样，两台计算机可独立地存取设备的数据。这种系统配置有冗余，但无需切换外围设备。主CPU和后备CPU通过处理器间线路进行通信，从而提供了相同的热备用和传输能力。

包括有大量实时数据采集的管道SCADA系统、许多VDU/键盘操作站、历史数据存储和分析以及瞬时模拟系统等，都需要系统冗余和进行大量的数学运算。图6-13所示为一冗余系统配置，带有一个用于瞬态模拟软件系统数学计算的第三台计算机系统。主计算机和后备计算机都有通向第三台计算机的，计算机对计算机高速接口，因此，第三台计算机可存取SCADA系统任何一台计算机的最新管道数据。这种三台计算机配置有如下优点：

(1) 数学处理不会干扰SCADA系统，因为程序任务可在第三台计算机系统中无阻碍地运行。这种专用处理器具有预测模拟能力，以便能进行未来模拟。这些未来模拟可以供管道操作和管道工程分析用。管道瞬时模拟系统除主要提供检漏能力之外，还为库存贮量监视、批量跟踪系统以及清管器跟踪系统提供较准确的操作依据。

(2) SCADA系统两台计算机的大小，可根据SCADA系统应用的软件任务来确定，但不能根据主计算机和后备计算机内也有瞬态模拟软件的情况所要求的大得多的容量来确定。这种特性尽管需要引进另外一种硬件配置，但它提高了系统可靠性，因为维持对管道的监控只需SCADA系统的两台计算机就可以了。把工业上常用的硬件和软件标准化，可提高整体可靠性。

(3)管道瞬态模拟系统的执行问题可脱线解决、或在不影响SCADA系统操作的情况下解决。安装和执行的优先等级通常是面向SCADA系统计算机的。因此，把复杂的程序功能分解到第三台计算机系统，以便于分解执行程序。

进一步的SCADA系统冗余配置是以四台相互接口的计算机为基础的。因此数据采集、扫描、通信接口处理等实时SCADA系统功能可在前端计算机系统中完成(见图6-14)。这样，有效地减轻了主计算机和后备计算机的数据库管理和操作员接口负担，也有效地避免了主计算机和后备计算机承担那些可能要求SCADA系统主站执行的较大计算任务，如瞬态模拟软件系统。系统冗余即计算机故障排除，可通过把SCADA系统操作从两台主计算机(包括前端计算机)切换到两台后备计算机(也包括后备前端计算机)上来实现。

这种四台计算机的冗余计算机配置，不仅为SCADA系统功能提供冗余，也为管道SCADA系统执行的瞬态模拟能力提供冗余。

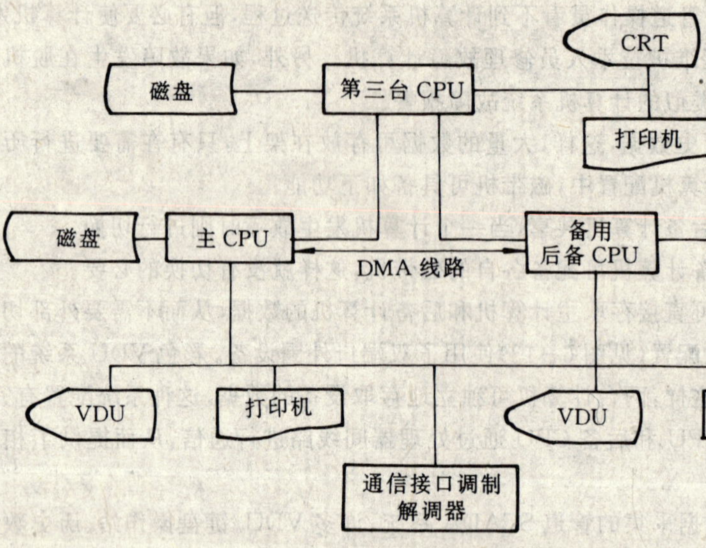

图 6－14　冗余计算机配置—第三处理器

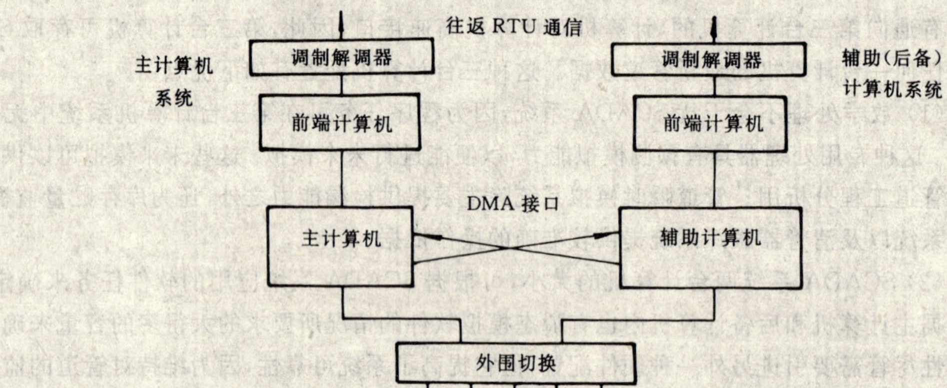

图 6－15　带前端计算机的冗余计算机配置

二、主站软件

SCADA 系统主站的软件分为三种：操作系统软件、SCADA 系统软件、应用软件，如表 6－1、表 6－2、表 6－3。

计算机操作系统和计算机硬件系统一起配置，计算机操作系统必须是在与计算机制造厂家所提供的硬件配置的基础上进行评价。因为许多 SCADA 系统公司已经使用了个别计算机制造厂家的标准化硬件产品和软件产品。为了提高系统的可靠性，应选用 SCADA 系统供货厂家的标准系统。

表 6-1 计算机操作系统

系统生成
诊断
程序编制
文件管理
存储管理
汇编语言
语言编译程序

表 6-2 SCADA 系统供货厂家

1. 数据采集/控制
扫描
传输规程
错误检测
状态/报警,越限状态
数/模控制
控制故障
通信监视
脉冲累加器同步
2. 数据库管理—数据库文件
(1) 数据库更新
(2) 模拟
极限检验
变化率
故障死区
工程单位换算
滤波
(3) 数据库编辑
3. 人机接口—显示、报警、图形
命令—选择/执行
报警确认/抑制
报表
趋势显示
历史数据
显示编码程序
报表编码程序
操作员暂存储器
计算机故障切换

表 6-3　应用软件

流量计量总数/净数计算
管道终端显示
罐容积计算
管道输量
批量跟踪
瞬态模拟系统
动态检漏，定位
预测模拟
管道模拟程序
气体流量计量
压缩机优化
自动试井
气体优化

SCADA 系统供货厂家编写主站软件，主要用来执行 SCADA 系统的监控功能，标准 SCADA 系统软件由三种类型，数据采集控制、数据库、人机接口。数据采集/控制软件包括生成报文所需要的扫描顺序，这些报文传输到每个 RTU，请求一组专用数据，或启动一个专门控制动作。数据报文都进行加密编码和解码，以确保避免误动作，特别是对 SCADA 系统的遥控部分更应如此。利用部分加密发送两个报文，一个用来请求所需的控制动作，另一个用来执行所需的动作。

SCADA 系统将与许多通信电路、电话、微波电台等接口，有时也与卫星信道接口。利用这些通信电路，主站将以连续扫描的方式查询所有的 RTU，采集管道的数据。连续扫描方式是指把查询报文依次传输到每个 RTU，当扫描完所有的 RTU 以后，扫描过程又重新返回到开始扫描顺序。所有的数据传输都需进行错误校检，如果数据有效，就输入主站数据库。在报文中加入一个或几个保密码就可完成报文错误校验。在接受数据以及在执行请求的功能如采集的数据输入主站数据库以前，在接收端需对加密码进行验证。

一旦采集的数据输入到各个数据库表文件中，人机接口软件就可以输出格式简明的信息，这些信息既可以到 VDU 装置显示，也可以在报表打印机上打印。应用程序也可存取数据库的数据，并使用这些每扫描周期更新一次的数据来执行一些专门功能，如批量跟踪等；或使用这些数据制出一些专用报表，如外输计费报表或油罐储油量报表等，按完成功能不同，下面分别介绍 SCADA 系统软件。

1. RTU 扫描

RTU 的数据采集扫描（或查询）涉及到从主站向每个 RTU 传输数据请求报文。每个报文都有主站分配的 RTU 识别码号。每个 RTU 都编程来响应主站分配的那个特定的识别码号，以识别该 RTU 的位置。分配有 RTU 识别码号的那个 RTU，将通过回传主站请求数据的方式来响应。主站将该数据存入数据库，以供数据操作和将来通过人机接口软件显示和记录。

扫描顺序由一系列不同的软件模拟控制，见图 6-16。扫描程序在 CPU 中交互运行，以便在执行该扫描程序的同时也能执行其它程序功能。扫描调度程序决定请求数据的类型，如模拟、状态、累加、级别等，并发出某一扫描码，用来鉴别所请求数据的类型。扫描功能码及主站识别码将识别 RTU 向主站回传的数据。对于大型的 RTU 和专用数据监控功能来说，主站可进一步定义回传的数据组，也可请求一个在某一规定的时间内对系统监控起决定作用的单个模拟点数据。

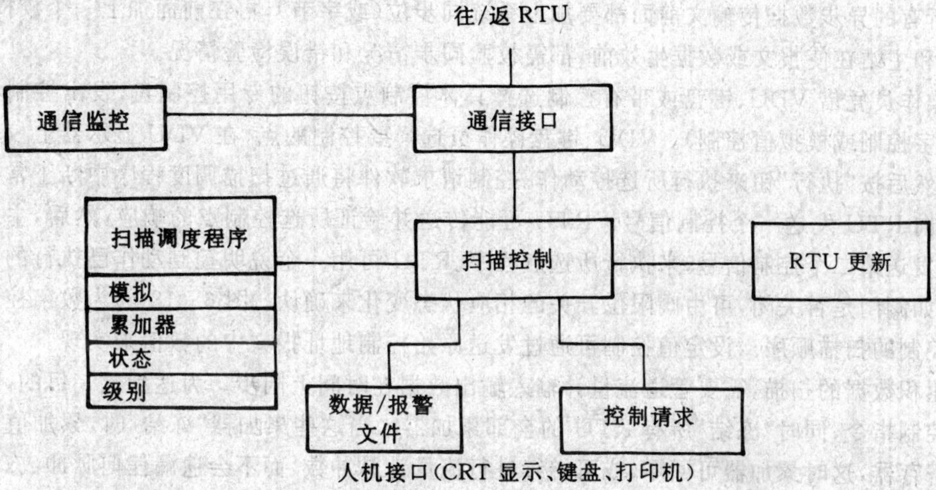

图 6-16　主站扫描顺序

图 6-17(a)所示为主站数据请求报文结构；图 6-17(b)为 RTU 应答请求数据的响应报文结构。RTU 应答总是含有主站标识号码，用来校验数据存储单元。根据 RTU 的大小，即根据模拟数据、累加数据或数据级组成，其中有两个或三个报文用于大型数据传输。

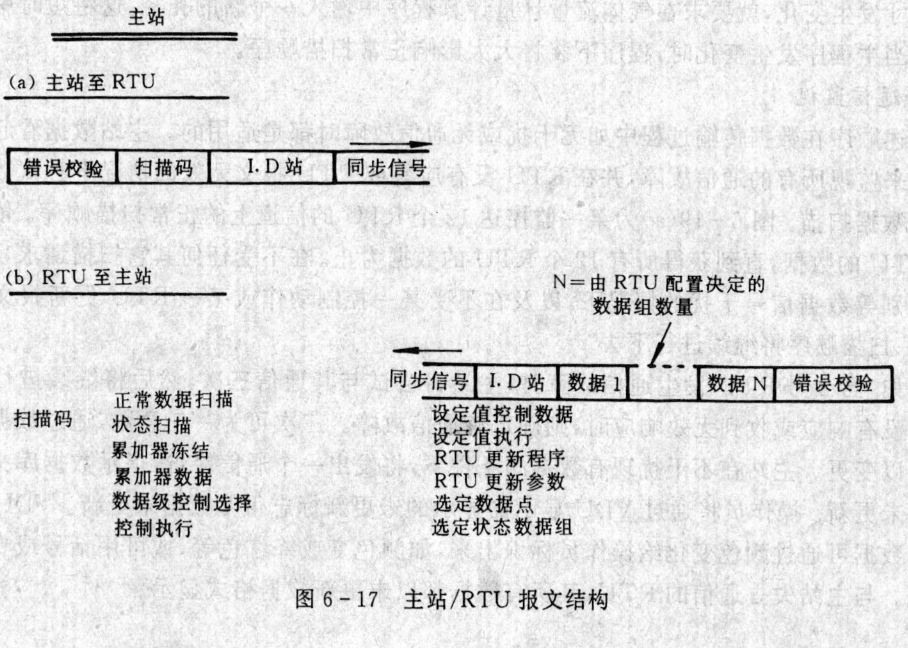

图 6-17　主站/RTU 报文结构

图 6-18(a)为正常的模拟数据扫描顺序；图 6-18(b)为正常的状态数据扫描顺序。RTU 报告状态变化异常之处为异常情况。对于“异常报告”，RTU 报文可识别出现的状态变化。在这种情况下，为了确定哪些状态点发生了变化，主站必须进行一次状态扫描。或者，RTU 也可按照 RTU 应答格式传送所有的状态变化信息。

所有的异步数据传输文前面都要加上系统同步位(或字节)，再在前面加上一个校检报文。RTU 和主站在使报文或数据生效前，都需校验同步情况和错误检验情况。

操作员凭借 VDU、键盘或带有控制选择具体控制点按钮的专用控制盘，发出控制请求报文(数字控制或模拟值控制)。VDU、键盘操作员选择要控制的点，在 VDU 显示器上校验正确选项，然后按“执行”钮来执行所选控动作。控制请求软件将通过扫描调度程序中断正常数据扫描，并向 RTU 发送一个控制信号。RTU 可能传送并验证所选控制点的响应，然后，主站将向 RTU 发送第二个控制信号，来执行所选点程序。RTU 可用一个说明控制动作已执行的报文来应答，如阀门是否关闭，可由阀限位开关的相应状态变化来确认。图 6-18(c)为数字控制和设定值控制的扫描顺序。设定值控制可通过发送原始控制地址报文中的数值来实现。

累积数据的扫描，需要管道流量计输入输出数据在时间上同步。为达到这一目的，可发送一条控制指令，同时“冻结”所有 RTU 的全部累加器。当这些累加器“冻结”时，累加值传送到缓冲寄存器，这时累加器可回零，或可继续进行流量计脉冲数，而不会遗漏任何脉冲。冻结指令成组传送，但可以编程。根据操作要求，时间间隔可为 1～60 min 不等或更长。图 6-18(d)为累加器数据扫描的报文顺序。

同样，由于油罐液位升降缓慢，在正常扫描频率时可不需要油罐液位信息。因此，液位数据请求(图 6-18(e))可按确定的时间间隔传输。减少液位数据扫描次数能更快地扫描报警和模拟数据，从而能向操作员发出管道失常状态警报。

最后，主站可能不断要求更新 RTU 软件或数据库。在这种情况下，更新请求将中断正常的扫描顺序(见图 6-18(f))。可用下面的例子说明 RTU 的更新情况：如果气体孔板流量计的孔板尺寸发生变化，就要求在气体流量计量计算程序中输入一个新的孔径。这将短时中断扫描顺序。当主程序发生变化时，程序下装将大大影响正常扫描顺序。

2. 通信监视

上述顺序在数据传输过程中如无干扰或无通信故障时都是适用的。主站数据看起来扫描软件用来监视所有的通信故障，并在 RTU 没有应答或 RTU 报文无效的情况下尝试数据扫描或再试数据扫描。图 6-19(a)为某一监控达 12 个 RTU 的信道上的正常扫描顺序。依次扫描每个 RTU 的数据，直到获得所有 12 个 RTU 的数据为止。在不受任何其它扫描请求，累加器、数据级别等数据信号干扰的情况下，以及在不受某一控制动作或某一 RTU 更新报文的干扰下，这一扫描顺序将继续进行下去。

例如，当 2 号 RTU 发生通信故障时，主站将尝试与其通信三次，然后将继续进行正常扫描。当没有响应或收到无效响应时，则确定有通信故障。三次可为一任意数，通过数据库编辑程序可以变更。主站在不干扰现有数据的条件下，将发出一个通信警告，指示数据库文件中的数据还未更新。操作员将通过 VDU 显示器显示的未更新标志得知数据未更新。VDU 显示的未更新数据可通过颜色变化给操作员标识出来，如颜色变成绛红色等，或可用括号或专用字符来标识。与主站失去通信的 RTU，其所有数据都以未更新数据格式显示。

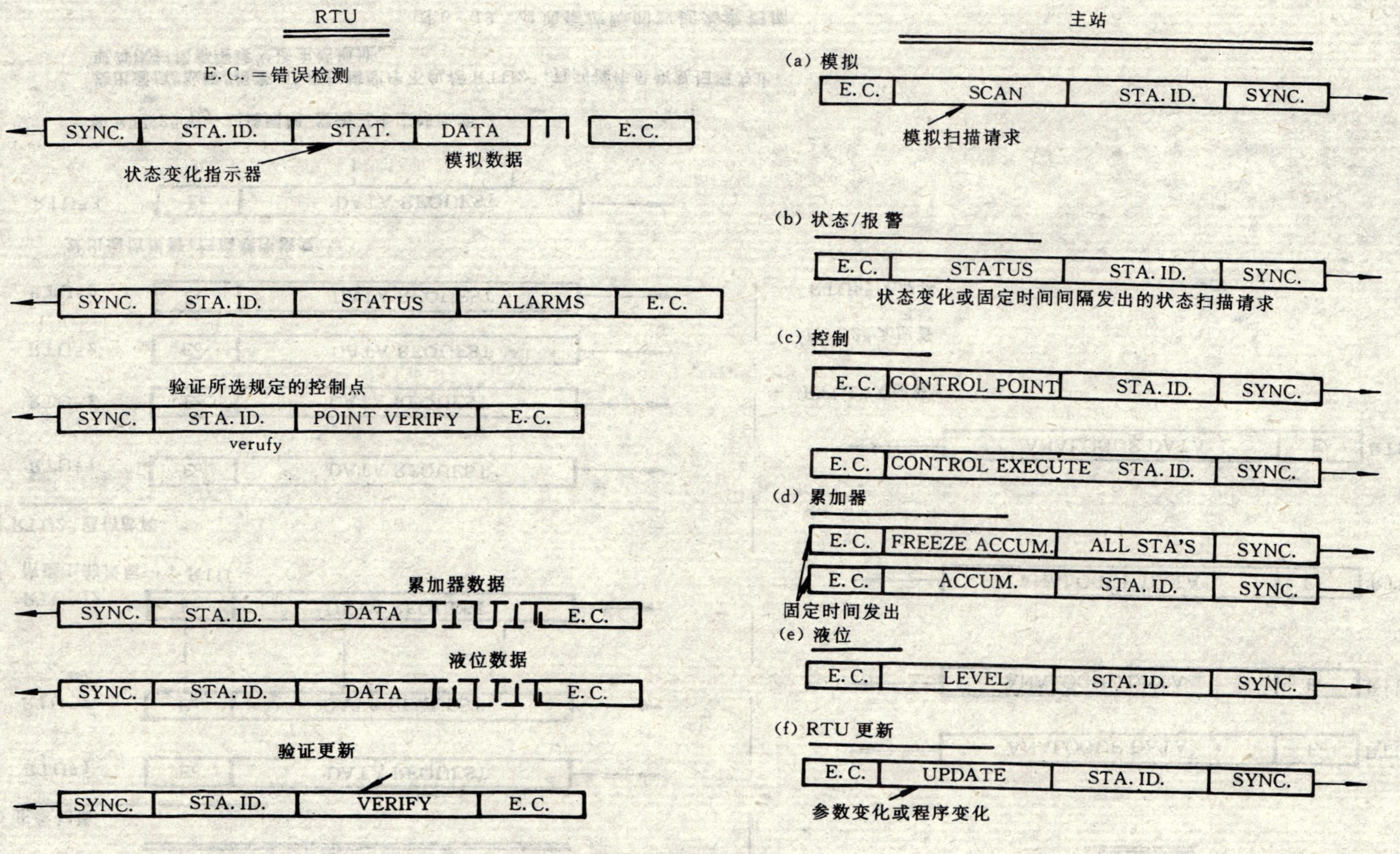

图 6－18　数据采集/控制——正常扫描顺序

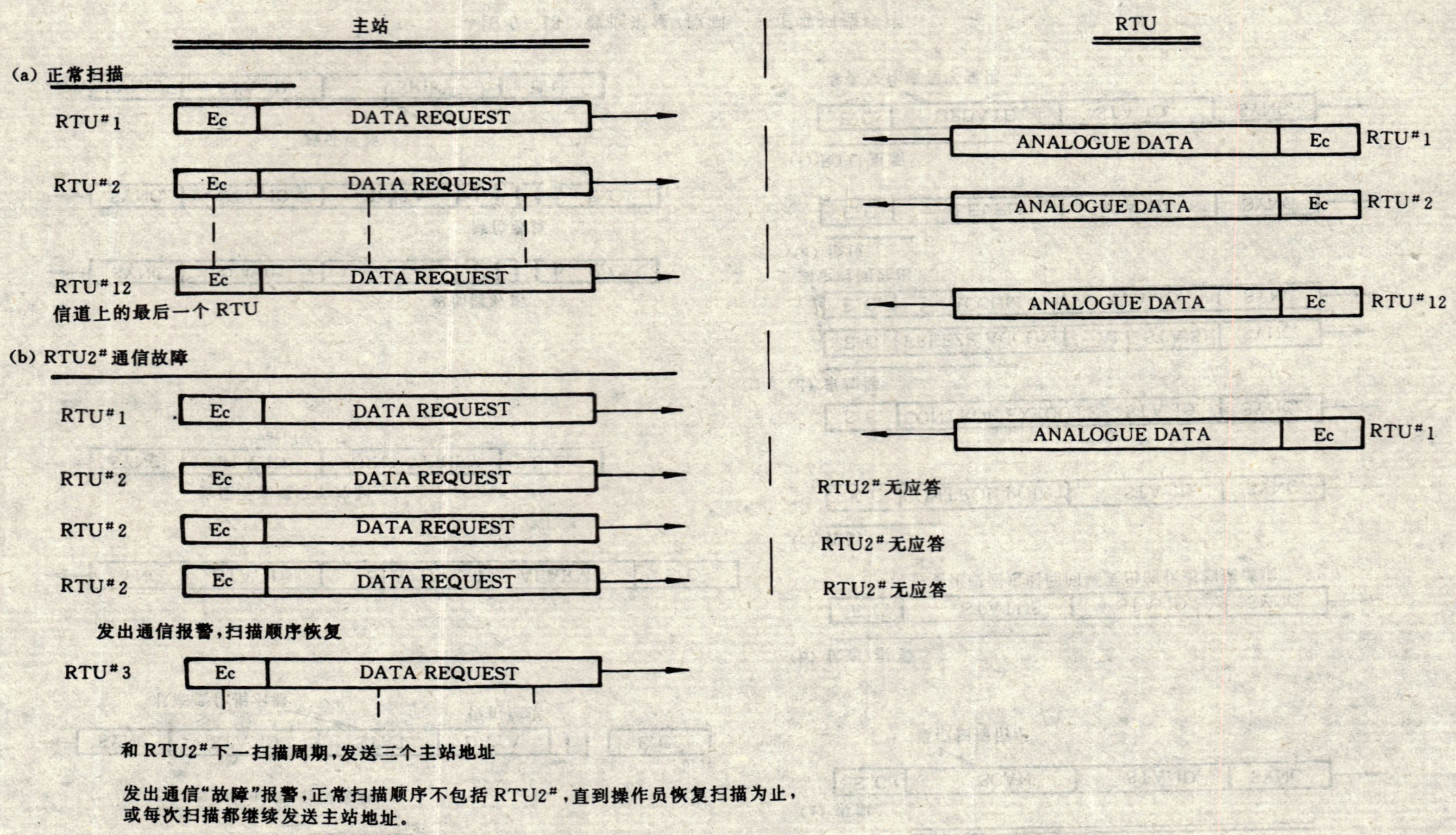

图 6-19　有通信故障的数据采集扫描

在上述示例中，正常扫描顺序直到2号RTU重新被扫描后才能恢复。如果三次扫描（二次重试扫描）后没有应答，则继续正常扫描顺序。只有连续三次尝试扫描2号RTU以求建立通信以后，正常扫描才会追加报警。再重复一遍，“三”这个数是一任意数，可通过数据编辑来变更。2号RTU因通信故障报警后，应将其从扫描序列中除掉，以避免由于多报文传输造成的扫描定时的进步劣化。当通信故障解除以后，操作员需要把2号RTU加入扫描序列。

3. 通信监视显示

循环冗余码校验(CRC)的有效性取决于其能检测的误差位数。具体规定为：

(1) 奇数误差位检测率100%；

(2) 二位误差检测率100%；

(3) 8位或8位以下误码群检测率100%；

(4) 8位以上误码群检测率99.9%；

(5) 所有其它差类型的误差检测率最小为99.2%。

各种SCADA系统的不同传输规程及误差检测技术，将导致误差检测率各不相同。把CRC码检测出的以及同步或通信故障所造成的所有误差累加起来进行分析，确定出每种类别的误差率。当误差率超过某一可编程限度时，则产生报警，告知操作员故障类型。

图6-20为通信监视显示结构，示出了每种类型检测出的累积误差数量。误差率和报警极限可通过显示的参数段输入。

位置	RTU 编号	SCAN	CRC	SYNC 同步	24 h 监视报警
1号泵站	01	A	XX	XX	XX
2号泵站	02	A	XX	XX	XX
3号泵站	03	A	XX	XX	XX
4号泵站	04	A	XX	XX	XX
5号泵站	05	A	XX	XX	XX
6号泵站	06	A	XX	XX	XX
7号泵站	07	A	XX	XX	XX
8号泵站	08	A	XX	XX	XX
9号泵站	09	A	XX	XX	XX
		=	30	50	40
每24 h报警极限			(0—9)	(0—99)	(0—99)

扫描A=RTU操作　　　　试发次数=3(1—9)COMM

扫描N=RTU非操作　　　　扫描次数=3(2—9)

图6-20 通信监视VCD显示

4. 数据库

数据库程序接收RTU的原始数据。原始数据是指哪些没有换算成工程单位（如泵站入口压力）的二进制或BCD格式的数据。许多带有智能RTU，工程单位换算是由RTU软件来完成的，因此，在这种情况下只传输换算成工程单位的数据。如果在远程位置将提供就地人机接口，就需要在 RTU 把原始数据单位换算成工程单位。但是，对许多无人值守的泵站来说，系统不需要就地人机接口。

数据库首要的数据处理任务是实现要求的工程单位换算。数据库中的原始模拟数据按下面公式换算成工程单位，然后存储到单独的数据库文件中。

$$y=mx+a$$

式中 y —— 工程单位值；

x —— 原始单位值；

m —— 换算乘数；

a —— 补偿值。

系数存储在原始数据库文件中，如果有必要改动工程单位，可通过数据库编辑程序随时对其进行编辑。

(1) 点编号；

(2) 点名；

(3) 系数；

(4) 范围；

(5) 补偿值；

(6) 高限报警；

(7) 低限报警；

(8) 变化率报警(如果应用的话)；

(9) 死区；

(10) 单位；

(11) 显示或打印的数字号码；

(12) 有源/无源。

系统数据库在根据买方提供的信息组态时，首先需确定这些点。一旦运行起来，那些变量只是高低限报警和变化率报警。如系统内无主要的再赋值点时，则更是如此。RTU 增加的新模拟点必须赋于一个点编号和点名，然后把组态数据输入到相关的数据库文件。

一些 SCADA 系统的 RTU 用死区来提供"异常"报告模拟数据的能力，即如果模拟值变化没有超出预定百分比值，RTU 就不会传送出模拟数据。编入 RTU 程序的百分比值可在主站下装时改变。百分比值在 0.5%～5.0%的范围内通常是可编程的。在主站也可利用死区特点以最大程度地减少多余的报警。

状态和报警数据库文件的设置，能借助计算机中断立即通知人机接口在某个 RTU 发生了报警状态或未经确认的状态变化。通知方式可采用声或光、或声光并用。一个报警状态将鸣响控制室的喇叭或鸣叫器，以引起可能忙于其它工作的操作员的注意。由于操作员可能忙于其它系统显示，报警状态目前显示的底部三行闪红光。闪光报警状态进行简短说明，例如："泵站 5 的入口压力低"会显示为"PS5. LO SUCT"。使用简短说明在底部三行显示 12 个或 12 个以上的报警点。为进一步澄清情况，操作员必须选择适当的泵站状态/报警显示面。操作员最初选用靠键盘输入数据的 VDU 显示，来编制原始系统状态数据库，然后利用这一编辑功能实现后来的任何变更。

主站数据库保留一个数据库文件，用来更新RTU数据库文件。特别是对RTU天然气流量计算更需如此。主站应具备下装一个完整的数据库文件或下装天然气流量计算数据库文件中个别变量的能力。利用这样的一个主站数据库文件，操作员可通过键盘进行系统变更。初始组态下装后，不可能要求整个数据库文件下装，只要求下装个别变量。例如，当远程位置的孔板尺寸发生改变而需更新RTU数据库时，则需要下装个别变量。新的孔径应输入到主站数据库中，变更的数据按操作员指令下装到RTU数据库中，并把新的孔径输入到RTU数据库中校正天然气流量计算。

数据库由模拟、累加、数据级别、状态等的数据文件构成，并且有长期存储外输计量统计数据和成批信息的文件。整体数据库目录和RTU目录为扫描程序提供了必要的数据库管理，并在要求更新文件或显示文件数据时便于人机接口程序存取数据库数据。

数据库的组态取决于所有RTU和数据点的目前存储要求以及将来的要求。因此，在确定SCADA系统时，确定好主站软件要求的潜在扩充能力是非常重要的。

SCADA系统标准软件包括局限于其能寻址的且能存入数据库的最多RTU数，并局限于一个最多的点、模拟、状态、累加器等的数量。标准软件包将配置绰绰有余的扩充能力，以满足正常SCADA系统要求。但是，在组态数据库时应对这些最高限进行评估，以确保软件系统有足够的扩充能力。对系统扩充需要的存储器容量也应进行评估，因为硬件对主站计算机增加存储器容量会有一定的限制。

5. VDU显示

操作员凭借人机接口和SCADA系统通信。人机接口由VDU显示和控制键盘组成。操作员利用VCD的各种可选显示，能监控管道状态，选择和执行控制动作，如开或关阀门；并能调整操作状态，如流量控制阀的设定值控制等。

油、气管道SCADA系统VDU显示将有许多共同之处，但需根据所要监控的具体设施进行设计。典型的管道VDU显示应为：

（1）所有VDU显示的索引一览表；

（2）报警一览表；

（3）管道设施布置图；

（4）操作状态一览表；

（5）仪表数据一览表；

（6）外输计量统计；

（7）油罐储油量；

（8）趋势；

（9）批量跟踪；

（10）管道输量；

（11）操作员信息。

管道末站显示除包括该站的给油泵和干线主泵以外，还包括油罐储量、液位、温度、输油量等。所有进站和出站管道的计量数据也将包括在一个或几个显示中。

天然气管道SCADA系统包括专门用于天然气管道监控的VDU显示，如压缩机喘振控制和优化、燃料气利用监控及管线充装量优化等。

6. 控制功能选择/执行

管道操作员可首先通过选择控制位置的 VDU 显示来选定一个控制点。操作员凭借光标定位箭头、或光笔、或跟踪球，可找到具体要控制的阀门或泵。然后，选定的这一点将在屏面上闪烁，或在屏面上显示所选控制点的简要信息。

操作员验证选定的控制点后，则可决定执行控制功能的方式，可按执行键，或使用选择按预定时间间隔(通常为 30 s)超时。按执行键后，控制指令就按前面介绍的次序传送到 RTU。

控制执行文件将监视控制点的指令性状态变化。如果控制动作失败，即在预定的时间间隔内没有状态变化传回，那么，将会发出控制动作失败的警报。对某些装置来说超进时时间可短一些，但对大口径液体管道上的一些阀门来说，如 1 219.2 mm 闸阀，要完全关闭需 4 min 时间。对装备了大扭矩角行程回转执行机构的天然气管道球阀来说，关闭需要费时 30 s。

7. 报表

由报表建立应用程序所定义的所有报表都可在报表打印机上打印出来。报表的程序安排由建立报表格式时定义的高度程序来确定。典型的打印输出间隔为：每小时、每天、或每月。特殊情况下可能要求在完成外输计量后打印报表或要求在每天 07：00 打印输出而不是在 24：00打印输出日报表。

8. 趋势显示

趋势显示是在某一规定的时间段内连续绘制某一选定点趋势显示所选数据点的取样时间取决于趋势显示的各种操作要求。例如，对泵站出口压力趋势显示来说，时基可为 100min。由于时基可调，因此，操作员能够连续分析管道上哪些参数变化快或变化慢。另一种趋势显示时基将更长，如 24 h 或更长。

不同的趋势参数采用不同的颜色。通过趋势显示编辑程序，可把数据点选择和时间间隔编入程序。

§6－5　SCADA 应用程序软件

大多数 SCADA 系统厂家为用户提供编制应用程序技术条件。但是，这些专用应用程序是在现有开发的以及以前工程应用的哪些应用程序基础上改编而成的。这种应用程序的开发是考核一个 SCADA 系统厂家的重要标准。瞬态模拟软件系统是管道工业现有的最复杂的应用程序之一。这些应用程序在近乎实时的条件下模拟水力状况，并对模拟水力状况，并对模拟情况和实际操作情况进行比较。应用程序的开发，势必使 SCADA 系统公司转向 SCADA 系统工业的某一特定方面。一些 SCADA 系统厂家趋向于在某一特定应用，如天然气管道应用中有较多的系统，而另一个 SCADA 系统公司在油管道上则可有较多的系统，主要应用程序有：

液体管道：

(1) 罐容计算；

(2) 流量计(总数/净数)计算；

(3) 管道输油量(输差)；

(4) 批量跟踪；

(5) 瞬态检漏；

(a) 动态检漏；

(b) 预测模拟；

(c) 模拟/培训。

天然气管道：

(1) 天然气流量计量；

(2) 压缩机优化。

一、罐容计算

储罐液位和容积的 VDU 显示通常涉及到管道末站许多不同油品的储罐。各种储罐符号可代表下列数据：

(1) 液位(m)；

(2) 温度；

(3) 重度；

(4) 体积(总桶数)。

还应当辨别清楚的是：储罐编号及将要贮入该罐的油品名称。储罐 VDU 显示布局基本反映了末站储罐的实际布置。

每个储罐都需根据存入计算机存储器的储罐量数据计算出储罐总体积。储罐量表是一些经过验定的数据，它精确地列出了罐中液位每次增高时的储油量。由于罐壁相对于各小段罐高来说在某种程度上是均匀的，因此，储罐量测表可简化成一些小的增量系数，指出储罐在每增加一段均匀罐体部分的贮油量。当均匀度发生改变时，储油增量也发生变化。因此，储罐量表可按储罐的许多均匀段简化成一个小的增量表。液位数据为液位计测的储罐内储油位所有增量的总和。把每个储罐的增量表存入计算机，用来计算每个储罐的总储油量。

罐区储油量显示将根据标准的、以实测的温度值和重度值为依据的容积换算，示出计算的净容积。

每个储罐的容积可以被显示出来，以提醒操作员注意末站内各种储罐的容积。也可计算可用容积，以指示储罐中还有多大的空间可以利用。储罐油量报警用的应用程序是比较高级的。当可用容积达到一定值(通常在满罐以前 30 min)时，就发出报警。当可用容积减至一个临界值(通常在满罐以前 15 min)时，再次发出报警。如果操作员忽视这些报警，而不立即采取正确操作把那个罐的油品分流出去的话，就会导致储罐溢漏。操作员执行的操作步骤应说明哪个储罐要加注哪种油品，以及什么时候倒入下一个运行储罐等。把这些操作步骤和管道批量调度结合起来，可帮助操作员在管输油器交界面到达中转油库时进行协调。

二、流量计的总数/净数计算

根据 API 石油计量手册(美国)或石油计量学会手册(英国)，利用温度、压力、流量计系数及根据流量计总脉冲数获得的重度数据等，可把所有的计量数据换算成净容积数据。流量计总脉冲数是换算以前的流量计脉冲数，代表流经流量计的实际体积。一般来说，石油工业销售油品不是依据总流量计数据，而是依据净流量计算数据，然后再在净流量计数据的基础上应用一个校正系数，把实测体积换算成标准压力和标准温度下的体积。在美国和国外许多采用美国石油学会(API)标准的国家，这些换算技术以 API 石油计量手册为准。在其它国家，则采用国际标准化组织(ISO)的总数——净数换算程序。一个完整的应用程序应具备 API 和 ISO 这两种标准功能。

一些应用程序(RTU 或主机软件)能自动对流量计系统阀门排程序,以便能根据延续时间或批量活动来校验流量计。然后,通过给标准体积管的四通阀排程序,控制流量计校验装置按要求的校准运行次数排出校准运行的顺序。标准体积管的排量器在检测开关之间沿两个方向行进。过程中所计的脉冲数和精确的校准体积,可用来计算目前操作条件下某一特定流量计的仪表系数。该仪表系数可用来校正记录的脉冲数。按照这种运行顺序,仪表校正系统不需要操作员来操作,或在求出确定仪表系数所需要的校正系数时不需要操作员查看数据表。

三、批量跟踪

在成品油管道 SCADA 系统应用中,批量跟踪显示可用一些两种不同颜色的水平线来完成。彩色编码用来识别输送的某一特定油品,第二个彩色线可用来识别某一批油品的某一特定输送物。批号保持在显示中。

这些水平线按管道流速的快慢,在显示屏面上移动。把 VCD 显示的首站和末站上每批油品的有关数据输入数据库或从数据库里调出有关数据。该数据包括:

批号——人工输入或自动生成;

流量计号——保留在计算机存储器中;

温度——数据库文件;

压力——数据库文件;

流量计系数——自动计算并存入数据库;

重度——数据库文件;

流量——数据库文件;

泵组编号——保留在存储器中;

泵入口、泵壳及泵出口压力——数据库文件。

有关批量的数据指示出进入管道的批量油品的体积。当批量变化时,显示回零。在顺序输油管道的另一端,可把计量的体积显示出来。这样可以得出这批油品有多少进入了管道,在末站有多少油品输出。

根据目前的流量,批量跟踪程序可计算出批量油品交界面到达末站的预计时间。由于批量油品交界面到达末站时需操作员在现场确定重度变化,油品混油程度及操作阀门,因此,批量跟踪程序能在批量油品交界面到达前一个小时报警,也可提前 15min 报警。

一些管道公司根据在线测得的油品重度变化情况,可自动探测出批量油品交界面的变化。以上介绍的这些性能,概括了 SCADA 系统公司提供的批量跟踪性能,但这些并不代表实际操作情况,因为不同的公司有不同的操作方式。

四、管道输油量

管道输油量程序是一种应用程序。用来平衡进入管道部分的测量油量、输出管道部分的测量油量和管道中存留的油量。进出管道部分的油量需根据计量的数据换算成标准压力、温度、重度及流量计补偿系数条件下的体积。

利用管径、压力、温度以及这些因素对油和管道钢材影响的补偿系数,通过数学计算,得出管道内的油量。

在模拟条件下,体积差应为零。但由于受仪表及流量计数据的准确性限制,体积差为零是不实际的，计算出的值总是为正值或负值。该正值或负值就称为管道部分的输差。输差的变化说明管道计量可能出现了问题，或更严重的是，说明管道可能发生漏泄，因此，应严加监视。管道输油量程序将按小时和日来监视输差值，如果输差值出现突发性或长期性的偏差或变化，则发出报警。输差变化报警将提醒操作员出现了不正常现象，并要求进一步进行鉴别，弄清楚发生了什么故障。

五、瞬态摸拟系统

瞬态模拟系统是一种高级的应用程序，它利用正常的管道运行参数、压力、流量、重度等，来预测管道的流量和压力。管道模拟是在稳态和瞬态两种操作条件下进行。当停启泵或泵站泄压阀突然打开，或在运行管道上的干线意外关闭时，产生瞬态条件。液体流动的动量守恒和质量守恒原理是瞬态模拟系统的基本原理。

把管道的每一部分划分成一些小段，然后根据流量经验确定这些小段的流速和压力。根据管道和地温模型确定每一模拟管段的补偿温度。把这些小段连接在一起，并测量整个管道部分进口点和出口点的压力。在管道的末端，需把模拟计算的流量和实际流量进行对比。对差值或流量差连续求均值，并设定报警极限，以便在管道有可能发生漏泄时发出报警。大的漏泄可能会迅速被检测出来，但是对小的漏泄来说，要使平均流量差达到检漏报警限，所需时间可能长些，有时需要许多小时。这种瞬态模拟系统可用于动态检漏，因为这种系统是在瞬态条件下计算管道状态的。如果超出了检漏报警极限，那么，管道状况就会叠加到模型上，从而指示出模拟段的预计位置和漏泄量。

实时瞬态模拟系统能以比实时计算时间快 100 倍的速度在很短的时间内完成一系列流量和压力计算，以确定管线在将来某一时间的状态。也就是说，一系列的计算可在几分钟内完成，而不是像一般计算时间那样需要几个小时。因此，如果把基本状况输入瞬态模型，就能预测出在将来某时刻管道的状况。

可利用同一个瞬态模型，把模拟数据输入到一个培训用的独立控制台上的管道图形显示中。受训的管道操作员可观察模拟的而不是真实的状况，并实际输入改变管道状况的指令，启/停某一台泵。同时观察运行变化情况，所有这些都不会影响在线管道的正常运行。培训用模拟器，即离线操作站，可使操作员体验到模拟的运行状况，并发出指令动作而不会引起实际操作问题。也就是说，操作员可在特定管道系统产生一个“感性认识”。

总之，管道液压模拟，即瞬态模拟应用程序可以说是一个非常有效的工具。下面列出瞬态模拟系统能完成的一些性能：

检漏	漏泄位置
漏泄量	仪表自动校准
时均值滤波	仪表故障报警
管道输量计算	管子有效系数/粗糙系数
清管器跟踪	输差计算
管线充装分析	压缩机性能分析
压缩机平衡	压缩机燃料优化
供/求变化分析	运行费用优化
短期预测	预测模拟

偶然性分析	运行经济分析
安全时间确定	策略
历史档案	培训模拟

这些应用功能可集中在一项操作中，也可不集中在一项操作中，并且只有当单独列出的这些应用功能与 SCADA 系统软件系统和计算机操作系统结合起来时才认为有效。另外，由于这些应用功能操作复杂，因此，需要设计非常有效的操作员显示系统。应用程序编制及操作员接口设计，需要具备管道动力学、过程控制、仪表及软件模拟技术等方面的知识。要获得这种经验能力，需要有许多不同领域的专家，每个专家都拥有各自领域的操作经验和知识。因此，管道 SCADA 系统需引进专家系统（人工智能应用）。开发的专家系统包含有一些有经验操作员和工程师的经验，所以更具实用性。

六、天然气流量计量

天然气流量计量由 RTU 软件来完成，主站软件通过把常数和孔板参数下装给 RTU。这些常数和参数用人工输入到主站数据库并保留在数据库中，直到启动下装程序把新的参数传送到 RTU 进行天然气流量计算时，才把这些常数和参数从数据库中调出。这些新的参数一直保存在主站数据文件中。在一些天然气流量计算应用程序中，某些常数只偶尔需要计算。这些偶尔的计算可在主站完成，然后把算出的常数下装给 RTU。这就给 RTU 软件减少了一些不必要的计算任务。

另外，如果某一压力传感器或某一温度传感器发生故障，就可把一个人工值编辑到主站数据库中，并把这个固定值下装给 RTU。这样，RTU 就可在仪表修复以前，按照一个恒定值来继续进行流量计算。这种编辑值，如对温度来说，将接近实际值，因为这个值可由现场操作员在流量计量位置获得。在一些 RTU 应用中，现场操作员可通过就地 VDU/键盘直接把数据输入到 RTU 数据库中，但在一些其它情况下，现场操作人员可能必须用电话把信息报告给主站控制室的操作员。

同样，当现场更换孔板时，现场操作员必须确保把新的孔板径系数输入到系统中。它可在现场直接输入，也可凭借主站下装性能来输入。主站显示系统可用人工输入下列常数和参数，用于 RTU 天然气流量计算：

(1) 流量标度系数；

(2) 孔板孔径；

(3) 管径；

(4) 温度（如果人工输入）；

(5) 压力（如果人工输入）；

(6) 重度（如果人工输入）；

(7) 大气压；

(8) 温度基数；

(9) 压力基数；

(10) 法兰类型，管子或法兰；

(11) 超压缩因数。

另外，RTU 必须确定所有高低限的模拟参数。天然气流量计算输入量，可以是来自单台的变送器的差压，还是来自两台分量程变送器。如果用两个分量程变送器，当流量低时，流量计算软件将使用低量程变送器的输入。由于在低流量时孔板差压测量本身就不准确，所以，采用低量程差压传感器来提高流量计算的精确度。

如果设计的程序是根据压力、温度和重度的流动条件来计算超压缩因数(F_{PV})的，那么，这个系数是一计算值。在一些应用中，这个值可由操作员根据工业标准的表格计算出来，然后人工输入到主站数据库中，并下装给 RTU。

通常，操作员可把启动下装程序当作一个功能来完成，另外，还可下装专用的参数。当现场更换孔板时，只需要输入新的孔板孔径，并将其下装给 RTU。由于其它操作变化，为了确保 RTU 存有全部操作状况，操作员可能决定下装整个应用程序。

七、压缩机优化

压缩机优化可在天然气管道上通过监视所有压缩机的燃料气耗量来完成。这种优化应用程序涉及到压缩机装置模拟和根据瞬态模拟系统得出的管道输量。这种应用程序将确定每个压缩机站的最佳燃料气消耗量，并将其同压缩机站实测的实际耗气量进行对比。这种应用程序，也将确定达到这些最佳的燃料气消耗量所需要的操作条件。各个压缩机的特性，都需根据压缩机装置模型，利用 SCADA 系统有产压缩机的压力、温度及每分钟转数(rpm)等数据进行模拟。然后，在压缩机性能曲线上查出压缩机操作条件，就会发出一个报警，提醒操作员改正操作条件，即调整设定值以避免潜在的破坏性操作条件。

利用瞬态模拟系统，优化程序可确定每管道部分的管线充装量。这种应用程序也可确定每管道部分管线充装置量的变化率值。管道操作员将利用这一数据，来满足正常操作条件下及紧急操作条件下供需发生变化的操作条件。紧急条件可由下列因素造成：管道供气中断，压缩机站可能使整个系统停车，售气点可能因为当地事故不能够接收天然气等。不管出现哪些异常操作状况，天然气管道 操作员必须能够调节管线充装置，即操作员必须能充装管线，或排放管线，以满足紧急条件需要。在这期间，管线充装量呈动态变化，并需要利用瞬态模拟系统跟踪这些变化，以使操作员能够灵活地确定哪一个管道部分可充装到设计极限、或排放以达到操作要求。

八、专家系统

一些公司已开发了专家系统程序。这些程序设计成“空壳”，但可以输入知识数据库，并能使用户应用和解释知识数据库。这些程序称为专家系统壳。某家公司已经利用这一原理编制了大雷雨预报程序，诊断大型的旋转机械运行数据的维护程序，化学分析大型变压器绝缘油及根据分析结果预测故障的程序，以及查找特定计算机设备故障的程序等。其它计算机厂商提供专家系统，用来组态复杂计算机网络。一些较小的专家系统在不断地进行开发，并有许多应用。因此不难想像，适合 SCADA 系统应用的专家系统也会出现。工业技术文献介绍了许多应用专家系统的情况。据称，以某一特定应用为例，专家系统在决策过程中，比一组专家更准确、更一致。在这些应用当中，专家系统比以人类专家更快的速度提供更多的数据，并且能够比人类专家更快的速度接收更多的数据。

大型管道网络的 SCADA 系统操作员必须经过高级培训并具有丰富的经验，因为这种大型网络涉及许多管道部分，有不同的首站和末站，并且由于批量油品不同，因而也有许多卸油点。操作员根据经验，可处理大量的可能同时发生在管道网络不同部分的各种紧急情况。操作员应能分析目前所有的操作条件，并能采取某些控制行动，以避免出现恶性操作条件。操作员可根据以下三方面采取相应的行动：

(1) 管道公司工艺规程；

(2) 培训大纲；

(3) 经验。

操作员可根据管道公司编写的应急工艺规程采取一些紧急措施。操作手册上编写的那些应急工艺规程之一，将是溢油应急工艺规程。它列出了许多有关操作员在紧急条件下应遵守的规则及应负的责任。

操作员采取的行动也受其在管道网络各个方面所受培训的影响。培训课程越透彻，操作员所采取的措施就越有针对性。另外，培训手册应编有包括泵、阀门、发电机油罐等在内的所有管道设备的操作规程和技术说明。

操作员在紧急情况下所采取的措施，还受其经验的影响。这种经验包括操作员在其它行业积累的经验，也包括成为该管道网络操作员期间积累的经验。在这种情况下，没有通用的或成文的规程，操作员只是凭直觉判断什么情况应采取什么措施。这里，操作员是根据经验法则来决策采取什么行动的。

如果把操作员的这三种能力充分定义并编入计算机系统程序，管道操作就可应用人工智能技术来帮助操作员对大量的操作变化进行正确的诊断和响应。在任何时候，特别是在紧急条件下，操作员应能掌握运行和非运行设备的状况、阀门位置、各个管道部分的油品、变化条件下的流量和压力，以及任何特殊的作用限制条件等。根据这些条件，操作员必须决定哪些报警是最重要的，并决定采取必要的校正措施。这时，操作员可能需要处理大量的报警和打印输出，应付能力可能要达到极限水平。另外，不断变化的操作条件对一个人来说是很难应付的。

一个专家系统，能够监视数据，并能利用编程的知识数据库提示各种紧急情况之间的相互关系。根据这种相互关系的分析，专家系统可帮助操作员分析每种情况的重要性，并对操作员提出相应的建议。

通常不建议用专家系统直接参与控制，但如果专家系统应用证明可靠，用专家系统直接进行程序控制也并非不可能。然而，专家咨询系统可给操作员提供一个优先操作项目表，操作员可拒绝这种操作建议，或对这些建议进一步进行分析，因为专家系统对所有建议的操作进行统计。以上所有这些，可在较短的时间内完成，但是，如果让操作员向上级请示或向其它的专业工程师咨询，则需要较长的时间才能完成。在许多情况下，如果 SCADA 系统报告有大的漏泄，操作员必须立即向其上司请示。另外，管道体积流量计算失衡，可能是由于仪表故障造成的，也有可能是由于漏泄造成的。操作员和应用的专家系统可对这些数据进行分析，并验证所需要的操作过程。

第七章　管道的检测及保护装置

由于管道所处的地质环境变化，管道中传输的介质工况参数变化，使得管道腐蚀、泄漏以及破裂，造成传输介质泄流，管道报废等时有发生。因此，检测、保护管道，延长管道的使用寿命，在长输管线的自动化领域中是非常重要的一环。

本章首先介绍管道电腐蚀、水击、泄渗漏产生的机理，然后介绍如何检测并控制这三种现象。

§7－1　管道的电腐检测及保护系统

金属腐蚀是金属与周围介质发生化学或电化学作用成为金属化合物而遭受破坏的一种现象。地下油气管线也存在这个问题，美国管线工业 1975 年统计因腐蚀而造成直接损失达 5 亿美元，而我国油气管道投产 1～2 年后即发生腐蚀穿孔情况已屡见不鲜，平均速度在 1.5 mm/a 以上。管道防腐所采取主要措施有：防腐绝缘层、管道的内防腐、管道的阴极保护等。

一、阴极保护的原理

已知金属结构管道与电解质溶液管道周围土壤相接触，会形成腐蚀原电池，金属离子不会进入电解质溶液中，使金属表面上有过剩电子而带负电，靠近金属表面的液体介质因有过剩正离子带正电，产生氧化、还原反应过程，导致金属管道电腐蚀。阴极保护就是要消除金属结构上的阴极区，可通过下述两种方法来实现。

1. 牺牲阴极的阴极保护

在待保护的金属管道上连接一种电位更负的金属或合金（铝合金、镁合金），如图 7－1(a) 所示，形成一个新的腐蚀电池。由于管道上原来的腐蚀电池阳极的电极电位比外加的牺牲阳极的电位要正，整个管道就成为阴极。

2. 外加电流的阴极保护

将被保护金属与外加的直流电源的负极相连，把另一辅助阳极接到电源的正极，使被保护金属全成为阴极，如图 7－1(b) 所示，外加电流在管道和辅助阳极间所建立的电位差，显然可比牺牲阳极与管道间的电位差大得多，因此，它的优点是可供给较大保护电流，保护距离长，适用范围广，辅助阳极的材料只要求有良好的导电性和抗腐蚀性，不消耗有色金属，缺点是要外电源和经常的维护管理，对邻近的金属结构有干扰。

工作特性如图 7－2 所示，通过外加电流来改变原阴极的电位，减少腐蚀电流，最终使阴极电位变为原阳极初始电位 E_A，此时没有腐蚀电流流出，即达到完全保护。这时应存在一个全保

护外加电流 I_F。

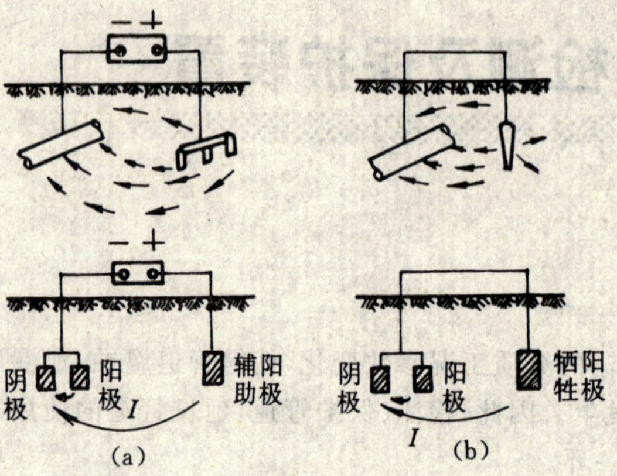

图 7-1 阴极保护原理

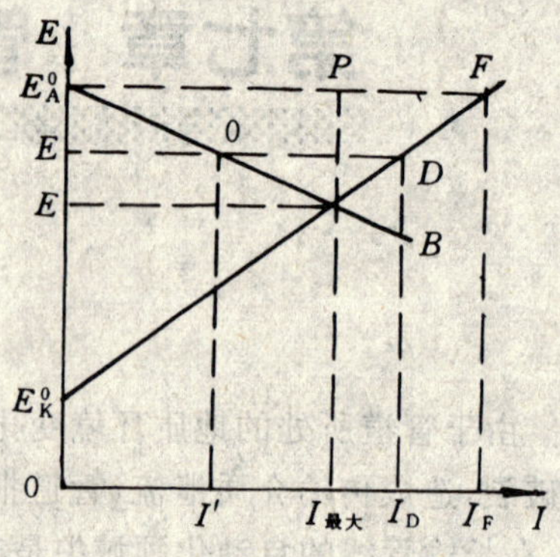

7-2 阴极保护极化图

二、阴极保护的保护参数

如上所述,为使某一腐蚀过程得到抑制,外加的保护电流必须达到一定数值,或使经外电流极化后的阴极电位降到一定的数值。故在阴极保护中可采用最小保护电流密度和最小保护电位二参数作为衡量是否达到完全保护的指标。

1. 最小保护电流密度

最小保护电流密度是指为使金属得到完全保护,所必需加入的最小电流密度,如被保护的金属表面积为 A,则最小保护电流密度为 I_F/A,其数值与金属和腐蚀介质的性质、组成、绝缘层质量等许多因素有关,且在不同条件下其数值变化很大,如表 7-1。表面状况不同钢管的最小保护电流密度也不同,如表 7-2,可以看出,裸管比有绝缘层的管道需要的保护电流密度大,土壤电阻率愈小,需要维护的电流密度愈大。

表 7-1 钢在不同介质中的最小保护电流密度

介　　质	电流密度/(mA·m^{-2})	介　　质	电流密度/(mA·m^{-2})
含氧的自然土、水	35	流动的海水	65~172
流动的淡水	59	含有硫酸盐细菌的土壤	450

表 7-2 不同表面状况钢管的最小保护电流密度

管道表面状况	土壤电阻率/(Ω·m)	电流密度/(mA·m^{-2})
沥青、玻璃布	130~35	0.01~0.2
沥青、玻璃布	30~1.4	0.16
裸　　管	<3	30~50
	3~10	20~30
	10~50	10~20
	>50	5~10

由于在实际工作中很难测定腐蚀电池的阴、阳极的具体地点和面积大小，故表 7-1、表 7-2 所列数据都是按与电解质接触的整个被保护金属表面计算的，类似的试验数据对油罐的底、平台前桩不适用，而且对沿途土壤电阻率和防腐绝缘层质量变化的长距离管道则往往偏差较大。故对于管道的阴极保护，常以最小保护电位和最大保护电位作为衡量标准。

2. 最小保护电位

为使腐蚀过程停止，金属经阴极极化后所必须达到的电位称为最小保护电位，也就是腐蚀电池阳极的起始电位，其数值与金属的种类、腐蚀介质的组成、浓度及温度有关，根据实验测定，碳钢在土壤及海水中的最小保护电位为 −0.85 V 左右（相对饱和硫酸铜电极），在细菌繁殖很激烈的地区为 −0.95 V 左右。按此数据保护的管道，保护度一般达到 90%。

3. 最大保护电位

管道通入外加电流后，其负电位提高到一定程度时，由于 H^+ 在阴极上的还原，管道表面会析出氢气，产生析氢现象会减弱甚至破坏绝缘层的粘结力，加速绝缘层的老化。不同绝缘层析氢的电位不同，沥青绝缘层在外加电位低于 −1.20 V 时开始有氢气析出，当电位达到 −1.50 V 时将有大量氢气析出。因此对沥青绝缘层取最大保护电位 −1.20 V，而对聚乙烯层的最大保护电位可取 −1.50 V。

三、阴极保护的计算

外加电流阴极保护系统的布置如图 7-3，其设计包括下述内容：保护长度计算，阴极保护站数和站址的确定，阳极装置、电源、导线的设计，绝缘法兰、测试桩、检查片的设置。

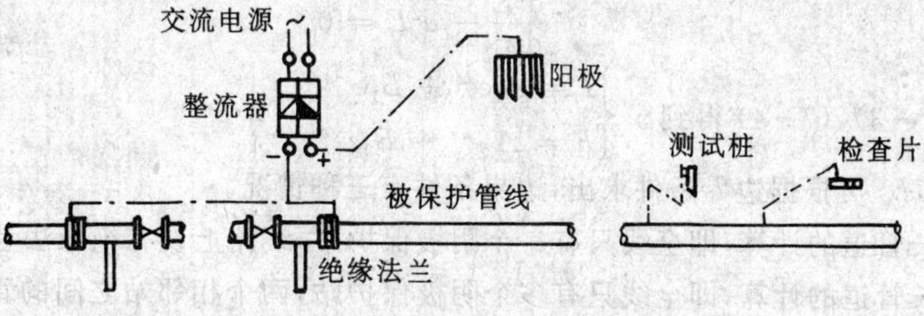

图 7-3　管道阴极保护示意图

由于阴极保护范围受最大保护电位和最小保护电位的限制，因此保护一条管道常常需要设一个或几个阴极保护站，首先要知道一个站能保护多远，才能确定设几个站，为了求得保护长度，必须知道当管道上通入阴极电流后产生的外加电位的沿线分布规律，及最大保护电位经过多少公里降低到最小保护电位。

1. 管道沿线外加电位与电流的分布规律

图 7-3 外加电流的电源正极接辅助阳极，电源负极接在被保护管段的中央，这一点称为汇流点，电流自电源正极流出，经阳极和大地流至汇流点两侧管道，在两侧金属管壁中流动的电流流向汇流点。沿线电流密度和电位的分布是不均匀的，在汇流点处的电流值最大，电位值最负。

假设管道绝缘层均匀一致，有良好的介电性，且与土壤紧密接触，因此管道沿线各点的单位面积过渡电阻相等。过渡电阻指电流从土壤沿径向流入管道时的电阻。因土壤面积很大，电流经过土壤的电阻可忽略不计。

如图 7-4 在离汇流点 x 公里处取一段 dx，由于通入外电流后阴极极化，dx 段处管地电位负偏移 E 值。

设：r_T —— 为单位长度金属管道电阻；

R_P —— 单位面绝缘层过渡电阻；

R_T —— 单位长度上电流从土壤流入金属管道的过渡电阻；

D—— 管外径。

则　　$R_T = R_P/\pi D$

在 dx 小段上电流的增量 dI 就是在该小段上从土壤流入管道的保护电流。

$$dI = -\frac{E}{R_T}dx \qquad 即\frac{dI}{dx} = -\frac{E}{R_T} \quad (7-1)$$

负号表示电流的流动方向与 x 的增加方向相反。当电流 I 轴向流过管道时，由于管道金属本身的电阻所产生的压降

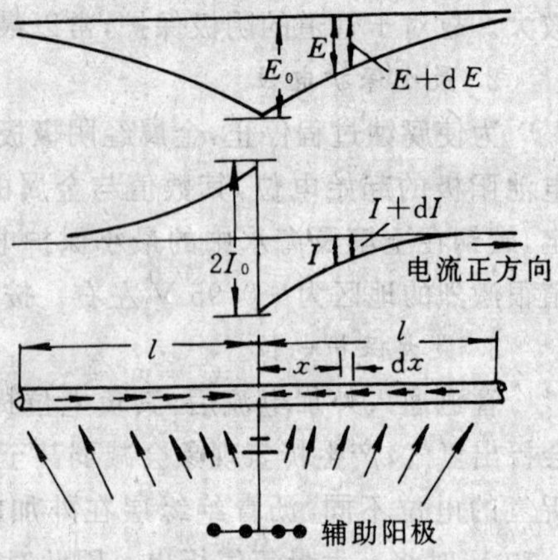

图 7-4　管道沿线电位与电流分布规律

$$dE = -Ir_Tdx \qquad 即：\frac{dE}{dx} = -Ir_T \quad (7-2)$$

对上二式求导　设 $a = \sqrt{\dfrac{r_T}{R_T}}$　$\dfrac{d^2I}{dx^2} - a^2I = 0$　(7-3)

$$\frac{d^2E}{dx^2} - a^2E = 0 \quad (7-4)$$

求解：式(7-3)，(7-4)得到
$$\begin{cases} I = A_1e^{ax} + B_1e^{-ax} & (7-5) \\ E = A_2e^{ax} + B_2e^{-ax} & (7-6) \end{cases}$$

A_1, B_1, A_2, B_2 可根据边界条件求出，边界条件有三种情况。

(1) 无限长管道的计算，即全线只有一个阴极保护站，线路上设有绝缘法兰；

(2) 有限长管道的计算，即全线只有多个阴极保护站，两个相邻站之间的管道由两个站共同保护。

(3) 保护段终点有绝缘法兰。

2. 保护无限长管道阴极站的参数计算

根据边界条件可得：而当 $x=0$ 时 $I=I_0, E=E_0$；当 $x\to\infty$ 时 $I=0, E=0$（I_0 为管道一侧的电流）

无限长管道的外加电位及电流的分布方程

$$I = I_0e^{-ax} \quad (7-7)$$

$$E = E_0e^{-ax} \quad (7-8)$$

这说明管道沿线的电流按对数曲线规律下降，衰减因数 $a = \sqrt{r_T/R_T}$

由式(7-2)，(7-8)可解出沿线各处电位与电流的关系

$$\frac{dE}{dx} = -r_TI\frac{dE_0e^{-ax}}{dx} = -aE_0e^{-ax} \quad 得：I = \frac{a}{r_T}E_0e^{-ax}$$

在汇流点处 $x=0$ $$I_0=\frac{a}{r_T}\cdot E_0=\frac{E_0}{\sqrt{R_T r_T}} \tag{7-9}$$

如上所述，管道沿线的外加电位有最大值和最小值的制限，故汇流点处的外加电位必须小于最大保护电位 $E_{\max}$，当沿线的外加电位降至最小保护电位 $E_{\min}$ 处，就是可能保护段的末端，故一个阴极站所可能保护的一侧的最长距离，取 $E_0=E_{\max}$，在 $x=L_{\max}$ 处 $E=E_{\min}$ 得：

$$E_{\min}=E_{\max}e^{-aL_{\max}} \quad L_{\max}=\frac{1}{a}\ln\frac{E_{\max}}{E_{\max}} \tag{7-10}$$

由式(7-9)，(7-10)可见，阴极保护装置所需保护电流 I_0 的大小和可保护的段落长度受绝缘层电阻的影响很大，绝缘层质量好，则电能消耗少，保护距离长，在式7-10计算过程中 $E_{\max}$ 和 $E_{\min}$ 均为外加的管地电位，而前面所述的最大和最小保护电位是指阴极应极化到的电位。在大多数土壤中，用硫酸铜电极测得的钢管的自然电位约在 $-0.50\sim-0.60$ V 间(金属在电解质中未通电流时测的电位，也即腐蚀原电池的总电位)，取实平均值 -0.55 V。

$$E_{\max}=-1.20-(-0.55)=-0.65\ \text{V}$$

$$E_{\min}=-0.85-(-0.55)=-0.30\ \text{V}$$

一般长距离管道常需在沿线设若干个阴极保护站，其保护段长度应按有限长管计算。

3. 有限长管道的计算

有限长管道的保护段在两个阴极保护站之间，其外加电位和电流的变化受两个站的共同作用，由于两个站的相互影响，将使外加电位变化曲线抬高，如图7-5，有限长管道的最大保护距离经推导其结果为：

$$L_{\max}=\frac{1}{a}\ln\left(2\frac{E_{\max}}{E_{\min}}\right) \tag{8-11}$$

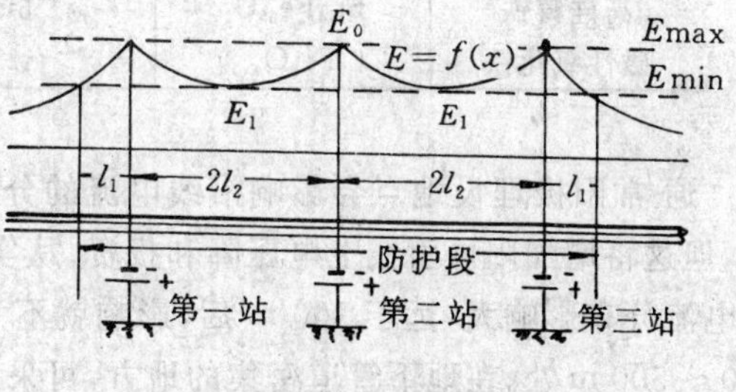

图7-5 有限长管道电位变化曲线

将有限长管道与无限长管的公式进行比较，可见无限长管道的电位是按指数函数的规律变化，而有限长管是按双曲线函数的规律变化，故有限长管道电位和电流的变化较缓慢，其保护距离比无限长管道长，同时管道末端有绝缘法兰的计算与有限长管道的计算结果相近，故根据实际情况，在实际工作中都按有限长管道计算。

4. 电源的选择与计算

管道阴极保护系统的总电流是汇流点处的总电流为：$I=2I_0$。

总电压为：$V=I(r_D+R_A+R_0)$ 其中：r_D 为流经阳极导线的电阻，R_A 为阳极接地电阻，

R_0 为电流通过绝缘层和管道的电阻 $\begin{cases} 无限长管道\ R_0=\dfrac{\sqrt{R_r r_r}}{2} \\ 有限长管道\ R_0=\dfrac{\sqrt{R_r r_r}}{2\mathrm{th}(aL_{\max})} \end{cases}$

电源功率： $$W=\frac{IV}{\eta}$$

考虑到阴极保护装置刚投入时的电流要比极化稳定后的电流大得多，以及运行过程中阳极接地电阻的增大和绝缘层的损坏等因素，通常按计算功率2～3倍配备电源。目前国内已生产专用电化学保护的电源，它具有恒电位控制、抗交流干扰、抗雷击、过流保护和自动复位等

功能。

5. 阳极接地的选择及计算

阳极保护站的电能有 60% 以上消耗于阳极接地上，故阳极材料的选择、处理及其埋置场所，对节省电能消耗尤为重要。

阳极材料具有良好导电性，在土壤或地下水接触时有稳定的接触电阻，即使在高电流密度下，其表面的极化仍较小，化学稳定性好，腐蚀率小，有一定机械强度，常用的辅助阳极的特性如表 7－3。安装时必须用颗粒均匀的焦炭放在阳极周围作填料，以吸收阳极上生成的氧，并减小阳极接地电阻，在埋置阳极时还必须为反应生成的气体逸出提供通道，因为生成的氧会与阳极本身的碳原子结合生成 CO_2 或 CO，尤其当电解质溶液和氧渗入阳极的孔隙中时，为了减小阳极消耗。

表 7－3　常用的辅助阳极的特性

阳极材料	主要成分	允许工作电流 (A·m^{-2})	消耗率 /(kg·A^{-1}·Y^{-1})	
			在土壤中	在海水中
废　钢	Fe		9.1	10
石　墨	C	5～10	0.05～0.20	0.7～0.9
高硅铸铁	$Si_{14}Fe_{65}C_1$	5～80	0.1～0.5	0.14～0.66
磁性氧化铁	Fe_3O_4	40	002～0.15	

通 常阳极埋设地点会影响沿线电流的分布，阳极距离管道愈远，电流的分布要广而均匀些，但这将增加阳极引线上电压降和投资。从实测数据分析得出，阳极距汇流点 200 m 以内时，对电流分布影响大，远于 300 m 后，影响就不大，故在长输管道的干线上阳极一般设在距管道 300～500 m 处。在地下管道密集的地方，可采用深阳极装置，即把阳极埋在地下几十米到一二百米深处，以减少对其它金属管道的干扰。

常用的阳极结构型式如图 7-6 所示，常将成组的阳板垂直于管道埋放，阳极间距与长度之比一般为 1～2。阳极间距大，相互间的屏蔽作用小，接地电阻就小。目前国产石墨极的长度一般为 1.5 m，直径 0.1 m，重 9 kg。不同型式的阳极其接地电阻为：

(1) 全部埋在地下的单根垂直阳极：　$R=\dfrac{\rho}{2\pi l}(\ln\dfrac{1}{2}\ln\dfrac{4t+l}{4t-l}+\dfrac{\rho_a}{\rho}\ln\dfrac{d_a}{d})$。

(2) 全部埋在地下的单根水平阳极：　$R=\dfrac{\rho}{2\pi l}(\ln\dfrac{l^2}{dt}+0.692)$。

(3) 一排垂直阳板的总接地电阻：　$R_A=\dfrac{R}{n\eta}$

其中　t —— 地表面到阳极中心的距离；

d —— 阳极外径；

l —— 阳极长度；

ρ —— 土壤电阻率；

ρ_a—— 填料层电阻率；

d_a—— 填料层直径；

n —— 垂直阳极根数；

η —— 屏蔽系数，见表 7－4 所示。

表 7-4　一排垂直阳极的屏蔽系数

a/l	1	2	2	2	1	2	3	备　注
n	3	3	5	10	20	20	20	n 为垂直阳极根数
η	0.76～0.80	0.85～0.88	0.79～0.83	0.72～0.77	0.47～0.50	0.65～0.70	0.74～0.79	a 为垂直阳极间距

从式中可见，R 与 ρ 成正比，因此一般要求将阳极埋在冰冻线以下，以减小接地电阻随季节变化；再者，减少 ρ 来减少 R，将阳板尽量放在低洼、潮湿、土壤电阻率小地方，也可用氯化钠、氯化钙、硫酸铜等溶液处理土壤。阳极装置使用年限，计算公式 $T=\dfrac{KG}{gI}$

其中　K —— 阳极利用系数一般为 0.7～0.75；

g —— 阳极消耗率；

G —— 阳极重量保护电流；

I —— 保护电流。

四、采用"反电位"法增大保护距离

已知，外加电流法保护距离受最大和最小保护电位的限制，要增大保护距离，就增加外加电流值，但这时汇流点的电位将超过最大保护电位。为此，要增大保护距离就必须使管线沿线电位变化的指数曲线得到改善，即尽可能平缓。

"反电位"法就是在阴极站上除原来的防护电源外，还增加一个与主电源(防护电源)相反接法的附加电源，其正端与管道相连，负端与外加接地电极相连。故称接地阴极，接地阴极与管道的距离要比接地阳极近得多，一般为 30～50 m，其原理：利用反电源的接地阴极在管道上建立一个正电位，该正电位的沿线变化曲线比主源所建立的负电位曲线陡得多，故在离汇流点较远处，正电位数值很小。在两个电源的综合作用下，在汇流点外总电位值比原来的负电位值小很多，而在离汇流点较远处，总电位值与原来的负电位值相近。所得的管道总电位沿线变化曲线可比原来曲线平缓很多。如图 7-6，曲线 1 为主电源单独工作时的电位曲线，其保护距离 l，当增设外加电流后保护距离为曲线 2，如没有反电源，要达到保护距离 l_1 的电位曲线，如图曲线 3，显然汇流点电位达 －1.90 V 绝对值，大于最大保护电位 －1.29 V，在采用"反电位"法后即附加接地阴极后，不但保护距离能达 l_1，而且汇流点的负电位下降到 －1.2 V，达到最大保护电位范围内。采用"反电位"法时，反电源与主电源必须相互联锁，以免因误操作造成管道被腐蚀。

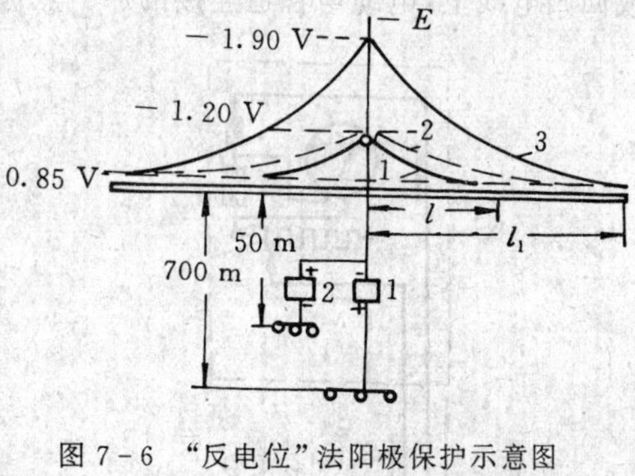

图 7-6　"反电位"法阳极保护示意图

五、绝缘法兰、测试桩及检查片

1. 绝缘法兰

为了防护电流流失和对未保护的金属管道和设备的干扰，需要在泵站和油库的进出口管道上安装绝缘法兰，防止干线的阴极保护电流进入站内。绝缘法兰还可用于有地下杂散电流的地段，以及不同管道(不同材质，新旧管道等)的连接处，作为一种防腐措施，绝缘法兰和普通法兰不同是两片法兰盘中间用绝缘垫片，以及每个螺栓都加用绝缘垫片和绝缘套管进行绝缘。

2. 测试桩

测试桩是为检测管道的保护情况而在沿线设置的永久性设施，在管道上焊接一根导线，引到地面的测试桩上，可测出各点的管地电位。该桩也可以与线路里程桩相结合，长输管道一般每公里设一个。但在河流、铁路穿越处，与其它管道相交处，绝缘法兰两侧均需设测试桩。

3. 检查片

为了定量了解阴极保护的效果，选择典型地段埋设的检查片。检查片在埋设前先分组编号、除锈、称重。每组试片一半与被保护的金属相连接，通电保护，另一半不通电，作自由腐蚀试验，经一定时间后挖出来，称量其腐蚀的失重，即可比较阴极保护的效果，计算其保护度。因检查片面积很小，它和管道的腐蚀情况有很大差别，得出的保护度只能供参考。

六、杂散电流的腐蚀及防护

1. 直流电力系统对腐蚀的影响及措施

电气化铁路，以及接地为回路的输电系统都可能在土壤中产生杂散电流，使地下管道产生电化学腐蚀。如铁轨连接不好，接头电阻大处，部分电流将由轨道绝缘不良处向大地漫流，流入管道后又返回铁轨，杂散电流的这一流动过程形成了两个由外加电位差而建立的腐蚀电池，这时管道上的管地电位可能达 8～9 V，通过的电流高达几百安培，其影响则可达几十公里的范围，壁厚为 7～8 mm 的地下钢管道，在杂散电流作用下，投产四、五个月后即发生腐蚀穿孔，因此其程度要比一般土壤腐蚀严重多。

减少杂散电流的防止除减少其来源外，管道系统采取的防止和克服杂散电流的主要措施是排流保护，即用绝缘的金属电缆将被保护的金属管道与排流设备连接，将杂散电流引回铁轨或回归电线上，电缆与管道连接的那一点称为排流点。

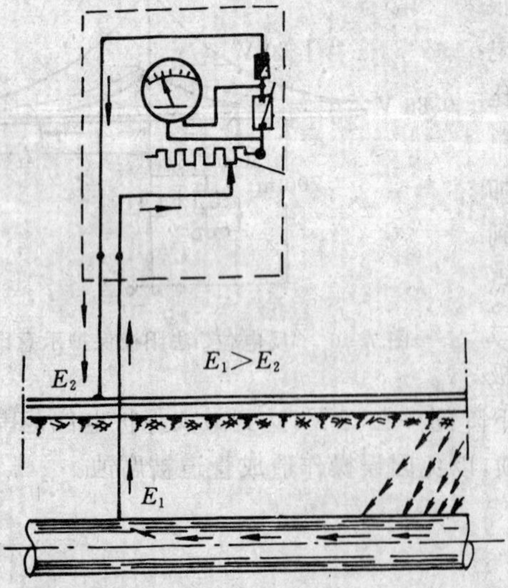

图 7-7　简单排流保护

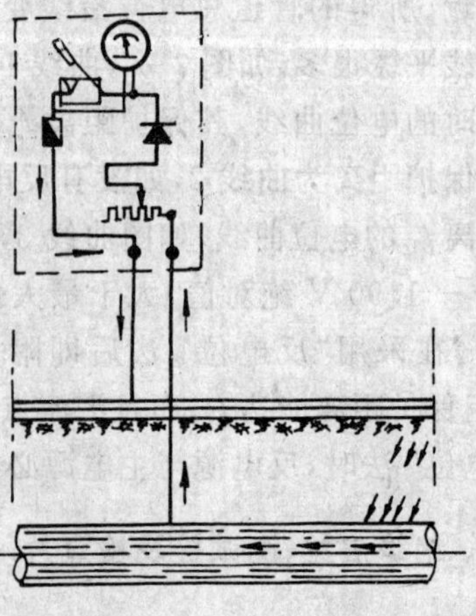

图 7-8 极性排流保护

(1) 简单排流保护。如图 7-7，用于极性不变的阳极区，可调节排流量的大小和管道的相对电位。

(2) 极性排流保护。如图 7－8 所示，用于极性可变区，电流只能沿导线由管道流入铁轨，而不能反向流动。

上述两种借助于两点电位差来排流，排除电流量小，保护段很短。

(3) 接地式排流。图 7－9 管道的排流电路不连接到铁轨或负回归线及母线上而是连接到另一个埋入地下的阳板上，由阳板引入土壤返回铁轨。

(4) 强制排流。在管道与接地阳极或铁轨间接一可逆恒电位仪，在外加电位差下强制排流，用于要求排流量大时。

由于这种杂散电流通过管道时电位变化幅度大，所以地下管道采用排流保护的段落，一般都不用阴极保护。

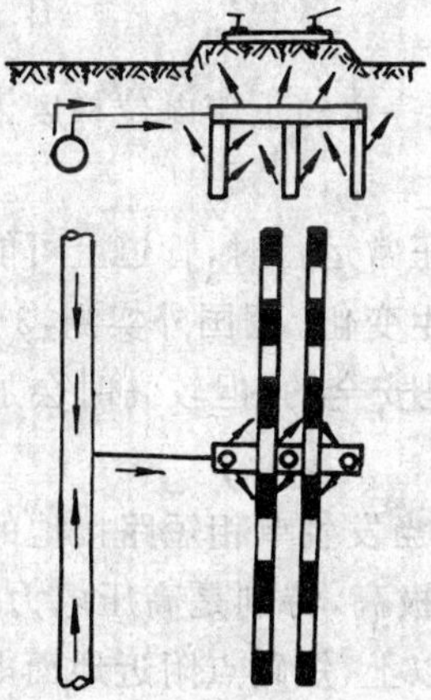

图 7－9　接地式排流

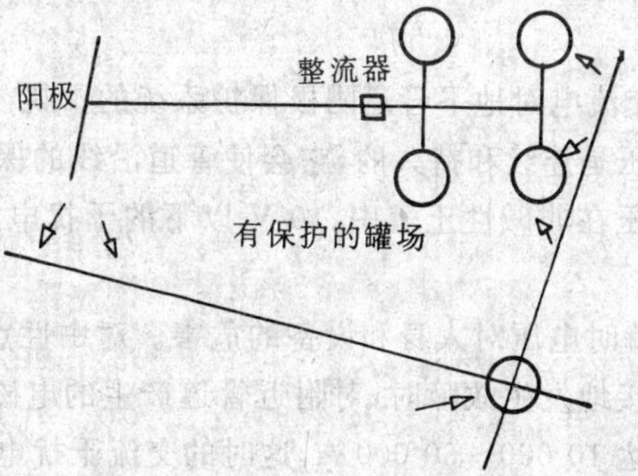

图 7－10　来自阴极保护系统的干扰腐蚀

2. 阴极保护的干扰腐蚀

阴极保护的接地阳极流入被保护管道的电流有一部分流到邻近的管道上，使之遭受腐蚀，称为干扰腐蚀。如图 7－10 在设阴极保护的罐区附近，有二根交叉的未保护管道，一根离阳极近，一根离罐近，就导致电流由第一根管道传送到第二根管道，最后在阴极保护系统的阴极(罐)附近流出，在两根管道流出电流的部位都发生腐蚀，有阴极保护的长输管道上安装绝缘法兰时，其与干线相连的一侧总是通电保护的。而其与泵站或压缩机站相连的另一侧没有保护，由于其电位较正，站内侧管道可能受到干扰腐蚀等。这种干扰影响可采取以下措施：

(1) 提高防腐绝缘层质量，设计时应使未保护管道尽可能远离阴极保护系统。

(2) 安装一个牺牲阳极，即在距阳板较远有电流从管道流出的部位安装一个阳极。

(3) 采用加“均压线”的方法，即将未保护管道与阴极保护管道用导体连接起来，同时进行阴极保护。尤其对于平行管道的阴极干扰，可以采取一个阴极站综合保护，在管道沿线每隔 500 m 左右设一“均压线”连接平行管道，尽可能保持其各处电位均衡。但应特别注意防止在切断电源时各平等管道之间由于自然电位不同而形成腐蚀电池。

3. 交流输电线对管道的影响

一般来说，交流电引起的腐蚀比直流电小，像钢、铅和铜这些金属因交流电引起的腐蚀，大约为直流电的1%或更小，但是，当高压输电线与管道平行架设时，由于静电场和交变电磁场的影响，在钢管上感应出交流电压和电流，它对管道的影响和危害是不可忽视的。在交、直流叠加的情况下，交流电的存在可引起电极表面的极化作用，使腐蚀加速。交流干扰电压还会影响牺牲阳极的保护性能。不仅使电流效率下降，当交流干扰电压超过某一范围时，还将发生极性的逆转。

(1) 交流干扰电压的产生。把管道看作输电线附近的一根导线，输电线对它的影响为四种耦合方式：

传导：即带电部分直线与管道接通。

电容耦合：由于输电线、管道和大地均可视作导体，因此输电线上的电压可通过电容耦合传导给管道。

电磁耦合：一根载有交流电的导线周围必然有交变磁场存在，处于这个交变磁场中的管道上便会有感应电动势。

电解耦合：土壤中有交流电通过，致使通过该区的管道在一定的土壤电位梯度下产生电解腐蚀。

(2) 交流电对地下管道阴极保护系统的干扰。在输电线正常运行时，管道上可能出现的交流感应电压是连续和持久的，它会使管道沿线的保护电位发生变化。据国外实测，3～4 V的交流干扰电压在非碱性土壤中，10 V以下的干扰电压可认为是安全的，但较高时会加速绝缘层老化。

(3) 瞬时电压对人身和设备的危害。对中性点输电系统当发生单相短路接地的故障或输电铁塔的接地发生故障时，对附近管道产生的电磁感应电压极高，特别是高压电力系统中，短路电流可达10 000～60 000 A，这时的交流干扰电压达千伏以上，短路点附近地面电压分布如图7-11，因为防腐涂层良好的管道电位与远方大地电位相近，所以该处的管道与地之间的电压极高。如果此处管道在地面上连接有阀门等设备，而在短路瞬间恰有人触及阀门时，那将严重威协操作人员生命及设备，同时防腐绝缘层处于这么高的电压作用下，可能被击穿，形成电弧通道，电弧的高温可能烧穿地下管道，点燃油气而造成火灾。

感应电动势，沿管道轴线方向不断叠加，将形成很大的纵向感应电势，并使沿管道各点的对地电位不相等，管道与输电线平行距离愈长，对地感应电压愈高。

(4) 消除管道受交流电影响的措施。为了消除交流输电线对管道的影响，一个重要的预防措施是要求电力线路的故障时间降到最小，在设计管道时要尽可能使管道与输电线的平行长度减到最小，具体方法如下：① 将管道串大电容接地，或在管道与电力系统接地之间安装接地电池。接地电池结构如图7-11所示，由一对或几对用绝缘块隔开的锌阳板构成，埋在低电阻率的回填土中。② 控制电位，为了防止危险电压对操作受伤害，方法之一是在所露出地面的金属设备处，浅埋一盘锌带或镁带图7-12所示，将锌带或镁带的一端接在阀上，同时将其螺旋形地水平盘绕在裸露的阀杆周围，带盘的直径足够大，以保证人站在盘外时，不能摸到阀门。镁或锌带浅埋的深度约150 mm，带间距300 mm。当交流电系统在管道上感应很高的电压时，因为与管道相连的带盘使附近土壤中的电压上升，于是通过与管道接触的人体的电位差大大降低，消除了操作人员遭受电击危险。③ 为防止绝缘法兰的击穿，可在法兰上安装避雷器或放电器，或将法兰的两端与图7-11所示的接地电池相连。

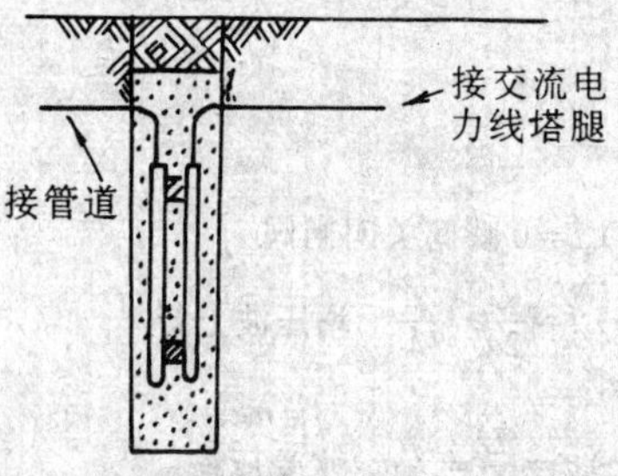

图 7-11　接地电池

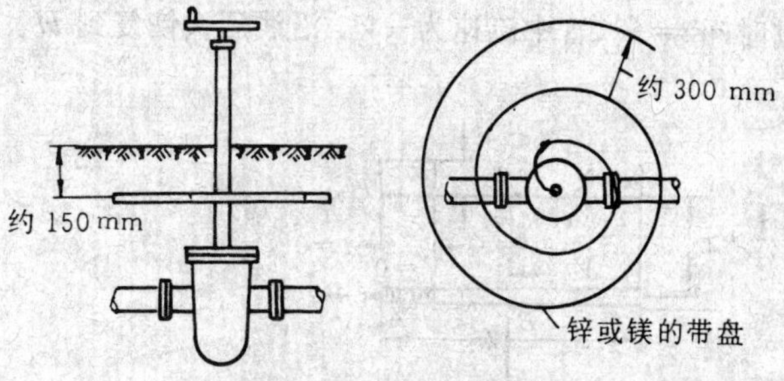

图 7-12　电位控制装置

§7-2　长输管道的水击及控制

液流断面上各点的流速和压强保持一定，不随时间变化的液流叫稳定流，反之叫不稳定流。在不稳定流情况下，压力发生瞬变时，通常称为发生水击，它的特征是流速和压强发生急剧变化，其变化过程时间长短依管线长度、水击过程、调节情况而定，短的几秒钟，长的可达几十分钟。

在长输管道的设计和管理工作中，如不能准确地掌握可能发生的不稳定工况参数，则可能因盲目加大安全系数而造成巨额浪费，或因估计不足而引起严重事故。尤其是在密闭输送的管道上，更必须按照对不稳定工况的预测和计算，来制定运行规程和调度方案，为自控系统在各种情况下的运行提供依据。

一、水击的基本概念

1．水击过程

图 7-13 所示为储罐液位恒定的自流短管中阀门瞬时关闭情况下的水击进行过程。为简化起见，设：忽略管道摩阻的影响，故储罐液面的压头都等值地传到管道各截面，图中为储罐液面 H。画出的一条水平线表示，而水击引起的压头变化叠加在这个水平线上。水击后水力状态变化重复一次的时间，称为水击周期 T，每一周期可分四种变化过程。

第 1 个过程是图 7-13 中(a)(b)(c)三步。(a)表示具有压头 H_0 的水层到达阀门端时，瞬时关闭阀门。(b)表示阀门的“第一层”液体瞬时停流，其动能转化为势能，使这层液体被压缩，管子被胀大，压头增加了几米。随后沿管道从后往前液体一层接一层的停流和被压缩，沿线压头都增加了几米。(c)表示这样的变化以增压波的形式一直传播到储罐的出口处，此时管内液流的速度为零，沿线液体都受到一个增压水头 h，若 a 为水击波传播速度，则增压波从阀门到达储罐的时间为 $t=\frac{L}{a}$。

第 2 过程是图 7-13(d)(e)二步，增压波到达储罐出口处时，该点压头超过罐内液面高度。(d)表示，管道始端“第一层”液体倒流回储罐，使液体稀疏膨胀，管壁减压收缩，水击压头 h 消失，压力恢复到水击前的状态，但液体仍具有与原先反向速度 V。紧接着是“第二层”、“第三层”液体……重复这个过程。此过程是以减压波的形式从储罐向下游阀门传播。如图(e)表示，

经过时间 $t=\dfrac{L}{a}$，管中流速为 $-V_0$，沿线压头恢复到 H。

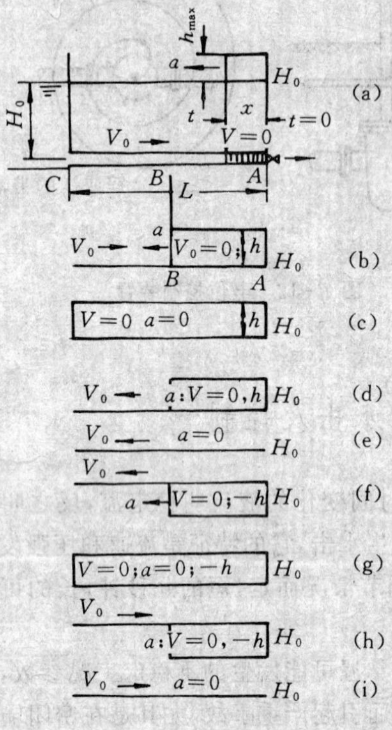

(a) $t=0$ 瞬间关闭闸阀

(b) $t=\dfrac{L}{2a}=\dfrac{\mu}{4}$ 增压波上行

(c) $t=\dfrac{L}{a}=\dfrac{\mu}{2}$ 水受压缩

(d) $t=\dfrac{3}{4}\mu$ 减压波下行

(e) $t=\dfrac{2L}{a}=\mu$ 正常压力状态

(f) $t=\dfrac{5}{4}\mu$ 减压波上行

(g) $t=\dfrac{3}{2}\mu$ 水膨胀

(h) $t=\dfrac{7}{4}\mu$ 增压波下行

(i) $t=\dfrac{4L}{a}=2\mu$ 恢复起始状态

图 7-13 水击过程

第 3 过程是图 7-13(f)，(g)三步。减压波到达阀门处后，由于阀门已关死，没有液体维持倒流，阀门处的液层进一步稀疏，管子进一步收缩，产生一个低压 $-h$，使液流停止倒流。此过程是减压波从阀门处管道始端传播，其时间 $t=\dfrac{L}{a}$，这时管中流速从 $-V_0$ 降至零。

第 4 过程是图 7-13(h)(i)二步。减压波到达储罐出口处时，该点压头低于储罐面高度，液体又以速度 V_0 从储罐流进管道里去，使压头恢复到 H_0，随着增压波的向阀端传播，管内液体和管子本身依次恢复到水击前的状态。此过程增压波抵达阀门处的时间为 $t=\dfrac{L}{a}$，管中流速为 V_0，因此这个水击周期 $T=4\dfrac{L}{a}$

实际上管内增压波和减压波来回运动造成压强和流速的急剧变化，此波动不断消耗着水击波的能量，从而使其逐渐削弱，最后趋于平静。

2. 水击波传播速度及强度

水击波的传播速度决定于液体的压缩性和管壁的弹性，其函数表达式

$$a=\sqrt{\frac{K}{\rho\left(1+\dfrac{KD}{E\delta}\right)}}$$

其中 ρ ——液体密度；

K ——液体的体积弹性系数；

D ——管道平均直径；

δ ——管壁厚度；

E ——管材弹性模量。

钢管道输水时，波速一般为 1 200～1 400 m/s，输送原油和成品油时一般为 900～1 100 m/s。

瞬时完全中断液流的水击头函数表达式

$$\Delta H=\frac{a}{g}V_0$$

其中 ΔH ——瞬时中断液流引起的压头增值，叫势涌水击；

a ——水击波传播速度；

g ——重力加速度；

V_0 ——水击前液体流速。

3. 水击的危害

水击的主要危害是可能发生超压破坏管道和液柱分离，液柱分离是由于减压波到达原来压力比较低的部位，使该部位的液体压强降低到液体的饱和蒸气压，液体汽化，溶解在液体的气体也析出，形成汽泡空穴，汽泡随液体流动，形成汽穴流。当压强增大时，泡沫破灭，在破灭的地方产生局部高压，对管道有气蚀现象，而在管的拔高处，则汽泡会聚集，占据管子截面的很大一部分，严重时会占据整个截面，把前后液流分开。这种情况就称液柱分离。分离的液柱汇合时，如两个液柱的速度差为 ΔV，则将产生 $\frac{a}{g}\Delta V$ 的水击压头，其值可能很大。对于大口径管道，出现负压使管子被压瘪的危险。

对采用“从泵到泵”输送方式的长输管道，还可能使中间泵站产生气蚀。

二、长输管道水击产生的原因和特点

长输管道在输油过程中发生水击的情况大体上有：开泵和停泵，机组转速变化或运行不稳，机组因动力故障而自行停机、泵发生气蚀、调节输量、空气进入泵或管道、站内发生回流、管道始端和终端倒换油罐、顺序输送切换抽品、泄漏、安全阀开启和关闭等。对于长输管道水击现象有如下特点。

1. 水击波反射间隔时间比较长

长输管道的泵站间距约 50～150 km，以水击传播速度为 1 000 m/s 计算，一个站产生的水击压强要经过 50～150 s 才传到相邻的泵站或终端，然后再发生反射，反射的间隔时间比较长，因此，长输管道发生水击后，其沿线的压强变化比较平缓。不像短管那样，由于水击波迅速反射，压强波动剧烈，但它会使稳态调节时间延长。

2. 摩组的影响

对长输管道流体用于克服摩阻的压强很大，一般泵站提供的几十大气压压强几乎全部是用于克服流动的阻力，而水击的初始压强，即使是阀门瞬时关死，也仅是一个泵站压强的一部分，故在管道沿线初始水击波经过处，流动并不停止，只是受到部分阻滞，因而将发生管道的充装和水击波的衰减。

(1) 管道的充装使阀门处压强逐渐上升。长输管道当下游阀门突然关闭时，会产生势涌水击 ΔH，在该水击波向上游推进过程中会出现一个高于原先稳态坡降的压头线，由于坡降的存在，波后液体会继续向下游流去，只是流速比稳态时减小了，由于下游阀门已关，在水击波传播过程中，末端管段由于压力升高，会使其管壁不断扩大，而液体又不断被压缩，不断地提供着由二者共同形成“剩余容积”，以容纳波后继续流来的液体，这就称管线充装。这时从图 7-14 可看出，阀门处的压头增量由两部分组成即势涌水击 ΔH，管道充装压头 $\Delta H'$。管道愈长，充装压头愈大。

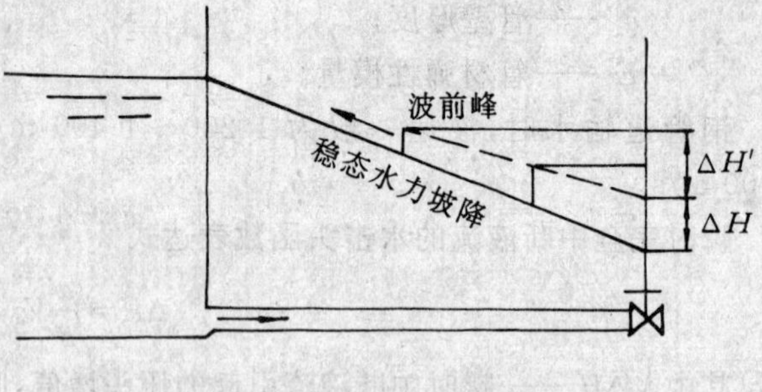

图 7-14 热涌水击与管道充装

(2) 水击波峰的衰减。水击波在向上游推进过程中，由于峰面上仍有液体流动，而且波后出现的剩余容量增大，因而水击波的幅值不断减少，这种现象称为波峰衰减。

3. 可能发生瞬间压力的同步和叠加

“旁接油罐”的形式输送方式可以看成是若干个上游端是泵，下游端是油罐的单泵站输送系统。在输油过程中关闭下游端阀门时，产生增压波向上游推进，到达泵站时使出站止回阀门关闭，压力波又向下游阀门传播，到达阀门后再向上游推进……，在这个过程中如上游站未采取措施，当泵出口压力低于压力波的入射压力时，止回阀门关闭，瞬时停止向下游充油，而将泵压提高到关断值；当泵压超过止回阀下游测的压强时，泵又重新向下游管线充装，使管内压强进一步增大，直至管内压力超过止回阀关断值，止回阀关闭液体停止流动。这一超压是泵的充装与压力波同步及止回阀锁闭管道造成，称同步或锁闭。

“从泵到泵”输送系统，水击影响及全线管道终端阀门关闭后，将使其上游泵站的输量急剧减少，这对于上游管道，相当于关闭阀门，于是进站压强迅速增高，它叠加在泵压上，使出站压强进一步提高，泵进一步向下游充装，管内液压则进一步提高。这种情况称为叠加。同步和叠加对管道都是十分危险的。

4. 中间泵站意外停泵会造成上站进压过高和下站进压过低

在“从泵到泵”的输送系统中，大多数中间泵站的主要作用是为液流提供克服摩阻的能量。当泵站因动力故障而意外停机时，其效应犹如在管道中间关阀门，阻碍上游液体的流动，产生增压波，使本站进站压强迅速上升，可能造成设备和管道因超压而损坏。对下游则是减少了液体的供应量，产生减击波，使出站压强迅速下降。

5. 可能发生“汽弹”破坏的危险

线路地势起伏剧烈的管道，其拔高处可能聚积空气，它们可能是投产充油时或者是修理管道后没有把空气排净而留下来的。在稳态输油过程中，空气被压缩在管子上部，储蓄了弹性能。当发生水击，减压波到达该处，该处液压急剧降低时，空气急剧膨胀，推动液流加速流动，犹如压缩气体发射出的炮弹；倘若同时存在液柱分离的管段，则可能造成巨大的水击压强，严重的将会使管子爆裂。

6. 密闭输送管道正常运行时也将产生压力瞬变瞬间

(1) 输油站倒罐。当打开满罐的出口阀瞬间，进泵的流量增大，使泵站的进、出站压力都增加，在油罐排完油时，将关闭空罐的出口阀，进泵的流速可能略有减小，使发油站的进、出站压力稍有下降。在密闭输送的管道上，输油站出站压力的变化必然会引起后续站进、出站压力的一系列变化。

(2) 切换收油罐。如图 7-15,当 A 罐收油转为 B 罐收油时,从沿线各点的压力变化情况可以看出,当首先开启阀 2 时,阀 2 前的压力即由分支点相近的静压 517 m 迅速下降至 30 m 左右,然后再关闭阀 1 时,阀 1 前的压力则由原来的 33 m,升至接近分支点的压力,并上下振荡,稳定较慢。而在分支点上及加压泵前,则均经历因阀 2 的开启使压力下降,又因阀 1 的关闭而使压力上升的起伏过程。在油罐 A 至阀 1 的短管内,则发生了水击波往返传播的过程,并因能量的消耗而逐渐衰弱。

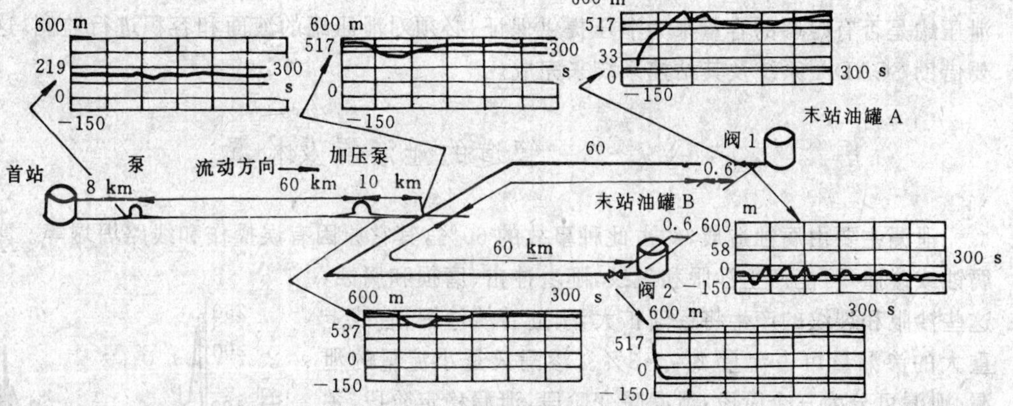

图 7-15 切换收油的末站的各处的压力变化

(3) 泵的启动。在长输管道的中间泵站上,要增加运行的泵机组台数时,为了减少输量和进出站压力的波动,通常都是按照先用阀门节流减少外输量,再启动泵的顺序操作的,但仍难免有进出站压力的突变。如图 7-16 所示,在管道的中间泵站上启动某一台泵时,实测的该站进、出压力变化。

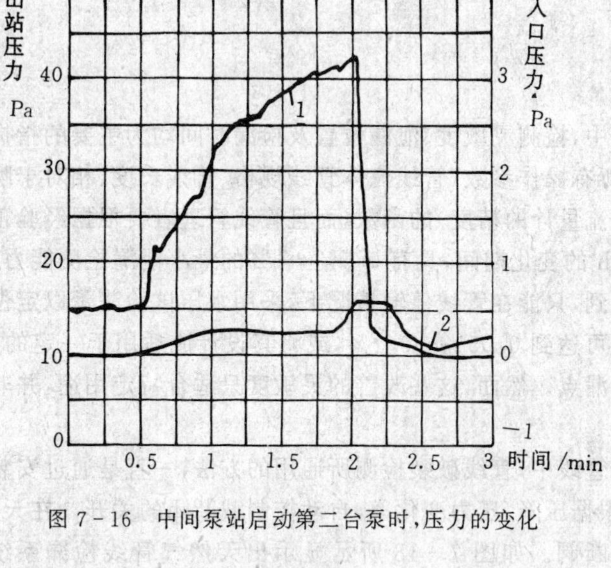

图 7-16 中间泵站启动第二台泵时,压力的变化

三、水击的控制

在原油长输管道上，各站设有压力自动调节系统，保证各进站压力稳定在一定范围内，防止水击产生，压力的控制设定值由 SCADA 系统主机软件根据实际工艺参数计算出（或由工程师在主机上设定）。从可靠性角度出发，有的站内还配有水击泄放系统，当该站的上游压力升高到水击泄放设定值时，泄放阀动作，将原油泄放至该站的下游或泄压罐内。水击泄放系统一般包括两个水击泄放阀，一个运行，一个备用，在每个水击泄放阀的上游各有一个电动球阀，在管线停输时由 SCADA 系统主机控制，自身关闭。有的水击泄放系统还包括泄压罐，但为了了解泄压罐是否有足够的容量来为泄压提供保证，必须对泄压罐的液面和容积进行监测，这通常也要借助 SCADA 系统及其站控系统来完成。

§7-3 管道的泄渗漏及检漏

泄漏主要由腐蚀造成，约占此种事故的 60%，其它原因有误操作和线路坍塌等。管线受到腐蚀或碰撞，可能产生沙眼和裂纹，随着冲击、磨损和腐蚀，这些沙眼和裂纹的产生将逐渐扩大，引起管线渗漏，管线上重大的渗漏量可占流量 2%～3%。渗漏只是小流量的泄漏。泄漏可分为三个阶段：泄漏瞬变阶段，泄漏稳定阶段，关阀停输阶段。如图 7-17，横坐标为泄漏开始后的时间，纵坐标为以稳定泄漏流量为 100%的百分泄漏流量。泄漏瞬变阶段开始的 1～2 s 内，泄漏流量迅速增大到最大值，产生比较明显的减压波，此波向上下游传播，引起管道的水力瞬变。以后衰减摩阻限制、自动调节等作用，泄漏流量逐渐减少全线逐渐建立起泄漏情况下的新的稳定输送工况。第三阶段为人工地或自动地关闭线路阀门，阻止泄漏。第一和第三两个阶段都是瞬变状态，是否有稳定状态，主要由是否及时关阀而定。

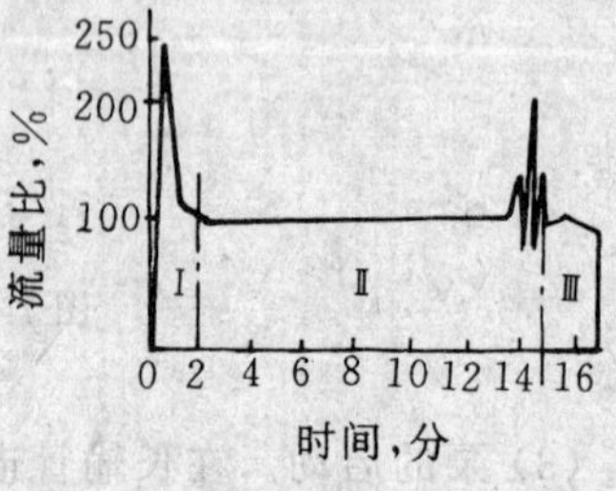

图 7-17 泄漏的三介阶段

一、检漏

管线检漏系统中，检测灵敏度、泄漏位置及检漏时间均为主要的指标。检漏灵敏度即最小泄漏检测能力，是所有操作参数（管线流体管线规格、管线长度、相对于瞬时操作状态的稳定状态以及压力、温度、流量计的精度）的函数，而且管线管理者要根据经验正确分析检漏数据。检漏系统应在 2～24 h 的变化期间，具有 0.5%～1%的最小泄漏检测能力。低于这种灵敏度水平的泄漏一般检测不到，只能在管线停输情况下，采用水压试验法予以定位和确认。某些管线系统的检漏灵敏度值可达到 0.05%～0.1%，或将其设计成适用于一定的桶数，且能用少得多的时间检测出这些泄漏点。然而，这些改善的灵敏度只适合特定用途，并非对所有管线均能保证实现。

在大型天然气管线中，管线破裂检测所通用的方法，一直是通过安装于管线截断阀上的气动或电子检测器，根据压降/压力变化率，自动控制截断闭的关开。在天然气管线上，一般每隔 20 km 安装一个截断阀。如图 7-18 所示显示出天然气管线检漏系统的框图，以及与管线

SCADA 系统相连的接口。

天然气管道裂时（即天然气从泄漏孔 100%地漏出管线），随着天然气漏入周围环境，管线会立即产生压降。泄漏孔就像一个孔板流量计，管线中压降便降至该流量计的某值处。泄漏孔上游管线内的天然气流量增大，而下游管线内的气流倒流。这种流量增大和倒流，均随管线直经及流速而提高。气体通过泄漏孔漏出的量与该孔板两侧的管线压力成正比。随着管线自身的分离，天然气管线压力也逐渐减少。邻近截断阀的位置对确定检漏装置检测泄漏点是关键因素。如果管线在靠近截断阀处开裂，压降和压力变化率的检测器会立即运作；但是，如果泄漏点在 32.18 km 以远处，检测压降和压力变化率的时间较长，也许需 5～10 min。

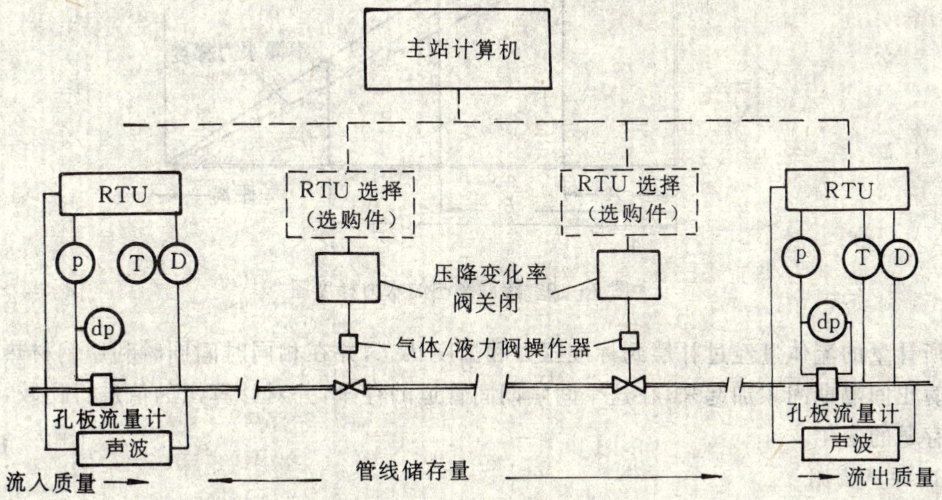

图 7-18　天然气管线检漏系统

管道检漏是一种实用技术，具体办法很多，多年来改进很快。尤其近年来随着计算机技术及通讯技术的发展，依靠管线 SCADA 系统应采集到的有关数据，将其传输至主站计算机上利用预编应用软件进行分析，判断泄漏段，操作相应的截断阀。

1. 压力及流量变化率检漏法

图 7-19 示出距上游泵站不同距离的泄漏点所引起的压降。从图中可看出，距上游泵站越远，在泵站反映的泄漏压降越小。压降检漏法在现有的检漏技术中的灵敏度最小，泄漏点在泵站附近时较为有效。正常管线操作期间，压力会发生变化（如泵站开启或关闭阀），因此压力变化率报警应予以禁止，以便操作者在这些操作变化期间不致于做出错误判断。

与压力变化率报警相似，流量偏差报警信号可在若干数据扫描基础上予以平均，并在检测到非操作性变化，如泄漏时，采用报警限制值。在一些大型原油管线中，每个泵站的入口和出口均安装有流量计。泄漏发生期间，上游泵站的流量增大，而下游泵站流量减少，这些流量变化的对比，可提高流量平衡检漏灵敏度。一个泵站下游发生泄漏时，其上游（泵站出口）可发生负压变化率和正流量变化率报警，在邻近的下游泵产生负压变化报警和负流量变化率报警，这些报警的逻辑组合，可证实泄漏的存在与否。单个报警也许是一种假报警显示。

2. 静态平衡检漏

静态管线平衡检漏系统的测量原理，是将进入一段管道的液体总桶数与排出该管段的液体总桶量数进行计量比较，对管道内的液体存量的所有变化予以调整。在某一有限时间内，如果这些值之间出现不平衡情况，则证明有渗漏存在，因此

渗漏量＝流入量－流出量＋管道内存量变化

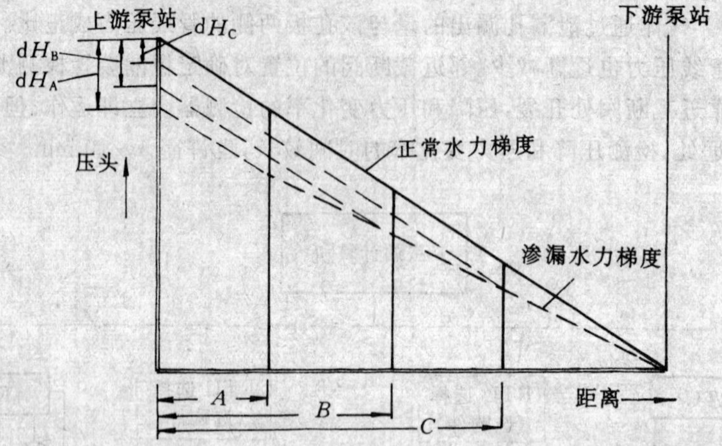

图 7－19　渗漏影响的水力梯度图

所计量的流体量经过补偿到标准压力和温度状态，并在相同时间同时利用钢材热膨胀系数计算出间隔期间累加起来，在这个间隔期间管道的存量，并对计算出的值进行比较，以确定管道存量的变化。

3. 噪声检测

从理论上有三种方法：一是用便携式超声波检测仪沿管道外部检测；二是沿管道间隔地设置噪音监测点，将监视的信号传输到监测站；三是向管内发送检测器，随介质流动在管道内部检测。

由于液体泄漏的噪声不大，超声频率和振幅随距离、高度衰减，灵敏度较低，上述第二种方法在长输管道上工程较难于应用。管内泄漏检测器如图 7－20 所示，由两节组成，第一节为检测部，包括噪音探头、测距、记录三部分，第二节为发讯部，包括电池组和超低频发讯机，万一检测器卡在管内，可以在地面上用便携式讯号接收器找到其位置。两节之间用万向联轴节连接。泄漏噪音通过噪声探头，前置放大，带通电路（中心频率为 35 kHz）、检波、电平信号检测之后，仅剩下反映泄漏噪音的电平信号，因而录音所记录的电平仅为泄漏产生的信号，按磁带长度可计算出泄漏位置。

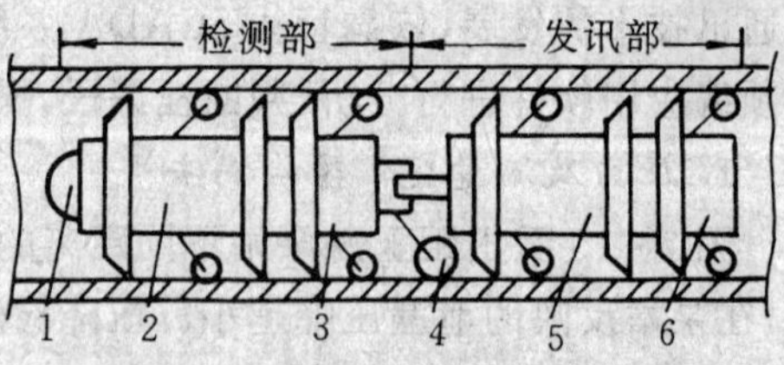

图 7－20　泄漏噪音管内检测器

4. 水击波监测检漏

以泄漏产生的减压波信号的检测技术已有应用，但因在泵站和设备终端进行的开泵、停泵和切换阀门等正常操作也产生减压波，二者不易区别，而使此法的应用受到限制。70 年代末，美国研制出了定向压力波报警技术，一系列试验表明，这是一项行之有效的技术，现已广泛

应用。

如图 7－21，在管道各段的两端离泵 60 m 处，各设置一组动压变送器，每组两个动态压力变相距 60～100 m。A 变送器的输出经延时电路接在差动放大器的一个输入端上，B 变送器的输出接在其另一个输入端上。延时电路的延迟时间调整为恰好等于压力波从变送器 A 传播到变送器 B 的时间，于是从泵站方向进入的水击波虽然先到 A 后到 B，但在差功放大器的输入端信号却是同时到达，并且二者相等，放大器无输出信号。但是，起源于管道上，从管道方向进入的水击波则先到达变送器 B，然后到达 A，差动放大器有信号输出，当此输出达到临界值时即发生报警。由于此系统只对中两变送器之间的管道得到监测，未受监测的仅仅是泵站至相邻变送器组中最远的一个变送器之间的一段管道。

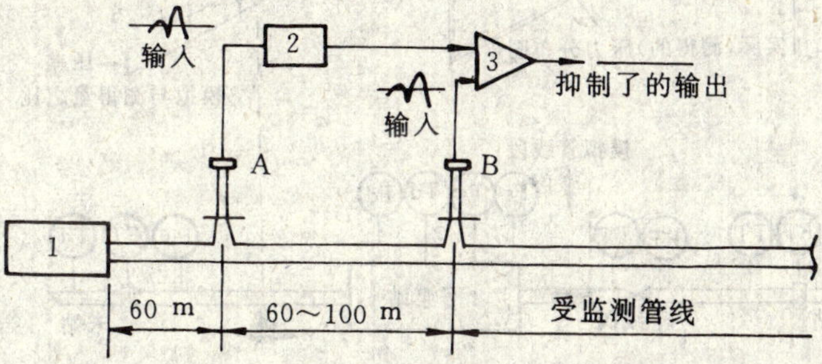

图 7－21 压力波报警变送器的设置

从管道方向进入的水击波作反应，故可以把报警的临界值定得较低，从而提高探测的精度，现已能探测到 80 kg 以内，2.5～12.5 mm 的小孔的泄漏。此系统自动计算并显示泄漏位置，可显示到 0.01 km，计算按下述关系进行。

由
$$\Delta t=(\frac{x}{a}-\frac{L-x}{a})$$

得
$$x=\frac{1}{2}(L+a\Delta t)$$

式中 Δt——上、下游二组变送器报警输出信号时间差。

从压力波报警的工作原理可知，它只探测正在开始发生的泄漏，不能探测已知存在的稳态泄漏。

5. 瞬时模拟系统的动态检漏

瞬时模拟系统的最重要的用途之一便是动态检漏能力，另外还有其它能力，如：天然气管线充填量分析、传递效率、压缩机/泵优化、管线效率、油面跟踪、清管器追踪、仪表自动标定及故障报警等。

计算机瞬时模拟软件采用正常管线操作物理参数，如流量、吸入与排出压力、油品比重、管子尺寸、扬程等。利用这些数据以质量守恒、能量守恒、动量守恒、状态守恒四个公式为基础。应用经验的流动方程来模拟某一段特定管线的流量和压力温度分布图。由于瞬时模拟技术包括将一条管线分成若干段，如图 7－22 所示，分别进行瞬时模拟设计，管段长度可有所区别，大约 2～16.09 km 左右，这要取决于管线整体布局，长度及系统计算要求。

动态检漏系统的主要目的是要快速检测出管线中的渗漏情况。如果长期对较小泄漏现象未测出来，也能造成严重的环境破坏和经济损失，因此检漏能力对泄漏大小情况均有效，动态检漏系统是既用于液体和气体管线，也适用于液化天然气和液化石油气管道。由于瞬时模拟系统复杂性，世界上只有几家公司拥有，目前在许多国家管线上运行着，如美国、加拿大、墨西哥、荷兰、新西兰、澳大利亚、沙特阿拉伯及许多其它国家。在检漏的灵敏度随着管线复杂性而变化，即输送的油品、管线长度、泵站或压缩机站数量等。较短的天然气管线 40.23 km 其检漏精度为 0.5%，而较长的油、气管线检漏精度可达 0～0.5%，检漏时间长短不同，小的泄漏需 8 h 或更长时间才能查到；泄漏位置的确定精度可达 2%的范围之内。

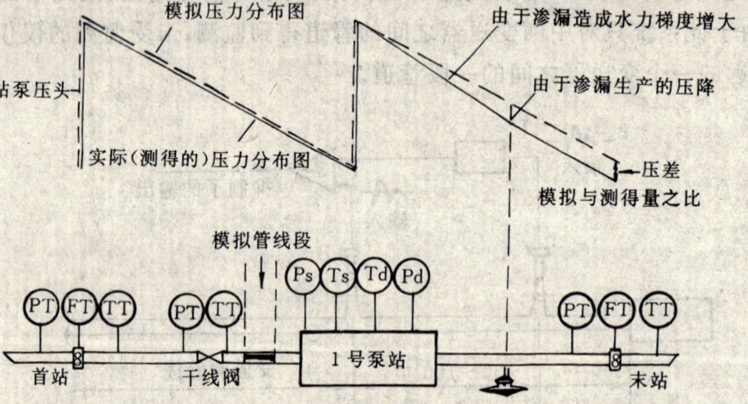

图 7-22　管线瞬时模拟系统

第八章　站控系统

站按设备可分为泵站、加热站、热泵站、压缩机站等，按位置可分为首站、末站、中间站。站控系统是指它们的中央控制系统。它除了要对站内重要设备的控制系统进行监控和协调以外，还要完成许多其它功能，如与主站的通信等。站内操作员的大部分操作功能都是在站控室的系统上完成。

本章先介绍站控系统的结构、组成和功能，典型站控工艺和仪表控制流程图(P&ID)，然后逐一介绍站控系统的主要控制功能。

§8-1　站控系统的结构、组成和功能

一、站控系统的结构

站控系统的结构形式很多，常用的两种形式是：点对点结构，也称星型结构，还有多点结构，也称总线型结构。

1. 点对点结构

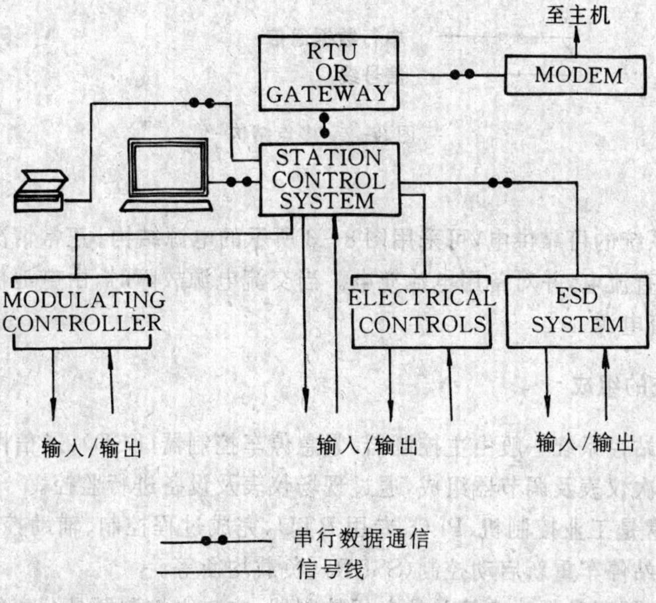

图 8-1　点对点结构

点对点结构如图 8-1 所示，这种结构中，下级控制单元的通信线路分别连接到站控系统，各下级单元之间不能直接通信。

2. 多点结构

如图 8-2 所示，这种结构中，各级间公用一条总线，即采用在线总线的方式。

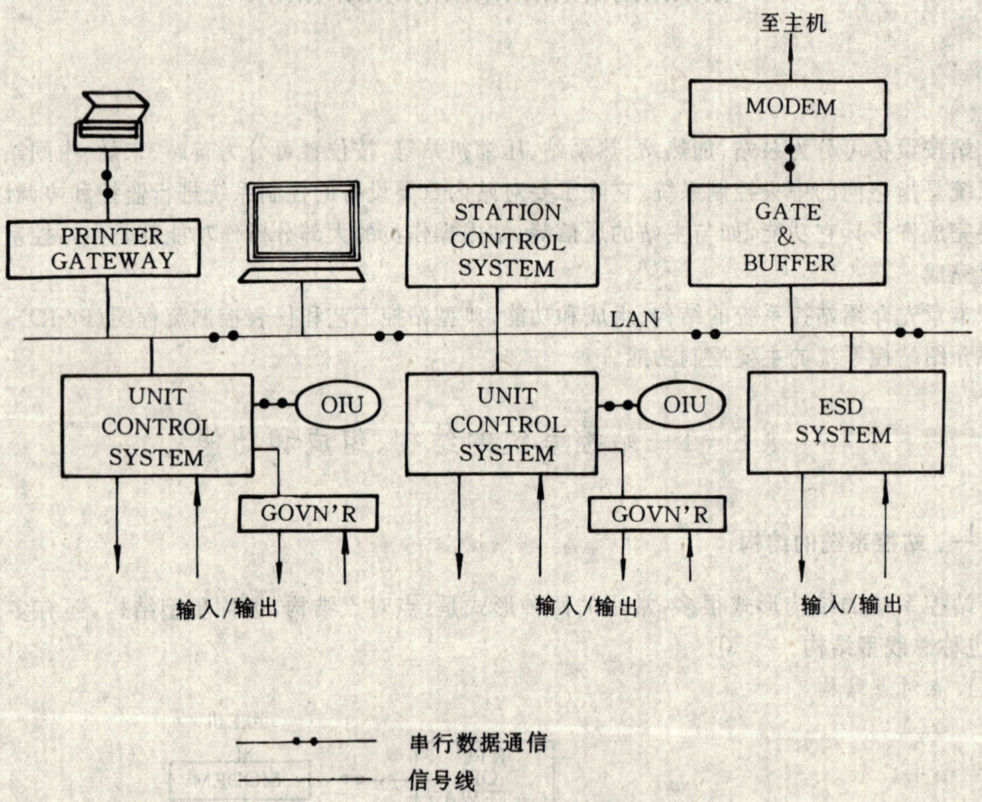

图 8-2　多点结构

3. 电源

为保证站控系统的可靠供电，可采用图 8-3 所示的电源结构。正常情况下，由交流电源供给系统所用的交、直流电，并对备用电池充电。当交流电源故障时，由电池供给直流电，并经逆变器产生所需交流电源。

二、站控系统的组成

从硬件角度，站控系统一般由主控制器、紧急停车控制器(ESD)、通信网络接口、火焰及可燃气体探测器、二次仪表及调节器组成，通过现场仪表及设备进行监控。

主控制器通常是工业控制机、PLC、专用 RTU，完成过程控制、辅助控制、辅助报警、数据收集及命令发布、站停车重新启动控制(SSDR)、负载均衡等。

紧急停车控制器通常是一个简单的专用控制器。它与主控制器是分离的，这样可以减少错误的紧急停车。主控制器由于故障维护时要停机，因此有一个专用的紧急停车系统是非常必要的。它可完成阀门故障逻辑判断、站停车互锁(SSDL)、紧急停车等。

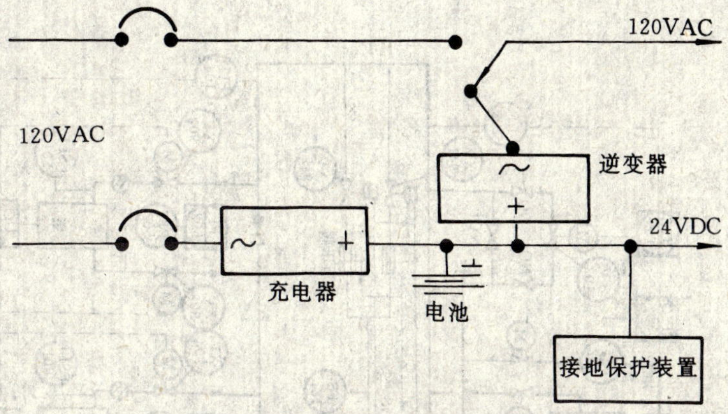

图 8-3　站控系统的安全电源

三、站控系统功能

输油管道的站控系统主要监控功能有:站阀的控制,如:工艺流程、收发球等;站入/出口控制,如:压力控制、水击控制等;电站的监控;罐区的监控等。

1. 泵机组远方启、停切换

如图 8-4 所示,该泵站有 4 台泵,通常为三台运行,另一台备用。当需要检修运行泵时,停某台泵,启动备用泵。远方(站控室或控制中心)的启、停动作按编好的软件程序来操作。

2. 工艺流程自动切换

通过顺序自动开启、关闭阀门来实现工艺流程的自动切换,这些流程有:正输、正输热力越站或压力越站、正输全越站、反输、反输热力越站或压力越站、反输全越站、清管器自动收发等流程。见图 8-4,如开阀 XV－915,关阀 XV－910,XV－901 及 XV921,可实现正输全越站流程。

3. 冷热油掺合温度调节

这个控制系统由温度变送器 TT－103、温度控制器 TIC－103、温度调节阀 TV－103 及管道组成,通过改变调节阀的开度,调节进加热炉的原油量,控制冷、热油掺合后温度。

4. 泵站的停输及闭锁

泵站停输包括泵机组和加热炉的停运程序。泵站的闭锁是在泵站管道破裂、火灾、油罐破裂、电气短路着火和其它严重情况下,由控制中心的主计算机、站控计算机及现场的紧急切断开关发出指令进行的。现场的紧急切断开关指令超越所有预先的指令,优先级最高,并且执行如下的程序:

(1) 泵站站控室和控制中心报警(CRT 显示和发出声音);

(2) 立即同时停运和闭锁泵机组;

(3) 停运加热炉(把信号送到加热的紧急停炉装置);

(4) 关闭所有泵的进、出口阀门及泵站进、出站阀门;

(5) 改为全越站流程;

(6) 在重新启动之前,所有设备闭锁装置重新复位。

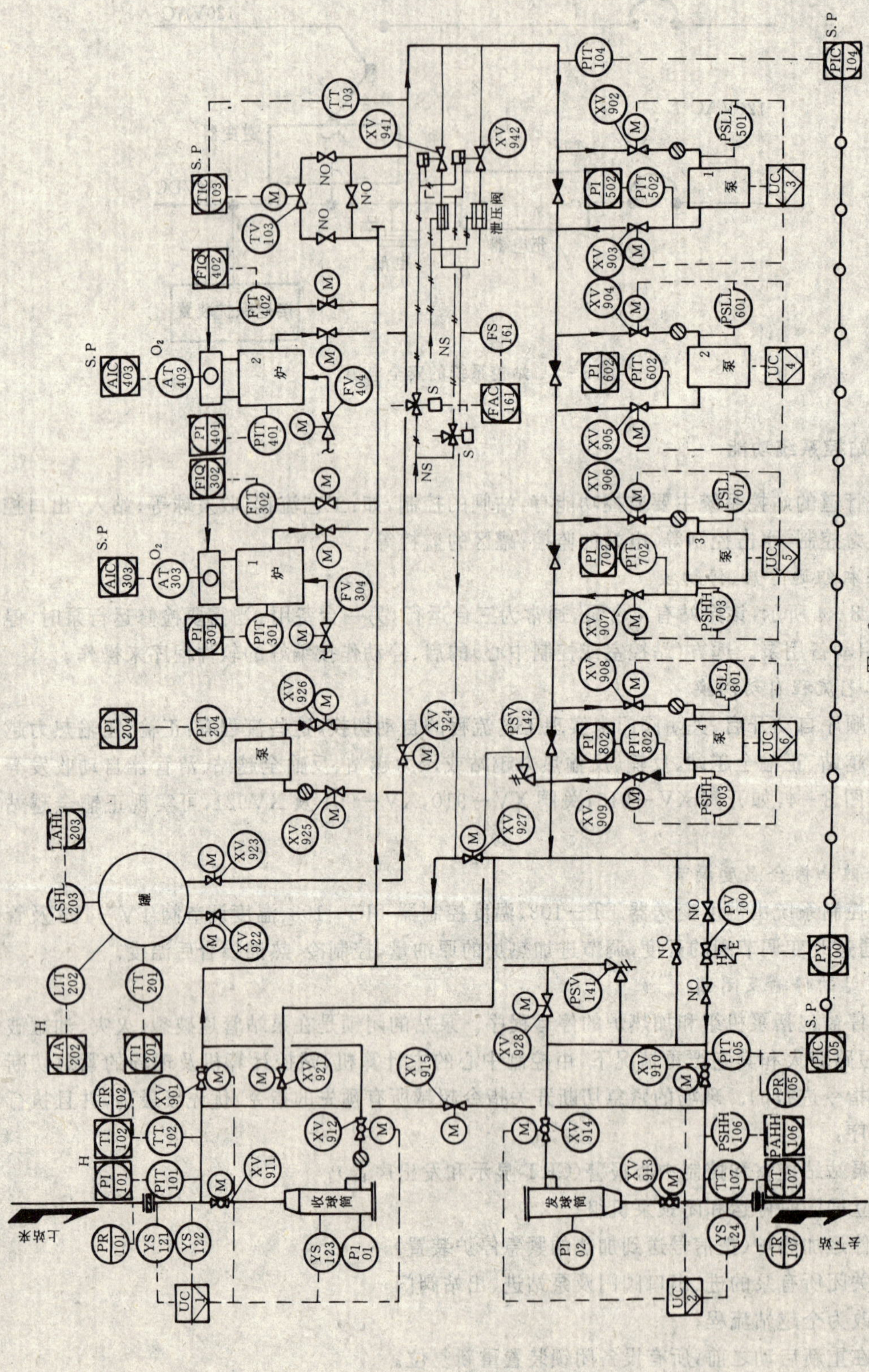

图 8-4

5. 罐的监控

在首站和末站都有不少储油罐。罐的监控主要是大量电动阀的控制和液位监视系统。液位监视系统应十分精确，以便预测现有产品储量、核算资金流动。为此，液位信号应送到SCADA的计算机中。

首、末站罐区庞大、产品流路复杂，现都采用CRT对流路进行彩色动态显示，这样对操作人员的工作十分有益。另外，站区特别是罐区的消防是特别重要的，每个泵站都有一套完善可靠的消防系统，其自动化程度也越来越高，特别是对100 km^3 或200 km^3 以上的储罐，消防系统应当是高可靠的全自动化消防系统。

§8-2 典型泵站的P&ID

所谓P&ID是英文Process and Instrumentation Diagram的缩写，称为工艺和仪表控制流程图。该图表示了主要的工艺流程、全部主要设备、管道、阀门及全部检测及控制系统。对工艺和仪表人员熟悉工艺过程，分析和解决生产中出现的问题很有帮助。

图8-4给出了一个典型泵站(中间站)的P&ID。它主要由七部分组成：进站口、出站口、主泵、收发球装置、加热炉、压力保护、发及配电站(图中未画出)。下面对其中一部分加以说明，其余部分将在后面分别说明。

一、进站口

在站的入口有一收球装置，来油经管道过滤器后流向加热炉。在入口处，一般要对上站来油的压力和温度进行监测。PI－101，TI－102为压力、温度就地指示仪表。PIT－101，TIT－102为压力、温度变送器，可向站控中心提供监视信息，与就地指示成为互备。

通常在入口处还要提供压力和温度测试点(图中未画出)。过滤器上也应安装差压开关(图中没有)，当过滤器堵塞使两边差压过高时，差压开关动作发出报警。

二、加热炉

图中采用了2台加热炉，并联工作。通常要对进入每台加热炉的原油流量进行监测，FIT－302和FIT－402就是流量指示变送器。PIT－301和PIT－401为炉膛负压监测的指示变送器。AT－303和AT－403为烟道含氧量检测变送器。加热炉还有许多参数需要监控，在前面已介绍过。

原油经过加热炉后进入主泵入口。这种方式常称为“先炉后泵”，它对加热炉结构要求降低(耐压可以小)，同时，加热后经油送输送，泵的效率可以提高。

三、主泵

主泵的控制必须满足三条原则：泵入口压力必须保持在正入口压力以上；泵出口压力必须保持在泵出口管线最大允许压力以下；马达的功率必须保持在马达跳闸的允许范围之内。

假定采用的泵是同种型号规格，四泵串联，压头相加。当输量较小时可仅启动一台泵，使压头减小，这样在站出口调节阀开度不减小情况下，使输量降低，而调节阀两端压损又能减小，这对节能有利。当然，在使用变速泵时(如交流调速)，可通过改变转速连续地调节输量，而出口调节阀可以省去，这对节能、调节输量更有利。

每台泵的单向阀为停泵时提供原油通路，在主泵组的出口、入口由压力指示变送器 PIT－105，PIT－104 提供就地压力监视，并向站控室提供监视信号。在主泵组的出口（或入口）可安装流量测量元件（图中没有），为泵提供最小流量保护，也可在主泵组出口安装压力检测元件（图中没有），以便对泵和出站调节阀之间的线路进行过压保护。

每台主泵的监视参数可以相同，例如出入口均设压力和温度检测。图中，每台泵的进口有压力超压开关 PSLL－501，601，701，801 以保证正压进泵要求，后边 2 台主泵出口有压力超压开关 PSHH－703，803 以保证泵组出口管道不致过压，每台泵出口都有就地压力指示仪表 PI－502，602，702，802，压力开关信号传到站控室。

四、站出口

站出口的调节阀（PV－106）是恒速泵站密闭输油的一个关键设备。其设计原则：

（1）用来调节主泵进口压力，使其保持正入口压力。

（2）用来调节站的出口压力，使其维持站出口压力在管道所要求范围内。

当主泵进口压力低于进口压力设定值时，控制器将使站出口调节阀 PV－106 开度减小，使流量减小，从而使主泵入口压力上升；当站出口压力超过出口压力设定值时，控制器也将使出口调节阀的开度减小，以减小站出口压力，流量将随之减小。

与调节阀并联的人工阀，用来旁路调节阀，以便使其维护。管线分叉可以使油品经阀 XV－910 直接出站，或经阀 XV－914 通过发球装置出站。在直接出站的通道上有一个压力指示变送器 PIT－105、一个温度变送器 TT－107，还有一个超压开关 PSHH－106，可作为压力检测的备用仪表，在站压力调节系统失效时使用。压力信号均提供给站控室。

§8－3　压力调节与水击控制系统

对于密闭输送管道来说，压力调节和水击控制是必须予以特别重视的问题，它们是保证输油主泵正常工作和管道安全运行所必不可少的措施。

一、压力自动控制系统

压力自动控制系统用来控制泵站的进泵压力不低于允许的最低吸入压力，出站压力不高于管线的最高允许操作压力；以及当管道一旦发生水击时，通过提前改变出站的压力设定值，起到控制水击的作用。调节方式有节流调节、转速调节及回流调节等，前两种较为常用。从节能角度衡量，转速调节最佳，但调速装置较复杂。

1．节流调节

这是较为常用的调节方式。节流调节由管道进、出站压力变送器及压力开关、压力控制器、选择器及调节阀等组成的系统来实现。其中压力控制器、选择器的功能由站控计算机实现，如图 8－5 所示。自动选择控制也称为超驰控制。

调节原理为：

若出站压力控制器 PIC－2 为反作用式，其压力设定值为 P_{s2}；进站压力控制器 PIC－1 为正作用式，压力设定值为 P_{s1}。

(1) 当 $P_2 \leqslant P_{s2}$时，PIC－2 输出信号增大，最大为 20 mA DC；

(2) 当 $P_2 > P_{s2}$时，PIC－2 输出信号减小；

(3) 当 $P_1 \geqslant P_{s1}$时，PIC－1 输出信号增大，最大为 20 mA DC；

(4) 当 $P_1 < P_{s1}$时，PIC－1 输出信号减小。

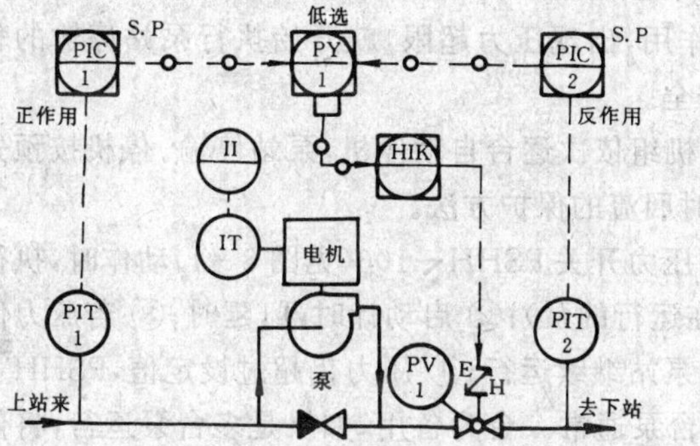

图 8－5　压力选择性控制系统示意图(一)
(PIT－压力变送器；PIC－压力指示调节器)；
IT－电流变送器；
TT－电流指示仪；PV－电动液压式调节球阀；
HIK－手动自动指示操作器

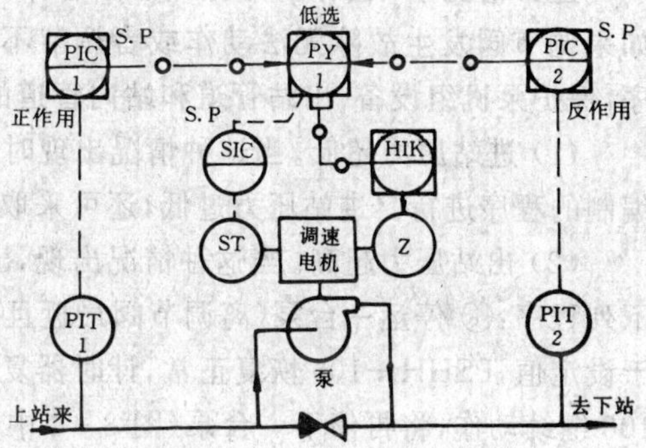

图 8－6　压力选择控制系统示意图(二)
ST－转速变送器；
SIC－转速指示调节器；Z－变频器

两个控制器输出信号分别进入低值信号选择器 PY－1，以较小信号送到电动液压式调节球阀 PY－1 的执行机构。使执行机构在信号增大时开阀，减小时关阀。这样，当 $P_2 > P_{s2}$或 $P_1 < P_{s1}$时，关小阀门，使阀后压力下降或进站压力上升。当管道进站压力高于设定值，出站压力低于设定值时，设计合理的调节阀 PV－1 应保持全开启状态(不节流)。

一般来说，如果节流的调节幅度等于一台泵扬程的一半时，则应停一台泵，减量输送较为合理。调节阀通常选用电动液压式调节球阀。调节的流量特性应是等百分比(或近似等百分比)特性。

上述系统中的 PIC，PY 也可用电动调节指标仪、信号选择器组成常规仪表控制系统。

2. 转速调节

这是一种通过改变泵的转速达到调节压力的方法，也就是指调节与泵联接的原动机(如调速电机、柴油机、燃气轮机等)或变速装置(如液力偶合器等)的转速。

如图 8－6 所示为采用调速电机调节压力的自动选择性控制系统示意图。其调节原理与节流调节一样，只是压力的调节不是通过改变调节阀的开度，而是改变电机的转速(即泵的转速)来实现的。

调速电机上安装有测速电机 ST，测量电机的转速，通过转速指示调节器 SIC 指示电机转速并与设定值进行比较，输出调节信号到选择器 PY－1 中。站控计算机对调速电机的转速有二个限幅：最高转速和最低转速。最高转速不得超过 3 000 r/min，并作为最高安全级，限制其转速不得超过该值；最低转速通常为 1 500 r/min。

在该控制系统中，还设有手动－自动指示操作器 HIK，可进行手动远方操作。

二、压力自动保护系统

压力自动保护系统包括泵机组压力自动保护和泵站压力自动保护系统。泵机组入口、出口压力超低、超高自动停机已在前章有关机泵组的讨论中讲述。泵站压力自动保护指进站压力和出站压力超限保护。这些程序都存储在站控计算机系统或控制中心主计算机系统中。

正常情况下，进站和出站压力由出站调节阀进行调节（如有转速调节，应先于节流调节）。如果调节阀发生故障无法动作或者调节不起作用，出现压力超限，就开始执行泵站停输的程序，保护泵机组设备、出站管道和站内管道的安全。

(1) 进站压力超低。当这种情况出现时，泵机组依次逐台自动停机，泵站停输。停机按预先编制的程序进行。进站压力过低，还可采取暂时回流的保护方法。

(2) 出站压力超高。当这种情况出现，出站压力开关 PSHH－106（见图 8－4）动作时，执行下列程序：① 停运一台泵（离调节阀最近且正在运行的泵）；② 启动计时器，延时；③ 若压力低于设定值，PSHH－106 恢复正常，计时器复位，泵站继续运行；④ 压力仍超过设定值，PSHH－106 继续动作，将再停下一台泵（图 8－4 中，四台泵通常一台为备用，如果是多台泵运行，将依次逐台停泵）。PSHH－106 的压力设定值为接近于管道最高允许的操作压力。

三、水击控制系统

目前，在输油管道上采用的水击控制方法大多为泄放保护（泵站）、超前保护（全线）等。

1. 泄放保护

根据水击程序分析的结果和具体情况，在泵站安装泄放阀门。在水击发生时，通过泄放阀门泄放部分液流，抑制水击，减少可能造成的危害。

通常，泄放阀安装在可能产生水击增压波的地点，即泵站和末站的入口端。泄放的液流排放到油罐中。如图 8－4 所示，在加热炉与输油泵之间管道的旁路上安装二台定压式橡胶套泄压阀（并联安装），泄放的原油经阀 XV－922 排入罐中。泄压阀开启的压力设定值由氮气源系统控制；泄压阀前的管道各安装一台气动截断阀 XV－941 和 XV－942，驱动气源也为氮气。正常情况下，阀处于全开启位置。泄压阀后的管道上安装一只流量开关 FS－161。正常情况下管道无液流流动，FS－161 不动作；一旦发生泄压，即有液流，触发开关信号，送站控计算机系统，报警并启动一定时器，延迟切换氮气管路上的二个三通电磁阀的开关，关闭 XV－941 和 XV－942。延迟时间由水击程序分析结果而定，一般为十几秒至几十秒。油罐上安装有浮子钢带液送器 LIT－202，测量罐位高低，发出 4～20 mA DC 信号远传至站控室，显示出罐位值，到达高限时，发出报警。还安装一台浮子液位开关 LSHH－203，当液位达到高限时，启动泵，将原油送入进站汇管；在液位降至低限时，停泵。

设置延迟关闭阀 XV－941 和 XV－942 的控制系统，旨在控制泄压阀泄放时间不致于过长。一旦全站突然停电，发生水击情况时，可以避免原油长时间泄放。此时，三通电磁阀由站控计算机系统的不间断电源设备 UPS 供电。

如果采用橡胶套泄压阀，可不必安装这种延迟关阀的控制系统。因为泄压控制方式，在泄放阀前的原油压力超过正常压力时，泄放阀能维持阀前原油压力以一规定的均匀速度上升，泄放原油，直到阀前原油压力达到规定的越站输送压力为止。

高压安全阀一般安装在出站端和泵出口汇管上。在超压或发生水击超压时，泄放部分高压液流排入进站汇管或油罐中，保护站内管道的安全。如图 8-4 所示，在出站端安装安全阀 PSV-141，在泵出口汇管上安装 PSV-142。安全阀一般为弹簧式。

§8-4 清管器收、发控制系统

清管器控制包括清管器自动接收控制，清管器自动发送控制，清管器自动越站控制。控制系统由收发装置、站控计算机及各种检测仪表构成，作为站控系统中的一个环节，其操作控制可由站控计算机的清管操作逻辑控制软件实现，可由中心控制室的计算机远程发出逻辑指令实现，也可在现场按控制逻辑关系，手动操作实现。下面介绍清管器的操作控制逻辑关系。

一、清管器的接收操作

图 8-7 是中间站工艺流程图，210-R-021 是一个接收装置。其接收清管器的逻辑过程如下：

(1) 收球流程切换前，检查有关阀门、收球筒、快开盲板、污油池、油位、污油泵、清管器通过指示器等，确保灵活好用。

(2) 接好吹扫头，打开排气阀 210-XV-1105，用氮气对收球筒吹扫一段时间，然后关闭排气阀。

(3) 根据输量估算清管器到达本站的时间，在清管器到达本站前一小时慢慢打开进筒阀 210-XV-1102 至全开，使收球筒充压。

(4) 当收球筒压力稳定后，慢慢打开出筒阀 210-XV-1103 至全开，使收球流程畅通。

(5) 当进筒阀 210-XV-1102 及出筒阀 210-XV-1101 全开后，慢慢关闭进站阀 210-XV-1103 至全关后，使收球流程处于准备收球状态。

(6) 在中间站上游 1 km 处监视清管器通过指示器的状态，当该指示器动作后及时通知收球操作人员。

(7) 随时监视中间站收球筒入口处清管器通过指示器的状态，当该指示器动作时说明清管器已进入收球筒。10 min 后，慢慢打开进站阀 210-XV-1101 至全开。

(8) 当进站阀 210-XV-1101 全开后，慢慢关闭进筒阀 210-XV-1102 及出筒阀 210-XV-1103 至全关，恢复正输流程。

(9) 慢慢打开排空阀 210-XV-1105 至全开，使收球筒降压，观察收球筒上的就地压力表指示(接近于大气压)。

(10) 接好吹扫头，用氮气吹扫收球筒，使收球筒内残留的原油经排空阀 210-XV-1105 排至污油罐(一般情况下只进行自然排污，不用氮气吹扫)。

(11) 停止吹扫，打开收球筒排污阀，进行自然排污。

(12) 打开盲板，拖出清管器(注意：在操作之前，一定要先观察收球筒上的就地压力指示，确认显示数值接近于 0)。

(13) 关严盲板，关闭收球筒排空阀 210-XV-1105 及排污阀。

二、清管器的发送操作

图 8-7 中 210-L-021 是一个发送装置，其发送清管器的逻辑过程为：

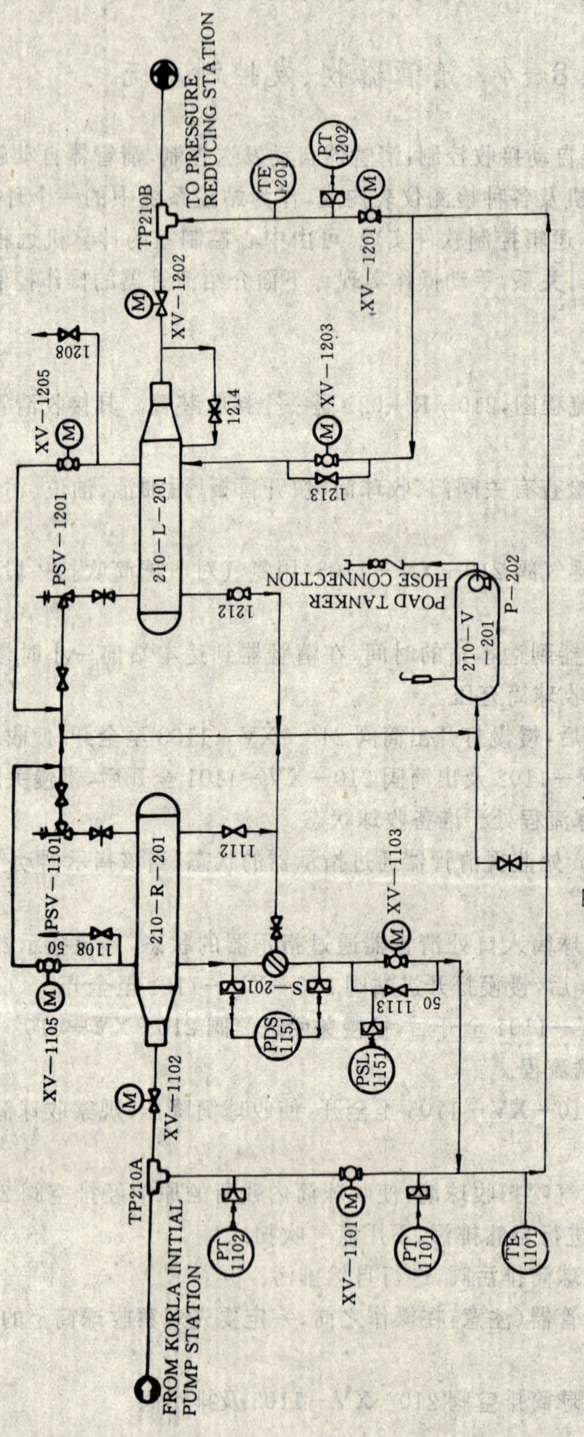

图 8-7 中间站主要工艺流程图

(1) 发球流程切换前，检查有关阀门、发球筒、快开盲板、清管器、污油泵、污油池、油位、清管器通过指示器等，确保灵活好用。

(2) 接好吹扫接头，打开排气阀 210－XV－1205，用氮气吹扫一段时间，然后关闭排气阀。

(3) 打开快开盲板，按要求装好清管器，关严锁紧快开盲板。

(4) 慢慢打开发球阀 210－XV－1203 至全开，使发球筒充压。

(5) 慢慢打开出筒阀 210－XV－1202 至全开，使发球流程畅通。

(6) 慢慢关闭出站阀 210－XV－1201 至全关，开始发球。

(7) 观察发球筒下游清管器通过指示器的状态，当该指示器动作后，说明清管器已发出。

(8) 慢慢打开出站阀 210－XV－1201 至全开。

(9) 慢慢关闭发球阀 210－XV－1203 及出筒阀 210－XV－1202 至全关，恢复正输流程。

(10) 慢慢打开排气阀 210－XV－1205 至全开，使发球筒降压，观察发球筒上的就地压力表指示(接近于大气压)。

(11) 接好吹扫头，用氮气吹扫发球筒，使发球筒内的残余的原油通过排气阀 210－XV－1205 排至污油罐(一般只进行自然排污，不用氮气吹扫)。

(12) 停止吹扫，打开发球筒排污阀，进行自然排污。

(13) 一定时间后，关闭排气阀 210－XV－1205 及排污阀。

三、清管器的越站操作

如图 8－8 所示，自动越站控制程序如下：

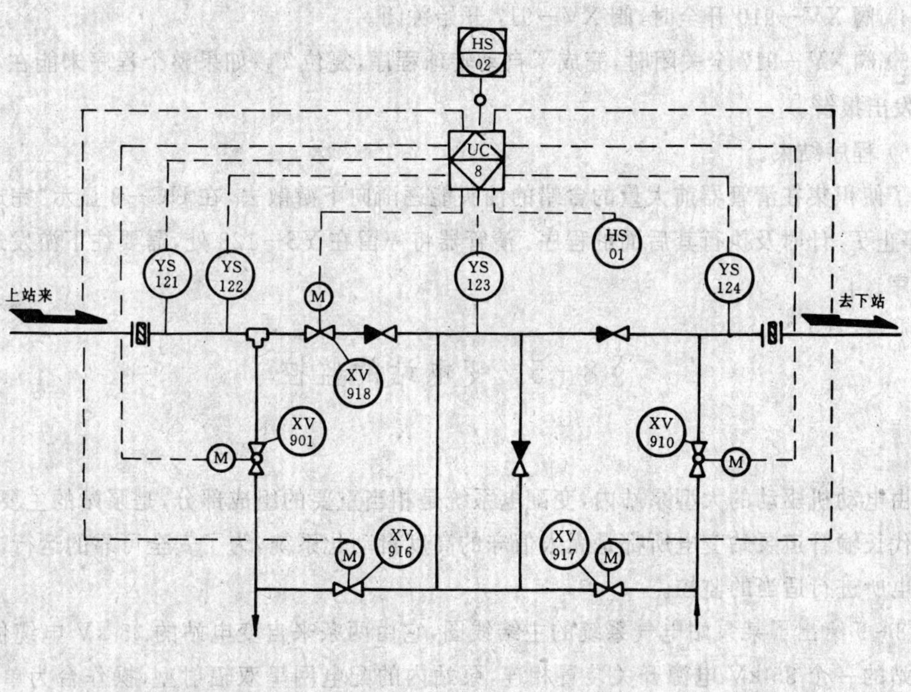

图 8－8　清管器自动越站顺序控制原理流程图

(1) 收到控制中心或上站发来的清管器出上站的信息及预告到达本站的时间。在预计到达前的一定时间开启阀 XV－918 和 XV－916。

(2) 清管器触发指示器 YS－121;发出一个开关信号到清管操作控制逻辑 UC－8 中"

(3) 启动程序定时器 T_1,定时 T_{s1}。

(4) YS－122 动作。(如果在 T_{s1}内,YS－122 未动作,程序停止执行)。

(5) 启动程序定时器 T_2,定时 T_{s2}。

(6) 关小进站阀 XV－901 预先设定的中间位置,并启动定时器 T_3,定时 T_{s3}。

(7) 关闭阀 XV－901,使清管器通过三通、阀 XV－918 和单向阀。

(8) YS－123 动作,复位定时器 T_3,阀 XV－901 返回到开启位置(如果 T_{s3}内,未收到 YS－123 的信号,T_3 发出报警信号,停止程序执行,阀 XV－901 返回到开启位置)。

(9) 当阀 XV－901 完全开启时,关闭阀 XV－918。

(10) 当阀 XV－918 全关时,开始关阀 XV－916。

(11) 当阀 XV－916 全关时,UC－8 将显示"完成进球"。

(12) 打开阀 XV－917,开始关出站阀 XV－910 到预定的中间位置;启动定时器 T_4;定时 T_{s4},关闭阀 XV－910,清管器向下游运动,通过单向阀。

(13) YS－124 动作,复位 T_4,阀 XV－910 返回开启状态(如果在 T_{s4}内,YS－124 未动作,T_4 发出报警信号,停止程序执行,阀 XV－910 转成开启状态);向控制中心和下游站发出信息。

(14) 阀 XV－910 开全时,阀 XV－917 开始关闭。

(15) 阀 XV－917 全关闭时,完成了自动转球程序,复位 T_2。如果整个程序未能在 T_{s2}内完成,T_2 发出报警。

(16) 程序结束。

为了使积集在清管器前大量的含蜡的油头能逐渐向下游散去,在 UC－8 显示"完成进球"后,可停止 T_2 计时及执行其后面的程序。清管器将停留在 YS－123 处,需要往下游发送时,再启动程序。

§8-5 变电站的监控

在由电动机驱动的大型泵站内,变配电系统是相当重要的组成部分,是泵站的主要动力来源。现代长输管道泵站变电所都是无人值守的高度自动化系统,为了安全可靠的运行,站控中心对变电所进行适当的监控。

图 8-9 给出了某泵站电气系统的主结线图,它由两条来自变电站的 35 kV 电缆供电,并且与泵站的一个 35 kV 电源开关装置相连,泵站内的配电网呈双辐射型,操作台为单母线体系,变电站的控制由专门控制系统执行。变电所都有自己的电气保护系统,其主要保护功能是:过压或欠压、超频或欠频、过流、接地故障、电压失衡、相序、变压器气体及高温等。

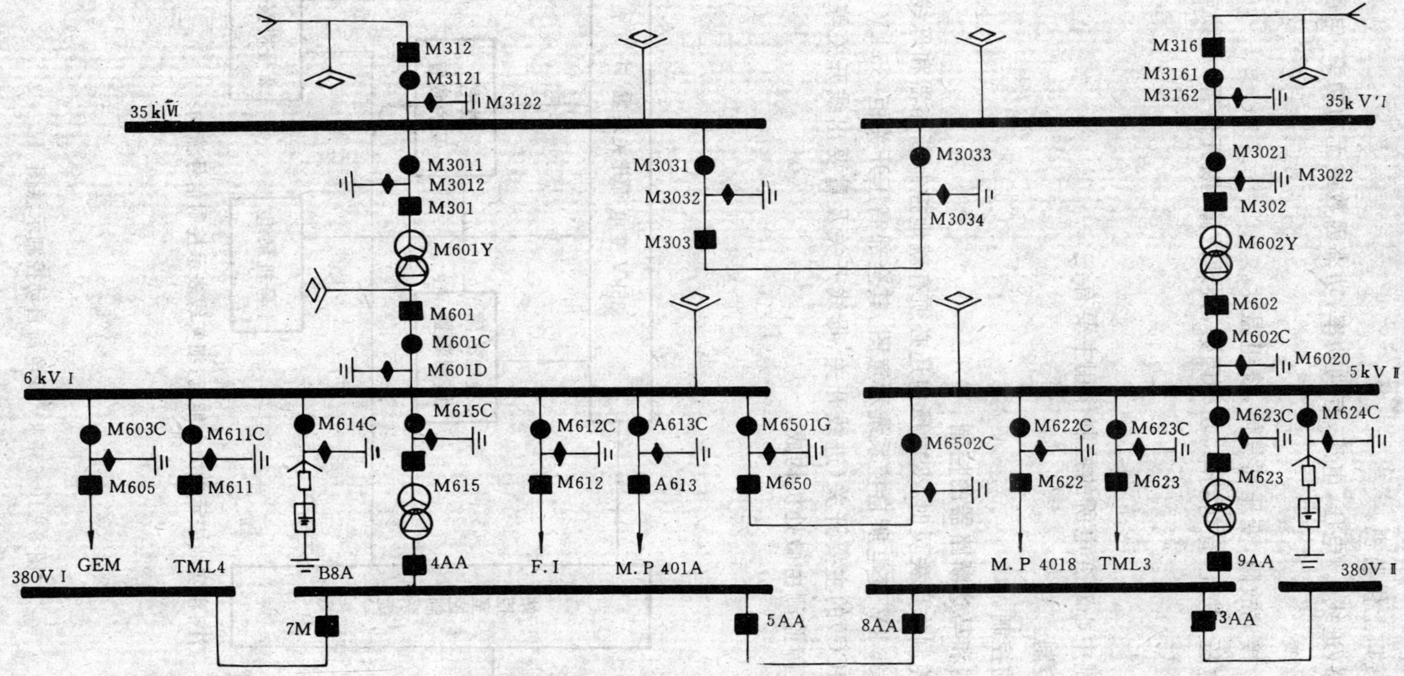

图 8－9　典型站电气系统主结线图

一、监视量

变电所的断路器及开关柜安装的仪表通常能提供下列有关信号，并将其送到站控中心及控制中心的操作员接口上供监视。

(1) 高压断路器(进线)。电压，电流，有功功率，功率因数或无功功率，电度量接地故障。

(2) 中间电压母线。

(3) 主变压器。接地故障，变压器气体，绕组温度。

(4) 断路器。电压，电流，有功功率，功率因数，接地故障，断开位置，超频或欠频等。

二、控制

站控系统或控制中心对变电所的控制作用主要有：

(1) 对母线的控制。

(2) 对断路器的控制。

(3) 高压断路器和马达断路器的控制。

在站控系统的控制作用失灵时，变电所内还必须有就地控制断路器和母线的方法。图 8-10 给出了东黄复线 35 kV 变电所自控系统示意图。其全部高压开关柜(35 kV 及 6 kV)以及低压马达控制中心(MCC)的主要开关(进线开关、母线开关及重要出线开关等)均配置有站控 PLC 的接口，接地故障监测由微处机构成。

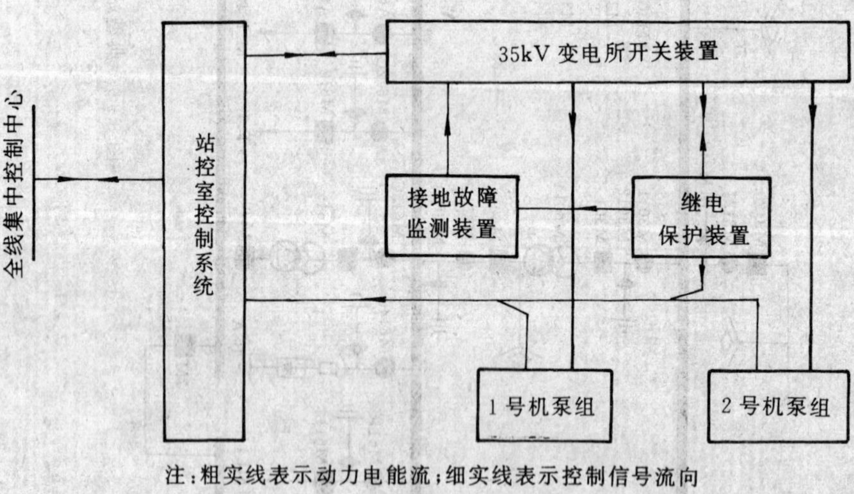

图 8-10　35 kV 变电所自动控制示意图

§8-6 站控系统中专用 RTU 的应用

一、液体管道上专用 RTU 的应用

用于泵站的 RTU 装置具有下列功能：

(1) 模拟量数据采集；

(2) 模拟量定值控制；

(3) 数字量的状态、报警采集；

(4) 数字量控制。

以上功能是安装在原油、成品油泵站内 RTU 的基本功能。RTU 与现场仪表及就地控制设备有接口联系。图 8-11 表示了一个泵站的管线图。站内设有三台输油泵和一套联合控制系统。泵站的控制系统控制每一台泵以及随每台泵配套的独立的控制盘。泵单元的控制系统能顺序控制泵的进出口阀门，且当输油泵产生强震动、高轴温、密封故障、润滑油压力和温度异常时，控制系统对泵进行关断保护，还有许多其它的保护功能。泵控制盘还可以在一定的时间内，按泵的位号顺序起动泵，这些操作是在允许的范围内，不会引起泵和电机过热。泵控制盘还与每一台泵的断路器控制电路(起/停泵)相连。这些断路安装在电气开关框内。保护电机的关断部件的动作取决于电机绕组温度。

站内仪表盘控制着进站、出站和主要管线的阀门，清管器进站时，可顺利通过这些阀门。清管器的程序控制采用安装在管线上的清管器检测开关。

泵站的控制/仪表盘包括所有的控制器仪表，这些控制器对泵站的进、出站压力进行超前控制。如果进站压力低，控制器发出一个超前的调节作用，压力调节阀动作，维持正常的出站压力，泵站调节阀执行泵站压力调节器的输出信号，控制方式可以就地给定也可以在 RTU 上通过模拟接口信号远程给定。

管线残渣或原油结蜡可导致管道阻塞，为了确保过滤器上不产生很大的压降，对站内过滤器的差压进行监测。通常过滤器采用两套或能够开关的过滤器，以便在更换过滤器元件时能连续工作。

泵站控制系统具有自动关断功能。当安装在管线上的压力开关检测到进站压力低或出站压力高时，系统自动关断，自动关断是由泵站控制盘进行顺序控制，便得泵单元的阀门和泵站阀门依顺序关闭，避免对管线产生超压。

RTU 直接与泵站控制或仪表盘相连，并提供下列控制作用：

(1) 模拟量定值控制，用于进出站压力远程定值控制。

(2) 数字量控制，用于起、停泵，控制站内的阀门以及远程起动泵站关断程序。

(3) 监测压力、温度、差压等模拟量数值。

(4) 监测泵站所有的报警、泵状态、清管器检测开关等等。

表 8-1 所列出的是一个典型泵站所传送的输入、输出的模拟和数字信号。就地控制相对于远程控制的程度变化很大，这取决于管道公司的工艺原理和泵站设计的复杂性。例如：对监测进站或出站温度的要求，取决于对瞬时模型系统中管道温度模型的要求。

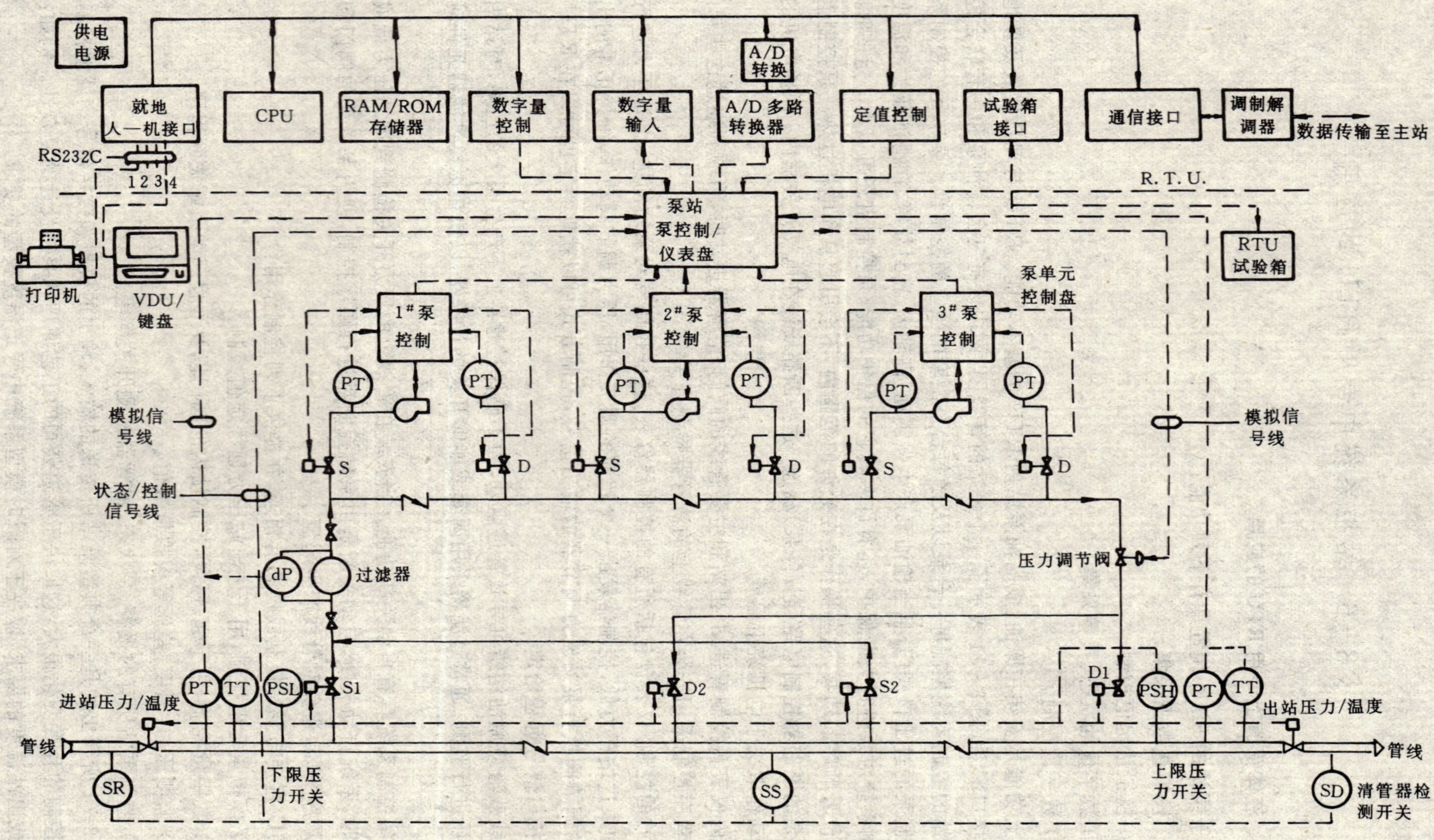

图 8-11 RTU 配置与泵站控制系统接口图

表 8-1　泵站 RTU 输入、输出信号表

1. 模拟量输入	(8) 2#泵运行/停止
(1) 进站压力	(9) 3#泵运行/停止
(2) 进站温度	(10) 1#泵进站阀门:开/关
(3) 出站压力	(11) 1#泵出站阀门:开/关
(4) 出站温度	(12) 2#泵进站阀门:开/关
(5) 1#泵入口压力	(13) 2#泵出站阀门:开/关
(6) 1#泵出口压力	(14) 3#泵进站阀门:开/关
(7) 2#泵入口压力	(15) 3#泵出站阀门:开/关
(8) 2#泵出口压力	(16) 清管器进站
(9) 3#泵入口压力	(17) 清管器在站内
(10) 3#泵出口+压力	(18) 清管器出站
(11) 过滤器差压	(19) 进站压力下限报警
(12) 控制阀给定值	(20) 出站压力上限报警
2. 模拟量输出(定值控制)	4. 数字量输出(控制):
(1) 调节阀的给定值	(1) 主管线进站阀门:开/关
3. 数字量输入(状态/报警):	(2) 主管线出站阀门:开/关
(1) 主管线进站阀门:开/关	(3) 1#进站阀门:开/关
(2) 主管线出站阀门:开/关	(4) 2#进站阀门:开/关
(3) 1#进站阀门:开/关	(5) 1#出站阀门:开/关
(4) 2#进站阀门:开/关	(6) 2#出站阀门:开/关
(5) 1#出站阀门:开/关	(7) 1#泵运行/停止
(6) 2#出站阀门:开/关	(8) 3#泵运行/停止
(7) 1#泵运行/停止	

对大口径阀的应用,可在阀上设置中间状态显示,表示一种“运行”状态。该“运行”状态由 RTU 通过开阀及关阀的限位开关的输出进行诊断。这些限位开关若无输入,则将导致 RTU 报警,提示阀程序故障。

对于工作在远方管道控制中心的操作人员来说,RTU 起着眼睛和算子的作用,由于长输管道泵站位置遥远,RTU 可使泵站连续运行而无需操作人员全天值守。值班人员巡检泵站只限于日常的维修巡检,以进行预防性维修。而在设备出现故障时,通过 RTU 报告给管道控制中心,人员可到泵站进行紧急维修。

二、气体管道上专用 RTU 的应用

图 8-12 所示的是气体压缩机站管道配置和控制系统及仪表的配置,(连接在一起的)两套压缩机组的每一套都装有它自己的控制和检测仪表,用于当强振动、高轴温、润滑油系统故障、透平机高排气温度或其它设备故障发生时保护关断透平机和压缩机。压缩机控制系统提供压缩机进、出口阀和透平机辅助设备的顺序控制,诸如:润滑油泵、压缩机的起动装置等等。表 8-2 列出的是一个压缩机站的模拟和数字量的输入、输出信号。

可编程逻辑控制器(PLC)已在这类压缩机站上应用。一些应用是将单个的 PLC 专用于每机站中,一台 PLC 用于顺序自动起、停压缩机或透平机,就地控制或遥控透平机转速、监测压缩机站状态,报警监测和阀门控制。单个压缩机机组的 PLC 如图 8-12 的站控系统,由于要完成许多点顺序控制的功能,故要求每一个独立的压缩机机组分别配置 PLC。

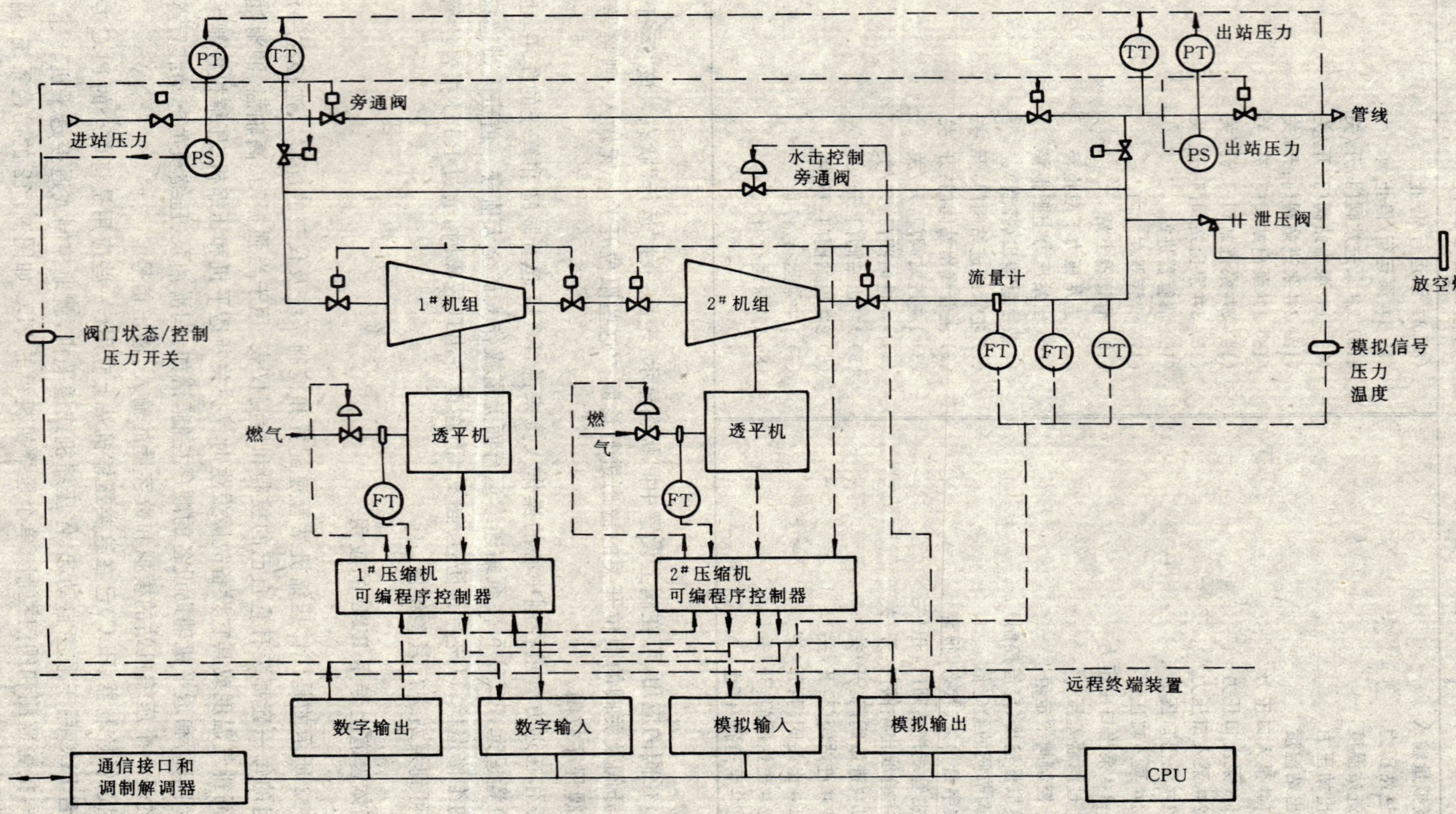

图 8－12　RTU 配置与压缩机站控制系统接口图

RTU直接与压缩机站控制仪表盘相连，并提供下列功能：

(1) 模拟控制：进、出站压力远程定值控制。

(2) 数字控制：起、停压缩机，控制站阀门或遥控启动压缩机站关断程序。

(3) 监测压力、温度、差压等模拟量数值。

(4) 监测全站的报警、泵状态、阀门状态等。

表8-2所列的模拟和数字信号是一个典型压缩机站所传送的输入、输出信号。就地控制相对于远程控制的程度变化很大，这取决于管道公司的工艺原理和压缩机站设计的复杂性。

表8-2 压缩机站RTU输入、输出信号表

1. 模拟量输入	(5) 主管线出口阀：开/关
(1) 进站压力	(6) 主管线1#旁通阀：开/关
(2) 进站温度	(7) 主管线2#旁通阀：开/关
(3) 出站压力	(8) 进站阀：开/关
(4) 出站温度	(9) 出站阀：开/关
(5) 1#压缩机燃气流量	(10) 1#压缩机进口阀：开/关
(6) 2#压缩机燃气流量	(11) 1#压缩机出口阀：开/关
(7) 流量	(12) 2#压缩机进口阀：开/关
(8) 温度(用于流量补偿)	(13) 2#压缩机出口阀：开/关
(9) 压力(用于流量补偿)	(14) 1#压缩机：运行/停车
(10) 喘振控制给定值	(15) 2#压缩机：运行/停车
(11) 1#压缩机燃料控制给定值	4. 数字量输出：
(12) 2#压缩机燃料控制给定值	(1) 1#压缩机：运行/停车
2. 模拟量输出(定值控制)	(2) 2#压缩机：运行/停车
(1) 1#压缩机燃料气控制阀	(3) 主管线进口阀：开/关
(2) 2#压缩机燃料气控制阀	(4) 主管线出口阀：开/关
3. 数字量输入(状态/报警)：	(5) 主管线1#旁通阀：开/关
(1) 进站压力下限	(6) 主管线2#旁通阀：开/关
(2) 出站压力上限	(7) 进站阀：开/关
(3) 泄压阀：开	(8) 出站阀：开/关
(4) 主管线进口阀：开/关	

压缩机转速控制是通过控制单台透平机进口燃气流量来实现的。燃气流量的控制信号由压缩机站超前控制系统决定，并取决于进、出站的压力。来自RTU的远程压力控制值为可编程逻辑控制提供模拟给定值。压力超前控制系统的PID算法在站控制器的编程能力范围内进行组态，并提供必要的控制，有效地维持压缩机站在所要求的操作范围内工作。在一些特殊的应用场合，根据进、出站压力和流量超前控制，采用先进的PID控制。有时，基于进、出站压力以及流量和出站温度等参数的控制算法在一些站上也有应用。

如果压缩机压力和转速偏离正常的操作范围，喘振控制系统将打开喘振调节阀，使天然气重新循环到压缩机入口管线上，这种再循环可以充分降低压缩机的出口压力，使进、出口压力控制系统恢复控制。编程作为PLC软件的喘振控制算法是以测量流量和进、出口压力为基础，它将决定喘振控制的响应特性。

如果压缩机站的喘振控制不完全有效，在压缩机站出站一侧有泄压阀进行保护控制。泄压阀的大小要满足能够使压缩机站全部气量去燃烧。进出站的压力开关保护管道，压力开关将联锁压缩机站关断和旁路。

由于压缩机组的操作与站控无关，所以用于压缩机和透平机的 PLC 可以由其制造商把它单独与机组一起整体包装。图 8－11 的 RTU 配置是基本的模拟和数字量的输入、输出配置。PLC 的接口也是模拟和数字量的输入、输出。

压缩机站可以用站上 PLC 来配置，站上可以配备 VDU 或键盘。经 VDU 显示可以监测站内所有的模拟信号、报警和状态。并由 VDU 或键盘完成压缩机站的起、停和转速定值控制以及喘振控制。控制范围、响应特性等的控制系统参数可以通过 VDU 或键盘进行组态，并装入 PLC 算法，用于压缩机站的转速和喘振控制。这种配置中，压缩机站的 PLC 和 RTU 的接口是串行数据通讯信道(RS232C)，在这个信道上 RTU 可以直接进入 PLC 的 CPU 和存储器上进行存取。

PLC 程序修改可以在压缩机站插入编程器和与其一体的 VDU 显示器和编程键来完成。程序的功能经编程单元在线监测，这种方法对于 PLC 系统来说，是一种很有效的诊断工具。

第九章　数据通信

SCADA(监控与数据采集)系统操作的可靠性和有效性取决于从主站到 RTU(远程终端装置)以及从 RTU 返回主站的数据传输情况。为使主站和 RTU 之间互相发送数据,必须借助某种通信媒体,按一定的协议使这两种数字计算装置能够智能地、准确地进行通信。

本章结合 SCADA 系统,介绍通信方式、通信协议、通信媒体以及通信接口,并且简单介绍通信错误检测的方法。

§9-1　SCADA 系统的数据通信

一、SCADA 系统的通信

不同的 SCADA 系统供货厂家使用不同的数据传输规程、数据信息结构,因此数据传输规程很难标准化。美国标准和国际标准可使 SCADA 系统硬件和数据传输设备(调制解调器)实现数据接口。调制解调器装置将 SCADA 系统数字信号转换成模拟信号,或等效话音信号,用提供的通信媒体进行转输。在另一端,另外一个调制解调器生成数字信号输入到远程终端装置中。因为,通信媒体不属于 SCADA 系统。SCADA 系统供货厂家一般不把通信媒体作为 SCADA 系统整体的一部分。

但是,SCADA 系统供货厂家必须提供所有类型的通信媒体所必需的硬件和软件接口。主要有以下几种:

(1) 电话线;

(2) VHF(甚高频)或 UHF(超高频)无线电;

(3) 微波无线电;

(4) 卫星无线电;

(5) 对流层散射无线电;

(6) 电力线载波系统;

(7) 直达线;

(8) 同轴电缆;

(9) 光导纤维;

(10) 海底电力电缆。

一般管道网络 SCADA 系统的通信途径为:沿管道的泵站的数据通信和话音通信采用微波无线电和电话线;管道远控阀和远控计量设施的通信采用 VHF 无线电;与当地末站计量设

施采用直达线通信;用同轴电缆进行站内数据采集与控制;用卫星通信方式将数据送往主控室的数据处理计算机。

由于通信媒体的数据传输能力,存在噪音干扰,数据传输必须采用某种形式的误码检测及纠错技术,以便排除被噪音干扰的信息。

SCADA 系统数据传输率一般局限于中速范围(300～2 400 bite)。但一些借助同轴电缆或光导纤维通信的就地数据采集系统则不在此限,这样可获得超过 1 Mbite/s 的数据传输速率。

尽管主站与 SCADA 系统的所有专用 RTU 已实现数据传输,但仍需和下列任何一个或所有的数字计算机系统通信:

(1) 可编程逻辑控制器;

(2) 油罐计量系统;

(3) 流量计量系统;

(4) 色谱/分析仪;

(5) 其它数据采集/控制系统;

(6) 数据处理计算机(就地或远程);

(7) 装车自动化系统;

(8) 远程操作站,设有:经理办公室、管道调度办公室、维护中心(就地或远程);

(9) 原油输送计算机系统;

(10) 个人计算机局部地区网络。

数据处理与 SCADA 系统计算机结合起来形成的管理信息系统(MIS),可用来产生最新的油气生产报表、储罐油量监控报表和会计报表等。SCADA 系统进行实时的数据采集,即在 10～20 s 之内完成数据采集。但是,管理信息系统的数据报表不是实时报表,因为这些格式化的数据每小时报告一次或每 24 h 报告一次。

SCADA 系统最基本的要求就是把数字数据,如 16 位字格式的数据,从主站传输到远程终端装置以及从远程终端装置传输到主站。传输的数据字必须以"1"和"0"同样的顺序来接收,不然的话远程终端装置应答将会有误。因此,所有传输的数据必须加以保护并加密,以防任何位或位组损失。通过应用错误检测技术可实现这一目的。一般来说,只需发出一个信息重发请求指令就足以检测出错误并拒绝接收该条信息。

二、网络配置

SCADA HOST(主机)和 RTU 互连的方法定义为网络配置,它是一种几何结构,因此也称为网络拓扑,在 SCADA 系统中,最常用的是星形网,多点网(总线形)和分级网(树形)。

1. 星形网

在星形网中,主机和每个 RTU 单独连接,如图 9-1 所示。在 HOST 端为每个 RTU 的物理通讯口规定一个地址号,但在通讯信息中不必嵌入地址号。这种结构适于 RTU 较少,且每个 RTU 传送数据较多的情况,这时各个 RTU 专用通讯线路的总成本不是重要因素。拨号扫描法是一种适于星形网的扫描方法。当 RTU 数目较大时,采用星形结构就不合适了,这时为每个 RTU 建立专用通讯线路的成本较大。

2. 多点网(总线形)

这是最常用的结构,在这种网络中通讯线路作为"合用线"(Party Line),也称之为总线。

所有 RTU 同时收听来自 HOST 的命令，如图 9-2 所示。这种网络，每个 RTU 都有自己的地址，这个地址要作为信息由主机发出，RTU 接收。

在 RTU 较多的系统中，可以使用 2 条或多条多点线路，如图 9-3 所示。每条线路上能带 RTU 的数目取决于传送到主机的数据量、协议、波特率和需要的扫描时间。一般每条线路上挂 10～20 个 RTU 是没有问题。

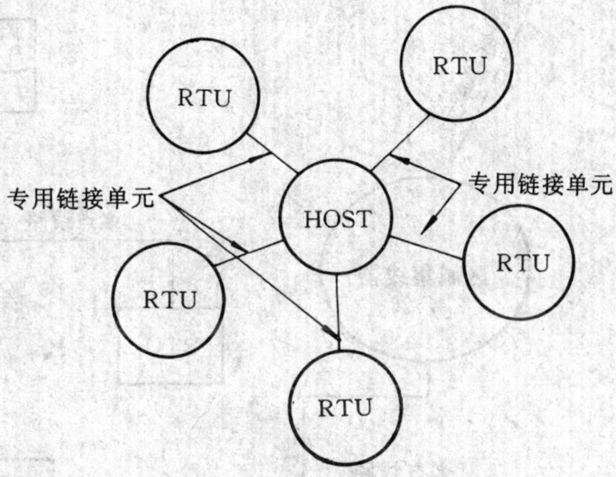

图 9-1 星形网

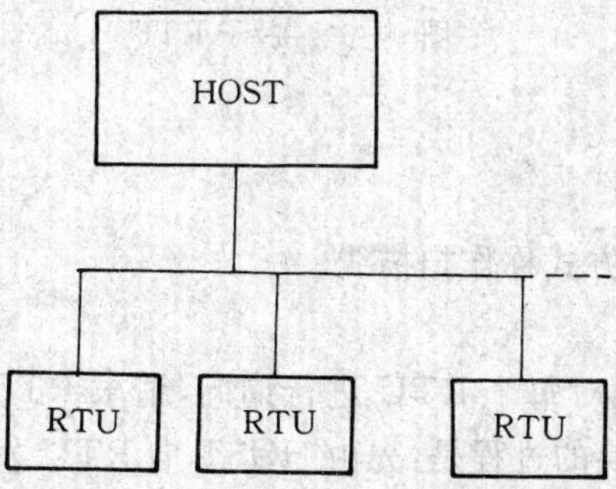

图 9- 2 多点通信

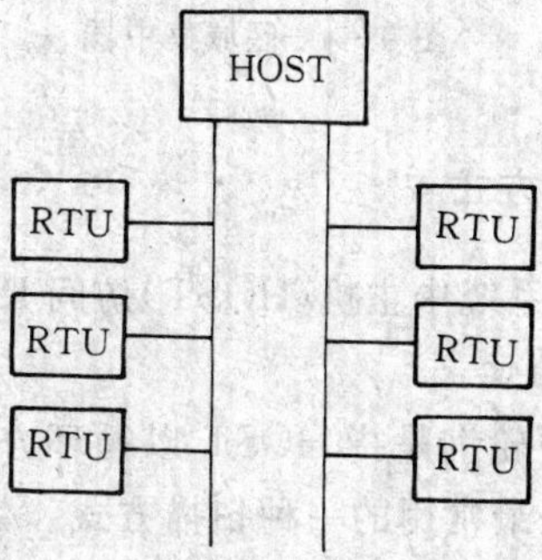

图 9-3 多条多点线路

3. 分级网

在大型 SCADA 系统中，有时采用具有区域集中器的分级通信网，如图 9-4 所示。区域集中器连续监视各 RTU 并收集各扫描数据表。当主机需要数据时，将表中的数据传送到 Host。来自 HOST 的命令可直接通过区域集中器送到 RTU。HOST 到区域集中器间专用通讯线路的波特率可能比多点线路高。

另一种常用的分级网是主—子 RTU，子 RTU（SRTU－SUB RTU）从属于主 RTU（HRTU－HUBRTU），如图 9-5 所示。SRTU 与 HRTU 通常在同一地点或相距较近，之间用明线或无线连接。HRTU 不存 SRTU 的数据，仅负责传送 HOST 的信息到 SRTU，和将 SRTU 的响应反馈到 HOST，这也是它与图 9-5 所示分级网的一个主要区别，使用这种通讯方式通常出于经济方面的考虑，较短的通讯线路比扩展到每个 SRTU 的多点线路的费用要少。

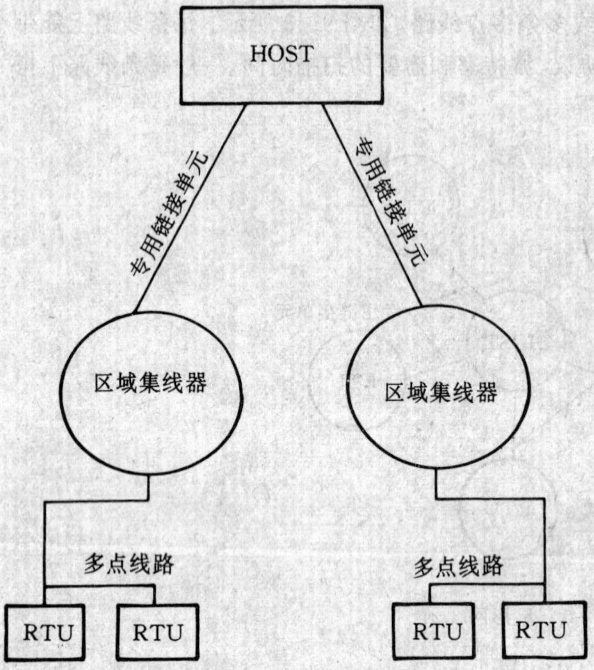

图 9-4 区域集中器

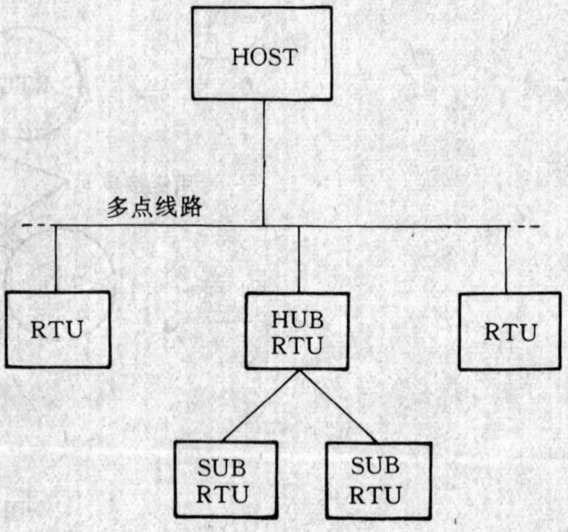

图 9-5 主/子 RTU

三、扫描方式

SCADA 系统中主机(HOST)访问 RTU 的方式称作扫描线。

1. 顺序轮询

所谓顺序轮询是指 HOST 以循环方式依次对每个 RTU 进行询问,请求 RTU 将数据传送上来。这是最常用的一种扫描方式。数据交换的过程是:先由 HOST 向 RTU 发送一个"数据请求"信息,RTU 响应这个请求后将数据表的信息发往 HOST。

询问周期可以是固定的,例如对每个 RTU 每 60 s 询问一次。这称为同步轮询。也可以采用异步轮询方式,即对一个 RTU 询问,且 RTU 响应以后,接着按顺序对下一 RTU 询问,依次进行下去,直到最后一个 RTU 被询问并响应后,立即进入下一个轮询周期,异步方式对每个 RTU 询问的时间间隔(即周期)不固定。

2. 例外报告

在标准的扫描方式中,RTU 要将所有数据点传送到 HOST。有时候这样做并不现实,因为传送如此多的数据要花过长的扫描时间。因此,在许多 SCADA 中使用了例外报告的扫描方式,即仅将上次扫描以来有较大变化的模拟数据向 HOST 传送,变化不大或没有变化的模拟数据点不再传送;离散和报警数据由于不会使信息长度增加太多,不占多少时间,故每次都发送。

对有些应用,如实时建模和泄漏检测,不能采用例外报告或异步轮询方式,只能使用同步轮询,否则无法正常工作。

3. 拨出轮询

有些远程站，例如传输监测站并不需要连续监视。可能仅需一小时或一天询问一次，这时安装公用电话线，采用拨出轮询的扫描方式会更经济。所谓拨出轮询，即由 HOST 主动拨号呼叫，RTU 听到呼叫后将数据传送给 HOST，呼叫结束。

4. 拨入轮询

和拨出轮询相似，不过这儿是由远方 RTU 主动拨号呼叫 HOST，以请求将数据传向 HOST。这种方式的优点是当 RTU 出现报警时可立即报告给 HOST，而不必等到下一规定的扫描时间。

四、协议

协议就像 HOST 和 RTU 之间会话的"语言"，协议的选择对 SCADA 的成功应用是很重要的，因为协议是组建 SCADA 系统的平台，协议的特点和功能将部分地决定整个 SCADA 系统的功能。仅有基本能力的协议可能限制 SCADA 系统的能力，具有扩展能力的协议也将为 SCADA 能力的扩展奠定基础。

每种协议能处理一定的数据类型，简单的协议只能有效地处理几种数据类型，必须使用复杂的方法才能传送其它数据类型。扩充协议能有效处理更多的数据类型。

协议通常是按计划中的具体应用提前开发的，当试图采用一种与自己具体应用不能很好匹配的协议时，会导致 RTU、通讯线路及 HOST 效率的下降，甚至不得不使用协议转换、提高询问频率或其它手段来实现所期望的系统功能。不同的协议适于不同的场合，有的适于管道 SCADA，有的适于工厂 DCS 系统，有的适于输电 SCADA 系统。

在管道 SCADA 系统中的输入输出量中，模拟数据点占有相当大的比例，扫描频率较低，而且多采用多点通讯结构。经常按协议来采集来自各种仪表（例如流量计算机、气体质量分析仪）的数据。

下面讨论国际标准化组织（ISO）推荐的开放系统互连（OSI）七层模式中的一个子集，重点讨论管道 SCADA 对协议的要求，物理层、链路层、应用层。

1. 物理层

物理层用来确定 HOST 和 RTU 的通讯接口的特性。这些特性包括：

（1）网络结构：如多点线路。

（2）电气接口：通常为 EIA 标准的 RS232C。

（3）模式：为串行异步传送。

（4）字符集：是某种代码，数据和控制字符按这种代码传输。推荐使用 8 位码，如 8 位 ASCII 码。

2. 链路层

链路层是用来描述 HOST 和 RTU 之间所传输的整个数据包的，数据包中除了实际信息外，还包括链路控制，帧结构及地址信息。图 9－6 给出了一种典型的链路包结构，下面各点是由链路层规定的。

（1）数据编码：可以是二进制、十六进制、或二—十进制（BCD 码）。二进制编码是传输数据最有效的方法，因为传输 8 位信息只需要 8 位数据信息。

（2）链路控制：可以是全双工或半双工方式。大部分管道 SCADA 协议是用半双工式，即在同一时刻，线路上只允许一个设备传送信息。全双工方式时选择传输介质有限制，在某些应用中难以接受。(3) 主从分级：主从分级是管道系统中常用的方法，RTU(从站)仅以响应HOST(主站)的被动方式传送信息。RTU发出的信息中必须包含有目的地址，以便其它RTU不会将此理解为HOST的命令。同级通讯的协议还有额外的开销，这是由于令牌传送引起的，需要在链路包中增加源地址。在管道应用中，一般不需要在各同级的RTU之间传送信息。

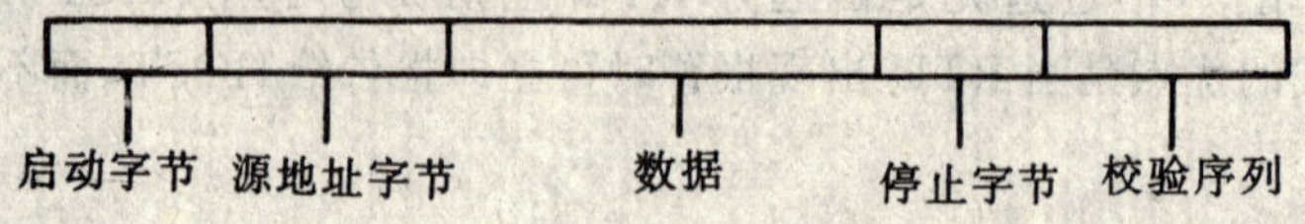

图 9-6 链路层数据包

(4) 帧结构：它提供检测信息起始、目的地址及信息结束的方法，差错检验可放在信息帧的中间或最后，以使接收器能检测并纠正信息传输中可能发生的差错。

信息“起始”可以由信息定时来同步。一个典型的例子是，当通讯链路为空一段特定时间后，再收到的第一个字符就被认为是一帧信息的起始符。另一种确定一帧信息起始的方法是对起始符使用特殊字符串。

信息包结束有多种检测方法。一种方法是利用字符内定时器检测出结束标志时的一段延迟，以确定一帧信息的结束；第二种方法是协议规定信息包的长度，当接收到指定的字符数目时，就认为是信息包结束；第三种方法是结束标志使用特定的字符或字符序列。

在多点式结构的通讯网中，目的地址是很重要的，以便RTU判断所传送的信息包是否是发给本站的。而且目标站RTU的响应信息中也要包含本站地址，以便其它RTU不再接收，也使HOST能确认目标站已应答。对于某些RTU都要接收执行的命令，如时间同步(即各RTU对时)命令，通常设置一个特殊的地址码作为广播地址，表明所有RTU都要接收和处理这个链路包。

(5) 差错检测：这也是链路层的重要部分，它用于检测链路包传输中所发生的错误。由于电信通讯的特点，差错检测的方法应能有效地检测到突发性错误，循环冗余校验(CRT－Cyclical Redundancy Check)是一种差错检测的好方法。差错检测中通常不包括纠错功能，因为这要大大增加链路层的开销。

3. 应用层

应用层的各特性要由RTU所执行的功能，以及HOST和RTU间所传送数据的类型和格式决定。应用层的特性包括：

(1) 多数据类型：字符串、二进制、整数、浮点数(各种字长)。

(2) 块传送：来自RTU的予选定义的数据块。

(3) 随机读数：在多个RTU数据库中任意位置读取数据。

(4) 顺序读数：以指定的RTU中相邻单元顺序读取数据。

(5) 写数命令：使命令和数据由HOST传送到RTU。

(6) 具有操作前检查的写数命令：使数据由HOST传送到RTU，先暂存，直到收到一个合法“操作”命令时再写入RTU。

(7) 时间同步：在同一时刻对网上所有RTU的时钟进行同步。

(8) 数据保持命令:使 RTU 捕捉并保持现场数据,以便于由 HOST 检索。保持的数据应加上捕获时间标记。

五、扫描时间

SCADA 系统的扫描时间是由用户确定的设计参数,通讯系统和协议必须满足这个参数的要求。所谓扫描时间是指对所有 RTU 的扫描数据完成一次轮询所需的时间。典型的扫描时间对液体管道是 20 s,对气体管道是 5 s。扫描时间的大小与下列因素有关:

(1) 在每个通讯链路上 RTU 的数目;

(2) 在每次扫描中要传输的数据点数目;

(3) 数据点的字长(8,16 或 32 bite 等);

(4) 通讯链路的波特率(曲型值为 300~9 600 bite);

(5) 协议的物理层、链路层和应用层的规定。

§9-2 通信系统

数字数据信号在通信信道上传输时,必须转换成一个音频信号,该音频信号与人类话音信号的音频信号相似。这种将数字信号转换成音频率信号的技术称为调制。一般常见的几种不同的调制技术为:①调幅,② 调频,③ 调相。

调制的数据在接收端被解调并还原成二进制位的原始格式,再输入到主站计算机进行数据内插。

一、通信系统的组成

调制的数据易于在通信信道上传输,因为这些信道已设计成传输这些音频信号,即模拟量信号的信道,如在电话线上传输声音信号,或在无线电上传输声音信号等就是这种情况。要求传输往来于某一远程场所数据的通信系统的组成见图 9-7。调制器和解调器组件称为调制解调器(MODEM)。

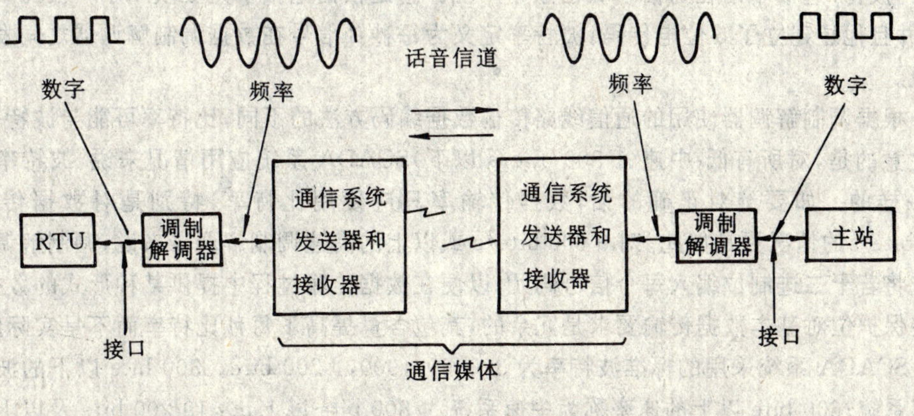

图 9-7 主站/RTU 通信系统

远距离	近距离
微波无线电	直达线(2 对双绞线)
UHF/VHF 无线电	同轴电缆
卫星无线电	光导纤维(也用于远距离)
电话线	电力线载波(也用于远距离)
对流层散射无线电	

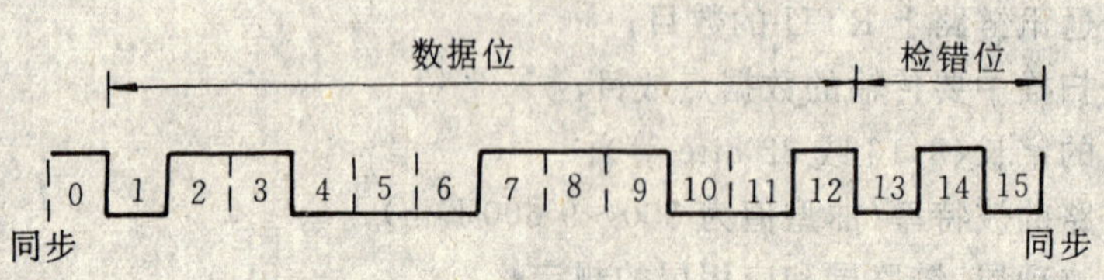

图 9-8 数字字格式

注:所有 SCADA 系统供货厂家都使用自己的数据字、数据格式、数据规程。

远程终端装置的功能是把工艺数据信号转换成数字信号,再以智能信息方式传输到主站。尽管 SCADA 系统数据传输和信息结构,即数据规程对每一个系统供货厂家来说是惟一性的,但这些格式是在 16,24 或 32 位数字信息的基础上编制的。图 9-8 为一个 16 位字格式,包括数据位、检错位(奇偶位)和同步位。如上所述,所有 SCADA 系统供货厂家都开发自己的数据传输字、信息和规程,并且几乎所有厂家都把其数据传输技术视为专利信息,对他们自己内部和他们的用户保密。

二、波特率

传输的二进制位数(或二进制数字)定义波特/秒(bite/s)为单位的数据传输率。该数据传输率包括所有传输的二进制“1”和‘0’数字,包括奇偶检错位。位速率是数据调制解调器的输入速率,它通过通信信道传输远程数据模型。

“波特”这一术语在通信领域已家喻户晓。它是根据电报学先驱埃米尔·波特的名字命名的,并且他还建立了 5 位电传码。波特率定义为每秒钟信号在数据调制解调器之间发生变化的次数。

根据调制解调器使用的通信线路传输数据编码方法的不同,比特率可能与波特率不同。但要注意的是,对所有低-中速(1 800 bite/s 以下)SCADA 系统应用情况来说,波特率和比特率是一样的。如要绝对正确的话,数据传输率只应使用比特率,特别是对数据传输率高达 1 Mbite/s的情况更是如此。对 9 600 bite/s 或以上的高速调制解调器来说,调制解调器或传输系统将若干二进制位编入每个信号码元,以便在数据传输过程中提供某种形式的数据位保护。这些保护位对基本数据传输要求是冗余的,其包含量提高了每秒比特率而不是实际的波特率。

SCADA 系统采用的标准波特率为 300,600,900,1 200 bite。300 bite 以下的波特率称为低速系统;600 bite 以上的速率称为中速系统;4 800 bite 以上,达 19 200 bite 及以上的数据传输率用于计算机网络的高速数据通信系统。这些波特率受现有通信信道频率带宽的限制。

三、带宽

带宽是指在一通信信道上可能传输的最小频率和最大频率之间的频差。电话线可以说具有 4 000 Hz 的带宽。对未调节带宽的电话线来说，在没有任何衰减的情况下，传输的最小频率一般为 200 Hz，最大频率为 2 300 Hz。一般电话线路带宽或声音频谱如图 9－9 所示。

如图 9－9 所示的电话线路仅在衰减极小量的情况下，可通过提高传输的最小频率和最大频率来升级。在本节中，衰减曲线在带宽范围内看起来是平直的，但在实际中会有一定的容差。经过调节带宽的电话线的数据传输质量大为提高，额外调节带宽电话线的数据传输质量会进一步提高，这是因为除电话线衰减以外电话线失真和其它的一些特性也得到了改进。微波无线电系统提供的通信信道一般会有一个类似的 4kHz 的带宽。现有信道只有一部分可用于话音（300～3 400 Hz）通信，但可将一个 3 852 Hz 的带内音频信号从一方传到另一方。

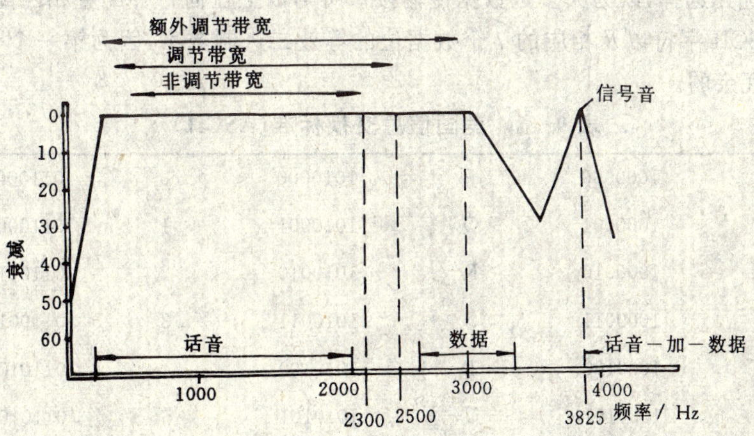

图 9－9　标准电话或声音线路带宽

尽管人类声音可以产生较高或较低频率，但这些不能用电话线路传输，因为所有高于 3 400 Hz和低于 300 Hz 的频率都将衰减，由于正常的话音在该范围之内，即在电话线路的带宽范围内，所以几乎所有的正常会话都能传输。但是，高频声音将不能传输。该限制也适用于基带宽为 4 000 Hz 的无线电电路。使用该话路带宽内不同频率传输二进制数据的技术将在移频键控（FSK）部分介绍。

把音频带宽限制在 2 000 Hz 或 2 200 Hz，就有可能在余下的带宽中加入数据传输频率信号。用低通滤波器可将声音频谱截止在 2 200 Hz，使用带通滤波器可使移频键控制信号在数据传输率为 200 bite 的情况下达到 3 000±480 Hz。这种话路加数据的配置见图 9－9。然而这不是通常用于管道或陆上 SCADA 系统的数据传输技术，因为全信道带宽要求数据传输率为 1 200 bite。

四、美国信息交换标准代码（ASCII 码）

微处理机、小型计算机和计算终端的发展导致所有大写和小写字母字符和数值数据字符传输的标准化。这种标准化也形成一些协议标准，用于识别“电文开始”和“电文结束”以及其它通信同步字符。

通用的计算机数据交换协议技术标准称为美国信息交换标准，或 ASCII。ASCII 标准主要应用于数据终端和调制解调器，但近来随着 SCADA 系统的发展，只需一个奇偶校验位用来进行错误检测，而使用 ASCII 码就可直接与 RTU 通信。另外，以微处理机为基础的仪表系统如流量计算机，有计算机接口，这些接口是传输 ASCII 字符的标准化接口。

所有的 ASCII 字符由 8 位来表示，以正确地识别字符。起始位和停止位加在每个 8 位字符开始和结尾位置，有效地保护 8 个数据位，并识别面向字符传输系统内的那些位。如有规定，可增加一个位用于检错。增加的这个位叫做奇偶校验位。奇偶校验位既可定义为奇数奇偶校验，也可定义为偶数奇偶校验(见错误检测部分)。为获得成功的数据传输和接收，传输线路两端必须配置同样的比特率，同样的停止位数，同样的奇偶校验类型以及同样的数据位数等。为使码有序地混淆，一些系统用 7 个数据位替代 8 个数据位，用 2 个停止位替代 1 个停止位。这些配置由用户优先选择，因为大多数数据传输接口可与以上任何一种配置相匹配。表 9-1 列出了大写的 ASCII 字符以及相应的 7 个数据位的等效二进制数字，因为第一个 0 对大多数的 ASCII 应用是冗余的。

表 9-1 美国信息交换标准(ASCII)

@	1000000	P	1010000	0	0110000
A	1000001	Q	1010001	1	0110001
B	1000010	R	1010010	2	0110010
C	1000011	S	1010011	3	0110011
D	1000100	T	1010100	4	0110100
E	1000101	U	1010101	5	0110101
F	1000110	V	1010110	6	0110110
G	1000111	W	1010111	7	0110111
H	1001000	X	1011000	8	0111000
I	1001001	Y	1011001	9	0111001
J	1001010	Z	1011010		
K	1001011	[	1011011		
L	1001100	\	1011100		
M	1001101	]	1011101		
N	1001110	?	1011110		
O	1001111	—	1011111		

整个 ASCII 标准涉及到打字机键盘所有的大小写字符和数字(见图 9—10)。前 3(或 4)位代表符组：① 大写字符；② 小写字符；③ 数字；④ 通信控制字符。第二组 4 位数代表每组字符的二进制序列。一些通信控制字符为：

ACK　　00 000 110　　确认报文收到

STX	00 000 010	电文开始
SOH	00 000 001	标题开始
ENQ	00 000 101	查询
EOT	00 000 100	传输结束
ETX	00 000 011	电文结束
SP	00 100 000	字间空格

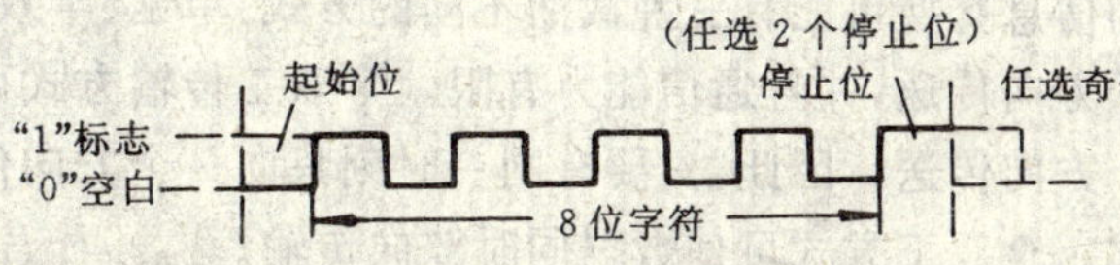

图 9－10　ASCII 字符码

ASCII 字符可用于建立两个计算装置之间的数据传送规程。图 9－11 所示为 ASCII 数据传送规程的一个范例，借此可一起传输一组 4 个 11 位 ASCII 字符。第一个字符提供一个地址，第二个字符提供一个控制功能，并且也传输两个数据字符。

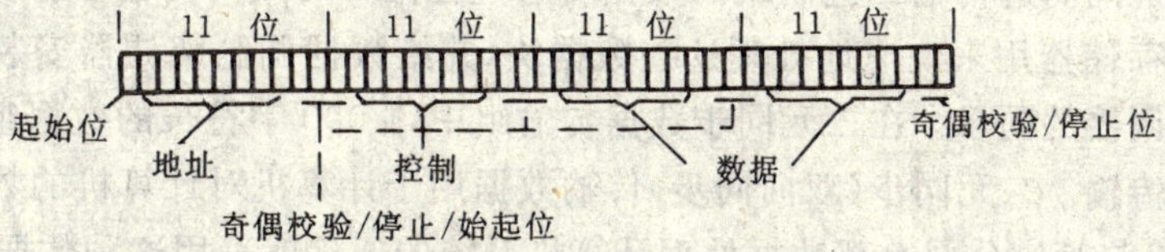

图 9－11　ASCII 数据传送规程

8 位 ASCII 字

(1) 字母—大写

A	0	1	0	0	0	0	0	1
B	0	1	0	0	0	0	1	0
C	0	1	0	0	0	0	1	1
D	0	1	0	0	0	1	0	0
E	0	1	0	0	0	1	0	1
F	0	1	0	0	0	1	1	0
G	0	1	0	0	0	1	1	1

(2) 字母—小写

a	0	1	1	0	0	0	0	1
b	0	1	1	0	0	0	1	0
c	0	1	1	0	0	0	1	1
d	0	1	1	0	0	1	0	0
e	0	1	1	0	0	1	0	1
f	0	1	1	0	0	1	1	0
g	0	1	1	0	0	1	1	1

(3) 数字

0	0	0	1	1	0	0	0	0
1	0	0	1	1	0	0	0	1
2	0	0	1	1	0	0	1	0
3	0	0	1	1	0	0	1	1
4	0	0	1	1	0	1	0	0
5	0	0	1	1	0	1	0	1
6	0	0	1	1	0	1	1	0
7	0	0	1	1	0	1	1	0

(4) 通信控制

NUL	0	0	0	0	0	0	0	0
SOH	0	0	0	0	0	0	0	0
STX	0	0	0	0	0	0	1	0
ETX	0	0	0	0	0	0	1	1
EOT	0	0	0	0	0	1	0	0
ENQ	0	0	0	0	0	1	0	1
ACK	0	0	0	0	0	1	1	0
BEL	0	0	0	0	0	1	1	1

字符既可大写，也可小写或用数字表示。根据 ASCII 标准，11 位包括 8 个字符位、起止位和一个奇偶校验位。奇偶校验位的"1"或"0"值取决于传输字符的"1"和"0"的数字数量。每 8 位信息应用一个单一的奇偶校验，构成一个基本错误检测系统。该系统足可以保护同一区域内或有限距离的两个计算系统之间的硬件接口数据传送。

计算机对计算机的数据通信还有其它的通信码，这些类型的通信码之一为 EBCDIC(扩充的二—十进制交换码)，但本文将只探讨ASCII码的传输码。在一些系统中数据可用十六进制码传输。十六进制码在用于编程的计算机系统中已得到广泛的应用，但用来传输数据的还很少。

§9-3 数据传输方式

两个远程场所之间的信息交换可能有三种截然不同的方式：单工、半双工、全双工。单工传输方式只能使数据向一个方向传送，并且通信能力有限。半双工传输方式可使数据双向传送，但在某一时刻只能向一个方向传送。因此，只要有同一时刻只向一个方向传输数据，用一对导线就能实现这种操作方式。全双工方式可使数据同时双向传输。

SCADA系统就其主站和远程终端装置之间地址信息和应答信息交换顺序的特点来说属半双工系统，因此用双线通信线路如电话线就能满足要求。尽管SCADA系统信息交换顺序只是半双工方式，但无线电通信则采用全双工方式，即有单独的发送和接收信道。

一、二元同步通信规程

计算机系统间高速传输二进制编码数据可通过在同一时刻内传输字符块来实现。计算机终端装备缓冲存储器用来快速地处理这些数据块，并给数据调制解调器安装高稳定的振荡器来保持调制解调器的同步。在二元同步数据传输组中，1 000字符长的数据组可与数据块中的同步字符一起传输。二元同步(双向同步)传输数据用于计算机对计算机的数据传输，如SCADA主站计算机与管道公司总部数据处理计算机系统的通信就采用这种数据传输方式。

同数据一起传输的二元同步数据传输字符有三种基本类型，即：① 同步控制字符；② 信息成帧字符；③ 信息互换字符。这三种类型字符的范例见表9-2。

表9-2 二元同步数据传输

同步控制字符	
SYN	同步字符
PAD	填充字符
DLE	数据通信换码
信息成帧字符	
STX	电文开始
ETB	传输块结束
ETX	电文结束
SOH	标题开始
ITB	中间电文块
信息互换字符	
EOT	电文结束
ENQ	询问
NAK	否定确认
ACK	确认

传输8位同步控制字符，可确保通信信道两端的计算机设备按预定方式处理和识别数据。

同数据流一起传输的信息成帧字符是信息构成数据块所需通信规程的组成部分。信息互换字符主要用在一个信息或信息组的开始和结束位置，它们是识别循环冗余(CRC)误码校验信息块的主要字符。

图 9－12 所示为包括循环冗余误码校验 16 位字在内的二元同步信息交换过程。换句话说，检错字可为一垂直冗余校验码(见错误检测)。

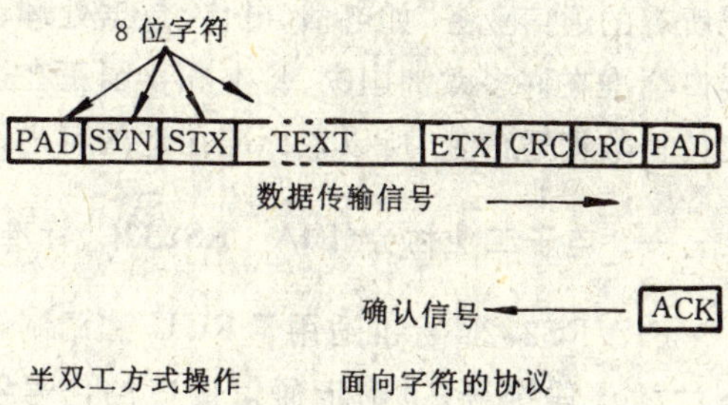

图 9－12 二元同步通信规程

在计算机行业中高速半双工通信广泛采用二元同步通信规程。从 1966 年以来，各种计算机网络结构如点对点结构或多点配置，一直采用这种规程。如上所述，二元同步通信规程是一种面向字符的规程，不同于那些定义为面向比特的通信规程的其它通信规程。

二、高级数据链路控制通信规程

一些面向比特通信规程已普遍应用。国际上[CCITT(国际电报电话咨询委员会)]采用的通信规程之一是 HDLC(高级数据链路控制规程)。另外一种在美国广泛应用的面向比特的通信规程是 IBM 公司的 SDLC(同步数据链路控制)规程。

与面向字符规程不同的是，面向比特规程不需要大量的信号交换来确认数据传输和维持同步。像 HDLC 这样的面向比特的规程不需要确认，因此，传输方式既可为半双工，也可为全双工。在 HDLC 规程信息结构中，数据以 8 位标志定义的帧传输。HDLC 规程信息结构中，数据以 8 位标志定义的帧传输。HDLC 通信规程地址在第一个标志之后可为 8 位或更多(可护展)、8 位控制信息、16 位数据、一个 16 位错误检测字以及 8 位结束标符。通过在帧控制字段内使用帧编号系统，可使接收端计算帧数并检查传输的号数。如果号数不一致，可要求重发，但是为了使数据像二元同步通信规程的数据一样在无需确认的情况下能够连续传输，只有当出现异常情况时才要求重发。检测时既可应用 16 位 CRC 错误检测技术，也可应用 16 位 VRC(垂直冗余检验)错误检测技术。如果检测到错误，即要求重发。

§9－4 通信接口标准

由于计算机不同制造厂家的多样性和现有众多的不同的计算系统，因此，计算机系统之间的通信，不管是在同一场所还是在一些远程场所，都需要标准化。一个接口标准不仅需要确定匹配插头和插座的机械尺寸，还需确定电气接头，以便能在正确的插头编号上找到正确的信号，以及这些信号在不同计算装置间交换的电压电平和电流电平。另外，还必须确定数据交换信号的顺序，以便使一个计算机系统发出的信号可被第二个计算机系统正确地解释和理解。

两种常用的接口标准 EIA(电子工业协会)RS232C 和 IEEE(电气和电子工程师学会)488 标准。因为每个标准对传输往返于其它计算装置的数据所起的作用不同。也可采用等效的 CCITT(国际电报电话咨询委员会)国际标准。

通信规程的主要进展在局域网和广域网的开发。一种综合业务数据网(ISDN)可能会给 SCADA 系统的设计带来重大的影响。ISDN 标准是由 CCITT 编制的，该标准适应面广，适用于所有的通信业务，如电话、电传、数据处理、传真、个人计算机、局域网、分组交换网等。ISDN接口标准在许多欧洲国家、日本和美国正在进行现场试验。然而，由于开始只把重点放在满足大公司数据通信上，所以该标准在近些年内不会对实时控制系统产生影响。

一、电子工业协会(EIA RS232C)标准

EIA RS232C 标准适用于RTU 和调制解调器之间的数据传输接口。该标准确定标准插头上的插头连接号，也确定通信接口的信号类型和电压。在美国，这类标准由电子工业协会(EIA)规定，为 EIA RS232C 标准。国际标准为国际电报与电话咨询委员会(CCITT)制订的标准。与 EIA RS232C 标准相似的 CCITT 标准为 V·24 标准。由于那些在世界范围内销售 SCADA 系统的主要厂家可按用户的意愿采用两个标准中的任何一个，因此，这两个标准在世界上都得到普遍应用。

从定义角度出发，为使一些术语和 EIA 标准所用的术语一致，数据终端设备(DTE)应为 SCADA 系统以及其它标准数据传输系统的计算机系统中的主站或 RTU。数据通信设备(DCE)应为调制解调器，用来把主站或RTU 连接到通信媒体的端头上。通信媒体既可为电话线，也可为微波。调制解调器被认为是整个 SCADA 系统的一个组成部分。

EIA RS232C 接口标准适用于 25 管脚标准连接器的布线和端子编号。该 25 管脚连接器可适用于所有的数据终端、计算机接口输出端、基于微处理机的仪表、可编程控制器等。25 管脚连接器上每根导线的功能见表 9-3。数据传输率和数据传输的复杂性随应用情况的变化而变化。但对大多数 SCADA 系统接口的需要来说，只使用如下编号的管脚，即 1,2,3,4,5,6,7 和 20。当只发送和接收数据，即不需要信号交换时，则只使用编号为 1,2,3 和 7 的管脚。EIA RE232C 标准不是面向通信规程的，在该 EIA 标准中也没有规定任何规程。

表 9-3 EIA RS232C 接口布线标准

管脚号	说明	管脚号	说明
1	接地	14	反向信道发送数据
2	发送数据	15	发送信号码元定时
3	接收数据	16	反向信道接收数据
4	请求发送	17	接收器信号码元定时
5	清除发送	18	未定义
6	数据设备准备就绪	19	反向信道请求发送
7	信号接地(共用)	20	数据终端准备就绪
8	接收线路信号检测器	21	信号质量检测器
9	留给数据设备测试	22	呼叫指示器
10	留给数据设备测试	23	数据信号速率选择器
11	未定义	24	发送信号码元定时
12	反向信道接收线路信号检测器		
25	未定义		
13	反向信道允许发送		

要求高速二元同步的较高数据传输率，将需要对钟脉冲频率进行精确定时，并且将使用连接器上适当定义的管脚。从 RTU 到数据调制解调器的数据传输属串行操作，数字脉冲以离散

电压电平的方式传输，通过管脚 2 发送数据，通过管脚 3 接收数据。管脚 7 为两个管脚的共用信号接地。

为了避免混淆，应当记住：发送数据是指从一个 RTU 到一个调制解调器或从一个主站到一个调制解调器的数据传输。而根据位置的不同，接收数据应为从调制解调器到 RTU 或到主站的数据。

"请求发送"（管脚 4）为一从 RTU—调制解调器—标志—调制解调器的信号，表示数据可以发送。"清除发送"（管脚 5）为调制解调器的响应信号，用来通知 RTU 或主站调制解调器已准备好发送数据。"数据设备准备就绪"（管脚 6）指示在某一位置与 RTU 连接的调制解调器的状态。这不表示通信信道的状态，也不表示与远程位置建立了通信，只表示调制解调器在某一位置的状态。"数据终端准备应绪"（DTR）为一从 RTU 到调制解调器的信号，控制调制解调器到通信信道的传换。

EIA RS232C 标准已适用于各种配置，并在不涉及数据通信接口的情况下也得到应用。例如，RS232C 接口用于将数据串行传输到一个 VDU（视频显示器）装置、打印机或传输到一个流量计算机。为避免信号接口混 淆，必须认真定义什么是数据终端和数据通信设备。，流量计算机制造厂家会认为他的接口端为数据终端而 SCADA 系统制造厂家会把其系统按数据终端来设计。当一局域计算机对计算机接口是以 RS232C 为基础时，为使数据通信设备（管脚 3，接收数据）可接收始发于数据终端（管脚 2，发送数据）的数据，要求将接收线和发送线颠倒连接。在使用调制解调器通信接口的地方，把管脚 2（DTE）连接到管脚 2（DCF）上，发送数据到达远程端的管脚 3，并被定义为接收数据。局域接口需要专门接线的 RS232C 连接器，因为如果有其它交换信号插入的话，这些信号也需要颠倒连接，以便可以灵活地进行通信。

二、EIA RS449，RS422，RS423 标准通信接口

这些通信接口标准的编制，目的是为了便于发现有的 RS232C 标准设备有序地向下一代设备过渡，而无需强制报废或进行昂贵的改造。RS449 的应用记录可指导采取一些必要的措施，如用 RS449 来完成现有 RS232C 设备向新设备的过渡等，这样可使 RS232C 设备得以继续使用。

RS449 这些固定目标在下面这种意义上来说是成功的，即对一些十分简单的涉及 ASCII 字符的数据传输应用情况来说，设备制造厂家们还没有感到有必要将他们的设备接口升级到 RS449 标准。因此，RS232C 数据通信接口标准较普遍由下列系统来提供，如流量计算机系统、PLC 系统、油罐计量系统以及其它类似的将数据传输到另一个计算机系统如主站计算机的那些系统。这些数据通信接口只涉及 EIA RS232C 信号，如发送数据（管脚 2）、接收数据（管脚 3）、请求发送（管脚 4）、清除发送（管脚 5）、数据设备准备就绪（管脚 6）、信号共用（管脚 7）以及数据终端准备就绪（管脚 20）等。在某些情况下，即使这些接口信号也不能完全执行。

EIA RS449 标准为这些标准接口信号定义严格一致的信号，用一根发送共用线和一根接收共用线代替用于 RS232C 接口布线的单根共用线的情况除外。

RS232C 标准介绍了用于接口连接的 25 管脚连接器的技术要求。RS449 标准拟订了 37 管脚连接器和 9 管脚连接器的技术条件。9 管脚连接器只有在涉及到次级电路时才需要。因此，RS232C 接口连接器和 RS449 接口连接器根本不可能混淆。

EIA RS449 标准适用于串行数据通信，数据传输率范围为 0～2 Mbite/s。EIA RS422 和

RS423为伴随标准，定义了数字接口电路的电特性，称为“平衡”（RS422）和“不平衡”（RS423）。

三、IEEE 488标准（1978）：可编程仪表的数字接口

这个IEEE（电气和电子工程师学会）标准是一个通用标准，它适用于可编程仪表系统之间有限距离的数字数据的传输。该标准规定的总传输路径长度不超过20m。该标准适用范围不超过15个互连的能按1 Mbit/s次序传输数据的仪表系统。该标准拟订了设备各自的机械、电气及功能接口的技术要求。

许多SCADA系统供应商提供备用IEEE标准488接口容量及配套的硬件系统，为此，本章进行了简单的介绍。复杂的标准是为硬件接口设计者而设计的。本章只作简要概括，读者可参阅（美）电气和电子工程师学会最新版本的标准。

和RS232C标准的情况一样，IEEE488标准提供机械和电气规范，用以定义标准接口。表9-4定义了各个管脚编号的功能。

表9-4 IEEE488（1978）接口布线标准

管脚编号	说明	管脚编号	说明
1	数据总线101	11	ATN，字节解释
2	数据总线102	12	屏蔽
3	数据总线103	13	数据总线105
4	数据总线104	14	数据总线106
5	EOI，结束或识别	15	数据总线107
6	DAV，数据有效	16	数据总线108
7	NRFD，未准备好接收数据	17	REN，远程操作方式
8	NDAC，未完成数据接收	18	接地
9	IFC，接口清除		
19—24	接地		
10	SRQ，服务请求		

IEEE488标准定义了三种类型的设备。这些设备是按该标准相互连接的，它们是：

（1）充当受话器的设备；

（2）充当送话器的设备；

（3）充当控制器的设备。

该标准接口对一个串行查询顺序（SPE—允许串行查询）的要求有具体规定。当一个设备（带有扬声器功能）需要通过控制器发送请求通话信息来完成某一动作时，可启动该串行查询顺序。然后，控制器巡检每个设备，以确定其是否达到请求通话的状态。

并行查询功能可使一设备具有和其它几个设备一起按控制器的要求同时发送一个比特状态信息（查询业务）的能力。通过接口通信可将一条数据线分配到一个专门用于响应一并行查询的设备上。8条数据线和8条信号线用来传输所有的信息，包括互连设备之间的接口信息。8条信号线中有3条为一组，用来控制数据字节的传输（DAN，NRFD，HNAC），其余5条线用于一般接口管理。信号线的功能见表9-4。

IEEE488标准为一硬件设计者接口标准。因为该标准只适用于有限距离的数据传输，所

以，对其内容的技术探讨超出了本节的范围。

四、综合业务数据网(ISDN)

ISDN 是由 CCITT 编制的标准。自从其 1984 年初应用以来，一直在美国和欧洲进行试验。该标准采用的将使全球范围内的通信系统可以接口。ISDN 是一种采用脉码调制技术的数字网，被设计用来取代所有现有的模拟电话线和数据调制解调器。这种未来数字网将不需要调制解调器。因此可以预见，这将对所有的数据传输概念具有重大的影响，例如它可应用到将实时应用和数据处理应用一体化上去。

ISDN 网把所有的现有通信系统如电话、电传、传真以及数据处理等，组合成一个单独的结构。目前，许多公共通信网和私人通信网都能满足所有这些通信要求。每个通信网都视制造厂家为该网所选的设备而定，也就是说接口不标准化。由于 ISDN 网最终可具备数字高速性能，因此有可能在这些通信功能上增加电视会议功能。

ISDN 业务分成两种不同的接口类型，称为基本速率和主速率。基本速率设计用于传输数字化的话音通信和高速数据。基本速率接口包括两个信道，用 ISDN 的 B 信道来表示，用来将话音信号和数据信号通过一个标准的机械电气通道传入 ISDN 网。每个 B 信道采用64 kbite/s 的速率，通过使用脉码调制技术来使话音数字化。目前对就地数字电话网来说，这种作法已标准化。数字电话交换机在一区域内如一座大厦，对所有的传输都以数字方式来完成，但如果需要外部通信时，这些数字信号必须再转换成能在现有电话线上传输的模拟信号。

为了能使接口信号、话音和数据能在网络中到达其最终目的地，又增加了第三个控制信道(ISDN 定义为 D 信道)。对基本速率接口来说，D 信道的操作速率为 16 bite/s。因此，基本速率接口是由两个 B 信道和一个 D 信道组成，操作速率分别为 64 kbite/s 和 16 kbite/s。时分多路复用技术用于提供同时进入 ISDN 网的话音信道和数据信道。

大企业通信需要的主速率接口有 30 个 B 信道(64 kbit/s)和一个也是 64 kbite/s 的信道。主速率接口用户可把 64 kbite/s 的 B 信道组合起来形成较高数据传输率的信道，这种信道在 ISDN 标准中定义为 H 信道。

要和 ISDN 网连接的个人计算机或其它现有的 EIA RS232C 接口设备将需要一个适配器来接口。其它兼容设备将仍需要网络终端设备。

用户室内的设备将通过 U 型接口连接到网络节上。U 型接口的 ISDN 标准正在编制过程中，其概念与美国标准和欧洲标准的这些概念略有不同。技术的发展，包括光纤通信网络的发展，将对 ISDN 网未来的全球通信能力产生较大的影响。在欧洲的电话公司拥有接口设备，因此可以控制标准化。而在美国情况则相反，私营电话公司不允许垄断标准通信接口设备。

ISDN 网的实施取决于新的集成电路技术。但是，所有较大的半导体制造商都已开发了新的集成电路板以满足 ISDN 定义的接口标准的需要。

ISDN 技术的实施和其可销售性取决于光纤电话线的实施，因为美国许多电话线为了减少电话线话路带宽范围内的振幅畸变，每隔 3 000～6 000 m 都有一个加感线圈。根据 ISDN 标准，这些加感线圈使用户线不适合通过 144 kbite/s 的数字数据。

数字通信网的未来应用对数据远传有显著的作用，因为目前的数据传输率受到目前已有的模拟电话线技术的限制。

五、新数据通信标准

新数据通信标准会对管道工业 SCADA 系统目前应用的技术产生影响。不但 ISDN 网和其综合的数字数据传输能力将会产生显著的作用，而且局域网的一些新标准等，以及国际标准化组织——开放系统互连(ISO－OSI)也会产生显著的作用。有 7 层的 ISO－OSI 标准模型确定了每一层的有效位以及它们彼此之间的相互关系。最初完成的那些 SCADA 系统(1950 年)使用的是速度很低(30 B)的电话线，并且对电路的使用是在多址联接碰撞检测方法的基础上解决的。这些最初的 SCADA 系统可以进行状态监测，即进行某一电路上的通断一监测和通一断控制。如果在某一位置或较多位置需要模拟测量或多主机，则有必要设立分立的系统。由于面向硬件的一些限制，在系统设计概念中一般不包括最初这些 SCADA 系统的动态配置。

在小型计算机和微处理机基础上发展起来的过程计算机(1960 年和 1970 年)给设计提供了必要的灵活性。目前使用的这些系统按预先编程的顺序进行数据采集，借此，将联机数据存入主站计算机系统数据库中。应用程序存取不断更新的数据库，用来实施 VDU 显示、打印输出以及数据的管理和计算。

系统的改变可通过系统硬件的增和(或)减来调节。如果系统硬件有所变化，主站计算机数据库中的软件也要同时作相应的改变。正确设计的 SCADA 系统数据库是模块化的，从而在数据库内改变系统时不需要作相应的变化，也不需要高技术的程序员来维护。

另外，在系统的远程位置也可能存在其它的局域网，如泵站的 PLC 和 RTU 网络、联网 RTU、PLC、分布式工艺控制系统等。这些数据采集要求属生产管理的正常等级，报表数据在传递到较高等级的命令链之前，在每一位置需进行集中验证。根据所用数据通信媒体和所涉及的距离情况，光纤对计算机系统之间高速、近距离的数据传输来说应为一种理想的通信媒体。

在 SCADA 主站的综合网中，所有位置的数据都能选取，并且不分层，这样便于处理数据管理信息。数字处理计算机系统应承担管道制表、生产报表以及综合计算等任务，因为这些数据的存储和处理要求高。根据需要，网络可增加数据处理(DP)计算机系统。同样，网络也可根据需要增加大容量数据存储设备、硬盘及磁带机等。数据处理甚至可以在多道处理环境里完成，但数据处理计算机需群集配置，因为这样每个数据处理计算机都具备计算能力，从而可以完成计算任务。

单个工程位置的个人计算机如装备有局域网能力也可进网。另一方面，为了提高数据文件的存取能力和计算能力，这些个人计算机可与数据处理计算互连。

网络网间接口设备将向远程计算机系统提供传输数据的能力，这些远程计算机系统有可能在公司总部或地区局，这样应将局域网概念扩展为广域网概念。

局域网标准化技术需适用于所有的网络互连，以确保机械、电气、数据格式及规程的一致性。局域网在很大程度上依赖于和该网上其它计算设备接口的网络接口标准化。数字设备公司的以太网是一种标准的接口系统，可适用于综合网，如果所有的计算机系统都购于数字设备公司(DEC)则更适合。DEC 公司已将以太网确定为他们的网络标准，并提供与 IBM 数据处理系统和个人计算机连接的联网机。其它计算机公司拥有以太网接口，但是，他们也可能已采用了一种 IEEE802 标准有相似之处，即面向过程控制。美国和国际上其它一些组织对标准化所做的努力，致使接口更加标准化。

§9-5 调　　制

声音信号在示波器上分析时，呈一系列不同频率和振幅的正弦振荡波，这就是某一信道传输的信号。当使用正弦载波在一信道载送数据时，有三种参数可调制用来传输数据脉冲信号。这三种参数是振幅、频率和相位。图 9-13 所示为采用调幅、调频和调相技术调制的正弦载波频率。

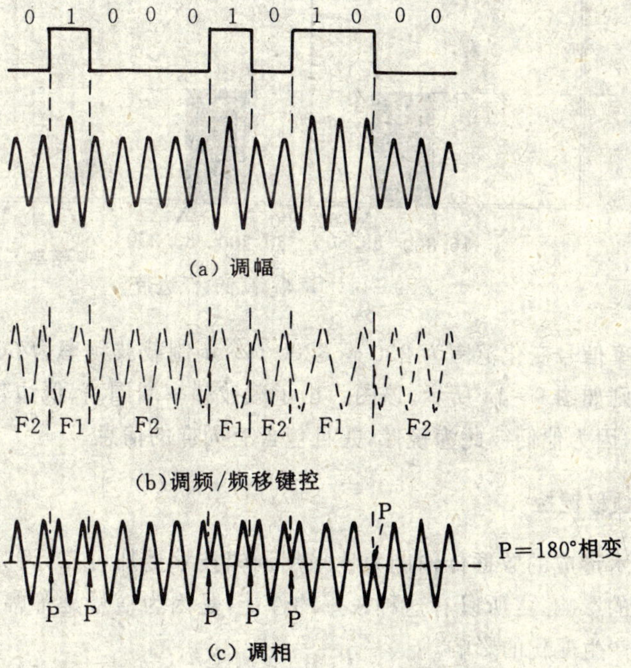

图 9-13　振幅、频率和相位调制

一、调幅

在二进制数据传输过程中，只需要两个智能级：一个用于二元状态的"0"，一个用于二元状态的"1"。图 9-14(a)示出了振幅波形是如何根据传输二元码"1"或传输二元码"0"的变化而变化的。该基本正弦载波信号可用下面的数学方程式表示

$$V_c = A_c \sin(2\pi f_c t + \theta_c)$$

式中　V_c —— 时间 t 时的瞬时电压值；

A_c —— 载波电压的最大电压；

f_c —— 载波频率；

θ_c —— 载波信号相位。

在该方程式中，A，f，θ 分别为三个变量。如果调制信号用相似的方程式表示，并假定相移常数为零，那么结果产生的已调振幅波形可用下面的数学方程式表示

$$V_m = V_m \sin(2\pi f_m t)$$

$$V_m = V_c\sin(2\pi f_c t + \theta_c) + \frac{A_m}{2}\sin2\pi(f_c - f_m) + \frac{\pi}{2} + \frac{A_m}{2}\sin2\pi(f_c + f_m) + \frac{\pi}{2}$$

方程式的第一部分表示原始载波信号，另两部分表示已调制信号。这两种信号就调制信号的频率来说不同于载波频率。载波信号不包含信息，双连带载送的信息呈已调制振幅波形，频率为$(f_c + f_m)$和$(f_c - f_m)$。

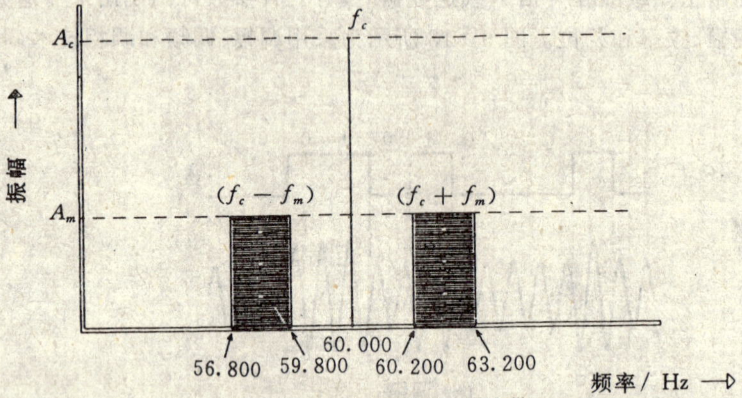

图 9-14　调幅、高低、低边带

如果话音频率信号变化范围为 200 ～ 3200 Hz，调制载波频率为 60 000 Hz，那么，所产生的信号频率范围则如图 9-14 所示。该图示出了载波频率周围高、低边带的分布情况。高、低边带没有必要传输，因为他们彼此为镜像，并且包含有同样的信息。

二、调频和频移键控

采用调频技术形成的数据传输能力比采用调幅技术更加可靠，因为调频技术较少受环境噪音和其它干扰的影响。之所以有这种较好的性能，是因为信号是等幅传输的，并不受振幅可能因外部噪声而产生变化的影响。

调频是 SCADA 系统常用的一种技术。数据传输媒体可为电线、电话，也可为微波系统。然而，如果通信业采用类似光纤信道提供的那些数字通信系统的话，那么，用于直接数字数据传输的那些脉码调制技术最终可完全取代所有现有的调制技术。

在调频过程中，载波的频率是随调制信号的变化而变化的。根据调幅一节的介绍，此处的载波信号可写成

$$V_c = A_c\sin2\pi f_c t$$

然后，这一信号的频率被调制信号的频率调制后产生一个信号，可写成

$$V_{cm} = A_c\sin2\pi(f_c + \Delta f\sin2\pi f_m t)t$$

式中　Δf—— 最大频率偏移。

图 9-14 示出了数据是如何用一个代表二元码“0”的频率和另外一个代表二元码“1”的频率来传输的。这种技术称为频移键控(FSK)，它是 SCADA 系统工业常的数据传输技术。

CCITT 标准指出：600 bite 传输速率的最佳频率分别为 1 300，1 500 和 1 700 Hz；1 200 bite传输速率的最佳频率分别为 1 300，1 700 和 2 100 Hz。这些频率处于音频带宽的中部。大多数 FSK 技术不使用中心频率，因此可将其用来探测发射机是否仍然在线。证实发射机仍然在线可确保操作方式的安全可靠。

图 9－15 所示为数据传输频率，这两个单独的频率称为“传号”频率和“空号”频率，因为他们分别与二元数字码“1”和“0”相对应。

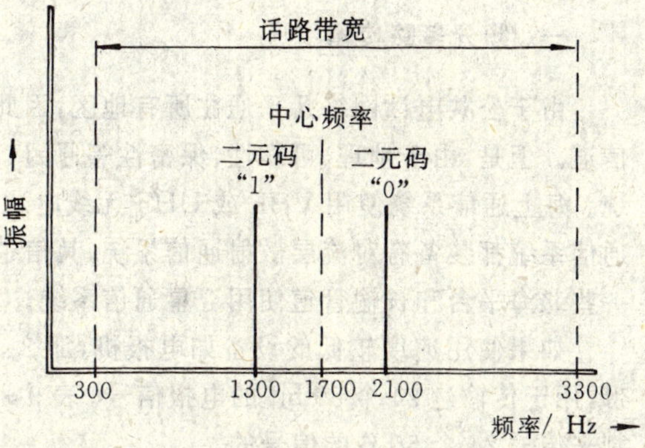

图 9－15 话路中的 FSK 频率

三、调相

调频数据在质量上比调幅数据有所改进，然而，调相数据传输质量比调频数据又有所改进。调相数据传输在近期已得到应用，并已用于高速传输数据。调相数据调制解调器能响应若干相位移动。与调频相似的是，只应用两个相移，即＋180°和－180°。

图 9－14(c)示出了 180°的相位变化是如何根据传输二元码“1”或二元码“0”的变化而改变信号方向的。如果没有相移，那么，数据则被解翻成为一系列的 1 或 0。高级的数据传输技术应用 4 个相位或 8 个相位，从而使数据传输率有相应的提高。

四、脉码调制

如需传输大量的数据，那么，脉码调制法则是一种经济的方法，并且大多数新的高速(1 Mbit/s)数据传输通信业务都采用脉码调制方法。时分间频信号产生一个数字脉冲流，该脉冲流能以数字的形式在数字通信网络中传输。

脉码调制技术涉及到把一模拟波形分解成许多相异值，然后按这些相异值给波形取样。图 9－16 示出了波形在图中是如何量化的，以及又是如何按这些具体的点取样的。然后把按这些具体点取样的波形幅度编成数字码，形成一个数字脉冲串，由于脉冲串不占原始波形的全时基区，因此，信号可与其它信号交叉，并可在某一信道进行时分多路传输。

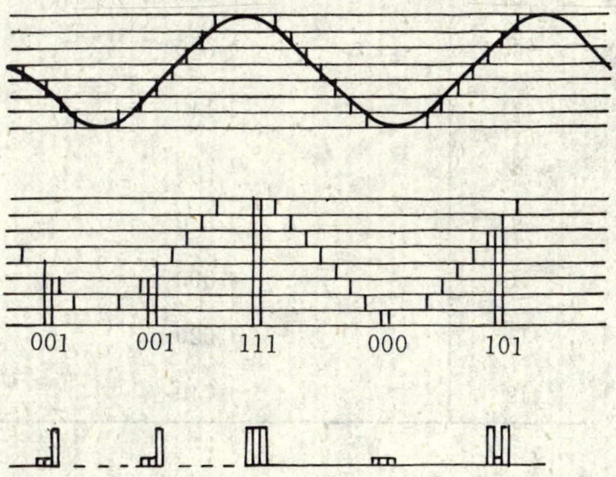

图 9－16 脉码调制

取样频率系统的数学原理是复杂的，并包括有傅里叶分析法的应用，这种分析方法的基本原则是，为了重新生成同样的原始信号，原始波形的取样频率必须为该波形所能达到的最高频率的两倍。在电话线上传输的人类话音通常限于 4 000 Hz。为了传输足够的样值，以便在没有明显失真的情况下再生实际信号，要求每秒钟取 8 000 个样值。

§9－6 多路传输

通信线路上任何信号的传输都牵涉到两个因素：频率和时间。为使信道可用带宽传输较多数据，可采用两种截然不同的把数据混合起来传输的方法，这两种方法都与频率和时间有关。

一、频分多路传输

由于公共电话网络几乎通往所有地区，因此，最常用于管道网络的 SCADA 系统信道为电信道。但是，由于地理、可靠性、保密性等原因，许多石油公司安装他们自己的专用微波载波系统。海上通信系统使用 VHF 或 UHF 无线电通信和微波无线电通信。北海平台多话音和数据通信系统都装备有对流层散射通信系统，其信道可作为英国国家电话系统的一部分使用。其它一些北海平台和长输管道使用卫星通信系统。

如果使用速度较低的设备如电报机，那么，可把 4 000 Hz 的可用信道带宽分割成相异频带，用于传输达 24 个 50 bit 的电报信号。表 9－5 示出了正常的话路带宽频道是如何被频率分割来传输 24 个 50 B 的信号的。

表 9－5　频分多路传输

信道编号	低频带频率	信道编号	低频带频率
1	420	13	1 860
2	540	14	1 980
3	660	15	2 100
4	780	16	2 220
5	900	17	2 340
6	1 020	18	2 460
7	1 140	19	2 580
8	1 260	20	2 700
9	1 380	21	2 820
10	1 500	22	2 940
11	1 620	23	3 060
12	1 740	24	3 180

另一方面，微波信道能配置成用 MHz 单位表示的宽频带，其可被分割用来载送几百个等效话单信道。这种与频率有关的分割信道即把话单信道有效地叠加在彼此上部的技术就被称作频分多路传输(FDM)技术。微波系统提供大量的、与具备 4 000 Hz 可用带宽的电话信道等效的通信信道。

图 9－17 说明了电话话路是如何频分多路传输到 70 MHz 的已调载波上并在微波系统中传输的。微波站应包括如下部分：如多路复用设备，FM 调制解调设备，安装在设备间的微波无线电发射机/接收机，安装在微波塔上的波导及天线设备等。由于微波传输路径视线的要求，微波中继站应安装在大城市中心的高层建筑物顶部，或安装在不平地形的山顶场地。如在沙特阿拉伯或阿拉斯加就是如此。所有的设备以及预先安装在控制室里的无线设备都是用直升机空运到现场的。电力由一个或两个分装的柴油发电机来提供，并备有能够维持供电 48 h 的蓄电池系统。

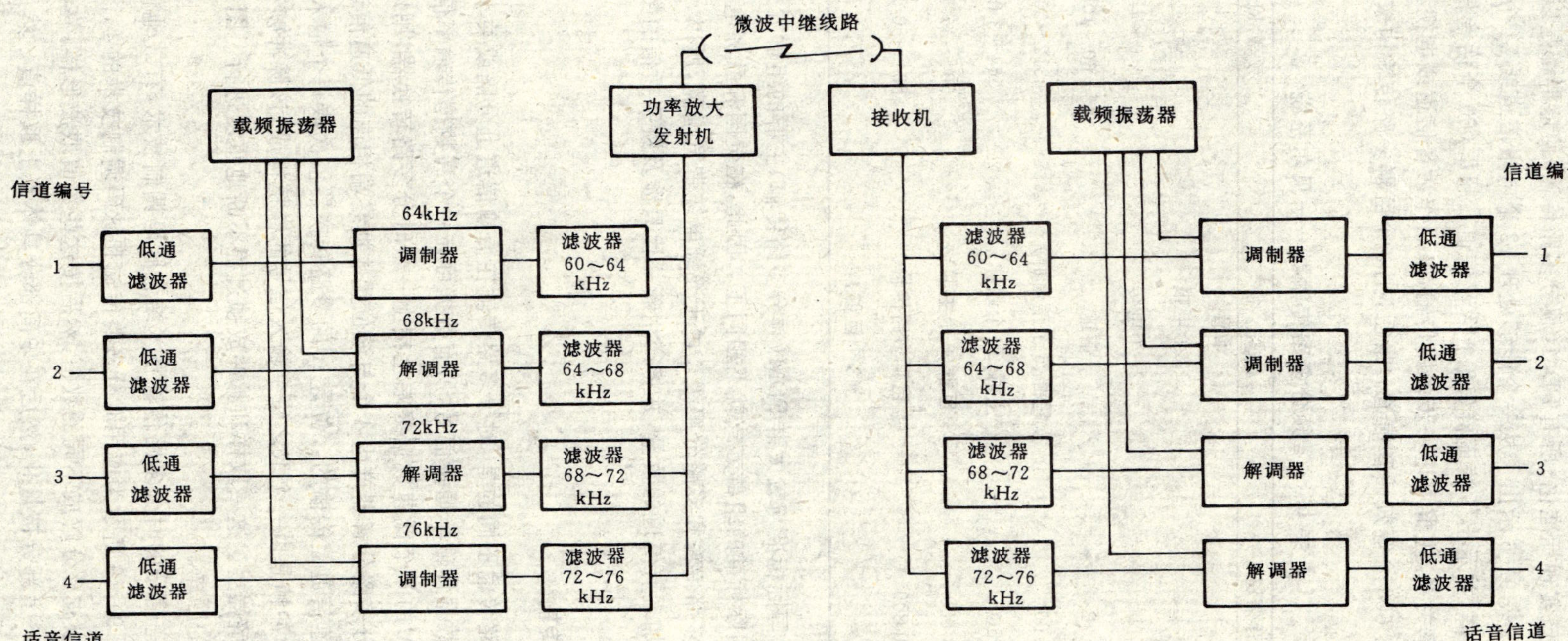

图 9－17　频分多路传输，话音信道布置

微波系统、卫星系统、同轴电缆、电话线、无线电等的宽带信道的频分多路传输在美国国内的长途通信系统中已实现标准化。所有 FDM（频分多路传输）信道群都是以 4 kHz 带宽的标准话音信道为基础的。表 9-6 示出了从一个能够处理 12 个电报信道或 24 个电传信道的话音信道开始的多路传输群，并示出了信道群（12 个话音信道）、超群（60 个话音信道）以及主群（600 个话音信道）的频率关系。主群可进一步多路传输，来用作话音信道或电视频道。6 个主群组成一个巨群，可提供 3 600 个等效话音信道。最后，把 3 个巨群多路传输构成相当于 10800 个话音信道的最大的群。

表 9-6　频分多路传输群——贝尔系统

话音信道	群　名	频率/kHz
1	话音	0～4
1	12 个电报	0～4
1	24 个电传	0～4
12	信道	60～108
60	超群（5 个信道群）	312～552
600	主群（10 个超群）	564～3 054
3 600	巨群（6 个主群）	564～17 543
10 800	巨群多路传输 （3 个巨群）	564～60 556

CCITT 编制的国际标准与较大群 FDM（频分多路传输）主群的组群方式相同。对 FDM 及以上的主群来说，国际标准的组群方式就不相同了。因此，在美国和欧洲电话网之间的高密传输信道上必须增加多路传输和多路分解级。由于光纤电缆带宽增宽，所以，横跨大西洋光纤电缆的安装将最终增加现有信道的数量，并将产生新一代只涉及数字通信的数据传输方式，用来传输数据和话音。

二、时分多路传输

与上述频分多路传输不同的是，时分多路传输在传输信道上分隔或共享传输数据的时间。通过隔行扫描较低数据传输率通量信号，所有数据可在一个高数据传输率信道上传输。如图 9-18 所示，在位置 A 的 4 个低速数据终端上接上一个时分多路转换器，用以将数据发送到位置 B。在位置 B，时分多路分解器产生 4 个与该位置数据终端相连的低速信道。因此，这 4 个数据信号是在一个高速信道上传输的。位置 A 的多路转换器依次取每个输入信号的样值，并形成一个脉冲帧，该脉冲帧是由一个取之每个输入信号的样植构成。该脉冲帧在信道上高速传输到位置 B 的多路分解器上。这一取样和脉冲成帧过程不断地重复进行。图 9-18 插入部分示出了信道内脉冲帧的顺序。

电话信号或话音信号的时分多路传输技术结合脉码调制技术，有效地使模拟信号或变幅变频信号数字化。图 9-19 所示为应用时分多路传输和脉码调制技术的 4 个输入话路。脉码调制技术是指把一模拟波形分解成不同的数值，然后按这些数值取波形样。在图 9-19 中可以看出，4 个输入话路在一上部分被量化，然后在中间部分具体点上取样值。然后再将按这些具体点取样的波形幅度编成数字码，形成一个如图 9-19 下一部分所示的数字脉冲串。时分多路传输技术可使每个样值与其它输入话路在信道上交替传输。

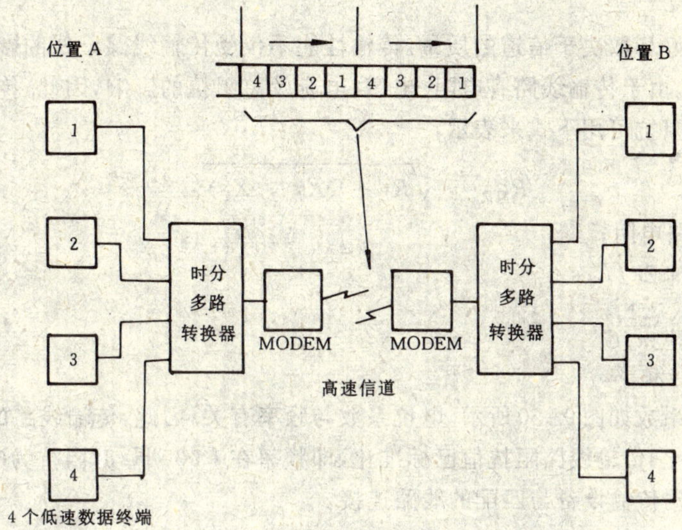

图 9-18 时分多路传输

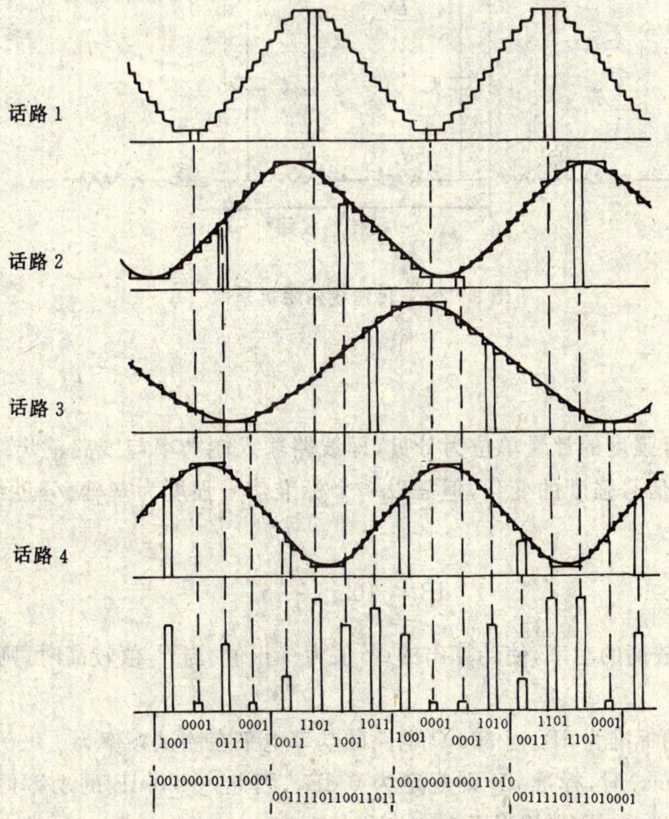

图 9-19 时分多路传输和脉码调制

§9-7 传输线路

数据传输效果好坏取决于信道的质量。传输性能不仅受传输线路干扰的影响，也受传输线路电气特性的影响。由于传输线路有电阻、电感、电容及总阻抗的影响，因此，传输功率有损耗。某一传输线路的总阻抗可用下式来表示：

$$R_{阻抗} = \sqrt{R_L^2 + (X_L - X_C)^2}$$

式中 R_L —— 线路电阻；

X_L —— 感抗 $2\pi fL$；

X_C —— 容抗$\frac{1}{2\pi fC}$；

f —— 信号频率。

传输线路阻抗系数如图9-20所示。电抗系数与频率有关，因此，传输线路的阻抗随传输信号频率的变化而变化。传输线路阻抗值已标准化，即频率在1 000 Hz时阻抗为600 Ω。这种标准化有利于电话和数据传输设备与匹配的线路连接。

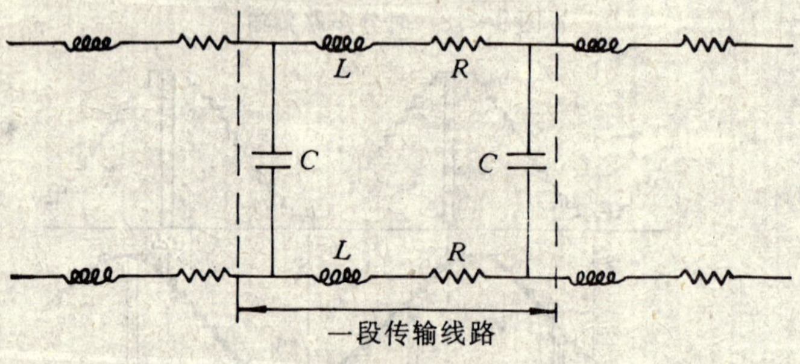

图 9-20 传输线路阻抗系数

一、分贝

传输线路中信号强度的计量单位为分贝，即线路输入端功率与线路输出端功率之比的对数。分贝也用来测量信号强度的变化，但需以一个标准信号强度为基础。分贝缩写为 dB，分贝数用公式表示

$$dB = 10\lg_{10}\frac{P_1}{P_2}$$

式中 P_1 通常为较高的功率，使计算出的dB值为一正值。当 P_2 值较高时，则计算出的dB值为一负值。

信号强度参比的标准为dB。当 600 Ω 电路的功率电平在测试频率为 1 000 Hz 的条件下为 1 mW(或 0.775 Vrms)时，标准 dB 则规定为 0 dB。因此，－20 dB 的功率降就相当于一个 0.01 mW的功率，而＋20 dB 则相当于 100 mW 的功率。

分贝是传输线路衰减单位。电路高阻抗是造成衰减的直接原因。电路阻抗也会因电流漏入大地或附近导体等这些外因而增大。由于线路阻抗与频率有关，因此，一个传输线路的衰减

也随频率的变化而变化。图 9-21 示出了信号强度在一标准电话线路传输后是如何随频率的变化而变化的。

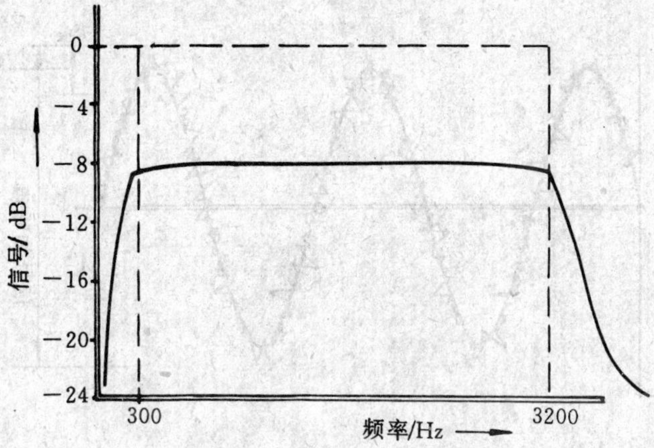

图 9-21　电话线路信号变化

在 300～3 200 Hz 的频率范围内，信号幅度几乎是平直的，而话音或数据调制解调器的 FSK（频移键控）信号将在这一频率范围内传输。电话公司的控制信号也被传输，通常传输频率为 3 825 Hz，但应注意不要干扰数据传输。

二、噪声

所有的数据传输，不管传输方式如何，即不管是用电缆传输的还是用电台或其它通信媒体传输的，都易受噪声的干扰。噪声干扰可产生于通信路径内部或通信路径外部。这两种情况所产生的干扰都会使传输的数据有误差。在电路里，放大器、滤波器等都能产生内部噪音，信道的整个带宽持续存在这种内部噪音。噪音的频率和幅度是不规则的，在一个电话线路中会随信道的长度和环境、传输数据的容量和速度以及邻近电话线路上的数据通信业务量的变化而变化。

1. 信噪比

一信道内随机噪声电平的量值称为信噪比。信噪比即噪声量，用一信道内的信号加噪音幅度与噪音幅度之比来表示，即：

$$信噪比=\frac{信号+噪音}{噪音}$$

$$SNR=\frac{S+N}{N}$$

SNR（信噪比）量值是在终端阻抗为 600 Ω、测试频率为 1 000 Hz 的条件下测得的。图 9-22 所示为噪声对正弦波的影响。由于信号电压电平可用 0 dB 来表示，因此，噪声电平也可用 dB 来计量。例如，在没有信号，即没有噪声电平的情况下，只有当接收电平量值为 -30 dB 时信道的接收线才可有一个 -10 dB 的信号电平。在这个例子中，信噪比为 20 dB，因为这些计算出来的值是以对数标度为依据的。

2. 电路噪声标准

信道中电路噪声电平已统一为 -90 dB，并在噪声电平量值中被称为随机噪声电路电平。

高于该标准值的那些噪声电平量值单位用 dBrnC 来表示。这些噪声标准数据单位用于有条件的电话路中。

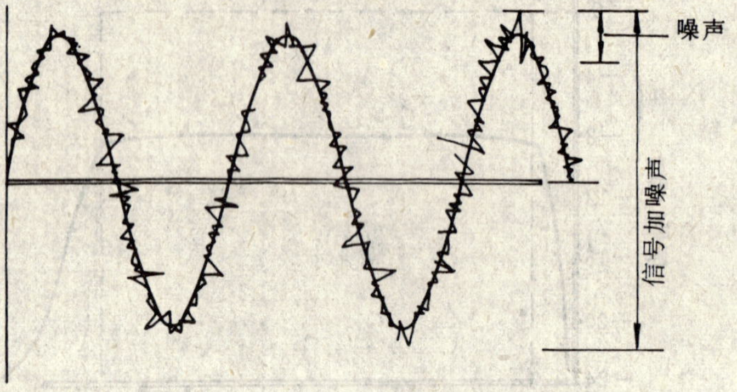

图 9-22　信号加噪声波形

3. 脉冲噪声

脉冲噪声来自外部干扰源。附近的一些大型电气设备，如电机、电磁装置以及产生感应电场的拨号电路继电器这类设备等，可产生这种外部干扰源。图 9-23 示出了表示脉冲噪声的噪声波形，从图上可以看出，脉冲噪声超过了 -18 dB 的噪声阈值。脉冲噪声每次超出阈值所产生的脉冲都有计数，并且当所计数目在固定时间里超过固定值时则要进行测量。典型的脉冲噪声标准可规定为：在阈值为 68 BrnC 的条件下，30 min 计数 90 次。

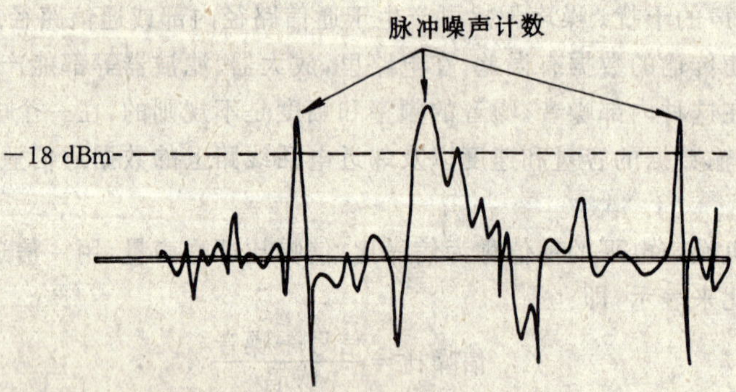

图 9-23　脉冲噪声波形

脉冲噪声可以是不规则的，这是由电路数路器或大功率转接效应造成的；而转动机械如电机驱动的管道泵等则可产生规则脉冲噪声。脉冲噪声有可能以信道中传输的 FSK 信号同样的电平和频率被接收，并且很有可能在数据流中产生一个误差。为了测得一个单个脉冲的噪声误差，错误检测方法必须非常有效。如果信道不断出现脉冲噪声问题，那么，错误检测系统将不断地排斥接收的数据，这样会使数据信道完全不起作用。

如果一个 SCADA 系统的操作速率 1 200 bite/s，那么，在 30 min 内就会传输 1 200×

3 060＝2 160 000 bite 数据。如果所用字长为 16 bite，那么在该时帧就传输 135 000 条信息。在可能存在 90 次脉冲噪声干扰的情况下，假定这些干扰是均匀分布的，那么在 1 500 条信息中可能至少有一条是错误信息。

4. 串话

串话是另外一种形式的信道干扰，它是在彼此紧靠着铺设的电缆内产生的。一对导线由于拨号或振铃所产生的电流电感耦合会对另外一对导线产生干扰。相邻导线的电容耦合也会产生串话干扰。

对于微波系统来说，信道分隔滤波器会发生故障或质量不良，这样在多路传输群中的相邻信道之间就会出现串话干扰。

国家电话系统的每一个用户都受到过串话干扰，因为有时可听到并行线路当时的可懂串话。对于数据传输来说，串话干扰能产生有效脉冲噪声波，足以影响数字传输的完整性。

5. 回声和反射

回声和反射干扰通常是由沿电话线某处阻抗失配所造成的。在阻抗失配点，即在 1 000 Hz 时阻抗不是 600Ω 的地方，通过失配终端的传输功率大大降低，部分没有向前传输的能量被反射回信号源。由于反射波的幅度和相位不同于原始波形，那么，这两种波形代数相加就造成失真，如图 9－24 所示。

另外，信号通过失配终端时，其传输幅度减小，信噪比也有相应的变化。信噪比减小使信号更易受随机脉冲噪声干扰问题的影响。

6. 包络迟延畸变

无线电波以光速（空气中 299 338 km/s）传播，但在其它介质中无线电传播速度要受该介质密度的影响。大气传播的数据传输信号从一点传播到另一点仍需一定的时间。例如，对于一个 1 287.5 km 长的微波路径来说，传输时间约为 4.3 ms。除这一延迟以外，由于通信路径上微波中继站的电子电路导向时间有延迟，因此，延迟还要增加。在电话线路中，通信路径一端的发送数据和另一端的接收数据之间的时间延迟取决于该导线发送脉冲速度的速度系数。双线电话线路的速度系数为 0.975，在该电话线路上传输 160.9 km 需 0.55 ms。

同一线路数据传输速度也受传输信号频率的影响，因为该线路中的感抗和容抗是有变化的。由信号频率造成的速度变化在 4 000 Hz 以下显而易见，4 000 Hz 为 FSK 频率带宽。

电话线路中感抗和容抗的总效应是在频率增加的情况下提高传输速度，也就是说，频率越低，时间延迟越大。不同 FSK 频率所造成的时延差，其最终结果是产生一个干扰效应，称为“包络迟延畸变”。当调制解调器检测代表二进制数字“1”和“0”的频率过渡情况时，作为频率信号传输的那些数据位产生交叠，这就是形成这种干扰的原因。当把较高频率检测变成较低频率检测时，调制解调器也会在传输的信号里检查出一些间隙。这两种情况都可触发调制解调器产生一个错误输出信号，或者根本就不输出信号。但不管发生哪一种情况，数据都会损失，并且错误信息被错误检测系统滤除。

包络延迟畸变在频率带宽为 1 000～2 600 Hz 的范围内通常规定为小于 500 μs，在 500～800 Hz 的频率带宽范围内小于 300 μs。带宽越宽，包络延迟畸变的问题越严重。图 9－25 所示的包络延迟曲线说明了延迟畸变是如何在一电话信道的频率带宽上分布的。

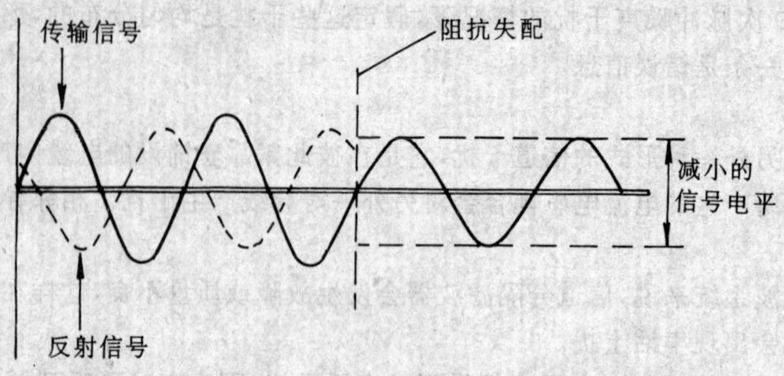

图 9-24　反射波干扰

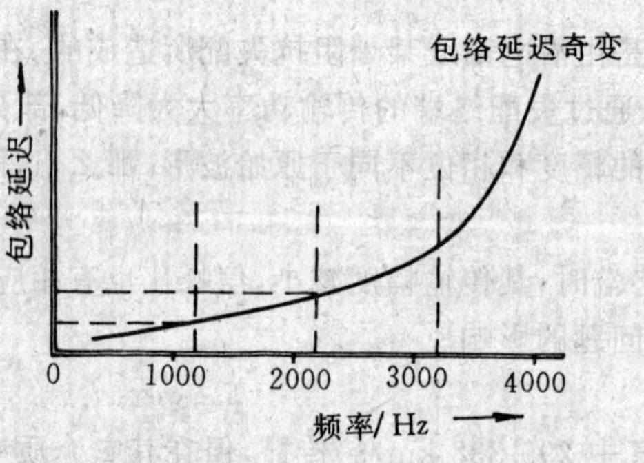

图 9-25　包络延迟畸变曲线

§9-8　错误检测

错误检测能确保 SCADA 系统的使用寿命，因此，所有 SCADA 系统的供货厂家在某种形式上将其视作数据传输技术不可分割的一个整体部分。尽管数据是由不同的通信路径传输的，但是每一数据传输方式都有一个噪声源，该噪声源将干扰所传输的数字数据，从而改变另一端接收数据的格式。通常情况下，会突然出现错误，致使许多信息或整个信息的一部分损失。当一个字长内的一位或两位状态颠倒或相反时，如从一个二进制“1”到一个二进制“0”，就会出现各个误码。因此，所设计的错误检测方法必须能检测出这些变化，要么滤掉错误信息，要么提供校正信息，使原始信息重新格式化。由于错误“校正”技术非常复杂，SCADA 系统制造商通常只应用错误“检测”法。中心处理装置和磁盘装置之间的高速数据传输可应用错误校正技术，军用遥测系统也应用非常尖端的错误校正技术。

一、ASCII 错误检测

奇偶错误校验涉及到在原始字符上增加额外的位或奇偶校验位，用以指示奇位数或偶位数。不论 ASCII 字符是 7 位还是 8 位，都可扩展加入一个奇偶校验位。该奇偶检验位的奇数奇偶校验或偶数奇偶校验的方法非常简单。把一个偶数奇偶校验码加到 ASCII 字符“V”上，用

“00110101”来表示，“1”位数有 4 个。由于 4 是一个偶数，所以奇偶校验位就成了一个零“0”。奇数奇偶校验中，所有的“1”加起来为一个奇数。

ASCII 字符通常在两个具有灵活接口结构的计算设备之间传输，以便使配置的传输链路能应用奇数奇偶校验、偶数奇偶校验或非奇偶校验。两个计算设备的配置必须相同，否则将不能传输数据。

分析这种奇偶编码系统表明，可能有很多错误组合检测不出来。计算机间传输构成独立有信息的 ASCII 字符，通常同时使用某种更有效的奇偶校验系统。

二、多项式错误检测

多项式错误检测或循环冗余校验(CRC)方法的依据是，导出一固定信息的等效多项式数，再将预先编制的多项式值按那个多项式数分割。然后将数学分割后余下的数值以二进制形式加到原始信息尾部，和该信息一起传输。在接收端再进行一次数学分割，并反剩余值与同信息一起传输的作为错误检测位或奇偶校验位的那个值进行对比。多项式误码数可能会发生变化，但是一个标准的系统可有 10 个或 12 个信息和 4 个奇偶校验位。图 9-26 所示为这一情况的多项式错误检测计算方法。在其它数据传输应用中，错误校验位为一全 16 位字，用于校验许多数据传输块的数据流的错误。错误校验字符之间的数据块可达 256 个字符。

传输的整个报文包括附加在原始信息报文后的余项(0011)，见图 9-27(a)所示。如果在传输过程中由于传输线路的噪声问题而使第 10 位的位置从原来的“1”移到了“0”，那么，所接收的报文将呈现图 9-27(b)所示的情况。

信息	9	8	7	6	5	4	3	2	1	0
报文	1	0	0	1	0	0	0	1	1	1
等效多项式表达式	X^9			X^6				X^2	X	1

$$X^9+X^6+X^2+X+1$$

加四个奇偶校验位，表达式变为：

$$X^{13}+X^{10}+X^6+X^5+X^4$$

多项式分割为：

$$
\begin{array}{r l}
 & X^9+X^5+1 \\
X^4+X+1 \;\big) & X^{13}+X^{10}+X^6+X^5+X^4 \\
 & \underline{X^{13}+X^{10}+X^9} \\
 & \underline{X^9+X^6+X^5} \\
 & \underline{X^9+X^6+X^5} \\
 & X^4 \\
 & \underline{X^4+X+1} \\
\text{余项：}= & X+1 \quad \equiv 0\,0\,1\,1
\end{array}
$$

图 9-26　多项式错误检测计算

接收地点既可为远程站，也可为主站，但两者都将编程进行同样恒等的多项式分割计算。这种分割的优点在于，它易于通过使用硬件电路系统或通过软件编程来完成。错误报文分割计算出的余项为“0001”，这与传输的余项“0011”相比则不一致，这样就会置一个错误检测标记。

从数学角度可证明，这种错误检测码能检测 100％的一位错误，100％的二位错误，100％的奇数位错误，突出性错误的检测概率也接近 100％。

13	12	11	10	9	8	7	6	5	4	3	2	1	0
1	0	0	1	0	0	0	1	1	1	0	0	1	1

(a) 多项式报文格式，无误码

13	12	11	10	9	8	7	6	5	4	3	2	1	0
1	0	0	0	0	0	0	1	1	1	0	0	1	1

(b) 多项式报文格式，有误码

图 9－27　多项式错误检测报文格式

错误漏检概率是所有 SCADA 系统必须考虑的一个因素，应按 $1/10^{15}$或更高的概率来估量。错误检测位的数量越多，错误检测系统就越有效，但这种有效性必须和数据传输的效率相平衡。在本例中，有 10 个信息位和 4 个奇偶校验位，数据传输效率约达 71％。

应用多项式错误检测码的这种技术是由博斯－乔赫里－霍克文黑姆(Bose－Chaudhuri－Hacquiem)开发的，通常称为 BCH 错误检测码。

在美国，美国国家标准学会(ANSI)编制的 CRC－16 数据传输循环冗余多项式为

$$X^{16}+X^{15}+X^{5}+1$$

等效的国际标准(CCITT)的多项式为

$$X^{16}+X^{5}+1$$

三、几何错误检测码

一些 SCADA 系统配置采用了几何错误检测方法，应用的是水平奇偶校验和垂直奇偶校验。垂直奇偶校验见图 9－28(a)，水平奇偶校验见图 9－28(b)。在这种方法中，采用奇偶校验时，垂直校验方式或水平校验方式的总位数必须是一个奇数，否则需在奇偶校验位上加一个“1”，使总位数变成一个奇数。在垂直奇偶校验和水平奇偶校验过程中，增加的奇偶校验位包括在奇偶校验计数中，从而增加了额外的错误检测能力。

四、事前选址

用于错误检测的事前报文选址顺序，通过将所选地址重新传回主站来校验设备选择的传输到一远程装置的地址。一经校验，主站则向该远程装置发送一验证或“操作”报文，以执行原始报文。若回检地址与主站传输的原始报文不一致，主站再试发该报文多次，直到该报文得到验证为止。如果该报文在一定次数的试发中得不到验证，主站将发出通信报警状态信号，然后继续进行扫描程序，采集与该信道相连的其它远程终端装置的数据。

事前选址方法通常适用于主站发出的所有遥控地址。所设计的远程终端装置硬件，在单个元件发生故障时，绝不能产生干扰过程运行的错误指令。事前选址技术对于所有的地址序列，包括状态和报警的扫描地址来说，可靠性高。但要实现数据传输冗余，数据传输效率实际上要降低 50％。

位单元	信息字符				
	1	2	3	4	5
1	0	1	0	0	1
2	1	0	0	0	0
3	0	0	1	1	0
4	0	1	1	1	1
5	0	0	0	0	1
6	0	0	0	0	0
7	1	1	1	1	1
	1	0	0	0	1
奇数奇偶校验					

(a) 垂直奇偶校验

位单元	信息字符					块奇偶校验
	1	2	3	4	5	
1	0	1	0	0	1	1
2	1	0	0	0	0	0
3	0	0	1	1	0	1
4	0	1	1	1	1	1
5	0	0	0	0	1	0
6	0	0	0	0	0	1
7	1	1	1	1	1	0
	1	0	0	0	1	1
奇数奇偶校验						

(b) 水平奇偶校验

图 9-28 水平奇偶校验和垂直奇偶校验错误检测

五、多点式计算机网络

天然气管网覆盖面广，涉及许多国家或地区。因此，需要 SCADA 系统和统计计算通信系统来传输往返于中心数据处理计算中心的数据。

统计/数据处理计算机中心将是一个大的计算机系统，配备有大容量在线磁盘存储器。数据处理中心一般位于公司总部，可履行如下管理职能，如按日统计报告管线库存量、产量及外输数据等。

在实际布置从各个电话公司租用的电话线路时。需要有许多线路从数据处理中心通往所有地区的计算中心和 SCADA 系统计算机所在地。在这种通信业务中，使用了两种基本类型的电话线路：①点到点通信；③ 多点通信。

点到点电话线路可使一个计算机系统直接存取另一个计算机系统的数据，而多点电话线路则用同一个电话线路与多个远程位置通信。多点电话线路费用较低廉，因为他们在同一段距离内不需要重复传输，而点到点电话线路则要重复传输。公共载波公司一般都根据他们的空中信道里程的话务量计费，因此，由于多点电话线路从整体上缩短了所需信道长度，其月租费将会便宜一些。

但是，多点电话线路上的数据通信较复杂，因为每个计算中心必须由主机逐一寻址，另外对寻址和控制远程场所的通信规程还有一些要求。

图 9－29 所示为多点计算机网络及按主机设计的数据处理计算机。主机发出所有的地址，并且每次只与一个地点通信。根据数据传输业务量的大小，主机可每日查询一次远程计算机系统，或连续查询所有各站。各站的查询可依次进行，或按固定的次序进行。根据管理的需要，如需获取某些规定的关键地点的最新数据，那么，对这些关键地点的查询次数就要比其它地点多些。

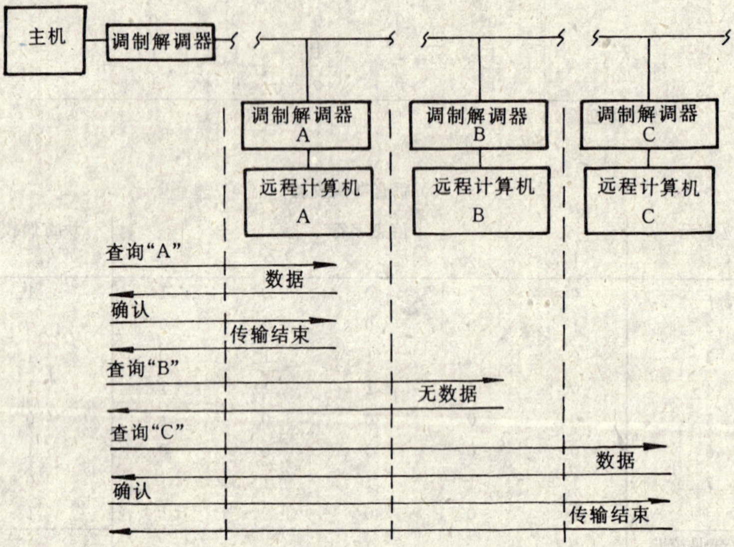

图 9－29　多点电话线路及查询次序

由于远程计算机必须响应其所有的地址，所以主机每轮查询都要确认信道和计算机单元的可用性和有效性。

如果已寻址的那些计算机单元中有一个没有响应，主机将确认该单元是否有通信故障，并将多次尝试与该计算机单元通信。为了避免只因一个单元失灵而试遍整个信道，可将少量再试信号编入通信规程，或使通信硬件在固定的一般时间后暂停工作，这样，通信线路上的故障，将不会干扰同一线路上其它的数据传输。

另一方面，SCADA 主站的局域网概念可扩展成一个广域网结构，这样就可以使用微波无线电卫星通信或高质量租用电话线路，把网络上的所有计算机系统相互连接起来。

§9－9　传输媒体

在提供远程通讯设备时，传输媒体的选择主要由经济因素决定。

一、租借服务

在某些情况下，租借操作某一管线所需的通讯服务是有利的。这可以减轻管道公司建设、操作和维护通讯设施的负担。在某些地方，通讯服务提供者可以合理价格为远处的站提供可靠而保密的线路，包括声音和数据线路。这时，通讯网络的一些细节，例如路线选定、介质选择等对末端设备（如 HOST 和 RTUs）来讲都是显而易见的。

尽管有这种方便，许多管道公司还是要建造并使用自己的通讯设施，这可能出于下面几个原因：

(1) 租借服务特别昂贵，特别是那些当前没有通讯设施的边远地区，安装新设施的总费用都要由用户承担。

(2) 对于长距离管道，有可能通过几个通讯服务公司的辖区，这种情况在美国经常出现。当通讯发生问题时，几个公司之间的协调可能很困难，因为每个公司都试图把责任推到别的公司身上。

(3) 通讯效率，质量和可靠性方面的记录不满足管道公司的要求。这在那些预算有限为提供声频服务而建立通讯系统的国家，常发生上述情况。这些线路一般不能满足数据传输的要求。

(4) 管道公司为了对一些关键因素。例如数据的保密、通讯质量、可靠性及可扩充性等负责，而不委托给外单位。

二、金属线

金属线是最基本的通讯线路，例如金属线对 D 或 T 型屏蔽电缆及同轴电缆等。金属线也称为明线，常见于电线杆，一般用作声频服务，频带较窄且易受噪声干扰。D 或 T 型屏蔽电缆有较宽的频带，适于数字传输，例如 T_1 系统的数据传输率可达 1.544 Mbite/s。

尽管金属传输介质也可用于长距传输，但通常只作为短距离传输用，究竟如何选用，应考虑以下因素：

(1) 电缆系统可用于非常密集的地区，而无线电则不能。

(2) 所有金属介质都要求在一定间距上增设中继器。对电缆系统中继距离为 1.7 到 4.5 km，这就限制它们在长距离传输中的应用。

(3) 通讯线路必须获得行权。

(4) 必须为每一个中继器提供屏蔽和线路入出口，其电源通常由专线(包括电缆)供给。

(5) 架空明线要受到冰、雪、风腐蚀和有意破坏等物理和环境的损害。

(6) 埋地电缆不受环境影响，但有受到挖掘的危险。因为通常，通讯线路与管道并行，且在同一沟道内，当管线施工时，有切断电缆的危险。特别是当一部分管线出了问题时，对其维护和操作的协调是最需要通讯的时候，损伤电缆带来的危害最大。

三、光纤

近几年来，光纤通讯系统有取代电缆系统的趋势，光纤比金属电缆有许多技术上的优点，例如：

(1) 光纤的频带比其它介质宽得多。

(2) 中继距离可达 100 km 以上。

(3) 电磁干扰和接地环路可被消除。

(4) 通过变换电子学和重复使用光缆，可提高信道容量。

在管道应用中，光纤跟电缆一样也有不足，例如也要获得通行权，管道挖掘时也有受到侵害的危险。

四、无线电

当信道数不值得为取得通行权或敷设电缆、光纤花费时，就可利用无线电。在管道工业中，无线电常用于固定的远程站和流动操作的通讯。

无线电系统是按其工作频率来划分的，如表 9－7 所示，频率越高，所设计系统的频带就越宽，能携带的独立通道也就越多，尽管低频无线电传输距离可以超过几百英里，但以我们这里所考虑的频率传输时，传输距离通常限制的在可视范围之内。微波包括甚高频和超高频，一般用于 1 GHz 的可视距离系统。

表 9－7

频　带	频率范围
VLF——甚低频	3～30 kHz
LF——低频	30～300 kHz
MF——中频	300 kHz～3 MHz
HF——高频	3～30 MHz
VHF——甚高频	30～300 MHz
UHF——超高频	300 MHz～3 GHz

无线电线路既可是模拟系统，也可是数字系统。过去的系统是模拟的，工作在较低频段，大部分作声音传输。现在，模拟和数字无线电系统都工作在微波波段，而且既能传输数据也能传输声音。

如果远程站有安装中继器的场地、设备屏蔽及电源的话，采用无线电系统对管线操作是非常适宜的。图 9－30 是一个简化的微波无线电系统的功能方块图，它由两个终端站，一个简单中继站和一个具有分接和插入能力的中继站组成。

无线电系统的设计包括各种参数的确定，例如频率、站址、塔高、天线增益和发射机功率等，设计人员先要选择终端站站址、计算塔高，然后再确定各设备的参数。下面对设计过程作概括说明：

(1) 站址。站址的选择应保证两站(包括塔高)能互相直视，而且能尽量与需要通讯的管道设备相邻近。

(2) 频率。工作频率应根据带宽要求和可用频率来选择。

(3) 塔高。在确定塔高时要用几何剖面图(比例为 1∶50 000 最合适)。绘制该图时，要考虑到地形、大气折射、障碍物高度以及可能的反射等因素。

(4) 线路损耗。线路损耗计算包括天线馈线损耗、天线增益和空间路径损耗。线路损耗以分贝(dB)表示。

(5) 衰减储备。接收机的噪声门限电平及接收机所接收信号的强度常被用来计算衰减储备和无线电线路的可靠性。

(6) 设备参数。发射功率等于线路损耗加上所要求的接收信号强度。为了增大信噪比，可以增大信号强度，增大强度的方法有：① 增加发射功率，② 增大天线增益，③ 使用更灵敏的接收机，④ 增高天线，⑤ 重新布局中继站。

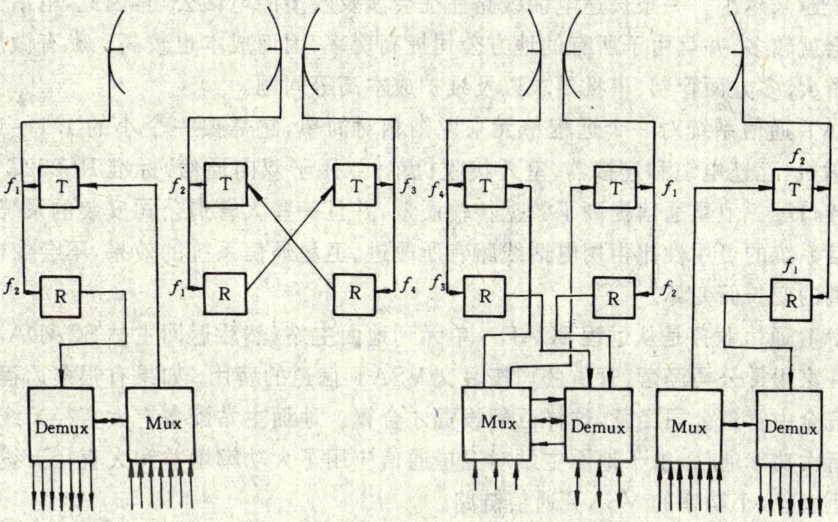

图 9-30　微波系统方块图

五、卫星

随着卫星通信能力的提高,美国长输管道通信包括泵站 RTU 到主站的数据传输,已应用卫星通信。图 9-31 所示的卫星通信结构,应用了 SCADA 系统单元超小口径终端(VSAT)和一个相对地球静止的卫星通信系统。

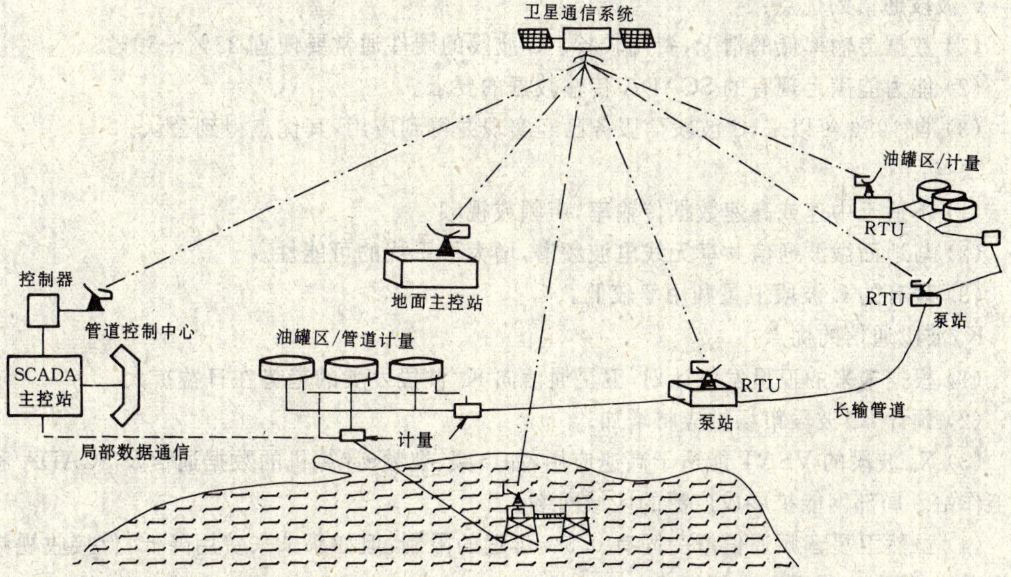

图 9-31　管道卫星通信系统,VSAT 应用

以前,这些远程单元通过租用电话线与主站通信,有时也通过私有无线电/特高频/甚高频

系统来与主站通信。由于国家对电话公司的经济干预，电话业务中断较多，因而长途电话线路通信系统越来越小。一条长途电话线路往往会涉及较多的电话公司，因此，电话交换机偶然中断的机会就较多，并且由于所有的地方公司提高费率，因而成本也较高。私有微波通信系统也存在投资大、多方面管制、审批要求以及维护成本高等问题。

VSAT 通信系统对一个远程单元来说则相对简单，它需要一个小的 1.1～1.7 m 户外天线和发射机、互连电缆和连接器、室外接收机单元(用于双向通信)标准 RS232C RTU 或流量计算机接口等。卫星通信提高了数据传输质量，并且一些大管道公司安装的系统测试装置，使卫星通信系统的可用性比租用电话线路有所改进。卫星通信系统的效果，不会像电话线路那样随着距离的变长而变坏。

VSAT 通信业务是从远程 SCADA 单元到地面主站，然后返回主站 SCADA 单元。地面主站可由一家租赁公司经营，管道公司按月交 VSAT 信道的费用。如果有很多远程站址，地面主站也可完全由管道公司经营，这样巨额投资才合算。地面主站配备有大直径天线，可以和卫星系统进行大功率通信。由于地面主站对卫星通信应用了大功率增益和大直径天线增益，因此可以使用小直径、小功率的 VSAT 通信链路。

同步轨道卫星通信频率范围为超高频段(12～14 GHz)，称为 Ku 波段，商用电视网络和数据传输微波频率范围(4～6 GHz)称为 C 波段。另一种频段称为 L 波段，其也将应用于 VSAT 技术。但到目前为止，该频段只限用于单向传输(远端到主站)，且数据传输率很低。通常 Ku 波段专供卫星传输之用。

由于近年来国外卫星通信技术发展较快，K_U 波段作为通信新技术开始应用。国外一些大的石油公司给纷纷将原系统更换为卫星通信系统。这里对 C 波段和 K_u 波段通信的优缺点加以对比。

C 波段通信的优点：

(1) 数据传输率低的情况，费用较省。C 波段的硬件通常要便宜 25%～50%。

(2) 能力能满足现有的 SCADA 传输数据的要求。

(3) 自 1986 年以来，C 波段信服务已经实现并得到应用，其优点得到公认。

缺点：

(1) 不适于中速或高速数据传输率，声频或视频。

(2) 与地面微波通信共享无线电波频谱，增大了干扰的可能性。

(3) 现有的 C 波段卫星利用率较低。

K_u 波段通信的优点：

(1) 根据未来的卫星发射计划，卫星通信向 K_u 波段发展的趋势在日益扩大。

(2) 预计 K_u 波段市场供应将增加。

(3) K_u 波段的 VSAT 能适于高速应用，如声频、视频、计算机的数据通信及 SCADA 和主机工作站。局部网能扩展成广泛的区域网络。

(4) 虽然卫星音频通信量受固有 0.5 s 延迟的限制，但如果未来费用降低，仅接收视频和数据通信，将会变得更有价值。

缺点：

(1) 对于单一使用的设备来说，其费用超过 C 波段。

(2) 受大雨的影响，但这可以通过相应的设计和其它设备加以调节。

近来GTE Spacenet公司开发了一种适于多国合作通信要求的ACES小型地面站终端和用于VSAT网的集成电路控制器。ACES终端是用于卫星通信的模块式无线电频率组件(RF)。主要特点是:

(1) 结构紧凑,省去了大型、昂贵的设备保护。

(2) 模块式设计,简化地面站设计与安装。

(3) 灵活组装,具有通用性且制造经济。

(4) 易于装卸,便于安装和维护。

(5) 无源冷却,省去空调。

数据通信是在中心位置的地面主站和主站以及远程单元、泵站、海上平台、计量站等之间进行的。地面主站控制数据传输路径,可以"单跳"方式通过电话线路传送到主站——称为单反射卫星通信系统如图9-32所示,还可是以"双跳"方式返回卫星,然后再传到主——称为双反射卫星通信系统如图9-33所示的。由于地面主站可位于任何地点,因此,双跳方式完全不受长途电话线路的影响。另外一种单跳和双跳相结合的方法,可能需要使用拨号电话线路,从SCADA主站到卫星地面主站建立冗余通信路径。

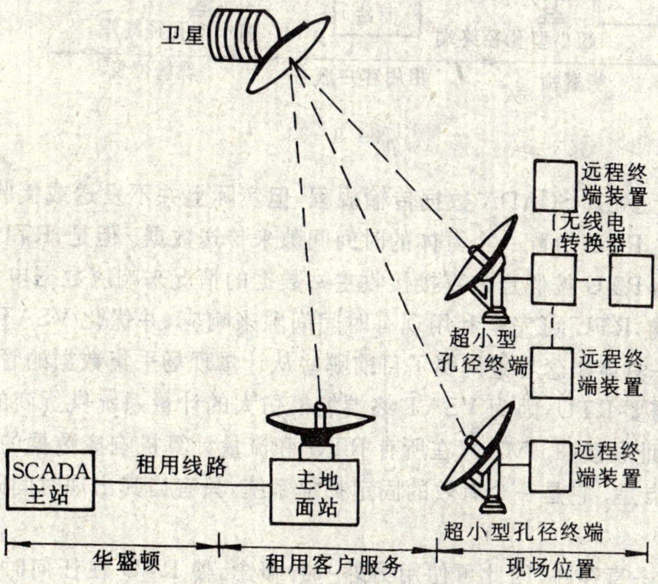

图9-32

VSAT终端的远程电子接口硬件和软件提供了进入系统的多端口和多规程。由于VSAT设备用卫星传输规程,SCADA系统规程可实现接口电子能级转换。这种转换可就地组态,因此,SCADA网络可使用不同规程的RTU。地面主站接口或主站接口主站可重新转换成所用的规程。由于到同步卫星的距离为35 405.6 km,所以有限的传播时间约为250 ms。该传播时间可与约为30~40 ms的直接视距微波链路相比较,但这需取决于总距离的远近、微波中继站的多少(每个中继站都需一些导向时间)以及电子元件(包话电知调制解调器)的导向时间和效率等。SCADA主站扫描各个RTU,来获取特定的模拟数据或进行状态/报警更新。控制报文按事前选好的顺序发送,即要求RTU在执行地址发送前确认报文收到。也就是说,SCADA系统报文长度在两个方向上持续时间短。这种技术不可行，效率低而且成本非常高。在卫星系统中，不管短报文持续时间长短，它们所占用的时间与所有其它报文是一样的。

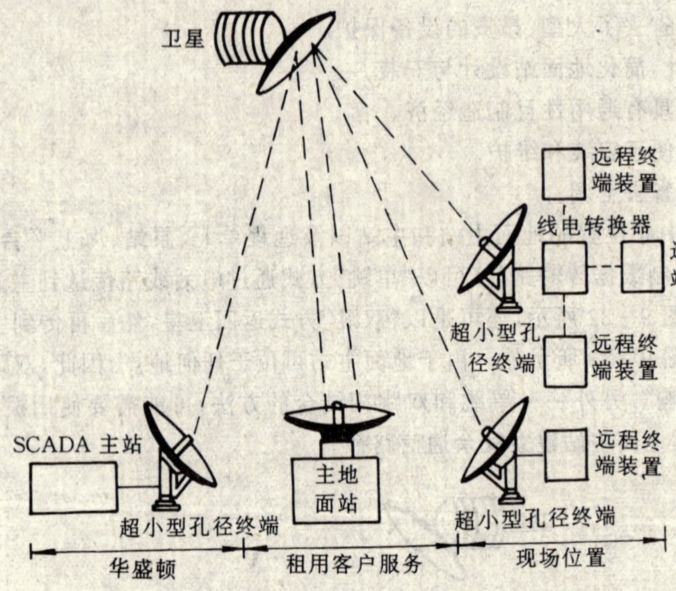

图 9-33

VSAT 接口单元处理 SCADA 数据传输规程，但实际上并不发送或接收站址。VSAT 系统利用时分技术，给 RTU 分配一个具体的时间间隙来传送数据。但是，RTU 本身对这些要求并不响应，这是因为 RTU 按假定的直接接收主站数据的情况来响应数据申请。通过重新配置数据规程/报文结构，RTU 可完全利用现有时间间隙来响应，并优化 VSAT 系统所提供的整体数据传输能。这一具体概念着重说明了目前哪些从计量现场采集数据的管道应用情况，在这种情况下，通常不需要 RTU，因为 VSAT 终端能模仿大的计量系统供货商的流量计算机。这种技术称为时分多址联接(TDMA)，在所有 RTU 和流量计算机响应数据的情况下，其利用率高。这一概念的缺点是。它是一个有效的固定扫描系统，只有当其出现时间间隙时，RTU 才能响应。

由于时分信道一直存在，因此可使用另外一种概念，使 RTU 在任何时间都能响应，因为可能有两个或更多的 RTU 同时响应，因此需进行某种形式的冲突检测和报文重新调度控制。这一概念对通信业务量低的系统来说是可操作的，但对较高业务量的通信系统来说，则有漏传某些报文的可能。这种低业务量要求相应降低了信道利用率，增加了系统成本。随机存取系统的速度能更快一些，但时帧是不可预测的。尽管如此，多址联接概念确实有一个固定响应时间。

参考文献

1 严大凡主编．输油管道设计与管理．北京:石油工业出版社,1989

2 姚光镇主编．输气管道设计与管理．东营:石油大学出版社,1991

3 曲慎扬等编著．原油管道工程．北京:石油工业出版社,1991

4 东营—黄岛输油管道复线技术总线．中国石油天然气总公司管道局,1992

5 [英]R.I. 威廉斯著．油气工业监控与数据采集(SCADA)系统．石油规划设计总院译．北京:石油工业出版社,1995

6 库尔勒—鄯善输油管道调度操作手册．西北石油管道建设指挥部,1998

7 张福学编著．传感器电子学．北京:国防工业出版社,1996

8 Pipeline Automation. Novacorp International Petroleum Croportition, Western Pipeline Seminar, 1993

9 东黄复线技术手册．管道局胜利输油公司,1998

10 冯叔初、廓揆常、王学敏编．油气集输．东营:石油大学出版社,1998

11 庄兴稼、沈佳良等编著．油品储运系统自动化．北京:石油工业出版社,1985

12 [前苏联]Л. А. 扎伊采夫著．输油管道工作状态的调节．蒲家宁、刘菊芳泽．北京:石油工业出版社,1989

13 熊桂喜、王小虎译．计算机网络．北京:清华大学出版社,1998

14 施仁、刘文江编．自动化仪表与过程控制．北京:电子工业出版社,1991

15 厉玉鸣编．化工仪表及自动化．北京:北京化工学院出版社,1985

16 张蕴端主编．化工自动化及仪表．上海:华东化学院出版社,1990

17 赵玉珠主编．测量仪表与自动化．东营:石油大学出版社,1997

